黄河干支流重要河段功能性不断流指标研究

黄锦辉　王瑞玲　葛　雷　王新功　冯慧娟　著

黄河水利出版社

·郑州·

内 容 提 要

本书基于对河流环境功能、社会功能的认识，采用生态生理学、栖息地模拟、情景分析等方法，研究提出了黄河干流重要河段水生生物所需河川径流条件；在分析黄河下游冲淤特性的基础上提出平水期河道减淤优化流量；研究确定了湟水、渭河等黄河重要支流功能性需水组成，采用历史流量法、模型计算结合生态需求，提出黄河主要支流主要控制断面、省界断面和入黄断面满足黄河自然生态功能及社会功能均衡发挥的流量控制指标，为黄河水量精细调度、实现黄河功能性不断流及维持黄河健康生命提供技术支持。

本书可供从事流域水资源及水生态保护、河流生态需水、流域生态环境问题和环境流等研究的科研人员及相关专业的师生阅读参考。

图书在版编目(CIP)数据

黄河干支流重要河段功能性不断流指标研究/黄锦辉等著.—郑州:黄河水利出版社,2016.4
ISBN 978-7-5509-1392-9

Ⅰ.①黄… Ⅱ.①黄… Ⅲ.①黄河-枯水-指标-研究 Ⅳ.①P331.2

中国版本图书馆CIP数据核字(2016)第060135号

出 版 社:黄河水利出版社
地址:河南省郑州市顺河路黄委会综合楼14层 邮政编码:450003
发行单位:黄河水利出版社
发行部电话:0371-66026940、66020550、66028024、66022620(传真)
E-mail:hhslcbs@126.com
承印单位:郑州瑞光印务有限公司
开本:787 mm×1 092 mm 1/16
印张:20.25
字数:470千字 印数:1—1 000
版次:2016年4月第1版 印次:2016年4月第1次印刷

定价:60.00元

前　言

黄河水资源短缺及供需矛盾突出的特性,以及黄河水少沙多、河道淤积摆动的自然特点,决定了黄河河道内生态用水配置和管理不同于其他河流。随着流域社会经济的快速发展及对水资源需求的不断增长,以至于进入20世纪90年代,不堪重负的黄河年年断流,支流入黄水量年年锐减,给自然生态和人类生活带来了极大危害。1999年国家授权黄委对黄河水量实施统一调度,实现了黄河干流不断流,但是现阶段的黄河不断流只是低水平的不断流,是水文学意义上的不断流,尚达不到功能性不断流的目标要求。2008年黄委党组提出黄河水量调度要从较低水平不断流转变为实现功能性不断流的日标要求,为实现功能性不断流目标,应深入和系统研究黄河水量调度的功能目标及其过程的量化需求,特别是黄河河道生态系统的演变规律、生物需水机制,以及河流水文变化和生态系统之间的响应关系;研究黄河重要支流功能性需水组成及支流入黄底限流量,保障黄河流域水系径流连续性和恢复生态功能的水文循环过程。

水利部公益性行业专项"黄河干支流重要河段功能性不断流指标研究"正是为建立黄河干支流重要断面功能性不断流的流量控制指标体系而开展的,项目研究目标主要为:采用生态生理学、栖息地模拟、情景分析等方法,构建黄河重要河段河流栖息地模型,研究提出干流重要河段水生生物所需河川径流条件;系统分析湟水、渭河、沁河和伊洛河等黄河重要支流生态系统特点及功能性需水组成,采用历史流量法、模型演算结合生态保护目标及水环境功能需求,提出黄河支流主要控制断面、省界断面和入黄断面满足黄河自然生态功能及社会功能均衡发挥的流量控制指标,为黄河水量精细调度、实现黄河功能性不断流及维持黄河健康生命提供技术支持。

项目启动于2009年10月,项目总负责单位黄河水资源保护科学研究所和协作单位中国水产科学研究院黄河水产研究所、黄河水利科学研究院经过3年多的共同努力,全面完成了科研任务。在项目实施过程中,项目组开展了大量的实测和调查工作,获取了海量的基础数据,主要包括四个方面的工作:一是黄河干流主要河段水生生物和鱼类的调查工作,进行了2010年、2011年和2012年三年的调查监测,在每年的4~6月对黄河干流上游陶乐河段、中游巩义河段、下游利津河段浮游生物、底栖生物、鱼类进行了监测调查;二是河流栖息地的监测工作,2011年项目组应用ADCP、高精度GPS等技术,对黄河中游巩义河段产卵场及利津河段产卵场地貌形态、流场及水环境要素进行了监测,在此基础上构建了巩义和利津河段鱼类栖息地模型;三是亲鱼产卵及孵化模拟实验,2011年和2012年项目组开展了小脉冲洪水对亲鱼产卵及流速、溶氧、温度等对亲鱼类孵化的影响,为构建鱼类适宜度曲线奠定基础;四是对黄河重要支流湟水、渭河、沁河和伊洛河的入河排污口及功能区水质进行了监测,为进一步认识支流水质变化规律及建立水质和污染源之间响应关系,开展自净水量研究奠定了基础。

本研究主要创新点有以下几个方面:

(1)首次对黄河巩义河段和利津河段水生生物、鱼类及河流栖息地(河流地貌形态、流场和水环境)进行了系统的同步观测,构建了巩义河段和利津河段黄河鲤鱼产卵场的二维水动力学模型,并采用系列流量进行模拟和率定。

(2)首次对黄河鲤鱼的发育繁殖与流速、水温、溶氧等关系进行了实验室模拟,采用野外实测和实验室模拟相结合的方法,创造性地建立了黄河中下游河段黄河鲤鱼繁殖期、生长期及越冬期不同环境因子适宜度曲线,为河流栖息地模型的构建提供了扎实的生物学基础,解决了河流生态需水研究的核心和关键问题。

(3)首次在耦合黄河鲤鱼产卵场的二维水动力学模型和鱼类栖息地适宜度标准曲线的基础上,构建黄河重点河段代表鱼类栖息地模型,系统建立了黄河鲤鱼栖息地状况与河川径流条件之间的定量响应关系。

(4)采用以栖息地模拟法为基础,借鉴整体法的思路,根据鱼类栖息地状况参考目标对基于栖息地法的生态需水进行复核调整,进而提出基于流量恢复法的黄河鲤鱼生态需水过程的研究方法,具有创新性和探索意义。

(5)首次系统开展了湟水、渭河、伊洛河和沁河等重要支流河流生态系统特征研究及生态保护目标识别,并按照上、中、下游分河段进行生态功能定位和功能性需水组成分析,结合生态目标研究提出了重要水文断面的生态需水量。

(6)首次系统开展了湟水、渭河、伊洛河和沁河等重要支流自净需水研究。在对各支流进行水质评价及污染成因分析的基础上,识别河流纳污规律及自净规律,划分计算单元,构建自净水量计算模型,提出达标排放控制情境下的自净水量需求。

综上所述,黄河干支流重要河段功能性不断流指标研究内容丰富,在三年多的研究时间内,不仅构建了黄河干流巩义和利津两个河段的黄河鲤河流栖息地模型,通过模拟试验及现场调查数据分析建立了鱼类适宜度曲线,采用模型模拟计算获得了流量、流速、水位、水深等水文要素和保护鱼类栖息生境之间的响应关系,确定了花园口和利津两断面不同时段鱼类敏感生态需水指标;对于重要支流湟水、渭河、沁河及伊洛河,按照河段自然地理和生态特征及物种分布特点识别了水生态保护目标,明确了各河段功能性需水组成,采用历史流量法并结合主要保护生物生态习性得出支流重要断面生态需水控制指标;同时,在河流水质及污染源调查的基础上,分析河流水质和污染源分布及排放规律的响应关系,建立自净需水模型,提出保障水功能区水质目标所需的水量要求。

黄河干流及支流功能性不断流流量控制指标体系的建立是一项艰巨且复杂的任务,环境流量的控制与管理应逐步动态化,实现水文、水质、物理栖息地及生物因子变化数据的连续性,以及生态水文模型在黄河各个河段的扩展应用和精度提高;另外,黄河特殊的水沙关系、复杂的流域社会经济背景、多变的自然地理及气候条件和严重的水生态问题,使黄河相关研究与其他江河相比面临更大的难度和挑战,有许多问题尚有待进一步探索和研究。

由于物理栖息地监测及模拟需要大量的时间及人力、物力,本研究仅仅选择黄河干流中下游两个河段开展了物理栖息地模拟,主要保护物种黄河鲤栖息地适宜度曲线的建立和适宜度取值范围也有待进一步完善,黄河鲤适宜度曲线建立在大量野外调查和实验室模拟工作基础上,但由于物理环境和生物变化的滞后及复杂性,仍有待建立长期和系统的生态、水文监测及试验跟踪机制以完善实验数据；流量过程变化特别是脉冲洪水模拟在本研究阶段尚未完全实现，水动力学模型和黄河鲤鱼生长机制及需水机制的耦合还需进一步深入研究。对于重要支流的生态需水及自净需水研究，本研究还尚未真正考虑支流生态保护目标生态需水机制，以及生态系统变化和水文过程的响应关系，以后应选择重点支流逐步开展相关工作；自净需水研究也尚未实现水质、水量及污染源同步输入情景模拟，因此今后在黄河重要支流亟待加强污染物迁移转化规律及水质模型研究。

本研究在历时3年多的研究过程中，得到了众多单位和专家的鼎力支持，中科院生态环境研究中心的陈求稳研究员，李若男、杨青瑞、韩瑞博士在河流栖息地模型构建过程中给予过悉心指导和帮助，黄委水文局河南水文水资源局王庆斋局长，以及西霞院水文站、利津水文站等单位在河流栖息地监测时给予了大力支持和帮助，特此表示衷心的感谢。

由于黄河流域水生态的复杂性，黄河河道地形的多变性，且水生生物研究基础薄弱，历史状况不明确，基础数据资料缺失，给本课题带来了较大的困难与不确定性，因此本书难免存在一些错误与不足之处，敬请专家和各界人士批评指正。

作　者

2015年12月

目 录

第 1 章　国内外研究现状及研究技术思路

从 20 世纪 70 年代开始,黄河下游开始出现断流,到了 20 世纪 90 年代,不堪重负的黄河干流年年断流,不仅给沿河城镇居民生活及工农业生产带来了极大危害,而且加剧了河道萎缩,使得黄河下游水环境和生态环境等受到严重威胁。1999 年黄委实行黄河水量统一调度,至今黄河已实现连续十多年不断流。2008 年时任黄委主任李国英同志提出"现阶段实现的黄河不断流只是较低水平的不断流,尚达不到功能性的目标要求,黄河水量调度要从较低水平不断流转变为实现功能性不断流"。同年,黄委提出要把水资源管理与调度的重点转向实现黄河功能性不断流,保障流域经济社会可持续发展。

河流的主要功能分为完全没有人类干预情况下的功能和人类新开发的功能,即自然功能和社会功能。自然功能包括物质输送功能、能量传递和转换功能、河床塑造功能、自净功能、生态功能;社会功能包括防洪功能、供水功能、发电和航运功能、净化环境功能、景观功能、文化传承功能等。功能性不断流指标研究综合考虑河流的自然功能和社会功能。2002 年,倪晋仁首次提出了"黄河功能性断流"的概念,指出"黄河断流"与"黄河功能性断流"的区别,认为断流是指河道水量减至零的特殊情况,是自然表象上的"绝对断流",功能性断流指河道径流量不能满足河道基本功能最小需水量要求的特定事件,是内在功能性的"相对断流"。

黄河功能性需水主要包括经济用水、输沙用水、生态用水和稀释用水四个方面。黄河功能性不断流的内涵是指根据黄河特性及经济社会发展对水资源的需求,考虑河流整体功能的发挥,从生态功能和社会服务功能和谐统一的角度确定的,指水文断面下泄水量能够满足其下游各项需水的总量和过程。即在确保生活用水的基础上,满足维持主河槽不萎缩需要的输沙用水要求、对入河污染物的稀释用水要求、河道及河口生态系统良性循环需要的水量及其过程要求,最大限度地满足工农业经济发展用水要求,保障黄河及相关地区的供水安全、经济发展用水安全、生态用水和长远防洪安全。刘晓燕在《黄河环境流研究》中提出"在我国,环境流内涵宽泛,包括生态需水、水质需水和输沙需水等",所以功能性不断流的本质是环境流和社会经济用水的耦合。因此,本研究国内外研究现状主要围绕环境流和生态需水研究进行总结分析。

1.1　国外研究进展

国外尚未有明确的功能性不断流概念的提出,对河流自然功能和生态功能的满足主要体现在保证河流一定的径流量及流量过程要求,环境流概念和研究已经相对比较成熟,不同国家对环境流赋予不同的内涵,根据对环境流量的定位,可以看出国外的环境流研究本质上综合了河流的功能性研究。例如澳大利亚将环境流定义为“在有竞争性用水需求的河流、湿地和沿海地区,除获取水的社会和经济效益外,在可能的范围内实施水量调配以保证可以维系生态系统健康状况及其效益的水流”,认为“环境流需要对河流和水系具体情况综合考虑,环境流量项目应该包含从保护河流生态到满足工业与人类需求的一系列可能的成果”。2007 年《布里斯班宣言》指出“环境流是人类和淡水生态系统健康的根本,是维持人类与其他依赖淡水和河口等生态系统生存的生物所需水流的数量、质量和时间”。综上可以看出,环境流包括了河流沿线的社会经济、人文景观、自然环境等诸多方面对水的需求,涵盖了河流诸多功能,是一个综合概念。

西方发达国家开展了长期的河流生态监测和科学研究,提出了许多有价值的环境流计算方法和较为成熟的环境流评价方法。国外的研究主要经历了几个阶段,在前期的研究中一般使用最小流量或最适流量,发展到后来生态需水不仅仅指某一流量,而且包括流量发生的时间、持续时间和发生频率等更多的水文要素,是一种动态需求。

20 世纪 60 年代前属于河道生态环境需水理论的萌芽阶段,主要针对满足河流的航运功能进行研究,缺乏成熟的理论和方法。生态需水的研究最初起源于渔业生态学,20 世纪 40 年代,随着大坝的建设和水资源的开发利用,美国的资源管理部门开始关注水利工程对鱼类资源的影响及污染等问题,美国渔业和野生动物保护组织开始关注河道内流量与水生生物之间的关系,对建坝前后鱼类生长、繁殖及产量与河流的流量问题进行了许多相关的研究,提出河流应保持一定的生态基流量。

20 世纪 70 年代以来,法国、澳大利亚、南非等国都开展了许多关于鱼类生长繁殖与河流流量关系等方面的研究,主要建立了流量、流速与重点保护鱼类、大型无脊椎动物、大型水生生物之间的关系,提出了河流生态流量的概念,产生了许多计算和评价方法。这些方法思路相似,认为河川径流与水生生物生存状况之间存在着线性关系,在低于某种流量水平时,水生生物将无法生存,而生态需水就是维持鱼类栖息地、产卵地和洄游通道等所需要的流量。生态需水研究的许多计算方法也是在这一时期发展起来,如 Tennant 法。尤其是 1974 年美国渔业及野生动物年研发的河道内流量增量法,极大地促进了河道生态需水的研究,目前该方法被西方许多国家应用。在此期间,生态需水的研究主要侧重于考虑河道的物理形态及所关心的鱼类和无脊椎动物等对流量的需求, 并没有体现生态系统的完整性。

20 世纪 90 年代后期至 21 世纪初,人们开始考虑维持河流生态系统甚至流域生态系统完整性的生态流量需求,生态需水的研究对象由过去仅关心的物种及河道物理形态的研究,扩展到为了维持河流生态系统结构和功能完整性所需的水流需求上,这种水流需求包括河流生态系统所涉及的各个方面,如渔业、工农业和居民生活用水等社会经济方面,河道形态维持、观光、景观等河流自然结构方面,以及河流生态系统中鱼类、底栖动物、植物等各个生物类群的生态需水等方面。在此期间,产生了整体分析法、功能分析法等综合方法,该类方法要求研究组由水文、泥沙、地貌、生物、生态等学科专家团队组成,分别从不同的角度提出生态环境需水量,然后进行综合平衡和协调,最终提出各个方面均基本满意的径流过程。

目前,有将近50个国家开展生态需水量的研究,大概有200多种研究方法,这些方面可归为四大类:水文学法、水力学法、栖息地模拟法和整体分析法。其中,栖息地模拟法可预测栖息地如何随水流流量变化而变化,提供了一种非常灵活的估算河流流量的方法,是一种国外应用比较广泛的方法,基本思路是通过建立河川径流与目标生物栖息地之间的关系,探求生态流量。

1.2　国内研究进展

在国内,生态需水的研究也是出于实际需要而产生的,中国的生态需水开始于西北地区水资源综合开发和利用中,由水文水资源学家率先提出,在后来的研究中也是集中在水文和水资源研究领域,其研究大致可分为四个阶段:

(1)20世纪70年代末开始研究探讨河流最小流量问题,主要集中在河流最小流量确定方法的研究方面。

(2)20世纪80年代,针对日益严重的水污染问题,主要集中在宏观战略方面的研究,对如何实施、如何管理处于探索阶段。

(3)20世纪90年代以来,针对断流、水污染等问题,水利部提出在水资源配置中应考虑生态环境用水。国内生态需水研究在这一时期快速发展,杨志峰、崔保山、刘昌明、倪晋仁等许多专家学者在生态需水方面进行了有益的探索性研究。

以上三个阶段生态需水研究基本处于定性分析和宏观定量分析阶段,较少关注河流自身需水规律和需水机制。

(4)最近几年,我国生态需水研究理念、方法及应用实践等进入了一个新的阶段,研究领域开始向生态、生物、河流健康等方面拓展;研究方法由原来的水文学法、水力学法等向栖息地模拟法、整体法等转变;研究目的开始探索为流域综合管理、河流治理开发、河流生态保护等服务。同时,有个显著特点,在这一阶段,国内专家学者开始应用栖息地模拟法研究河流生态需水,开始对水生生物与河川径流之间响应关系进行探索性的研究,并在我国长江、黄河、汉江、漓江等河流的部分河段建立了栖息地模型,陈求稳、郝增超、黄道明、蒋晓辉、班旋等专家学者开展了相关研究,并取得了重要进展。

近期,国内开展了全国河湖健康评估工作,评估体系涵盖了河流的自然功能和社会功能,包括水文水资源、河道物理形态、河流水质、水生生物及社会服务功能等多个角度,是基于河流基本功能的健康评估。

总体上讲,我国生态需水研究主要是借鉴国外的相关研究理论和方法,大多应用传统的水文学、水力学方法,河流生物栖息地法及水生生物需水相关研究尚处于萌芽阶段,而国外恰恰把这个作为确定生态环境需水的重点。同时,国内生态需水的很多基础性研究课题诸如水分－生态的耦合作用机制、水生生物需水规律、生态目标的科学确定等得不到科学识别和解决，使得相关生态需水研究大多停留在理论上的核算。今后，如何明确河流生态系统保护的目标、明晰河流生态保护与河川流量之间的关系，进而提出有明确生态、生物意义的生态需水计算方法，仍是目前亟待研究的问题。

1.3 黄河研究进展

近年来，由于黄河水资源形势严重，我国学者在黄河流域开展了较多的生态需水研究。

黄河河流生态环境需水研究始于对输沙水量的关注，“八五”科技攻关项目“黄河流域水资源合理分配和优化调度研究”，对黄河下游河道汛期和非汛期的输沙用水进行分析；“九五”科技攻关子专题“黄河三门峡以下水环境保护研究”，基于 Tennant 法，提出非汛期河口生态用水应不低于 50 亿 m^3；重点治黄专项“黄河干流生态环境需水研究”，基于 Tennant 法，提出了干流 10 个重要水文断面的生态环境流量；“十五”国家科技攻关项目子专题提出了黄河下游部分断面最小、适宜生态流量；“十一五”科技支撑计划重点项目“黄河健康修复关键技术研究”专题七、专题八对黄河中下游鱼类产卵期对流速、水深的要求进行了初步分析，运用改进 Tennant 法，提出了黄河重要断面生态需水，在此基础上运用整体法的思路和理念，耦合河道、水环境需水，综合考虑黄河社会功能用水的要求，提出了黄河干流典型断面流量需求；中荷合作项目《黄河河口生态环境需水量研究》首次耦合水动力学模型、地下水模型、生态模型建立了河口湿地重要生境的生态评估系统，提出了基于河口湿地一定保护规模的生态需水量；水利部公益性项目“黄河干流水库对河道水生态系统的影响及生态调度研究”对黄河上游石嘴山河段、黄河下游花园口河段鱼类繁殖习性进行了分析，在此基础上运用栖息地模拟法对以上两个河段鱼类生态需水进行了初步研究。刘晓燕《黄河环境流研究》将环境流界定为“在河流自然功能和社会功能基本均衡或协调发挥的前提下，能够将河流的水沙通道、水环境和水生态维持在良好状态所需要的河川径流条件”。

与国内其他河流相比，黄河生态需水研究，无论是方法上还是实践上，相对比较先进，尤其是近几年，黄河生态需水研究中引入新的理论、思路和方法，如国家“十一五”科技支撑项目、中荷合作项目、水利部公益性项目等，更加强调要在社会－经济－自然复合生态系统中研究河流生态需水问题，也更加重视河流自身生态需水规律。但总体上，黄河生态需水研究仍缺乏水生生物尤其鱼类生态习性的系统研究，已有相关研究成果大多基于文献、经验进行了定性分析，这使得栖息地模型的建立缺乏较好的生物学基础。

1.4 研究目标

开展黄河干流重要河段水生生物调查及河流栖息地监测，采用生态生理学、栖息地模拟、情景分析等方法，研究提出干流重要河段水生生物所需河川径流条件；在分析黄河下游冲淤特性的基础上提出平水期河道减淤优化流量；研究确定湟水、渭河等黄河重要支流功能性需水组成，采用历史流量法、模型计算结合生态需求，提出黄河主要支流主要控制断面、省界断面和入黄断面满足黄河自然生态功能及社会功能均衡发挥的流量控制指标，为黄河水量精细调度、实现黄河功能性不断流及维持黄河健康生命提供技术支持。

1.5　主要研究内容

(1)黄河干流及其重要支流功能性需水组成分析。

以黄河水量调度的干流刘家峡以下河段和重要支流为重点研究对象，分析其水沙特性、水环境特点、水资源配置及开发利用背景等，分析黄河生态系统结构组成、功能，以及黄河主要生态保护目标的空间分布与格局，对黄河关键生态单元与保护目标进行识别，揭示河流主要生态目标及其与黄河水资源的关系，研究水资源变化及人工配置的影响，以及与河流生态功能和结构演变的响应关系，阐明相应河段的功能定位及功能性用水组成。

(2)水生生物生态习性及其对河川径流条件的要求。

黄河干流采用历史资料辅以重点河段断面实地调查监测的方法，明晰黄河干流水生生物现状及其鱼类产卵场等栖息地分布，识别筛选不同河段水生态系统中指示性物种——主要保护鱼类。选择重点河段巩义河段和利津河段，采用栖息地模拟的方法，重点研究代表性鱼类的生态习性，以及表征鱼类生存状态的因素如种类、数量和栖息地质量对径流条件（包括流量、流速、水位、水深、水质、水温、湿周、洪水频率等要素）的需求，构建河流栖息地模型，确定维持良好水生生物及栖息地不同时段的流量指标。

选择重要支流开展水生生物现状及鱼类调查，分析主要鱼类的生态习性，在对历史径流条件及水文要素进行分析的基础上，对满足鱼类生存空间的流量指标进行研究。

(3)重点支流不同纳污情景下自净需水研究。

河流水环境的改善需要通过污染物的输入控制和保证一定的河川径流条件来实现，本课题重点关注现状排污及污染物达标排放等情景下实现水功能区水质目标对河川径流条件的需求。拟选择黄河重要支流湟水、渭河、沁河、伊洛河等支流，在开展水质及污染源现状调查的基础上，研究流域及区域多因素变化背景下的河流纳污规律和时空特点；揭示流域工业产业布局及资源分布特征下的水污染成因，阐明河流水质和污染源输入的响应关系，分析河流现状的基本自净稀释需水情况及保证程度；研究排污控制情景下实现水环境目标的水量需求，分析主要水功能区的污染物自净规律，研究提出主要控制断面的自净水量控制指标。

(4)干支流重要河段景观娱乐及城市取水对河段流量需求。

在黄河干流和几条重要支流开展重要涉水景观的调查，分析景观的功能定位，采用调查、公众参与及模型计算等方法研究其对河流水量、流量、水位、水深、水面的要求。调查分析保障取水水量安全的河道流量要求。

(5)黄河干流典型冲积河段平水期河槽减淤流量研究。

以黄河下游为重点，利用实测资料分析各冲积性河道平水期不同流量级条件下沿程冲淤调整特性；通过分析不同流量级水流沿程冲淤变化和水流含沙量的变化，研究各流量级水流挟沙能力大小和输送泥沙的距离，开展流量级大小及不同流量级历时对河道沿程冲淤变化的影响研究；开展基于减小平水期冲积河道淤积的流量优化研究，提出有利于各种河道减淤的优化流量级。

(6)重要断面流量控制指标耦合研究。

综合考虑重要支流天然径流量对黄河天然径流量的贡献、支流水权配置及其开发利用背景、黄河不同河段健康用水需求，阐明维护黄河健康对主要支流入黄流量和水量的要求。基于目前对黄河河口三角洲生态需水研究成果，充分吸纳国内相关单位对黄河河口生态需水的研究成果，并紧密结合近年来黄河河口生态修复实践，进一步阐明河口三角洲生态健康对入海水量要求。

综合考虑以上各项功能需水，以河流自然功能与社会功能基本均衡发挥为指导思想，考虑水流的自然连续性和水库的调节运行，对黄河不同功能性用水进行耦合分析，提出黄河干流省界断面及重要控制断面、主要支流入黄断面和省界断面在不同来水水平年的流量控制标准。

1.6　研究技术路线

调查分析黄河干流及重要支流的河流生态系统结构与特点，摸清黄河生态系统本底状况，结合黄河水沙特性、水资源环境分析，识别黄河健康主要控制要素、径流的可调控性、水生态和水环境保护目标，研究确定相应河段的功能定位及其功能性用水组成。在以上分析基础上，采用栖息地模拟法分析黄河干支流重要河段水生生物与河川径流的响应关系，研究黄河代表性水生生物生态需水及过程；分析黄河污染成因及黄河主要污染物稀释自净规律，预测不同纳污情景下重要支流维持水质良好的自净需水要求；分析各冲积性河道平水期不同流量级条件下沿程冲淤调整特性，分析不同流量级水流沿程冲淤变化和水流含沙量的变化等，研究平水期黄河下游河槽减淤对流量的要求；分析黄河重要景观及功能定位，研究黄河主要景观的生态用水需求及城市供水对河道流量的要求等。在以上研究的基础上，耦合提出黄河干流省界断面及重要控制断面、主要支流入黄断面和省界断面的流量控制标准。

主要研究技术路线见图1-1和图1-2。

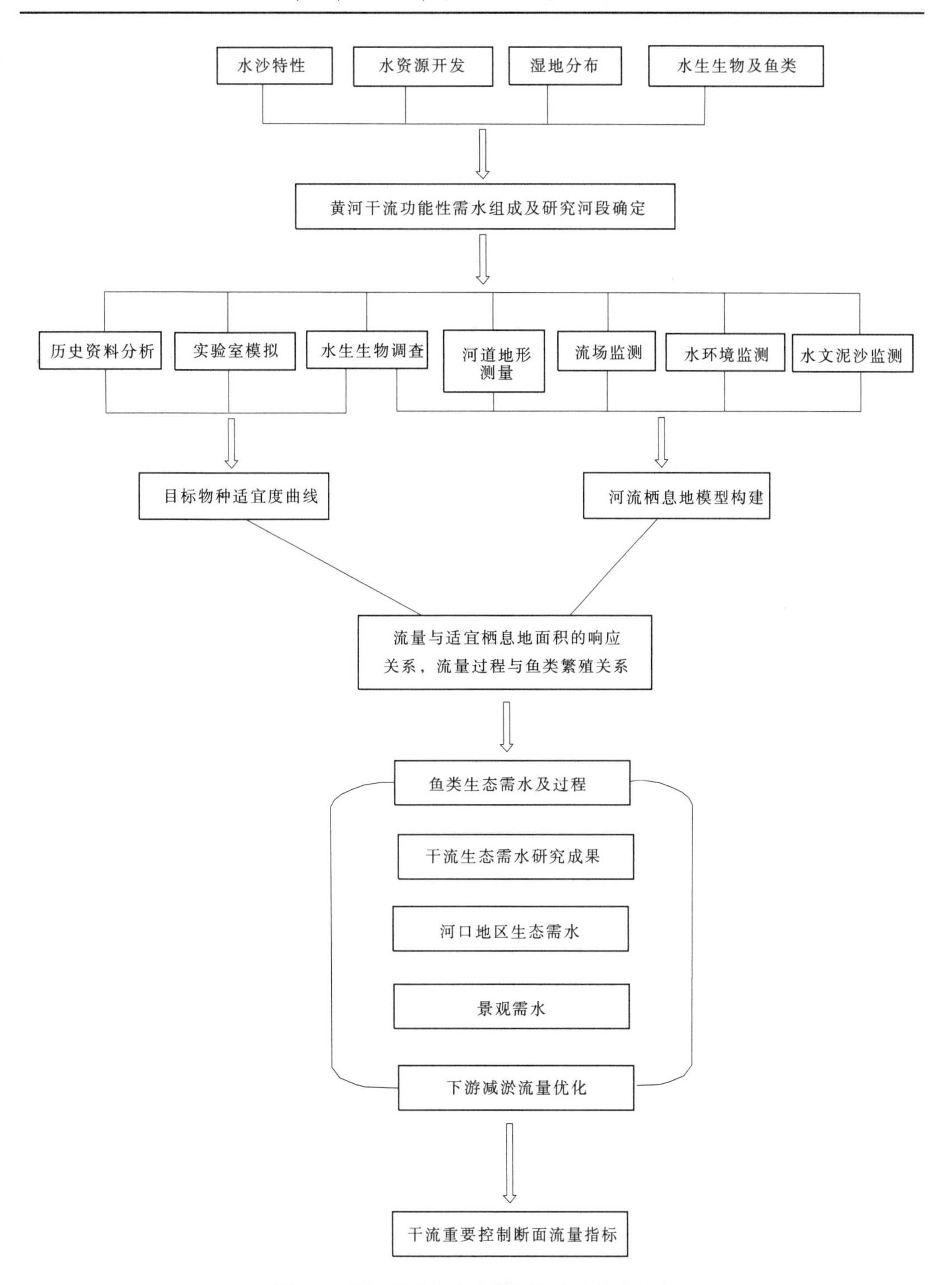

图 1-1 黄河干流水生生物需水研究技术思路

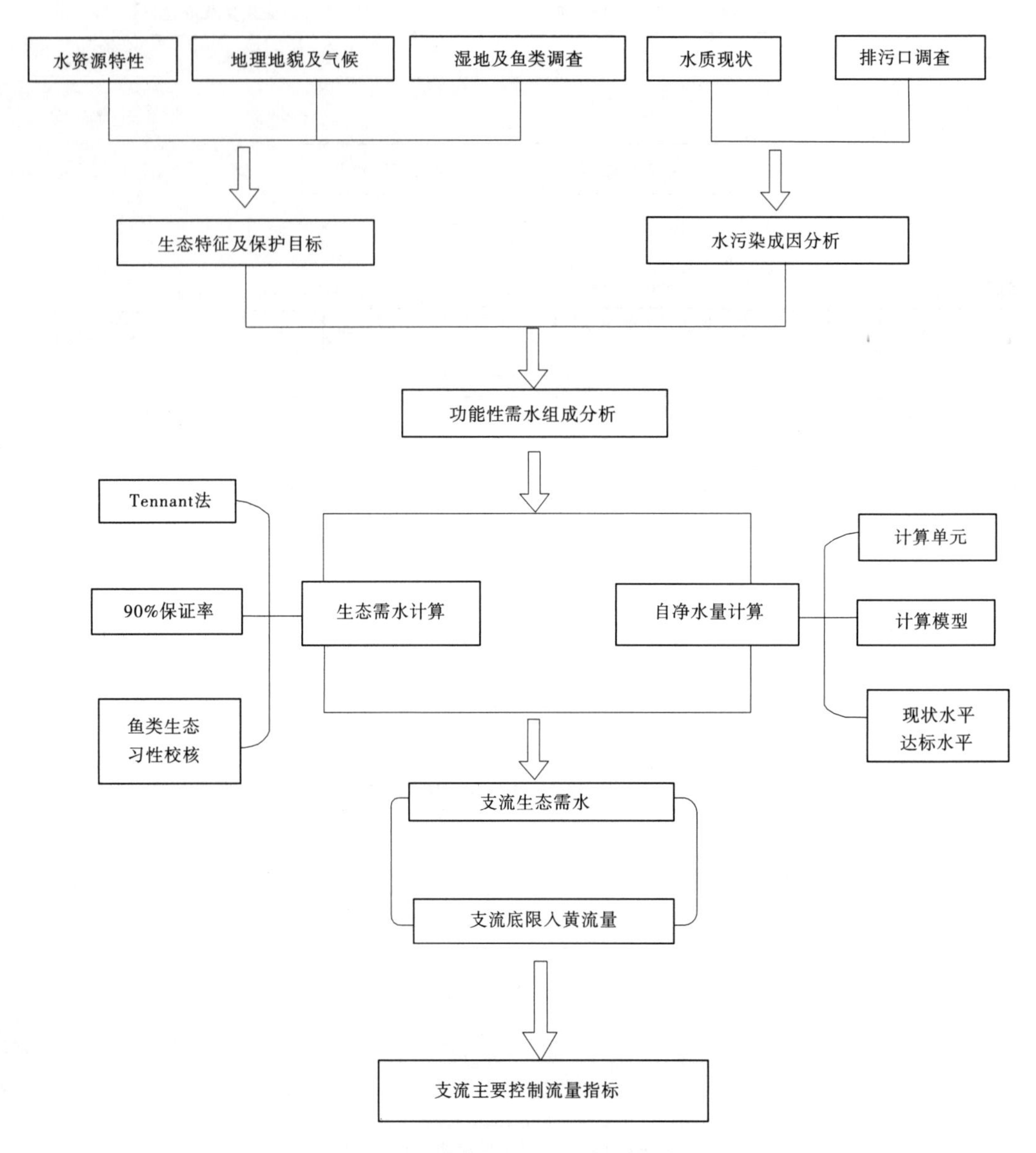

图 1-2　重要支流生态需水研究技术思路

第 2 章　黄河流域概况

2.1　流域概况

黄河是我国的第二大河，发源于青藏高原巴颜喀拉山北麓的约古宗列盆地，流经青海、四川、甘肃、宁夏、内蒙古、陕西、山西、河南、山东等九省(区)，在山东省垦利县注入渤海，干流全长 5 464 km，流域面积 79.5 万 km^2(包括内流区面积 4.2 万 km^2)。黄河干流河道根据流域特征，分为上、中、下游 3 个河段。河源至内蒙古的托克托河段为上游，流域面积 42.8 万 km^2；托克托至河南郑州桃花峪为中游，流域面积 34.4 万 km^2；桃花峪至入海口为下游，是淮海平原的分水岭，流域面积 2.3 万 km^2。与其他江河不同，黄河流域上中游地区的面积占总面积的 97%；长达数百千米的黄河下游河床高于两岸地面，流域面积只占 3%。

2.1.1　自然环境

2.1.1.1　地形地貌

黄河流域从西到东横跨青藏高原、内蒙古高原、黄土高原和黄淮海平原四个地貌单元，大致可分为三个地形阶梯。第一级阶梯是流域西部的青藏高原，平均海拔 4 000 m 以上，形成具有高寒特征的自然区，并且通过对气流运行的阻障或加强作用，影响到流域广大范围内的自然地理过程；第二级阶梯大致以太行山为东界，包含河套平原、鄂尔多斯高原、黄土高原和汾渭盆地等较大的地貌单元，许多复杂的气象、水文、泥沙现象多出现在这一地带；第三级阶梯从太行山脉以东至滨海，由黄河下游冲积平原和鲁中南山地丘陵组成，地表平坦，土壤肥沃深厚，人类活动频繁。

2.1.1.2　气候

黄河流域属大陆性气候，各地气候条件差异明显，东南部基本属半湿润气候，中部属半干旱气候，西北部为干旱气候，黄河流域各区域不同的气候条件对形成不同类型的生态系统起决定性作用。

1. 降水

黄河流域年降水量分布总的趋势是由东南向西北递减，全流域按降水量特征大致可划分为 4 个区。其中，湿润区年降水量 800 ~ 1 600 mm，气候湿润，大致相当于落叶和常绿阔叶混合林带，主要分布在秦岭石林山区及太子山区，面积约 1.3 万 km^2；半湿润区年降水量 400 ~ 800 mm，气候半湿润、半干旱，相当于落叶阔叶林和森林草原带，黄河流域大部分地区属于半湿润区，分布于除河源以外的兰州以上和河口镇以下的广大地区，面积 48.9 万 km^2，为流域的主要农业区；半干旱区年降水量 200 ~ 400 mm，气候干燥，相当于草原和半荒漠地带，主要分布在河源区和唐乃亥至循化区间及兰州至河口镇黄河右岸地区，面积20.9万km^2,是流域的主要牧区;干旱区年降水量小于200 mm,为流域最干旱区,分布在青海南山和鄂拉山之间的共和,祁连山和贺兰山之间的甘肃景泰、宁夏卫宁,内蒙古乌海、巴彦高勒一带,以及河套灌区和狼山部分山区,面积4.2万km^2,除灌区外,植被稀疏。

2. 蒸发

黄河流域水面蒸发量的地区分布与降水量分布趋势相反,由东南部向西北部增加。兰州以上地区除贵德—循化黄河河谷地区和鄂拉山至青海南山间沙漠入侵黄河通道地带水面蒸发数值较高外,一般约850 mm;兰州以下地区以1 200 mm为界,西北一侧为半干旱、干旱区,除宁蒙灌区、清水河上游为1 400 mm外,其余地区均在1 600~1 800 mm;祁连山与贺兰山、贺兰山与狼山之间是两条沙漠入侵通道,为西北干燥气流主要风口,蒸发能力强。年蒸发1 200 mm线东南一侧为半湿润、湿润区,蒸发量由西北向东南逐渐降低,为800~1 200 mm。

3. 气温

黄河流域根据温度的差异经过南温带、中温带和高原气候区三个温度带。黄河源区为高原亚寒带,上游为温带,可细分为高原温带和中温带,自中游以下和渭河流域为暖温带。流域年平均气温6.4 ℃,由南向北、由东向西递减。近20年来,随着全球气候变暖,黄河流域的气温也升高了1 ℃左右。

2.1.1.3 土壤植被

土壤是流域陆地生态系统的基底或基础,黄河流域土壤是在自然条件和人为作用下经过长期发育形成的,呈典型纬向分布。流域南部洮河、渭河和洛河流域土壤类型主要为紫色土、石灰土和风沙土;流域中纬度地区青铜峡以南,包括源区和下游地区,土壤类型以栗褐土、黑垆土、棕钙土、灰漠土、棕漠土和黄绵土等为主;流域北部地区土壤类型以褐土、黑土、黑钙土和栗钙土为主。

黄河源区具有海拔高、气温低、降水少、干燥等高原大陆性气候特点,社会经济活动相对较弱,除湟水谷地分布着温带草原外,绝大部分地区为高寒草甸、灌丛和高寒草原。上游的河套平原区降水量少,干燥度和蒸发量大,植被类型以耐旱草本植物和农田植被为主,是我国重要的农业生产基地,人类活动频繁,鄂尔多斯高原区气候干旱,风沙地貌,植被覆盖度较低,处于干旱半干旱向湿润区、戈壁沙漠向黄土、荒漠化草原向森林带过渡区域。

黄河中游地区横跨黄土高原、汾渭盆地、崤山、熊耳山、太行山山地等。黄土高原土质疏松深厚,水土流失严重,生态环境脆弱;汾渭盆地气候适宜,土质肥沃,物产丰富,是重要的农业产区,人类活动频繁,植被以农田植被为主;崤山、熊耳山、太行山山地海拔高,是重要的自然地理分界线,生境和地形复杂,生物多样性较高。由于泥沙含量大,黄河中游地区水系鱼类组成简单,在平原河段河道宽浅,摆动频繁,形成大面积的河漫滩湿地。

在黄河下游地区,黄河流经黄淮海平原、鲁中丘陵、黄河三角洲。黄淮海平原气候温和,地势平坦,是黄河流域重要的农业基地,受人类活动影响,以农田植被为主。黄河下游主河道淤积严重,旱涝灾害严重,防洪形势严峻。大堤外侧形成大面积的背河洼地(沼泽湿地),呈带状分布于黄河两岸大堤的外侧,湿地物种资源丰富;鲁中丘陵生境复杂,植被覆盖度高，以落叶阔叶与农田植被为主，生物多样性较高；黄河三角洲地域广阔，处于海陆生态交错区，以落叶阔叶、盐碱植被、湿地植被为主，生物多样性较高。

2.1.1.4　河流水系

黄河干流河道全长 5 464 km，穿越青藏高原、内蒙古高原、黄土高原和华北平原等地貌单元，受地形地貌影响，河道蜿蜒曲折，素有“黄河九曲十八弯”之说。黄河水系的特点是干流弯曲多变、支流分布不均、河床纵比降较大，流域面积大于 1 000 km^2的一级支流共 76 条，其中流域面积大于 1 万 km^2或入黄泥沙大于 0.5 亿 t 的一级支流有 13 条，上游有 5 条，其中湟水、洮河天然来水量分别为 48.76 亿 m^3、48.26 亿 m^3，是上游径流的主要来源区；中游有 7 条，其中渭河是黄河最大一条支流，天然径流量、沙量分别为 92.50 亿 m^3、4.43 亿 t，是中游径流、泥沙的主要来源区；下游有 1 条，为大汶河。黄河流域集水面积大于 1 万 km^2的一级支流基本特征值见表 2-1。黄河流域河流水系图见图 2-1。

表 2-1　黄河流域集水面积大于 1 万 km^2的一级支流基本特征值

河流名称	集水面积（km^2）	起点	终点	干流长度（km）	平均比降（‰）	多年平均径流量（亿 m^3）	
						把口站	径流量
渭河	134 766	甘肃省渭源县鸟鼠山	陕西潼关县港口村	818.0	1.27	华县 + 洑头	89.89
汾河	39 471	山西省宁武县东寨镇	山西河津县黄村乡柏底村	693.8	1.11	河津	18.47
湟水	32 863	青海海晏县洪呼日尼哈	甘肃永靖县上车村	373.9	4.16	民和 + 享堂	48.76
无定河	30 261	陕西省定边县	陕西清涧县解家沟镇河口村	491.2	1.79	白家川	11.51
洮河	25 227	青海省河南蒙古族自治县	甘肃省临洮县红旗乡沟门村	673.1	2.80	红旗	48.26
伊洛河	18 881	陕西蓝田县	河南巩义市巴家门	446.9	1.75	黑石关	28.32
大黑河	17 673	内蒙古卓资县十八台乡	内蒙古托克托县	235.9	1.42	三两	3.31
清水河	14 481	宁夏固原县开城乡黑刺沟脑	宁夏中宁县泉眼山	320.2	1.49	泉眼山	2.02
沁河	13 532	山西省平遥县黑城村	河南武陟县南贾村	485.1	2.16	武陟	13.00
祖厉河	10 653	甘肃省通渭县华家岭	甘肃靖远县方家滩	224.1	1.92	靖远	1.53

注：多年平均径流量为 1956 ~ 2000 年系列均值。

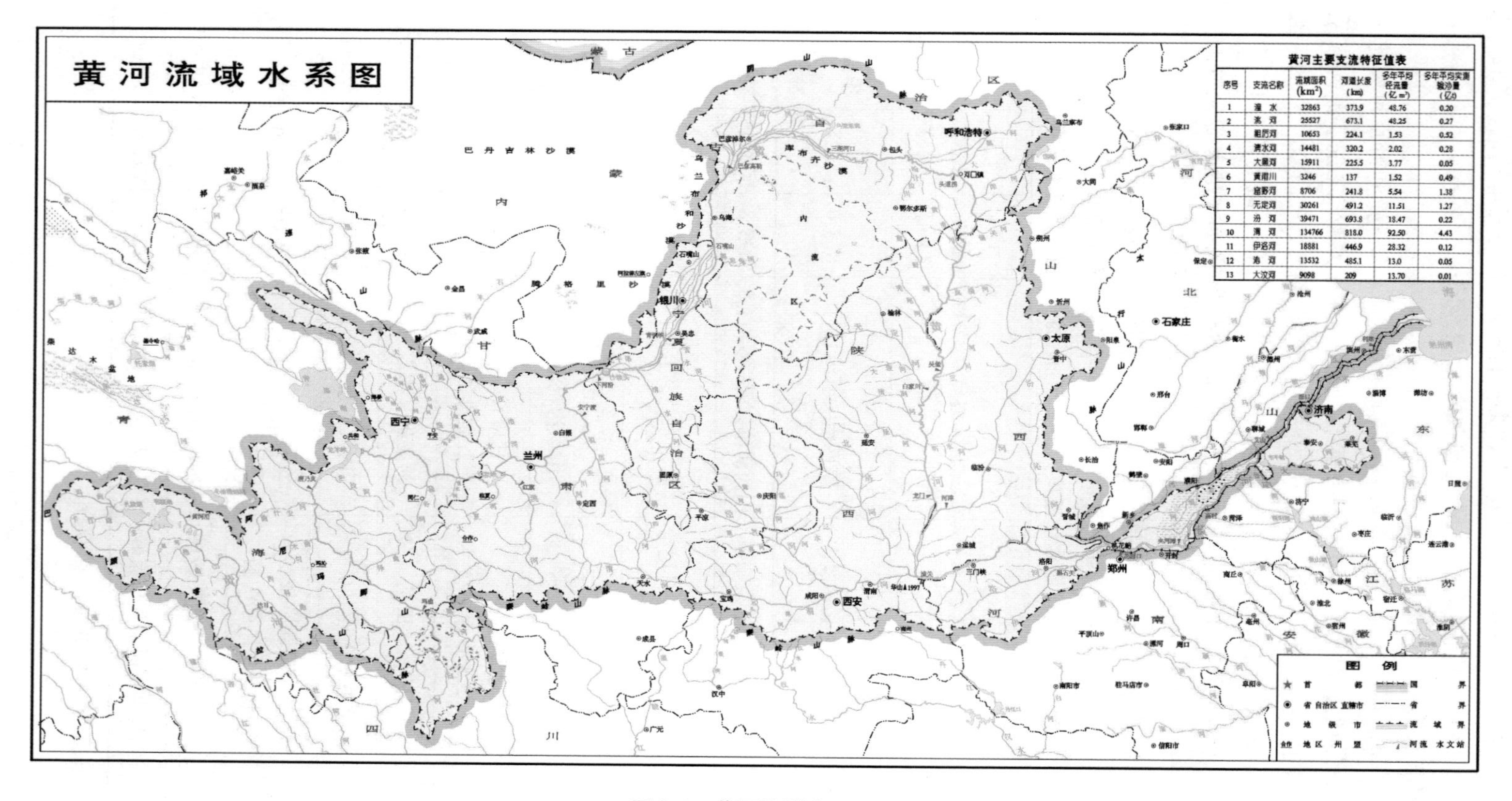

黄河主要支流特征值表

序号	支流名称	流域面积 (km^2)	河道长度 (km)	多年平均径流量 (亿 m^3)	多年平均实测输沙量 (亿t)
1	湟　水	32863	373.9	48.76	0.20
2	洮　河	25527	673.1	48.25	0.27
3	祖厉河	10653	224.1	1.53	0.52
4	清水河	14481	320.2	2.02	0.28
5	大黑河	15911	225.5	3.77	0.05
6	皇甫川	3246	137	1.52	0.49
7	窟野河	8706	241.8	5.54	1.38
8	无定河	30261	491.2	11.51	1.27
9	汾　河	39471	693.8	18.47	0.22
10	渭　河	134766	818.0	92.50	4.43
11	伊洛河	18881	446.9	28.32	0.12
12	沁　河	13532	485.1	13.0	0.05
13	大汶河	9098	209	13.70	0.01

图 2-1　黄河流域水系图

2.1.1.5　土地及矿产资源

黄河流域总土地面积 11.9 亿亩[1],占全国国土面积的 8.3%,其中大部分为山区和丘陵,分别占流域面积的 40% 和 35%,平原区仅占 17%。由于地貌、气候和土壤的差异,土地利用情况差别很大。流域内共有耕地 2.44 亿亩,农村人均耕地 3.5 亩,约为全国人均耕地的 1.4 倍,主要农业基地集中在平原及河谷盆地,如上游的宁蒙河套平原、中游的汾渭盆地和下游平原引黄灌区。流域内大部分地区光热资源充足,农业生产发展潜力较大。

黄河流域矿产资源丰富,在全国已探明的 45 种主要矿产中,黄河流域有 37 种。具有全国性优势的有稀土、石膏、玻璃用石英岩、铌、煤、铝土矿、钼、耐火黏土等 8 种;具有地区性优势的有石油、天然气和芒硝 3 种;具有相对优势的有天然碱、硫铁矿、水泥用灰岩、钨、铜、岩金等 6 种。

黄河流域能源资源,如中游地区的煤炭资源、中下游地区的石油和天然气资源都十分丰富,被誉为我国的“能源流域”,其中中游地区被列为我国西部地区十大矿产资源集中区之一。已探明煤产地(或井田)685 处,保有储量 4 492 亿 t,占全国煤炭储量的 46.5%,预测煤炭资源总储量 1.5 万亿 t 左右。黄河流域的煤炭资源主要分布在内蒙古、山西、陕西、宁夏四省(区),具有资源雄厚、分布集中、品种齐全、煤质优良、埋藏浅、易开发等特点。在全国已探明超过 100 亿 t 储量的 26 个煤田中,黄河流域有 10 个。流域内已探明的石油、天然气主要分布在胜利、中原、长庆和延长 4 个油区,其中胜利油田是我国第二大油田。

2.1.2　社会环境

2.1.2.1　人口及分布

黄河流域涉及青海、四川、甘肃、宁夏、内蒙古、山西、陕西、河南、山东 9 省(区)的 66 个市(州、盟),340 个县(市、旗),其中有 267 个县(市、旗)全部位于黄河流域,有 73 个县(市、旗)部分位于黄河流域。

黄河流域属多民族聚居地区,主要有汉、回、藏、蒙古、东乡、土、撒拉、保安和满族等 9 个民族,其中汉族人口最多,占总人口的 90% 以上,少数民族绝大多数聚居在上游地区,部分散居在中下游地区。青海、四川、宁夏、内蒙古等省(区)是少数民族人口相对集中的地区。黄河流域特别是上中游地区还是我国贫困人口相对集中的区域,青海、宁夏两省(区)贫困人口分别占本省总人口的 54.8% 和 48.4%。

受气候、地形、水资源等条件的影响,流域内各地区人口分布不均,全流域 70% 左右的人口集中在龙门断面以下地区,而该区域流域面积仅占全流域面积的 32% 左右。花园口以下是人口最为稠密的河段,人口密度达到了 612 人/km^2,而龙羊峡以上河段人口密度只有 5 人/km^2。

2.1.2.2　经济社会现状

黄河流域是我国重要的粮食基地、能源矿产基地、重化工业和高新技术产业基地,是实施西部大开发和中部崛起战略的重要区域。能源资源的开发也对黄河水资源提出了很

---

[1] 1 亩 = 1/15 hm^2 ≈ 666.67 m^2。

大的需求。

黄河流域的农业生产具有悠久的历史，是我国农业经济开发最早的地区，河套平原、汾渭盆地和下游平原是我国重要的农业基地。黄河流域总耕地面积为24 361.54万亩，耕垦率为20.4%。黄河上中游地区还有宜农荒地约3 000万亩，占全国宜农荒地总量的30%，是我国重要的后备耕地。2006年农田有效灌溉面积为7 870.94万亩，灌溉率为32.3%，低于全国耕地灌溉率(35%左右)，农村人均灌溉面积1.14亩，基本接近全国平均水平。

黄河流域横跨我国东、中、西部三个经济地带，受自然地理及国家宏观政策影响，各地区经济发展很不平衡。面积广大的上中游地区大部分属中西部地区，发展相对滞后。流域国内生产总值由1980年的916亿元增加至2010年的16 527亿元(按2000年不变价计，下同)，年均增长率达到11.0%；特别是2000年以后，年均增长率高达13.1%，高于全国平均水平。人均GDP由1980年的1 121元增加到2007年的14 538元，增长了十多倍。但由于黄河流域大部分地处我国中西部地区，经济社会发展相对滞后，2007年黄河流域GDP仅占全国的8%，人均GDP约为全国人均的90%。

随着西部大开发、中部崛起等发展战略的实施，国家经济政策向中西部倾斜，流域社会经济发展迅速，黄河流域中上游地区成为我国的能源基地，工业化和城市化进程加快，经济规模快速增长。

2.2 黄河水沙特点

2.2.1 河川径流

1956～2000年系列黄河流域多年平均河川天然径流量为534.8亿m^3，相应径流深71.1 mm(《黄河流域水资源综合规划》)。黄河流域河川径流的主要特点如下：

一是水资源贫乏。黄河流域面积占全国国土面积的8.3%，而年径流量只占全国的2%。流域内人均水量473 m^3，为全国人均水量的23%；耕地亩均水量220 m^3，仅为全国耕地亩均水量的15%。实际上考虑向流域外供水后，人均、亩均占有水资源量更少。

二是径流年内、年际变化大。干流及主要支流汛期7～10月径流量占全年的60%以上，支流的汛期径流主要以洪水形式形成，非汛期11月至次年6月来水不足40%。干流断面最大年径流量一般为最小值的3.1～3.5倍，支流一般达5～12倍。自有实测资料以来，出现了1922～1932年、1969～1974年、1990～2000年连续枯水段，三个连续枯水段年平均河川天然径流量分别相当于多年均值的74%、84%和83%。

三是地区分布不均。黄河河川径流大部分来自兰州以上，年径流量占全河的61.7%，而流域面积仅占全河的28%；龙门至三门峡区间的流域面积占全河的24%，年径流量占全河的19.4%。兰州至河口镇区间产流很少，河道蒸发渗漏强烈，流域面积占全河的20.6%，年径流量仅占全河的0.3%。

2.2.2 洪水

黄河历史上洪涝灾害频繁。黄河洪水按成因可分为暴雨洪水和冰凌洪水两种类型。暴雨洪水主要来自上游和中游,多发生在 6 ~ 10 月,上游洪水主要来自兰州以上,中游的暴雨洪水来自河口镇至龙门区间、龙门至三门峡区间和三门峡至花园口区间(分别简称河龙间、龙三间和三花间,下同)。冰凌洪水主要发生在宁蒙河段、黄河下游,发生的时间分别在 3 月、2 月。黄河兰州以上地区暴雨强度较小,洪水洪峰流量不大,但历时较长,是黄河中下游洪水的重要基流;中游地区暴雨频繁、强度大、历时短,形成的洪水具有洪峰高、历时短、陡涨陡落的特点,是黄河下游的主要成灾洪水。黄河中游较大洪水组成见表 2-2。

表 2-2　黄河中游地区较大洪水峰量组成

(单位:流量,m^3/s;洪量,亿 m^3)

洪水组成	洪水发生年份	花园口		三门峡			三花区间			三门峡占花园口的比例(%)	
		洪峰流量	12 d 洪量	洪峰流量	相应洪水流量	12 d 洪量	洪峰流量	相应洪水流量	12 d 洪量	洪峰流量	12 d 洪量
三门峡以上来水为主,三门峡至花园口区间为相应洪水	1843	33 000	136.0	36 000		119.0		2 200	17.0	93.3	87.5
	1933	20 400	100.5	22 000		91.90		1 900	8.60	90.7	91.4
三门峡至花园口区间来水为主,三门峡以上为相应洪水	1761	32 000	120.0		6 000	50.0	26 000		70.0	18.8	41.7
	1954	15 000	76.98		4 460	36.12	10 540		40.86	29.73	46.92
	1958	22 300	88.85		6 520	50.79	15 780		38.06	29.24	57.16
	1982	15 300	65.25		4 710	28.01	10 590		37.24	30.78	42.93

2.2.3 泥沙

黄河流域是世界上含沙量和输沙量最大的河流,1919 ~ 1960 年人类活动影响较小,基本可代表天然情况,三门峡站实测多年平均输沙量约 16 亿 t,其中粗泥沙($d > 0.05$ mm,下同)约占总沙量的 21%,其淤积量约为下游河道总淤积量的 50%。据 1956 ~ 2000 年统计,黄河龙门、华县、河津、洑头四站合计平均实测输沙量 12.44 亿 t,平均含沙量 34.4 kg/m^3;三门峡站平均实测输沙量 11.2 亿 t,平均含沙量 31.3 kg/m^3。黄河泥沙主要特点有:一是输沙量大,水流含沙量大,多年平均输沙量为 16 亿 t,三门峡站多年平均含沙量为 35 kg/m^3,实测最大含沙量 911 kg/m^3,均是大江大河之最。二是地区分布不均,水沙异源,水量主要来源于兰州以上,沙量主要来自河口镇—龙门区间的中游地区,来水仅占全河的 32%,来沙却占全河的 91%。河口镇以上来水占全河的 54%,来沙仅占 9%,三门峡以下来沙很少。三是年内分配不均,年际变化大。汛期7~10月的来沙量占到全年沙量的90%以上,尤其是7~8月来沙量更为集中,占到全年沙量的71%以上。受降雨径流和人类活动的影响,以及经济社会快速发展,黄河流域水沙关系发生了较大的变化,来水来沙量逐年减少,径流年内分配发生了明显变化,汛期有利于输沙的大流量历时和水量减少,水沙关系仍不协调。

2.2.4 近期水沙变化

由于降雨因素和人类活动对下垫面的影响,以及经济社会的快速发展、工农业生产和城乡生活用水的大幅度增加,河道内水量明显减少,加上水库工程的调蓄作用,使黄河水沙关系发生了以下明显的变化:

一是来水来沙量明显减少。头道拐、花园口站1990~2007年实测平均年水量分别为148.7亿m^3、244.2亿m^3,比1950~1989年实测平均值分别减少40.0%、45.3%。由于中游降雨量减少、暴雨洪水强度减弱、发生频次减少,以及水利水保措施的作用,三门峡站1990~2007年实测输沙量为6.0亿t,比1919~1960年实测平均值16亿t减少了约10亿t,其中降雨因素减沙占50%~60%,水利水保措施作用占40%~50%。分析表明,1990~2007年为枯水枯沙系列,偏枯程度与历史上1922~1932年11年连续枯水段基本相当。现状下垫面条件下,正常降雨年份四站沙量约12亿t。与天然情况相比,近十多年来黄河泥沙的颗粒级配没有发生明显的趋势性变化。

二是径流年内分配发生了明显变化。1919~1960年系列,头道拐、花园口站的实测汛期来水比例分别为62.1%和61.5%。1986年以来,由于龙羊峡、刘家峡等大型水库的调蓄作用和工农业用水的影响,使头道拐、花园口站的汛期来水比例分别下降为38.2%和44.0%。

三是汛期有利于输沙的大流量历时和水量减少。1986年前,潼关站多年平均汛期日均流量大于3 000 m^3/s流量级的历时、相应水量分别为29.8 d、104.0亿m^3,1987~2007年分别减少到3.4 d、10.6亿m^3,水流的输沙动力大大减弱。

四是水沙关系仍不协调。水沙关系不协调是黄河的基本特性,1986年以前潼关站多年平均来沙系数(含沙量和流量的比值)为0.024 $kg \cdot s/m^6$,汛期为0.020 $kg \cdot s/m^6$。1986年以来,虽然来沙量有所减少,但由于黄河水量尤其是汛期水量大量减少,使有利于输沙的大流量历时减少、单位流量含沙量增加,潼关站多年平均来沙系数高达0.034 $kg \cdot s/m^6$,汛期高达0.042 $kg \cdot s/m^6$,且有利于输沙的大流量历时和水量大幅度减少,水沙关系仍不协调。

2.3 水质状况

随着流域治污力度的不断加强,黄河干流水质有明显好转,但流域整体污染的形势依然严峻,主要表现在主要支流如渭河、湟水、汾河、沁河等污染严重,省界水体水质较差,流域水功能区水质达标率依然较低等。黄河严重的水质污染已经对黄河河流生态系统构成了重大威胁,改善黄河水质条件是黄河河流生态系统保护与修复的前提和基础。

根据 2007 年黄河流域水质现状评价结果，黄河流域年均符合Ⅰ类、Ⅱ类水质标准的河长 2 174.0 km，占评价总河长的 16.1%；符合Ⅲ类水质标准的河长 3 708.5 km，占评价总河长的 27.5%；符合Ⅳ类水质标准的河长 2 127.1 km，占评价总河长的 15.8%；符合Ⅴ类水质标准的河长 925.5 km，占评价总河长的 6.8%；劣Ⅴ类水质标准的河长 4 557.6 km，占评价总河长的 33.8%。

2.3.1　黄河干流

黄河干流评价河长 3 613.0 km，年均符合Ⅰ类、Ⅱ类水质标准的河长占评价河长的 10.7%，符合Ⅲ类水质标准的河长占 59.9%，符合Ⅳ类水质标准的河长占 29.4%，无Ⅴ类、劣Ⅴ类水质断面出现。干流Ⅳ类水质主要分布于石嘴山至喇嘛湾、潼关至三门峡等河段。主要污染物为氨氮、化学需氧量、高锰酸盐指数等。

2.3.2　主要支流

主要支流评价河长 9 879.7 km，年均符合Ⅰ类、Ⅱ类水质标准的河长占评价河长的 18.1%，符合Ⅲ类水质标准的河长占 15.6%，符合Ⅳ类、Ⅴ类水质标准的河长分别占 10.8%、9.4%，劣Ⅴ类水质标准的河长占 46.1%。支流污染以湟水西宁至民和河段、大黑河呼和浩特以下河段、汾河太原以下河段、渭河咸阳以下河段，祖厉河、清水河、三川河、延河、涑水河、双桥河、宏农涧河、新蟒河、沁河入黄河段等尤为突出，其水质全年基本为劣Ⅴ类，主要污染物为氨氮、化学需氧量、高锰酸盐指数、五日生化需氧量、挥发酚等。

2.3.3　省界

参加评价的省界断面 30 个，年均符合Ⅰ类、Ⅱ类水质标准的断面占评价省界断面的 23.3%，符合Ⅲ类水质标准的断面占 20.0%，符合Ⅳ类、Ⅴ类水质标准的断面分别占 26.7%、3.3%，劣于Ⅴ类水质标准的断面占 26.7%。劣Ⅴ类水质断面主要分布在山西入黄支流三川河后大成、汾河河津、涑水河蒲州，陕西入黄支流清涧河延川、延河呼家川，甘陕入黄支流渭河吊桥，河南入黄支流宏农涧河坡头、双桥河双桥等河段。

2.3.4　水污染趋势

总体来看，2000～2006 年间黄河流域水体污染状况比 1993～2000 年间有所减轻，水质有一定程度的改善。黄河干流下河沿至乌达桥河段、潼关至三门峡河段、支流湟水西宁至入黄段、汾河太原至入黄段、渭河入黄段各水质站主要水质项目浓度呈上升趋势，耗氧类有机污染呈加重趋势，水质状况趋向恶化。干流小浪底坝下至入海口利津河段、伊洛河、沁河上各水质站主要水质项目浓度呈下降趋势，水质有所改善。黄河干流三湖河口至喇嘛湾段、支流湟水上游、渭河上中游、伊洛河上中游各水质站水质浓度呈无趋势状态，区域水质状况无大的改变。

2.4　河流水生态特征

2.4.1　流域生态特征

2.4.1.1　黄河上游地区

1. 黄河源区

该区具有海拔高、气温低、降水少、干燥等高原大陆性气候特点，社会经济活动相对较弱。青藏高原孕育了独特的生物区系和植被类型，分布、栖息有许多青藏高原特有物种，生物种类相对较为丰富，除湟水谷地分布着温带草原外，绝大部分地区为高寒草甸、灌丛和高寒草原。该区湿地资源丰富，是许多珍稀、特有水禽及土著鱼类——高原冷水鱼的重要栖息地，具有重要的涵养水源功能。受地形地貌、气候等因素影响，黄河源区生态环境具有脆弱性、敏感性、典型性等基本特点。

2. 上游其他区域

河套平原区降水量少，干燥度和蒸发量大，植被类型以耐旱草本植物和农田植被为主，是我国重要的农业生产基地，人类活动频繁；鄂尔多斯高原区气候干旱，风沙地貌，植被覆盖度较低，处于干旱半干旱向湿润区、戈壁沙漠向黄土、荒漠化草原向森林带过渡区域，区内物种种类繁多，且多为单种科和寡种属，生物多样性保护极为重要。高原内盐碱湖泊湿地众多，生境特殊。近些年来，鄂尔多斯高原人类活动频繁，高原植被破坏现象严重。

2.4.1.2　黄河中游地区

黄河中游地区横跨黄土高原、汾渭盆地、崤山、熊耳山、太行山山地等。黄土高原土质疏松深厚，水土流失严重，生态环境脆弱；汾渭盆地气候适宜，土质肥沃，物产丰富，是重要的农业产区，人类活动频繁，植被以农田植被为主；崤山、熊耳山、太行山山地海拔高，是重要自然地理分界线，生境和地形复杂，生物多样性较高。由于泥沙含量大，黄河中游地区水系鱼类组成简单，在平原河段河道宽浅，摆动频繁，形成大面积的河漫滩湿地。

2.4.1.3　下游及河口三角洲地区

在黄河下游地区，黄河流经黄淮海平原、鲁中丘陵、黄河三角洲。黄淮海平原气候温和，地势平坦，是黄河流域重要的农业基地，受人类活动影响，农田生态系统、人工生态系统特征明显。黄河下游主河道淤积严重，旱涝灾害严重，防洪形势严峻。大堤外侧形成大面积的背河洼地（沼泽湿地），呈带状分布于黄河两岸大堤的外侧，湿地物种资源丰富；鲁中丘陵生境复杂，植被覆盖度高，生物多样性较高；黄河三角洲地域广阔，处于海陆生态交错区，生物多样性较高，湿地自然资源丰富。

黄河流域自然概况及生态环境特征见表2-3。

2.4.2　流域重要湿地状况

2.4.2.1　流域湿地概况

黄河流域湿地众多，类型多样，湿地面积约2.5万km^2，河流湿地和沼泽湿地是湿地的主体，湿地生态功能也各不相同，上、中、下游湿地作为流域整体生态系统的重要组成，

表 2-3 黄河流域自然概况及生态环境特征

区域	生态类型	地形地貌	降水蒸发	蒸发量(mm)	气温带	气候	土壤类型	农业土地(万 hm^2)	生态环境特征		
									植被类型	环境特征	生态特征
上游	河源生态	>3 000 m 青藏高原	半干旱区	850	高原区	高原半干旱气候	高山草原土、高山草甸土	230	高寒草原、草甸	地势高,气候寒冷干燥,降雨偏少,日照时数高,人类活动少	以高寒草原植被为主,生物量较大,生产力较低;生境特殊,形成了独特的生物区系,栖息有许多青藏高原特有种;湿地资源丰富,具有重要生态意义;生态环境脆弱
	高原河谷生态	3 300~4 500 m 青藏高原	半湿润区	850	高原区	北亚热带、暖温带等气候	灰钙土、栗钙土、高山草甸土、亚高山草甸土		高寒草甸、草原、阔叶林	气候寒冷、干燥,山势陡峭,河道狭窄,人类活动少	以高寒沼泽化草甸和草本沼泽为主,植被覆盖度较高;生境特殊,形成了独特的生物区系,栖息有许多青藏高原特有种;湿地资源丰富,具有重要生态意义;生态环境脆弱
	河套平原生态	900~1 200 m 鄂尔多斯高原	干旱	1 400~1 800 m	高原区、中温带	大陆性半干旱半湿润气候	灰钙土、灌淤土、棕钙土、盐土等	90	半干旱草原、灌丛	干燥度和蒸发量大,降水量少,河道宽广,人类活动干扰严重	是重要的灌溉农业区,农业生态系统特征明显;植被类型丰富,以半干旱草原、干旱荒漠草原、农田植被为主
	鄂尔多斯高原生态	1 300~1 500 m 鄂尔多斯高原	干旱	1 400~1 800 m	中温带	温带季风区	棕钙土、黄绵土、风沙土		半干旱草原、灌丛	气候干旱,风沙地貌,风蚀严重,高原内盐碱湖泊众多	位于生态地理过渡带,具有复杂多样的环境条件和生态特点,生境独特;内陆盐沼湿地资源丰富,盐碱湖内的部分生物种类为黄河流域特有种;生态环境脆弱

续表 2-3

区域	生态类型	地形地貌	降水蒸发	蒸发量(mm)	气温带	气候	土壤类型	农业土地(万 hm^2)	生态环境特征		
									植被类型	环境特征	生态特征
中游	黄土高原生态	1 000 ~ 2 000 m 黄土高原	半湿润区	900 ~ 1 400	中温带	暖温带半干旱气候区	黄绵土、潮土	250	灌丛和矮林	气候干旱,蒸发量大,土质疏松	植被覆盖度较低,生产力不高,生物多样性较低,生态环境脆弱,水土流失严重
	汾渭平原生态	325 ~ 800 m 汾渭盆地	半湿润、湿润区	900 ~ 1 200	南温带	半湿润半干旱区	黄垆土、潮土、褐土等	250	阔叶林	水资源丰富,气候适宜,土质肥沃,人为干扰严重	是重要的农业区,农田生态系统特征明显,农业生产对流域水资源耗用量较大
	山地生态	1 000 m 以上 太行山、秦岭余脉	半湿润区	700	南温带	暖温带山地季风气候	棕壤土、褐土、潮土		阔叶林	海拔高,地形复杂,是重要自然地理分界线	位置重要,生境类型复杂,植被类型多样,生物多样性较高
下游	下游冲积平原生态	<100 m 黄淮海平原	半湿润区	1 000 ~ 1 200	南温带	暖温带大陆性季风区	潮土	25	阔叶林	气候温和,水资源紧张,地势平坦,河道宽阔,泥沙淤积严重,人为干扰严重	是重要的农业区,农田生态系统、人工生态系统特征明显,旱涝灾害严重。湿地呈带状分布,物种丰富
	鲁中丘陵生态	400 ~ 1 000 m 鲁中山地	半湿润区	1 000 ~ 1 200	南温带	暖温带大陆性季风区	黄垆土、褐土		阔叶林	气候温和,湿润,人为活动频繁	生境复杂,植被覆盖度较高,生物多样性较高
	河口三角洲生态	<15	半湿润区	1 000 ~ 1 200	南温带	暖温带半湿润大陆性季风气候区	滨海盐土、潮土		草本沼泽	地势平坦,气候温和,淡水资源贫乏,成陆时间短	咸淡水生境交替,为典型的生态交错区,生物多样性较高,湿地自然资源丰富,生态环境脆弱

各自发挥着不同的生态功能与效应。

黄河流域重要湿地主要分布于源区、宁蒙地区、中下游河道和河口区等,是流域生物多样性最为集中和丰富的区域,对维持流域生态平衡和河流健康具有重要意义,是流域生态系统应优先保护的对象。其中,黄河源区湿地占流域湿地总面积的 40.9%,占源区总面积的 8.4%,是流域重要的水源涵养地。国家将源区湿地定位为对维持国家生态安全具有重要意义的“水源涵养重要区”,并划定了三江源、若尔盖等湿地自然保护区,是源区生态保护的重点。受气候变化和人类活动等影响,1986 年至现状年黄河源区湿地面积减少 20.8%,高于流域湿地平均退化速率。上游河道外湿地主要包括宁夏平原湿地、内蒙古平原湿地和毛乌素沙地湿地,位于西北干旱半干旱区,区域水资源贫乏。其中宁夏平原湿地、内蒙古平原湿地水源主要通过引黄灌溉退水补给,大部分为人工和半人工湿地;毛乌素沙地湿地位于黄河闭流区,浅层地下水埋藏较浅,多为盐、碱湖沼和淡水湖泊,与黄河无水力联系,位于国家生态功能区划的“毛乌素沙地防风固沙重要区”。

黄河干流沿黄湿地属洪漫湿地,具有蓄水滞洪、保护生物多样性、净化水质等功能,湿地布局与黄河水文情势变化密切相关,沿主河道向两侧主要分布有水域、沼泽、草地、农田、林地等生态类型,其中水域、沼泽是其核心生境单元。受黄河特殊水沙条件、河势摆动等影响,沿黄洪漫湿地具有动态性、季节性、受人类活动干扰强等特点。

黄河河口湿地是我国主要江河河口中最具重大保护价值的生态区域之一,在我国生物多样性维持中具有重要地位,受河口水沙冲淤变化、入海流路摆动等影响,黄河河口湿地具有动态演变特点。黄河三角洲自然保护区是全国最大的河口自然保护区,其淡水湿地对维持河口地区水盐平衡、提供鸟类栖息地、维护生态平衡等具有重要生态功能。1992 年至现状年,受来水减少、人为干扰等因素影响,保护区淡水湿地面积减少约 50%。近年来实施黄河水量统一调度及湿地修复工程,淡水湿地面积减少和功能退化问题有所缓解。

黄河流域重要湿地的景观生态特征见表 2-4。

表 2-4　黄河流域重要湿地景观生态特征

湿地	主要生态功能			主要生态问题	主要威胁因子	主要影响因子	与黄河水力关系
	湿地或直接对湿地产生影响涉水区域主体功能	流域/区域功能	地方功能				
源区湿地	涵养水源	维持生物多样性、维护流域生态平衡调节区域气候,国际重要鸟类迁徙通道,土著鱼类和陆生动物主要栖息地	提供经济产品,生态旅游	沼泽湿地退化,湖泊湿地萎缩	气候干旱化	气候变化	补给黄河水

续表 2-4

湿地	主要生态功能			主要生态问题	主要威胁因子	主要影响因子	与黄河水力关系
	湿地或直接对湿地产生影响涉水区域主体功能	流域/区域功能	地方功能				
上游湖泊湿地	维持区域生态平衡，生物多样性保护	调节区域小气候，调蓄洪水和农灌退水，渔业资源保护	提供社会与经济服务，净化水质，旅游开发	水质污染，湖泊沼泽化	水资源补给不足，人类活动频繁	水资源补给	靠黄河间接为其提供水资源
上游水库湿地	调蓄洪水，发电，生物保护	维持局部生态平衡	调节小气候，旅游开发	湿地退化	湿地围垦、旅游开发、人类活动	黄河水沙条件、水库运用方式	黄河干流水库
中下游河流湿地	洪水滞蓄，净化水质，鸟类保护	提供鸟类栖息地，维持区域生物多样性，维持区域生态平衡	调节气候，提供农业服务，旅游开发	湿地退化	湿地围垦等人类活动	黄河水资源量，黄河河势变化，人类活动强度	靠黄河水漫滩、侧渗补给湿地
河口湿地	维持生物多样性，珍稀鸟类栖息地，鱼类洄游通道和产卵场	维护流域生态安全，调节区域气候，维持河口生态稳定，防止海水入侵，国际候鸟迁徙中转通道	防止土地盐碱化，旅游开发等，渔业养殖	淡水沼泽和滩涂湿地退化	黄河来水来沙量减少，工业和城市化干扰，水利堤防和道路生物阻隔	黄河水沙条件，黄河入海流路变化	黄河水沙是湿地形成和维持的关键

2.4.2.2　流域湿地重要保护目标

国家相关管理部门在黄河流域划定了一系列不同级别的湿地自然保护区，这些区域是黄河流域湿地的典型代表与重要保护目标，见表 2-5。

2.4.3　水生生物状况

由于泥沙含量大，透明度低，水极度混浊，阳光难以透射进入，并且黄河水流湍急，底质多为泥沙、石砾或石底，缺乏腐殖质，所以黄河与其他河流相比，浮游植物、浮游动物、底栖生物种类和数量相对贫乏，生物量较低。

2.4.3.1 浮游植物

黄河干流浮游植物总量很低(小于 1 mg/L),黄河干流各河段共检出浮游植物 9 门 303 种属,其中硅藻门最多,106 种,占 35.0%;绿藻门次之,101 种,占 33.3%。上游水质清澈但水温低,浮游植物生物量低,种类以硅藻为主;黄河中游段各水体的环境条件变化很大,浮游植物情况也相差悬殊,浮游植物总量平均为 0.373 mg/L,在组成上仍以硅藻为主,支流浮游植物总量变化范围为 1 ~ 8 mg/L,在组成上以硅藻和甲藻为主;黄河下游进入宽广的冲积平原,比降减小,流速变缓,泥沙大量沉积,浮游植物量平均 0.475 mg/L,稍高于上游,在组成上以硅藻、甲藻和绿藻为主。

表 2-5　黄河重要保护湿地

区域	湿地保护区名称	国家相关定位和要求		主要生态功能	与黄河的关系	保护级别
源区	青海三江源湿地(黄河源部分)	水源涵养生态功能区、水功能区的保护区和保留区、国家限制开发区	国家水源涵养生态重要区	涵养水源、保护生物多样性、调节气候,维护流域生态平衡	是黄河流域重要水源涵养地	国家级
	四川曼则塘湿地					省级
	四川若尔盖湿地					国家级
	甘肃黄河首曲湿地					省级
上游	甘肃黄河三峡湿地	土壤保持生态功能区		社会服务、生物多样性	黄河干流水库库区	省级
	宁夏青铜峡库区湿地	农产品提供生态功能区		保护生物多样性		
	宁夏沙湖湿地			社会服务、调节小气候	黄河农灌退水补给湿地	
	内蒙古乌梁素海湿地			保护生物多样性、调节区域小气候		
	包头南海子湿地			社会服务、生物多样性	黄河漫滩、侧渗补给湿地	
	内蒙古杭锦淖尔湿地			保护生物多样性		
中游	陕西黄河湿地	农产品提供		保护生物多样性、净化水质、提供社会经济服务		省级
	山西运城湿地	农产品提供、水源涵养				省级
	河南黄河湿地	水源涵养				国家级
下游	郑州黄河湿地	农产品提供		保护生物多样性、洪水滞蓄		省级
	新乡黄河湿地					国家级
	开封柳园口湿地					省级
河口	黄河三角洲湿地	生物多样性保护、水功能区保留区	国家生物多样性保护重要区	保护生物多样性、防止海水入侵、调节气候,维护流域生态平衡	黄河漫滩、侧渗和引黄河水补给湿地	国家级

2.4.3.2　浮游动物

黄河干流浮游动物量0.128 mg/L。上游浮游动物量很低，平均0.105 mg/L，在组成上以桡足类和轮虫为主，支流扎陵湖和鄂陵湖仅0.158 mg/L和0.330 mg/L；中游浮游动物量平均0.039 mg/L，较上游更低，支流变化更大，从不到1 mg/L到4 mg/L之间变化，在组成上大多以桡足类或枝角类占优势；下游浮游动物量表现出上升的趋势，平均0.295 mg/L，远高于上游段和中游段。

2.4.3.3　底栖动物

黄河水系底栖动物生物量按各水体的生物量高低大体可分为三种类型：上游扎陵湖、鄂陵湖和刘家峡水库地处高寒地带，底栖生物量在0.1～1 g/m^2；中游除两套平原外，处于黄河冲刷地带，水流过急或泥沙淤积较大，底栖生物量在2～10 g/m^2；下游地势低，温度适宜，水质肥美，有大量的软体动物，底栖生物量在100 g/m^2。

2.4.4　鱼类状况

2.4.4.1　鱼类种类

受黄河水沙条件、水体物理化学性质、饵料生物、上中下游生境异质性等生存条件的影响，黄河鱼类种类相对来说较为丰富，但资源量相对较低。

20世纪50、60年代调查：中国科学院李思忠根据1958年调查结果、相关文献及1962～1963年的补充调查结果，对黄河鱼类区系进行了探讨，黄河水系鱼类共有27科96属153种，其中黄河干流鱼类152种。本时期黄河干流列入《国家重点保护水生野生动物名录》和《中国濒危动物红皮书》的鱼类分别为4种和8种。

20世纪80年代调查：根据原国家水产总局组织的“黄河水系渔业资源调查”项目调查结果，黄河流域渔获种类191种和亚种，种类组成以鲤科、鳅科鱼类为主。黄河干流的鱼类有125种和亚种，种类以鲤科鱼类为主，其次是鰕鯱鱼科。上游最少，共计16种，以裂腹鱼亚科和鮈亚科、雅罗鱼亚科及条鳅亚科的鱼类为主。本时期黄河干流列入《国家重点保护水生野生动物名录》和《中国濒危动物红皮书》的鱼类分别为1种和6种，土著鱼类24种。

根据中国水产科学院黄河水产研究所2002年以来的调查成果，黄河干流目前共采集到鱼类标本47种，以鲤科鱼类占绝对优势，共24种。但最近几年，随着黄河水质改善和黄河生态调度的深入开展，截至2010年，黄河干流重点河段共采集到鱼类标本82种，隶属于13目23科。在区域分布上，下游下降到48种属，中游下降到49种属，上游增加到23种属。本时期列入黄河干流《中国濒危动物红皮书》的鱼类3种，国家级保护鱼类，土著鱼类15种。

黄河干流土著鱼类和列入《国家重点保护水生野生动物名录》和《中国濒危动物红皮书》的鱼类分布情况见表2-6。

2.4.4.2　鱼类资源量

黄河干流半个世纪以来的鱼类资源的变化规律是，20世纪50～60年代，鱼类资源丰富、产量高，70年代急剧下降，到80年代更低，与50年代相比渔业产量下降80%～85%。

新中国成立初期，黄河干流的鱼类资源丰富，甘肃境内的玛曲河段，20世纪50年代末，年捕鱼量达 220 t，60 年代中期，年产鱼 177 t。宁夏的吴忠至内蒙古自治区磴口河段，在 50 ~ 60 年代，平均年捕鱼量约 120 t。陕西省潼关港口黄渭交汇地区，50 年代年产鱼 30 ~ 40 t（仅港口渔业队产量）。黄河山东省段 1952 ~ 1959 年，年捕鱼量约 500 t，1964 年达 1 000 t 以上。

表 2-6　黄河干流保护鱼类情况

<table>
<tr><th>科</th><th>种</th><th>分布情况</th><th>备注</th></tr>
<tr><td rowspan="5">鲤</td><td>扁咽齿鱼</td><td>上游</td><td>易危鱼类</td></tr>
<tr><td>骨唇黄河鱼</td><td>上游</td><td>濒危鱼类</td></tr>
<tr><td>拟鲇高原鳅</td><td>上游</td><td>易危鱼类</td></tr>
<tr><td>厚唇裸重唇鱼</td><td>上游（见于循化河段）</td><td rowspan="16">土著鱼类</td></tr>
<tr><td>瓦氏雅罗鱼</td><td>上游（见于刘家峡库区，
发现 1 尾，靖远、青铜峡）、中游</td></tr>
<tr><td>鲇</td><td>兰州鲇</td><td>上游、中游、下游</td></tr>
<tr><td rowspan="7">鳅</td><td>拟鲇高原鳅</td><td>上游</td></tr>
<tr><td>拟硬刺高原鳅</td><td>上游</td></tr>
<tr><td>黄河高原鳅</td><td>上游</td></tr>
<tr><td>硬刺高原鳅</td><td>上游</td></tr>
<tr><td>黄河高原鳅</td><td>上游、中游</td></tr>
<tr><td>东方高原鳅</td><td>上游</td></tr>
<tr><td>施氏高原鳅</td><td>中游</td></tr>
<tr><td rowspan="6">鲤</td><td>花斑裸鲤</td><td>上游、中游、下游</td></tr>
<tr><td>刺鮈</td><td>上游、中游</td></tr>
<tr><td>鲫鱼</td><td>上游、中游、下游</td></tr>
<tr><td>瓦氏雅罗鱼</td><td>上游（见于刘家峡库区，发现
1 尾，靖远、青铜峡）、中游</td></tr>
<tr><td>麦穗鱼</td><td>上游、中游、下游</td></tr>
<tr><td>餐条</td><td>中游、下游</td></tr>
</table>

进入 20 世纪 70 年代，黄河干流中的鱼产量急剧下降，玛曲河段，70 年代中期平均年捕鱼量约 100 t，到 80 年代年捕鱼量不到 50 t，与 50 年代相比约占 22%；黄河宁夏河段，80 年代捕鱼量不到 50 t，与 50 年代相比约占 41%；黄河港口地区，1962 ~ 1970 年渔业队年产量 15 ~ 20 t，1971 ~ 1980 年年产量不到 5 t，与 20 世纪 50 年代相比占 12.5% ~ 16.7%，特别是 1978 年，年产量不到 0.5 t，与 50 年代相比占 1.3% ~ 1.7%。

1981 年至今，黄河港口地区三十余年产量急剧下降，如今已无鱼可捕。山东段，80 年代捕鱼量不足 150 t。鲚鱼在 20 世纪 50 ~ 60 年代，年产 50 t 至几百吨，现在几乎捕不到。

2.4.4.3　产卵场

黄河上游特殊的地理环境、气候特点形成了适应高原生境的黄河特有土著鱼类，龙羊峡以上河段是其集中分布区，上游鱼类区系组成以中亚高山复合体为主；黄河中、下游鱼类区系以中国江河平原复合体等为主，鱼类种类较多，大部分是广布种，下游河口洄游性鱼类占较高比例。

其中，龙羊峡以上河段，湿地资源丰富、河流水系发达，是黄河特有土著鱼类和珍稀濒危鱼类的集中分布河段，也是我国特有鱼类的重要集中分布区；龙羊峡至刘家峡河段，梯级水电站的建设使该河段鱼类栖息条件发生了较大变化，流水和急流性鱼类产卵场被破坏，洄游性鱼类洄游通道被阻隔，导致土著鱼类种类减少、种群数量下降。同时，由于环境条件的变化和人工养殖业的发展，鱼类区系组成发生了改变，生物入侵现象明显；刘家峡至头道拐河段，泥沙含量急剧增大，水体浑浊，鱼类组成上发生了较大的变化，滤食性鱼类急剧减少，该河段的代表性鱼类有兰州鲇等；头道拐至龙门河段，水体泥沙含量大，致使该河段鱼类组成极为简单，且数量较少，小型鱼类和鳅科鱼类较多，无珍稀濒危鱼类分布；龙门至高村河段，是黄河土著鱼类黄河鲤的重要栖息地；高村至入海河段溯河洄游鱼类较多，代表性鱼类为刀鲚、鲻鱼和梭鱼，目前刀鲚数量较少，近几年调查未发现。

根据近几年调查结果，参考历史资料，确定黄河干流主要鱼类产卵场分布见表 2-7。

表 2-7　黄河干流主要代表鱼类产卵场分布

主要鱼类	产卵场分布
花斑裸鲤、极边扁咽齿鱼	主要分布于鄂陵湖、扎陵湖以上干流、支流及附属的湖泊中
大型高原鱼类	主要分布在龙羊峡以上天然河道较为宽阔的回水湾，如羊曲湾、大米滩、拉家寺、玛曲、甘德、黑河、白河等。另外，在洮河、大夏河二三级支流中也有零星产卵场分布。大型高原鱼类主要包括花斑裸鲤、黄河裸裂尻、厚唇裸重唇鱼、骨唇黄河鱼、极边扁咽齿鱼；一般认为拟鲇高原鳅产卵场分布于寺沟峡以上、黄河干流峡谷激流中
鲤鱼、鲫鱼	主要分布在龙羊峡库区的沙沟河及恰布恰河口、刘家峡库区的洮河口、靖远、青铜峡库区、万家寨、三盛公、陶乐、天桥、潼关、三门峡、小浪底、伊洛河口、东平湖、利津等
鲶科鱼类	主要分布在刘家峡库区、青铜峡库区、石嘴山、乌海、河曲、禹门口到潼关、三门峡库区、小浪底库区、伊洛河口、开封附近、济南、东平湖等
黄河雅罗鱼	主要分布在青铜峡库区、万家寨、三盛公、天桥、秃尾河口等
鮈亚科鱼类	主要分布在黑三峡至石嘴山河段的沙质河床中
产漂浮性卵鱼类	主要分布在青铜峡坝下至三盛公、伊洛河口至济南两个河段。鱼类主要包括花鲢、白鲢、草鱼、赤眼鳟等
鲴亚科鱼类	主要分布在伊洛河口至济南河段，呈点状分布
河口鱼类	主要分布在黄河入海口、济南、东平湖口一带
鮠科鱼类	主要分布在郑州以下至济南河段

2.4.4.4　种质资源保护区

为维护黄河水生生物多样性，保护水产种质资源及其生存环境，截至 2012 年，农业部在黄河干流划定了 14 个国家级种质资源保护区，主要分布在刘家峡以上、下河沿至头道拐、龙门至潼关、小浪底至花园口等河段，其中刘家峡以上河段以保护拟鲇高原鳅、花斑裸鲤等高原冷水鱼及其栖息地为主，其他河段以保护兰州鲇和黄河鲤等土著、经济鱼类及栖息地为主，见表 2-8。

表 2-8　黄河干流国家级水产种质资源保护区基本情况

批次	保护区名录	分布河段（湖泊）	面积或者河长	重点保护对象
首批	黄河上游特有鱼类国家级水产种质资源保护区	龙羊峡以上河段	总面积 320 km^2，总河长 926 km，其中黄河干流河长 429 km	拟鲇高原鳅、骨唇黄河鱼、极边扁咽齿鱼、花斑裸鲤、黄河裸裂尻鱼、黄河高原鳅等高原冷水鱼
	黄河刘家峡兰州鲇国家级水产种质资源保护区	刘家峡库区河段	总面积 10 km^2，总河长约 23 km，其中库区约 7 km	兰州鲇、黄河鲤、拟鲇高原鳅等
	黄河卫宁段兰州鲇国家级水产种质资源保护区	青铜峡库区河段	总面积 154 km^2，总河长约 180 km	兰州鲇等
	黄河青石段大鼻吻鮈国家级水产种质资源保护区	青铜峡至石嘴山河段	总面积 231 km^2，总河长约 160 km	大鼻吻鮈、北方铜鱼等
	黄河鄂尔多斯段黄河鲇国家级水产种质资源保护区	鄂尔多斯河段	总面积 315 km^2，总河长约 786 km	兰州鲇、黄河鲤等
	黄河郑州段黄河鲤国家级水产种质资源保护区	伊洛河口至花园口河段	总面积 178 km^2，总河长约 118 km	黄河鲤等
第二批	扎陵湖、鄂陵湖花斑裸鲤极边扁咽齿鱼国家级水产种质资源保护区	扎陵湖、鄂陵湖	总面积 1 142 km^2	花斑裸鲤、极边扁咽齿鱼等
	黄河恰川乌鳢国家级水产种质资源保护区	恰川河段	总面积 258 km^2	乌鳢、黄河鲤等

续表 2-8

批次	保护区名录	分布河段（湖泊）	面积或者河长	重点保护对象
第三批	黄河尖扎段特有鱼类国家级水产种质资源保护区	尖扎段	面积 97.32 km^2，其中核心区面积 37.97 km^2	黄河裸裂尻鱼、拟鲇高原鳅，其他保护对象包括骨唇黄河鱼、厚唇裸重唇鱼、花斑裸鲤、极边扁咽齿鱼、黄河雅罗鱼等
第四批	黄河黑山峡河段国家级水产种质资源保护区	黑山峡河段	总面积 41.50 km^2，河长 41.5 km	兰州鲇、黄河雅罗鱼、北方铜鱼、赤眼鳟、黄河鲤、鲫
	黄河贵德段特有鱼类国家级水产种质资源保护区	贵德河段		
第五批	黄河滩中华鳖国家级水产种质资源保护区	大荔县河段	保护区面积 3 750 hm^2，其中核心区面积 2 200 hm^2，试验区面积 1 550 hm^2	野生中华鳖、黄颡鱼等
	黄河景泰段特有鱼类国家级水产种质资源保护区	景泰段		
	黄河中游禹门口至三门峡段国家级水产种质资源保护区	禹门口至三门峡段		黄河鲤鱼、黄河鲶鱼

2.4.4.5 鱼类变化特点

与 20 世纪 50、60 年代与 80 年代相比，黄河干流鱼类发生了较大变化，主要表现在：

（1）国家重点保护鱼类和濒危、土著鱼类种类减少。

20 世纪 50、60 年代黄河水系有国家重点保护水生野生动物 4 种、濒危鱼类 8 种（见表 2-8），80 年代国家重点保护水生野生动物 1 种、濒危鱼类 6 种，本次调查濒危鱼类 3 种，未发现国家级重点保护水生野生动物。20 世纪 80 年代土著鱼类为 24 种，本次调查仅发现 15 种，土著鱼类种类也在减少。

（2）鱼类种类急剧减少、组成发生很大变化。

20 世纪 50、60 年代黄河干流鱼类种数为 153 种，80 年代黄河干流为 125 种，本次调查干流共有鱼类 47 种，鱼类种数急剧减少；从鱼类构成分析，20 世纪 50、60 年代，上游种类 27 种，中游 17 种，下游最多，为 134 种。20 世纪 80 年代调查，黄河上游鱼类种类仅 16

种,区系组成简单,仅有鲤科、鳅科两个科,中下游鱼类种类多,有147种;而本次调查上游鱼类达6科20种,中游仅7科26种,下游仅5科16种,上、中、下游鱼类构成发生很大变化。

(3)区系组成发生明显变化。

近半个多世纪以来,黄河干流的鱼类区系组成虽然仍以鲤科鱼类为主,但其区系组成的变化是明显的。在黄河干流原有的自然分布鱼类,现已很难找到其踪迹。如20世纪50、60年代黄河下游及河口有中华鲟、白鲟的分布,但80年代和本次调查均未发现有分布;而一些原来没有自然分布的鱼类,现在却有了一定的自然分布,例如:60年代以前在宁蒙河段内并没有鲢、鳙、草、鳊、鲂等江河平原复合体鱼类的分布,以及在青海河段没有第三纪早期复合体的鲤、鲫鱼类的分布,在80年代以后的调查中,可采到一定量的鱼类标本。

2.4.4.6 鱼类种质资源减少原因

从前面分析可知,黄河鱼类资源自20世纪80年代以来大幅度减少,鱼类种质资源数量减少约42%。黄河干流鱼类资源量及物种数量急剧减少除受不合理捕捞、大坝阻隔、栖息地破坏、气候变化因素影响外,河川径流条件的变化和水质恶化也是一个重要的原因。

1.河川径流条件改变

流量及流量过程对河流生态系统中的水生生物尤其是鱼类至关重要,是鱼类栖息、繁殖、生长发育的决定性因素,鱼类的产卵活动与其特定产卵场的环境尤其水文状况有较密切的关系,如黄河鲤鱼自然繁殖就对水温、水流等有一定的要求。已有的鱼类生理学研究成果表明,鱼类产卵场形态和水流条件的改变,是鱼类种群数量急剧消减、鱼类资源萎缩和个体物种消失的重要原因。如果鱼类产卵生境的水流变化(如鱼类亲鱼性腺受水流流速变化刺激,产卵场的水流、水位及河流形态、植被的关联)超出生理条件阈值,鱼类就会产生繁殖过程的隔断,造成鱼类种群的萎缩甚或消失,并产生鱼类物种乃至资源的消亡。

在过去几十年中,黄河中下游代表断面在12月至次年3月的月均流量变化并不显著,而且由于1986年以后凌汛期槽蓄水量的增加,2~3月月均流量甚至有所增大;但中下游在维持鱼类产卵敏感时段(4~7月)内的流量和流量过程是有明显变化的,从生态学干扰的理论来分析,鱼类繁殖敏感时段的生境引水量和水量过程的影响,是鱼类种群和资源萎缩的重要干扰因素;而漫滩洪水发生频率的降低和利津断面各月流量的大幅度减少,造成的黄河下游产黏性卵鱼类重要产卵场的破坏及河口洄游鱼类洄游通道的破坏,是黄河下游黄河鲤、河口刀鲚等珍贵鱼类资源减少的重要原因。

2.水质恶化

良好的水质是鱼类健康生长的必要条件,水污染是黄河鱼类保护面临的主要威胁因子,黄河水质直接影响着黄河水生生物的繁殖及栖息。《地表水环境质量标准》(GB 3838—2002)依据地表水水域环境功能和保护目标,规定Ⅱ类适用于珍稀水生生物栖息地、鱼虾类产卵场、仔稚幼鱼的索饵场等;Ⅲ类适用于鱼虾类越冬场、洄游通道、水产养殖区等渔业水域及游泳区。

从时段上,20世纪80年代前期鱼类种类和数量较50年代大幅度减少,主要原因是过度捕捞、大坝阻隔和局部水质恶化;90 年代鱼类状况进一步恶化,是水质恶化、水文情势变化(漫滩洪水减少、5～10 月流量减少、高含沙洪水等)、不合理捕捞等因素共同作用的结果。从河段上,上游鱼类保护的主要威胁因子是大坝阻隔、过度捕捞、水质污染和气候变化造成的栖息地破坏,中下游是水质污染、水文情势变化、过度捕捞,河口是水利工程阻隔、入海水量减少、水质污染等。

2.5　黄河干流功能性需水组成

2.5.1　生态保护目标识别

根据水利部全国水生态分区,黄河干流分属于三江源、黄土高原、宁蒙灌区、汾渭谷地、太行山燕山伏牛山、黄河海河平原等水生态二级区。在此基础上,据河流上下游不同敏感生态问题及重要控制结点的分布状况,结合省区边界、水资源二级区边界等,把黄河干流划分为 7 个河段。由于不同河段所在区域地形地貌、气候降雨、土壤植被、水文水资源等的差异,加之人类干扰的不同,造就了其不同的水生态特征,也具有不同的生态功能定位与生态保护目标。结合流域水生态特征,分析识别不同河段的水生态保护目标,见表 2-9。

表 2-9　黄河流域河流规划单元划分及基本情况

河段	长度(km)	集水面积(km^2)	多年平均天然径流量(万 m^3)	水生态分区	敏感生态目标
龙羊峡以上	1 685.7	13.13	205.15	三江源	1. 湿地自然保护区:①青海三江源国家级自然保护区;②四川若尔盖湿地国家级自然保护区;③四川曼则塘湿地省级自然保护区;④甘肃首曲湿地省级自然保护区。 2. 国家级水产种质资源保护区:①黄河上游特有鱼类水产种质资源保护区;②扎陵湖、鄂陵湖花斑裸鲤极边咽齿鱼水产种质资源保护区等。 3. 黄河上游特有土著鱼类“三场”、洄游通道等重要栖息地
龙羊峡至兰州	433.3	9.11	329.89	黄土高原	1. 甘肃三峡湿地省级自然保护区; 2. 黄河特有土著鱼类花斑裸鲤、黄河裸裂尻、厚唇裸重唇鱼、兰州鲇等鱼类及其栖息地
兰州至下河沿	793	5.12	325	黄土高原	靖远、黑山峡河段黄河土著鱼类北方铜鱼、大鼻吻鮈产卵场

续表 2-9

河段	长度 (km)	集水面积 (km^2)	多年平均天然径流量 (万 m^3)	水生态分区	敏感生态目标
下河沿至河口镇	559.2	11.24	331.75	宁蒙灌区	1. 宁夏青铜峡库区湿地省级自然保护区、内蒙古杭锦淖尔自然保护区、内蒙古南海子自然保护区； 2. 黄河卫宁段兰州鲇水产种质资源保护区、黄河青石段大鼻吻鮈水产种质资源保护区、黄河鄂尔多斯段黄河鲇水产种质资源保护区
河口镇至龙门	725	11.13	332	黄土高原	1. 黄河壶口瀑布风景名胜区； 2. 万家寨水源地； 3. 兰州鲇、黄河鲤及其栖息地
龙门至花园口	499.2	23.28	532.78	汾渭谷地、太行山、燕山、伏牛山	1. 陕西黄河湿地省级湿地自然保护区、山西运城湿地省级湿地自然保护区、河南黄河湿地国家级湿地自然保护区； 2. 黄河恰川乌鳢国家级水产种质资源保护区、黄河郑州段黄河鲤国家级水产种质资源保护区(所在河段黄河鲤的重要产卵场、索饵场、越冬场)； 3. 合阳洽川国家级风景名胜区
花园口以下	767.7	2.26	534.79	黄河、海河平原	1. 黄河三角洲国家级自然保护区、郑州黄河湿地省级自然保护区、新乡黄河湿地国家级自然保护区、开封柳园口湿地省级自然保护区等； 2. 河口洄游鱼类洄游通道

2.5.2　功能性生态需水组成分析

黄河干流河道是连接流域各支流及主要生态斑块的纽带，是主要的生态廊道。根据河流生态特征、主体生态功能、主要生态保护目标分布及不同区域水资源支撑条件等，识别黄河干流功能性生态需水组成主要包括维持河流连通性的生态基流需水、输沙用水、自净需水、河流湿地需水、鱼类需水、重要景观需水等。黄河功能性不断流首先要满足维持河流生境连通性的生态用水需求或被称作河流低限生态用水，其次是在此基础上，满足敏感生态保护目标的生态用水需求。

黄河干流不同河段的功能定位与功能性不断流生态需水组成见表 2-10。

表 2-10　黄河干流不同河段功能性不断流生态需水组成

<table>
<tr><th>河段</th><th>主体生态功能</th><th>主要保护对象</th><th>生态需水组成及要求</th></tr>
<tr><td>龙羊峡以上</td><td>1. 水源涵养；
2. 物种多样性保护；
3. 河湖生境保护</td><td>1. 湖泊、沼泽、草甸、河流等湿地；
2. 黄河上游特有土著鱼类“三场”、洄游通道等重要栖息地；
3. 中国特有种、国家级保护动物黑颈鹤的重要繁殖地</td><td>1. 鱼类需水：重点为 4 ~ 9 月；
2. 河道基流：维持河流连通性及天然状态</td></tr>
<tr><td>龙羊峡至兰州</td><td rowspan="2">1. 物种多样性保护；
2. 水域景观维护；
3. 拦沙保土</td><td>1. 水库湿地；
2. 黄河特有土著鱼类花斑裸鲤、黄河裸裂尻、兰州鲇等土著鱼类及其栖息地</td><td rowspan="2">1. 河道基流：维持河流生境连通性；
2. 鱼类需水：维护重点河段敏感期 4 ~ 9 月生态需水；
3. 自净需水：保证河流基本水功能的水量</td></tr>
<tr><td>兰州至下河沿</td><td>黄河土著鱼类北方铜鱼、大鼻吻鮈及栖息地</td></tr>
<tr><td>下河沿至河口镇</td><td>1. 地表水供水保障；
2. 河湖生境形态保护；
3. 物种多样性保护</td><td>1. 沿河洪漫湿地；
2. 黄河特有土著鱼类（兰州鲇、黄河鲤、大鼻吻鮈等）栖息地；
3. 水源地</td><td>1. 河道基流：维持河流生境连通性；
2. 输沙用水；
3. 鱼类需水：维护重点河段敏感期 4 ~ 9 月生态需水；
4. 湿地需水：每年有一定量级洪水补给</td></tr>
<tr><td>河口镇至龙门</td><td>1. 拦沙保土；
2. 水域景观维护</td><td>黄河壶口瀑布风景名胜区</td><td>1. 河道基流：维持河流生境连通性；
2. 河流景观用水：维护壶口瀑布的自然性</td></tr>
<tr><td>龙门至花园口</td><td>1. 河湖生境形态、保护；
2. 物种多样性保护；
3. 拦沙保土</td><td>1. 沿黄洪漫湿地；
2. 黄河特有土著鱼类及栖息地；
3. 合阳洽川国家级风景名胜区</td><td>1. 河道基流：维持河流生境连通性；
2. 鱼类需水：维护重点河段敏感期 4 ~ 9 月生态需水；
3. 湿地需水：每年有一定量级洪水补给；
4. 自净需水：保证河流基本水功能的水量</td></tr>
<tr><td>花园口以下</td><td>1. 洪水调蓄；
2. 地表水供水保障；
3. 物种多样性保护；
4. 河湖生境形态保护</td><td>1. 沿河洪漫湿地；
2. 河口三角洲湿地；
3. 河口洄游鱼类</td><td>1. 河道基流：维持河流生境连通性；
2. 输沙用水；
3. 鱼类需水：维护重点河段敏感期 4 ~ 9 月生态需水；
4. 湿地需水：每年有一定量级洪水补给</td></tr>
</table>

2.6　重要支流流域概况

黄河支流众多,直接入黄的一级支流有 111 条,其中流域面积大于 1 000 km^2的支流有 76 条。按照自然特点与流域开发的要求,黄河的主要支流大体上可分为四种类型。第一类是具有水资源利用和保护、防洪、水土保持等综合利用要求的支流,如渭河、伊洛河、沁河等;第二类是以水资源开发利用和保护为主,兼有其他综合利用要求的支流,如湟水、汾河等;第三类是以水土保持为主,兼有其他综合利用要求的河流,如无定河、窟野河等;第四类是以防洪除涝为主的支流,如天然文岩渠、金堤河等。

随着流域经济社会的快速发展,黄河流域主要支流水资源开发利用强度也不断加大,面临着水环境与水生态破坏的极大压力,尤其是水力资源较丰富地区的支流,如湟水、伊洛河等,无序的电站开发对河流生态造成了极大破坏,对全流域河流生态环境的良性维持构成了威胁。本次研究主要选择湟水、洮河、渭河、沁河、伊洛河等 5 条支流作为研究对象,开展河流功能性不断流生态需水研究,各支流详细情况详见具体章节。

第3章　黄河干流重点河段水生生物调查及生态习性研究

3.1　黄河干流水生态系统特征

受水沙条件、水体理化性质及流域气候、地理条件等因素影响，黄河水生生物种类和数量相对贫乏，生物量较低，鱼类种类相对较少，但许多特有土著鱼类具有重要保护价值，是国家水生生物保护和鱼类物种资源保护的重要组成部分。

根据原国家水产总局调查，20世纪80年代黄河水系有鱼类191种和亚种，干流鱼类有125种，其中国家保护鱼类、濒危鱼类6种。2002～2007年，干流主要河段调查到鱼类47种，濒危鱼类3种。受人类活动干扰等影响，本次调查与80年代调查相比，黄河鱼类种类下降，珍稀濒危及土著鱼类减少，其中水电资源开发集中河段鱼类生境发生较大改变，土著鱼类物种资源严重衰退。

根据调查结果，黄河干流各河段鱼类基本情况如下：

(1)龙羊峡以上河段。鱼类资源较多，大多为冷水性鱼类，以裂腹鱼和鳅科为主。主要鱼类有拟鲇高原鳅、极边扁咽齿鱼、骨唇黄河鱼、黄河裸裂尻鱼、厚唇裸重唇鱼等，其中拟鲇高原鳅、极边扁咽齿鱼、骨唇黄河鱼为珍稀濒危鱼类。

(2)龙羊峡至刘家峡河段。该河段水库众多，人工养殖鱼类较多。由于水电站建设，对该河段鱼类区系组成影响较大，土著鱼类种类减少。

(3)刘家峡至头道拐河段。黄河在刘家峡以上为清水，泥沙含量较低，出刘家峡后，泥沙含量急剧增大，水变浑浊。因此，鱼类组成上也发生了较大的变化，滤食性鱼类急剧减少，该河段的代表性鱼类有兰州鲇、黄河鲤等，均为地方性保护鱼类。

(4)头道拐至龙门河段。该河段鱼类组成极为简单，且数量较少，小型鱼类和鳅科鱼类较多，如麦穗鱼、餐条、泥鳅等。

(5)龙门至高村河段。代表性鱼类有黄河鲤、兰州鲇、赤眼鳟、草鱼等，其中草鱼目前的数量较少。

(6)高村至入海河段。该河段朔河洄游鱼类较多，代表性鱼类为刀鲚、鲻鱼和梭鱼，目前刀鲚数量较少。

3.2　黄河水生生物及生境因子监测河段及布点

3.2.1　监测河段

根据黄河干流水生生物及鱼类分布特点,综合考虑代表鱼类重要栖息地和水产种质资源保护区分布情况,结合黄河干流水量调度实践意义,选择黄河上游的陶乐河段、中游的巩义河段、下游的利津河段作为水生生物及鱼类栖息地重点调查河段(见图 3-1)。

图 3-1　黄河水生生物及鱼类调查河段分布示意

3.2.1.1　陶乐河段

陶乐河段位于宁夏平原和内蒙古高原的衔接处,是黄河上游和中游水生生物种类的一个分界点,鱼类组成和生物组成上在此发生了较大的变化,滤食性鱼类急剧减少。陶乐河段属宽浅的平原河道,河床宽 0.2 ~ 5.0 km,比降为 0.1‰ ~ 0.2‰,为粗砂河床,河道内有大面积的河心洲分布,无大支流汇入,黄河水量在本河段有所减少。该河段冲淤变化是大水淤积、小水冲刷,该河段凌汛水位较高。

3.2.1.2　巩义河段

巩义河段位于黄河中下游节点,距离黄河小浪底水库约 70 km,水文泥沙及河道情势受黄河小浪底水库调度运用方式影响较大。本河段是黄河峡谷性河道向游荡性河道过渡地段,黄河河道变宽,河流变缓,河床抬高,河槽多变,在河道中心和两岸形成了面积较大的滩地,地形平坦,水草丰美,形成了独特的生态环境,为水生生物的生长、繁殖、栖息提供了天然的良好场所。

3.2.1.3　利津河段

利津河段位于黄河下游,是河流鱼类和河口鱼类的过渡区,是下游鱼类分布相对比较集中的河段,代表性鱼类有黄河鲤等。同时,利津水文站是黄河上的最后一个水文站,对控制黄河入海水量、沙量具有重要意义,在黄河下游及河口生态调度中具有重要作用。同时,该河段水文泥沙受小浪底水库调度和社会生产生活用水影响较大,其河道情势受黄河调水调沙影响较大。

3.2.2　监测布点

监测点首先根据监测内容进行现场勘定，不同的监测内容应根据不同的地形特征和河流形态进行布点，监测点的布设首先要考虑科学性，要尽可能全面地反映待监测河段的实际情况，即各种变量因素都要考虑进去，同时要有一定的精度，满足生物统计的需要；其次要有代表性，要满足监测内容的需要，且包含监测河段的多项指标，有普遍的代表性；最后要兼顾节俭的原则，在满足技术指标的情况下，尽可选择代表性强的断面，减少不必要的浪费。

根据项目的具体要求和布点原则，黄河陶乐河段共设调查点 10 个，常规监测点 2 个；巩义河段共设调查点 25 个，常规监测点 7 个；利津河段共设调查点 11 个，常规监测点 4 个。其中，陶乐、利津河段调查时间为 2010 年、2011 年的 4 ~ 6 月，巩义河段调查时间为 2010 年、2011 年、2012 年的 4 ~ 6 月。各河段监测点分布见图 3-2 ~ 图 3-4。

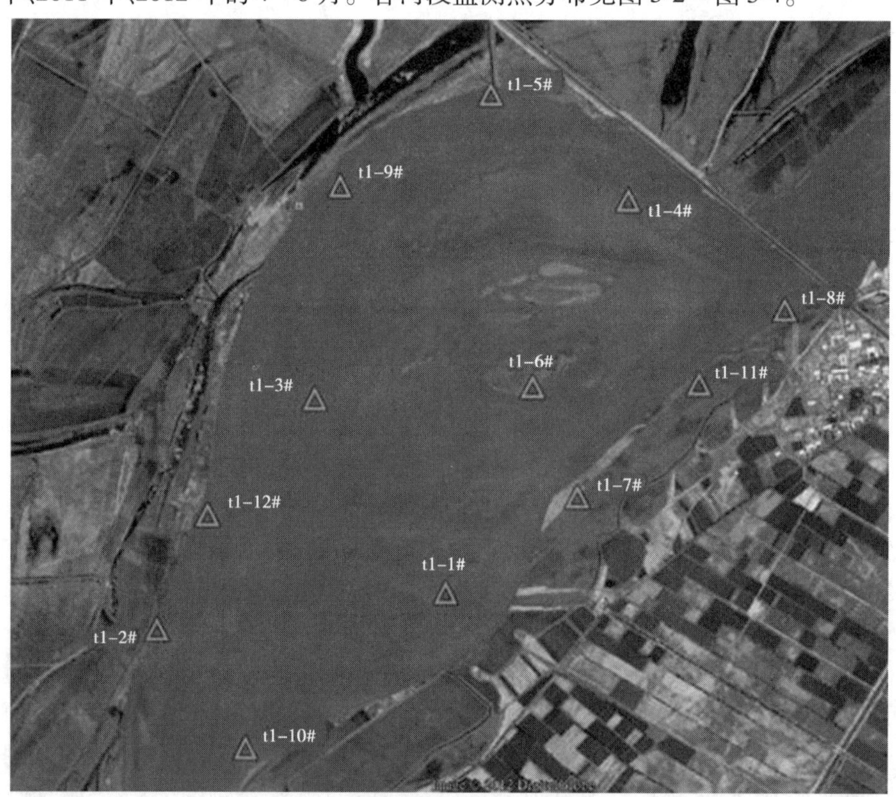

图 3-2　陶乐段产卵场监测点布设图

3.2.3　监测因子

为明确黄河重点河段水生生物现状及鱼类产卵场等栖息地分布规律、识别水生生物生态习性及其与河川径流条件之间的响应关系，本项目对黄河陶乐、巩义、利津河段浮游生物、底栖生物、鱼类等进行了系统调查，包括浮游生物种类、密度、生物量，鱼类种类、数

图3-3　巩义段产卵场监测点布设图

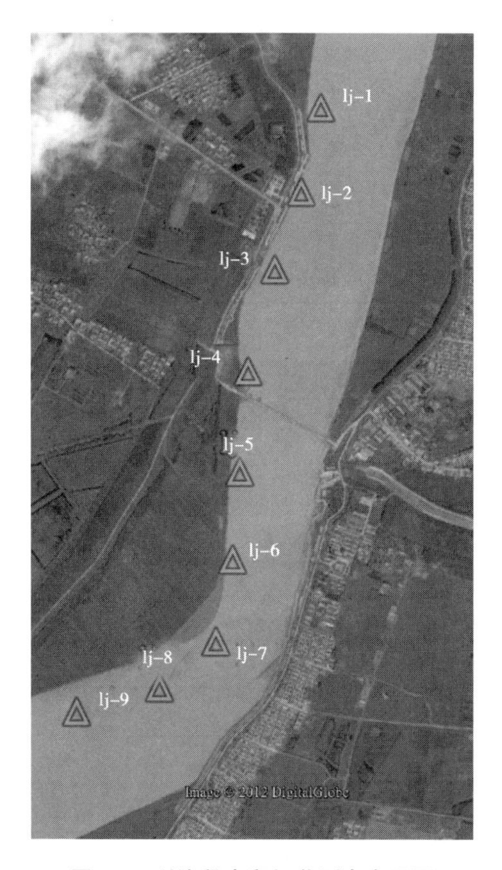

图3-4　利津段产卵场监测点布设图

量、重量等;并对水生生物生境及鱼类栖息地、产卵场等进行了同步监测,包括流速、水深、温度、溶氧、底质、河流地貌等。

3.3　重点河段浮游生物现状及演变规律

3.3.1　浮游植物现状及演变规律

3.3.1.1　种类组成

通过对各段的水样进行定性分析,共检出浮游植物7门84种属。其中,硅藻门39种属,占47.0%;绿藻门24种属,占28.9%;蓝藻门10种属,占12.0%;裸藻门4种属,金藻门3种属,甲藻门、隐藻门各2种属。各河段的结构组成相似,均以硅藻门的种类占优势,浮游植物种类组成见表3-1,浮游植物组成名录及分布河段见表3-2。

表3-1　各河段浮游植物种类组成

河段	2010年		2011年	
	种类	优势种	种类	优势种
陶乐	6门76种属	硅藻、绿藻	6门72种属	硅藻、绿藻
巩义	6门61种属	硅藻、绿藻	6门50种属	硅藻、绿藻
利津	6门66种属	硅藻、绿藻	5门49种属	硅藻、绿藻

表3-2　浮游植物组成名录及分布河段

门类	种属名		出现区域		
	中文名	拉丁名	陶乐	巩义	利津
硅藻门	异极藻	*Gomphonema*	+ + +	+ + +	+ + +
	平格藻	*Tabellaria fenestrate*	+	+	+
	针杆藻	*Synedra*	+ + +	+ + +	+ + +
	变异直链藻	*Melosirs varians*	+ +	+ +	+ +
	缘花舟形藻	*Navicula radiosa*	+ +	+ + +	+ +
	扁缘舟形藻	*Navicula　gastvum* T	+ +	+	+ +
	斑马网眼藻	*Epothemia zebra*(EHI)	+	+	+
	圆筛藻	*Coscinodescus lacustris*	+	+	
	细齿藻	*Denticula*	+		
	钝形脆杆藻	*Fragilaria gastvum*	+ +	+ + +	+
	尺骨针杆藻	*Synedra ulna varequalis*	+ +	+ + +	+
	大羽纹藻	*Pinnulaaria majos*	+ +		
	薄羽纹藻	*Pinnularia macilenta*	+ +	+ + +	
	肿胀桥穹藻	*Cymbella turgida*(Greg)	+ +	+ + +	+

续表 3-2

门类	种属名		出现区域		
	中文名	拉丁名	陶乐	巩义	利津
硅藻门	硬壳双臂藻	*Piplneiselliptica vav ostrscodvun*		+ +	+ +
	溢缩脆杆藻	*Fragila construens*		+ +	+ + +
	双列双菱藻	*Suvirella biseriata Brebisson*	+	+ +	+ +
	偏桥穹藻	*Cymbella Lata*		+ +	+ +
	膜片菱形藻	*Nitzchia palea Kutz*	+	+	+ +
	舟形藻	*Navicula*	+ +	+ +	+ +
	菱形藻	*Nitzschia*	+ + +	+ + +	+ +
	桥穹藻	*Cymbella*	+ +	+ +	+ +
	色球藻	*Chroococcua*	+	+	+
	双肋藻	*Amphipleura*	+	+	+
	楔形藻	*Rhoicsphenia*	+ +	+ +	+ +
	羽纹藻	*Pinnularia*		+	+ +
	平板藻	*Tabellaria*		+	+
	曲壳藻	*Achnanthes*			+
	布纹藻	*Gyrosigma*			+
	星杆藻	*Asterionella*	+	+	+
	根管藻	*Rhizosolenia*	+	+	+ + +
	直链藻	*Melosgna*	+	+	+ +
	棒杆藻	*Rhopalodia*	+	+	+ +
	卵形藻	*Couonais*	+	+	
	小环藻	*Cynedra*	+ +	+ +	+ +
	脆杆藻	*Fraggclazia* spp		+	
	双菱藻	*Surirella*	+ + +	+ + +	+ + +
	等片藻	*Diatuma*	+ + +	+ + +	+ + +
	辐杆藻	*Bacteriastrum*	+	+	+
绿藻门	新月藻	*Closterium*	+		+
	水绵	*Spirogyra* spp	+	+	+
	钎维藻	*Ankistrodismus*			+
	毛枝藻	*Stugeoctonium*			+
	衣藻	*Chlamydomonas*	+	+	+

续表 3-2

门类	种属名		出现区域		
	中文名	拉丁名	陶乐	巩义	利津
绿藻门	环丝藻	*Ulothrix zonata*	+ +	+ +	+ +
	石莼	*Ulva*		+	+ +
	绿球藻	*Chlorococcum*		+	+
	微孢藻	*Microspora*			+
	宽板藻	*Pleurotaenium*	+	+	+
	月形藻	*Closteridium lunula*	+	+	+
	刚毛藻	*Cladophora*	+	+ + +	+
	小椿藻	*Characium*	+	+	+
	大角星鼓藻	*Stadvastrum grane Bulnh*	+		+
	短毛柯氏藻	*Chodatella breviseta*	+	+	
	眼点素衣藻	*Polytoma ocellatun*	+	+	+
	鼓藻	*Cosmarium.*	+	+ +	+ +
	栅列藻	*Scenedesmus*	+	+	+ +
	转板藻	*Mircocystis*		+ +	+ + +
	四角藻	*Tetraedron* sp	+	+	+ +
	盘星藻	*Pediastrum*	+	+	+
	小球藻	*Chlorella vulgaris* *	+ +	+ +	+ +
	绿藻	*Chlorococcum*	+	+	+
	卵囊藻	*Oocystis* sp	+	+	+ +
裸藻门	裸藻	*Euglena*			+
	袋鞭藻	*Peranema*	+	+	+
	扁裸藻	*Phacus* spp			+
	囊裸藻	*Trachelomonas* spp		+	
蓝藻门	微囊藻	*Microcystis*	+	+	+ +
	胶鞘藻	*Phormidium*		+	+ + +
	胶毛藻	*Chaetophora*			+
	颤藻	*Oscillatoria*	+	+ +	+ +
	厚皮藻	*Pleurocapsa*	+		
	束丝藻	*Aphanizomenon*		+	
	鱼腥藻	*Anabaena*		+	+ +

续表 3-2

门类	种属名		出现区域		
	中文名	拉丁名	陶乐	巩义	利津
蓝藻门	螺旋藻	*Spirulina* sp	+	+	+
	黏球藻	*Gloeocapsa*	+	+	+ +
	平列藻	*Merismatoria*			+
隐藻门	卵形隐藻	*Cryptom omnas ovata Ehv*	+	+	+
	隐藻	*Cryptomonas*		+	+
甲藻门	角甲藻	*Ceratium*	+	+	+
	多甲藻	*Peridinium* spp	+		
金藻门	锥囊藻	*Dinobyor*		+	
	单鞭金藻	*Chromulina*			+
	小三毛金藻	*Prymnesium parvum*	+	+	

3.3.1.2　密度和生物量

经过统计分析，连续两年三个河段浮游植物的密度和生物量如表 3-3 所示。

表 3-3　各河段浮游植物密度和生物量

河段	2010 年				2011 年			
	密度（万个/L）		生物量（mg/L）		密度（万个/L）		生物量（mg/L）	
	范围	平均	范围	平均	范围	平均	范围	平均
陶乐	2.4 ~ 8.6	6.6	0.25 ~ 0.77	0.47	3.6 ~ 7.8	5.8	0.24 ~ 0.82	0.52
巩义	1.5 ~ 6.4	4.6	0.35 ~ 0.60	0.38	6.5 ~ 9.6	7.6	0.43 ~ 0.95	0.77
利津	21.5 ~ 72	42.3	0.28 ~ 0.67	1.79	0.9 ~ 303.35	27.2	0.01 ~ 5.32	1.42

3.3.1.3　生境条件

浮游植物的分布受河道地形、温度、营养成分等因素的影响，其中受温度影响较大，具体表现为利津 > 陶乐 > 巩义，巩义主要是受小浪底下泄低温水的影响。分析浮游植物及生境因子的同步调查成果（见表 3-4、表 3-5）、参考以往调查及研究成果，可以得出以下初步结论：

（1）浮游生物分布与流速的关系。水流缓的河段比水流急的河段分布量大，靠近岸边比主河道中央分布量大。流速大时浮游植物种类和数量均较少，但不同种类表现出一定差异性，流速过大会抑制蓝藻的生长，而硅藻生长则需要一定的流速，流速大于 0.05 m/s 时硅藻占优势，小于 0.05 m/s 时蓝藻占优势。

（2）浮游生物分布与水深的关系。硅藻一般分布于水的中层和下层，要求有一定深度，而绿藻和蓝藻则在水面，即使水很浅也可以很好生长。同时，水浅利于光照的吸收，可促进浮游植物的生长和光合作用，由于黄河水透明度很低，光合作用差，深水不利于植物进行光合作用,因而多布于开阔的浅水区。

(3)浮游生物分布与溶氧的关系。根据监测的结果,目前还不能说明浮游生物和溶氧的关系。浮游动物密度大的区域,溶氧并不明显高于其他区域,溶氧高的区域浮游生物的分布不一定多,但浮游生物分布多的区域溶氧的早晚温差大,一般多是宽阔的浅水区。

(4)浮游生物分布与温度的关系。温度高的河段比温度低的河段分布量大,各监测河段浮游生物都随着温度的升高而增高。温度可促进和加速生物代谢,影响到很多生物的生长和繁殖。在自然条件下,随着温度升高,硅藻减少而绿藻和蓝藻增多,同时浮游动物的量也会增多。温度如果超过 25 ℃,浮游植物除蓝藻继续增加外,其他大多急剧减少,浮游动物的量也急剧减少。

表 3-4 巩义河段浮游生物及生境调查

监测点	生物因子			生境因子	
	调查因子	浮游植物	浮游动物	水力及水环境因子	河流地貌及底质等因子
1#	种类	5 门 57 种	4 类 15 种	流速:0.218 m/s ; 水深:5.5 m; 水温:20.4 ℃; 溶氧:9.29 mg/L	河口缓流区,有河心洲,河道稳定,河滩起伏稳定,底质为沙质,有控导工程,采砂活动频繁
	密度(个/L)	55 300	17 250		
	生物量(mg/L)	0.019 3	0.642 8		
2#	种类	5 门 47 种	4 类 12 种	流速:0.828 m/s ; 水深:3.2 m; 水温:9.8℃; 溶氧:9.4 mg/L	左岸有漫滩,河滩起伏较大,有支流汇入;底质为沙质
	密度(个/L)	42 500	4 530		
	生物量(mg/L)	0.057 2	0.412 4		
3#	种类	5 门 52 种	3 类 9 种	流速:1.129 m/s ; 水深:1.2 m; 水温:11.6 ℃; 溶氧 9.3 mg/L	漫滩,河道不稳定,河滩起伏较大,有河心洲,周边有农田
	密度(个/L)	14 500	3 780		
	生物量(mg/L)	0.024 6	0.215 7		
4#	种类	5 门 47 种	4 类 11 种	流速:0.978 m/s; 水深:1.0 m; 水温:12.8 ℃; 溶氧:9.37 mg/L	漫滩,河道不稳定,河滩起伏较大,有河心洲,周边有农田
	密度(个/L)	32 600	520		
	生物量(mg/L)	0.210 7	0.065 5		
5#	种类	5 门 49 种	4 类 13 种	流速:1.497 m/s; 水深:2.4 m; 水温:11.5 ℃; 溶氧:9.08 mg/L	漫滩,河道不稳定,河滩起伏较大,有河心洲,周边有农田
	密度(个/L)	42 100	460		
	生物量(mg/L)	0.089 1	0.047 5		
6#	种类	5 门 60 种	4 类 10 种	流速:1.284 m/s; 水深:3.3 m; 水温:11.2 ℃; 溶氧:9.08 mg/L	漫滩,河道不稳定,河滩起伏较大,有河心洲,采砂活动,周边有农田
	密度(个/L)	38 500	1 730		
	生物量(mg/L)	0.064 0	0.152 7		
7#	种类	5 门 47 种	4 类 111 种	流速:0.692 m/s; 水深:0.62 m; 水温:12.0 ℃; 溶氧:9.24 mg/L	漫滩,河道不稳定,河滩起伏较大,有河心洲,周边有农田
	密度(个/L)	48 300	1 210		
	生物量(mg/L)	0.068 2	0.132 8		

表3-5　利津河段浮游生物及生境因子调查

监测点	监测日期（月-日）	生物因子			生境因子			
		监测因子	浮游植物	浮游动物	流速（m/s）	水深（m）	水温（℃）	溶氧（mg/L）
1#	04-26	种类	4门10种	2类11种	0	0.85	16.8	11.30
		密度(个/L)	64 500	195				
		生物量(mg/L)	0.049 8	0.074 5				
	04-30	种类	3门14种	1类11种	0	0.67	19.0	10.23
		密度(个/L)	42 000	115				
		生物量(mg/L)	0.055 2	0.006 1				
	05-14	种类	3门28种	1类7种	0	0.73	22.0	8.63
		密度(个/L)	71 000	125				
		生物量(mg/L)	0.073 6	0.054 8				
	05-16	种类	3门24种	2类4种	0	1.10	23.0	9.36
		密度(个/L)	62 500	95				
		生物量(mg/L)	0.047 3	0.008 8				
2#	04-26	种类	3门11种	2类18种	0.12	0.77	16.5	11.58
		密度(个/L)	13 500	435				
		生物量(mg/L)	0.021 5	0.217 5				
	04-30	种类	4门20种	3类18种	0.33	2.43	18.8	10.47
		密度(个/L)	61 000	220				
		生物量(mg/L)	0.043 9	0.071 9				
	05-14	种类	4门27种	2类6种	0.34	2.57	21.9	8.22
		密度(个/L)	67 000	70				
		生物量(mg/L)	0.051 7	0.003 1				
	05-16	种类	4门30种	2类5种	0.04	0.98	26.0	8.38
		密度(个/L)	65 000	75				
		生物量(mg/L)	0.510 3	0.008 2				

续表 3-5

监测点	监测日期(月-日)	生物因子			生境因子			
		监测因子	浮游植物	浮游动物	流速(m/s)	水深(m)	水温(℃)	溶氧(mg/L)
3#	04-25	种类	2门9种	3类10种	0.04	0.69	16.5	11.27
		密度(个/L)	9 000	390				
		生物量(mg/L)	0.012 8	0.172 8				
	04-30	种类	4门15种	2类13种	0.22	4.62	21.9	8.35
		密度(个/L)	49 500	100				
		生物量(mg/L)	0.263 2	0.005 2				
	05-14	种类	3门29种	2类10种	0.21	4.53	25.1	8.21
		密度(个/L)	96 000	120				
		生物量(mg/L)	0.307 8	0.006 4				
	05-16	种类	4门26种	2类4种	0.21	0.93	25.1	8.21
		密度(个/L)	91 500	45				
		生物量(mg/L)	0.012 8	0.003 2				
4#	04-25	种类	2门11种	2类8种	0.20	0.55	16.0	9.01
		密度(个/L)	19 000	345				
		生物量(mg/L)	0.019 4	0.182				
	04-30	种类	3门20种	1类9种	0.20	0.54	20.0	10.66
		密度(个/L)	59 000	65				
		生物量(mg/L)	0.081 6	0.003 1				
	05-14	种类	3门31种	1类6种	0.08	0.61	21.9	8.13
		密度(个/L)	90 000	60				
		生物量(mg/L)	0.137 9	0.003 0				
	05-16	种类	4门33种	2类4种	0.14	0.67	22.1	8.03
		密度(个/L)	79 000	55				
		生物量(mg/L)	0.073 7	0.002 8				

续表 3-5

<table>
<tr><th rowspan="2">监测点</th><th rowspan="2">监测日期（月-日）</th><th colspan="3">生物因子</th><th colspan="4">生境因子</th></tr>
<tr><th>监测因子</th><th>浮游植物</th><th>浮游动物</th><th>流速（m/s）</th><th>水深（m）</th><th>水温（℃）</th><th>溶氧（mg/L）</th></tr>
<tr><td rowspan="12">5#</td><td rowspan="3">04-26</td><td>种类</td><td>2 门 14 种</td><td>2 类 14 种</td><td rowspan="3">0</td><td rowspan="3">0.86</td><td rowspan="3">16.5</td><td rowspan="3">11.47</td></tr>
<tr><td>密度(个/L)</td><td>35 500</td><td>190</td></tr>
<tr><td>生物量(mg/L)</td><td>0.210 1</td><td>0.074 5</td></tr>
<tr><td rowspan="3">05-02</td><td>种类</td><td>5 门 22 种</td><td>3 类 14 种</td><td rowspan="3">0</td><td rowspan="3">0.87</td><td rowspan="3">22.0</td><td rowspan="3">12.66</td></tr>
<tr><td>密度(个/L)</td><td>152 000</td><td>410</td></tr>
<tr><td>生物量(mg/L)</td><td>0.287 6</td><td>0.201 5</td></tr>
<tr><td rowspan="3">05-14</td><td>种类</td><td>4 门 30 种</td><td>2 类 9 种</td><td rowspan="3">0.04</td><td rowspan="3">1.08</td><td rowspan="3">19.0</td><td rowspan="3">8.20</td></tr>
<tr><td>密度(个/L)</td><td>92 000</td><td>130</td></tr>
<tr><td>生物量(mg/L)</td><td>0.217 6</td><td>0.074 3</td></tr>
<tr><td rowspan="3">05-16</td><td>种类</td><td>4 门 35 种</td><td>2 类 6 种</td><td rowspan="3">0.09</td><td rowspan="3">0.90</td><td rowspan="3">20.2</td><td rowspan="3">8.95</td></tr>
<tr><td>密度(个/L)</td><td>48 100</td><td>130</td></tr>
<tr><td>生物量(mg/L)</td><td>0.250 6</td><td>0.074 0</td></tr>
<tr><td rowspan="9">6#</td><td rowspan="3">04-26</td><td>种类</td><td>2 门 14 种</td><td>2 类 7 种</td><td rowspan="3">0</td><td rowspan="3">3.76</td><td rowspan="3">18.0</td><td rowspan="3">11.12</td></tr>
<tr><td>密度(个/L)</td><td>35 500</td><td>565</td></tr>
<tr><td>生物量(mg/L)</td><td>0.215 5</td><td>0.335 0</td></tr>
<tr><td rowspan="3">05-02</td><td>种类</td><td>4 门 25 种</td><td>2 类 8 种</td><td rowspan="3">0</td><td rowspan="3">0.74</td><td rowspan="3">24.0</td><td rowspan="3">11.58</td></tr>
<tr><td>密度(个/L)</td><td>94 000</td><td>155</td></tr>
<tr><td>生物量(mg/L)</td><td>0.236 8</td><td>0.074 3</td></tr>
<tr><td rowspan="3">05-14</td><td>种类</td><td>3 门 32 种</td><td>2 类 7 种</td><td rowspan="3">0</td><td rowspan="3">0.70</td><td rowspan="3">21.1</td><td rowspan="3">8.84</td></tr>
<tr><td>密度(个/L)</td><td>138 500</td><td>125</td></tr>
<tr><td>生物量(mg/L)</td><td>0.280 7</td><td>0.006 6</td></tr>
</table>

续表 3-5

监测点	监测日期(月-日)	生物因子			生境因子			
		监测因子	浮游植物	浮游动物	流速(m/s)	水深(m)	水温(℃)	溶氧(mg/L)
7#	04-26	种类	2 门 12 种	2 类 10 种	0	3.97	18.0	11.01
		密度(个/L)	27 000	290				
		生物量(mg/L)	0.168 2	0.147 2				
	05-02	种类	4 门 36 种	2 类 12 种	0	0.36	25.0	12.59
		密度(个/L)	283 156	240				
		生物量(mg/L)	3.328 9	0.081 9				
	05-14	种类	3 门 21 种	2 类 5 种	0.16	3.84	19.8	8.49
		密度(个/L)	41 900	55				
		生物量(mg/L)	0.055 5	0.037				
	05-16	种类	4 门 36 种	2 类 6 种	0	0.42	22.2	8.59
		密度(个/L)	96 000	120				
		生物量(mg/L)	0.145 2	0.105 1				
8#	04-26	种类	3 门 9 种	2 类 10 种	0	4.15	18.0	11.11
		密度(个/L)	23 500	475				
		生物量(mg/L)	0.166 4	0.237 3				
	05-02	种类	4 门 41 种	2 类 13 种	0.06	0.40	22.5	14.24
		密度(个/L)	3 035 000	170				
		生物量(mg/L)	5.324 6	0.154 2				
	05-14	种类	4 门 33 种	2 类 10 种	0	0.69	23.0	11.39
		密度(个/L)	159 500	255				
		生物量(mg/L)	1.289 2	0.142 6				

续表 3-5

监测点	监测日期（月-日）	监测因子	浮游植物	浮游动物	流速（m/s）	水深（m）	水温（℃）	溶氧（mg/L）
		生物因子			生境因子			
9#	04-26	种类	4 门 11 种	1 类 10 种	0.21	0.46	18.0	13.73
		密度(个/L)	87 000	75				
		生物量(mg/L)	0.106 2	0.003 7				
	05-02	种类	4 门 20 种	3 类 11 种	0.03	0.69	23.0	11.39
		密度(个/L)	777 000	165				
		生物量(mg/L)	1.212 6	0.064 5				
	05-14	种类	3 门 12 种	2 类 4 种	0.04	0.58	20.3	8.08
		密度(个/L)	35 000	65				
		生物量(mg/L)	0.060 7	0.004 1				

3.3.1.4　分布规律

由于黄河泥沙含量大，浮游生物的种类、数量都较少。监测河段陶乐河段浮游生物的组成由于外界环境变化相对较小，且比较固定，所以在一定的时间范围内还将维持现有的状态不变；而小浪底以下，由于受调水调沙的影响，发生周期的不规律变动，导致浮游生物的组成将趋于小浪底水库的结构组成，变化程度受调水调沙频率、力度的影响。同时，各河段浮游生物的分布随季节发生周期性变化，春季硅藻旺盛，夏季和秋季绿藻和蓝藻旺盛。

黄河各监测河段浮游生物的分布与地域差别较大，黄河从上游到下游，浮游植物的密度和生物量基本呈递增趋势，硅藻、绿藻较明显，蓝藻呈递减趋势。从图 3-5 和图 3-6 中可以看出，浮游植物的密度和生物量的变化趋势与硅藻变化趋势基本一致，作为优势种群，硅藻的密度和生物量决定了整个水体浮游植物的密度和生物量。分析原因主要有：上游河流水温相对较低，河道落差大，水流湍急，同时周边环境释放的营养物质少，水体营养盐含量低，不适于浮游植物大量繁殖扩增。

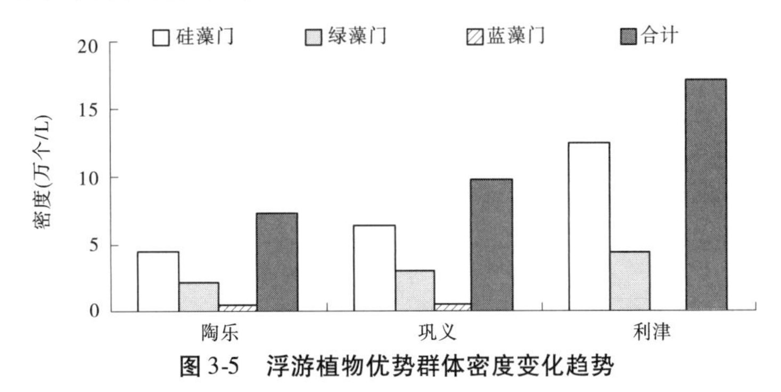

图 3-5　浮游植物优势群体密度变化趋势

3.3.1.5　演变规律

通过对陶乐、巩义、利津河段 2010 年、2011 年的监测结果进行对比，发现陶乐河段浮

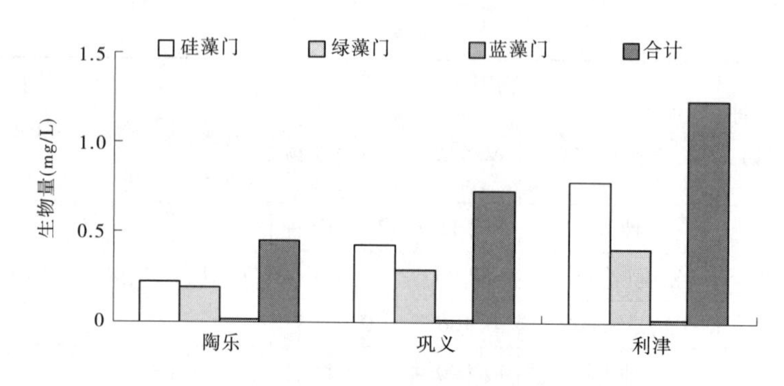

图 3-6　浮游植物优势群体生物量变化趋势

游植物的密度和生物量及结构组成变化不大,巩义和利津河段的浮游植物的变化较大,结果见图 3-7 和图 3-8。

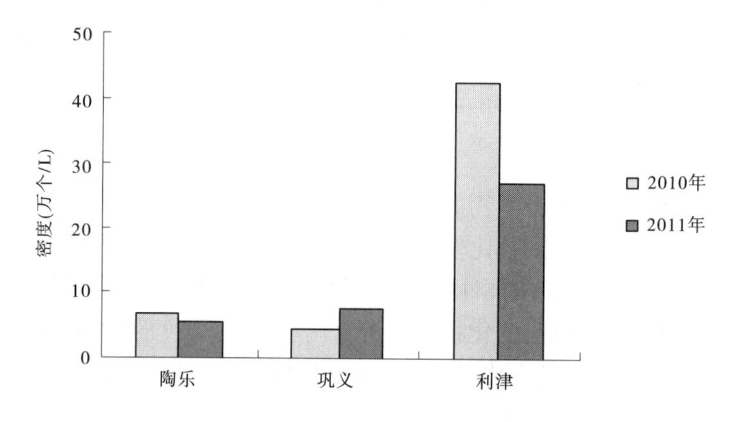

图 3-7　各河段浮游植物密度变化情况

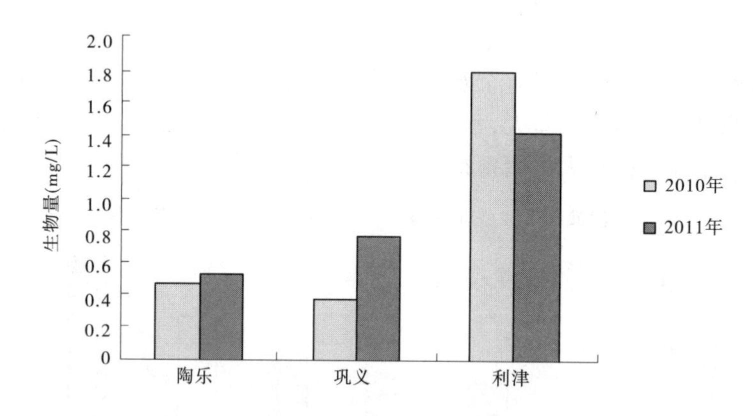

图 3-8　各河段浮游植物生物量变化情况

从图 3-7 可以看出,2010 年各河段的监测结果是上游、下游密度和生物量较大,均高于巩义河段,分析原因主要是小浪底水库的下泄低温水对巩义河段的影响。

从图 3-8 可以看出,2011 年浮游植物的密度和生物量从上往下依次增高,其中变化最大的是巩义,其密度由平均 4.6 万个/L 增加到 7.6 万个/L,增幅 65.2%;生物量由平均

0.38 mg/L增加到0.77 mg/L,增幅为104.4%。分析认为主要是小浪底水库调水调沙的影响,2010年监测期间为调水调沙前,2011年监测前刚刚进行了一次调水调沙。

通过对2010年和2011年浮游植物的监测结果(见图3-9)进行分析,认为:①陶乐段的浮游植物种类数大于巩义和利津,结构较为稳定,在一定时间内还将维持现状;②巩义河段2011年较2010年表现为种类减少,密度和生物量增大;③利津河段2011年较2010年浮游植物种类减少,密度和生物量减少。巩义和利津河段将受到小浪底水库浮游植物结构组成的影响发生一定变化,因为小浪底水库的调水调沙将影响到下游河段浮游植物的结构组成。

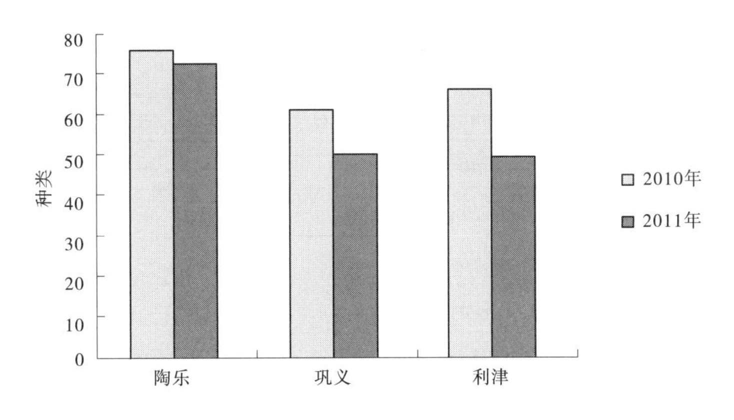

图3-9 各河段浮游植物种类变化情况

分析原因:巩义河段受小浪底水库下泄低温水的影响,浮游植物的种类和数量较其他两河段低;每年小浪底水库调水调沙会使下游浮游植物的组成和数量发生变化,将会以小浪底水库的组成影响下游河道的浮游植物组成,使其消减峰值趋于平衡;利津河段由于靠近河口,受河口浮游生物的影响,抵抗小浪底水库影响的能力较巩义大。小浪底水库低温的影响从2010年、2011年的水文监测数据中也可以反映出来,同期巩义水温较利津要低4~10 ℃。

3.3.2 浮游动物现状及变化规律

3.3.2.1 种类组成

经镜检分析共检出浮游动物5类50个种属,其中原生动物最多,为30种属,占60.0%;轮虫类8种,枝角类7种,桡足类3种,无节幼虫、线虫各1种属。浮游动物种类组成见表3-6,浮游动物组成名录及分布河段见表3-7。

表3-6 各河段浮游动物种类组成

河段	2010年		2011年	
	种类	优势种	种类	优势种
陶乐	4类22种属	原生动物	4类26种属	原生动物
巩义	4类19种属	原生动物	4类24种属	原生动物
利津	4类43种属	原生动物	3类33种属	原生动物

表 3-7　浮游动物组成名录及分布河段

河段	种名	陶乐	巩义	利津
原生动物	尖顶沙壳虫 *Difflugia acuminate*	+	+	+
	球形沙壳虫 *Difflugia globulosa*	+	+	+
	梨形沙壳虫 *Difflugia pyriformis*	+	+	+
	压缩匣壳虫 *Centropyxis constricta*	+		
	锥形似铃壳虫 *Tintinnopsis conicus*	+	+	+
	蜂窝鳞壳虫 *Euglypha alveolata Dujardin*	+		
	泡形纯毛虫 *Holophrya vesiculosa*	+		+
	河生筒壳虫 *Tintinnidium fluviatile*	+		
	似铃壳虫 *Tintinnopsis* sp.	+	+	+
	袋形虫 *Bursella gargamellae*	+		+
	卵圆前管虫 *Prorodon ovum*	+	+	
	小扁楔颈虫 *Sphenoderia lenta*			
	细致拟沙壳虫 *Pseudodifflugia geacilis Schlumberger*	+		+
	多毛榴弹虫 *Coleps hirtus*	+		
	滚动焰毛虫 *Askenasia volvox*	+	+	
	偏孔沙壳虫 *Difflugia constricta*	+		
	中华似铃壳虫 *Tintinnopsis sinensis*	+	+	
	双环栉毛虫 *Didinium bolbianii*	+		
	迈氏钟形虫 *Vorticella mayerii*	+	+	+
	盘形表壳虫 *Arcella discoides Ehrenberg.*		+	+
	锥形拟多核虫 *Paradilepyus conicus Wenrich*	+	+	
	瓜形虫 *Cucurbitella.* sp.		+	+
	圆钵沙壳虫 *Difflugia urceolata*		+	+
	长圆沙壳虫 *Difflugia oblonga*	+	+	+
	马氏虫 *Marituja pelagica*		+	
	旋回侠盗虫 *Strobilidium gyrans*		+	+
	壶形沙壳虫 *Difflugia lebes Penard*	+		+
	针棘匣壳虫 *Centropyxis aculeata*		+	+
	双核多核虫 *Dilaptus binucleatatus*	+		+
	单缩虫 *Carchesium polypinum* Linne	+	+	+

续表 3-7

河段	种名	陶乐	巩义	利津
轮虫类	萼花臂尾轮虫 *Brachionus calyciflorus*	+	+	+
	曲腿龟甲轮虫 *Keratella valga*	+	+	
	晶囊轮虫 *Asplanchna priodonta*	+	+	+
	须足轮虫 *Euchlanus*	+	+	+
	多肢轮虫 *Polyarthra*	+	+	
	针簇多肢轮虫 *Polyarthratrigla*		+	
	臂尾轮虫 *Brachionus*	+	+	+
	长足轮虫 *Rotaria neptunia*			
桡足类	剑水蚤 *Macrocyclop*	+	+	+
	华哲水蚤 *Sinocauusdo*	+	+	+
	猛水蚤 *Onchocamptus*	+	+	+
枝角类	船卵溞 *Scapholeberis*	+		+
	长额象鼻溞 *Bosmina longirostris*		+	
	秀体溞 *Diaphanosoma*	+	+	+
	增帽溞 *Daphnia cucullata*		+	+
	长刺水溞 *Daphnia longispina*	+	+	+
	薄片宽尾溞 *Eurycercus lamellatis*	+	+	+
	大尾水溞 *Leyolidia*	+	+	+
其他	无节幼虫	+	+	+
	线虫	+	+	+
合计	50			

3.3.2.2　密度和生物量

经过数据统计和分析，浮游动物密度和生物量计算结果见表 3-8。

表 3-8　各河段浮游动物密度和生物量

河段	2010 年				2011 年			
	密度（个/L）		生物量（mg/L）		密度（个/L）		生物量（mg/L）	
	范围	平均	范围	平均	范围	平均	范围	平均
陶乐	500 ~ 1 5000	3 960	0.08 ~ 0.27	0.36	800 ~ 7 500	1 200	0.08 ~ 0.29	0.38
巩义	450 ~ 18 500	2 860	0.04 ~ 0.27	0.18	3 500 ~ 5 700	4 700	0.06 ~ 0.47	0.37
利津	7 500 ~ 1 225 500	40 214	0.05 ~ 0.44	0.21	55 ~ 470	235	0.003 ~ 1.07	0.13

3.3.2.3　**生境条件**

分析浮游植物及生境因子的同步调查成果(见表3-4、表3-5),浮游动物的分布受溶氧、温度、饵料生物等因素影响,一般温度高的河段大于温度低的河段,水流缓的敞水区大于急流的峡谷河段,河边饵料丰富的浅水区大于河心深水区,对溶氧和温度比较敏感。

3.3.2.4　**分布规律**

根据资料和监测的结果,2010年各监测河段的分布从上往下,种类组成、生物密度和生物量都依次增大,呈正相关;2011年则差别较大,种类组成上仍然是利津段最多,但数量和生物量则是巩义最高,地区分布无明显规律。

浮游动物的分布从上游到下游表现为:生物密度和生物量呈递增趋势;均以小型的原生动物为优势种群,且原生动物的密度和生物量呈增长趋势;轮虫较原生动物少,且检测的结果是巩义的值最高,利津最低;密度和生物量的趋势受轮虫的变化的影响较大,见图3-10和图3-11。分析原因主要有:上游水温相对较低,不利于浮游生物生存和繁殖;上游河道河势相对较高,水流较急,不利于浮游生物大量繁殖;同时下游大量的浮游植物也为浮游动物提供了大量的饵料资源,使其大量繁殖成为可能。而轮虫和大型浮游动物从上往下呈减少趋势,主要是由于下游靠近河口,鱼类和以浮游生物为食的鱼类及小型动物居多,大量摄食从而限制其数量。

浮游动物的变化则不是很明显,但春季除原生动物外,轮虫的种类和数量一般较多,而到秋季大型溞类较多。

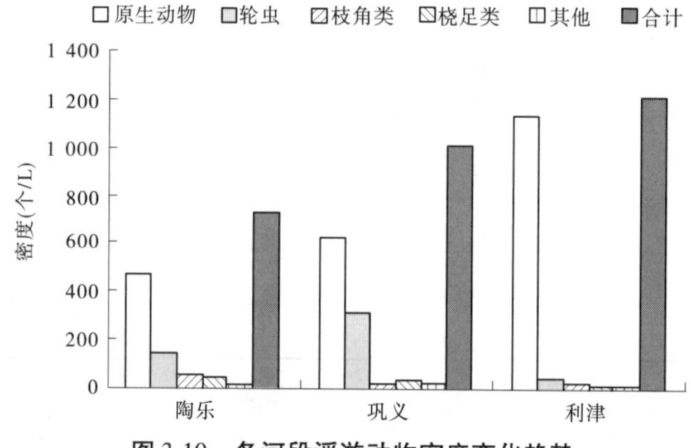

图3-10　各河段浮游动物密度变化趋势

3.3.2.5　**演变规律**

通过对陶乐、巩义、利津河段2010年、2011年的监测结果进行对比,陶乐段两年的监测结果变化不大,而陶乐和利津的浮游动物的变化较大,结果见表3-8。

从表3-8可以看出,2010年浮游动物的密度和生物量均是上下两头高于中间段,其中以利津段最高。分析原因,陶乐段由于水流较急,处于峡谷中间,因此生物含量较低;利津段属河口地段,受河口生物的影响因而含量较大。

从表3-8中可以看出,巩义段浮游动物的密度和生物量均高于利津段,山东段最低,与2010年比较,巩义和利津段均发生较大变化。其中,巩义段的平均密度由2010年的2 860个/ L增加到4 700个/L,增幅64.3%,生物量由2010年的0.18 mg/L增加到0.37

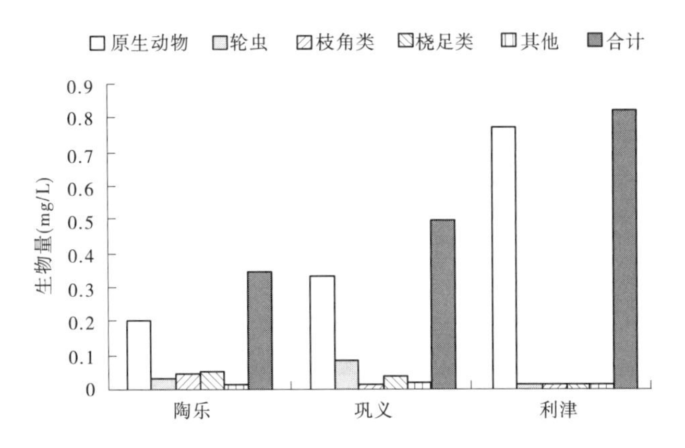

图 3-11 各河段浮游动物生物量变化趋势

mg/L,增幅为 105.3%;利津段的平均密度由 2010 年的 40 214 个/L 减到 235 个/L,增幅为 -99.4%,生物量由 2010 年的 0.21 mg/L 减为 0.13 mg/L,增幅为 -37.9%。分析主要是由于小浪底调水调沙对下游浮游动物的影响。小浪底水库调水调沙,将河道原有的生物结构破坏,在调水调沙期末,河道的生物结构将趋于小浪底水库的生物结构,此时会出现浮游生物趋于一个平衡值,这个值以小浪底为标准,随后会出现一个急剧减少的过程来重新趋于平衡。

将 2010 年和 2011 年的结果比较,总的特点表现为:①陶乐段的浮游植物种类数大于巩义和利津,即说明陶乐段浮游植物的多样性大于巩义和利津,环境较稳定,在一定时间内浮游动物的分布还将维持这种现状,不会发生大的变化;②巩义河段 2011 年较 2010 年表现为种类减少,密度和生物量增大;③利津河段 2011 年较 2010 年浮游植物种类减少,密度和生物量减少。巩义和利津河段浮游动物的分布将受小浪底水库的影响较大,尤其每年的调水调沙将会局部或间接地影响到下游的浮游动物结构,见图 3-12 ~ 图 3-14。

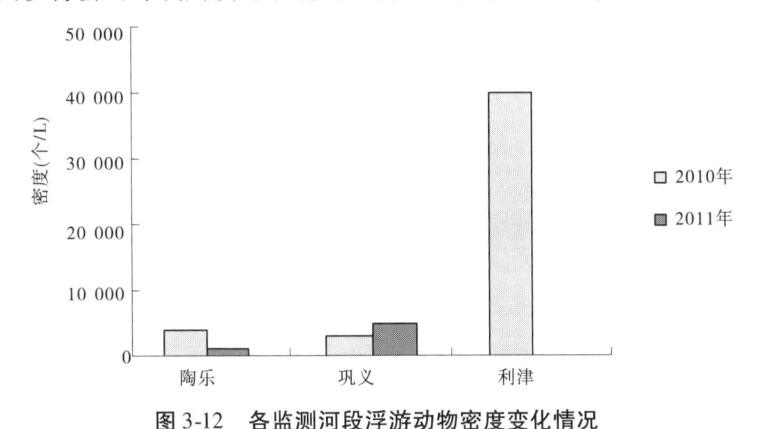

图 3-12 各监测河段浮游动物密度变化情况

3.3.3 底栖动物现状及变化规律

3.3.3.1 种类组成

本次调查共采集到底栖动物 4 类 16 科 18 种,其中水生昆虫为优势类群,占 9 种,甲

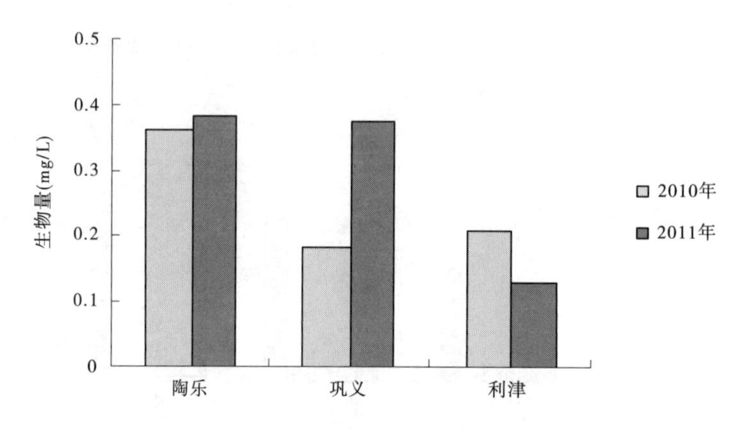

图 3-13　各监测河段浮游动物生物量变化情况

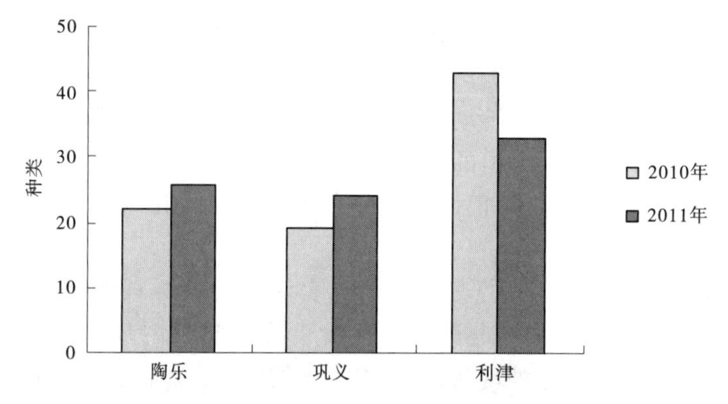

图 3-14　各监测河段浮游动物种类变化情况

壳动物 5 种,软体动物 3 种,淡水寡毛类 1 种,其中以水生昆虫的种类最多。底栖动物组成名录及分布河段见表 3-9。

表 3-9　底栖动物组成名录及分布河段

门类	科	属种	陶乐	巩义	利津
水生昆虫	划蝽科	划蝽 *Corixa* sp.		+	+
	蜻蜓科	蜻蜓稚虫 *Odonata*	+	+	+
	蜉蝣科	蜉蝣稚虫 *Paraleptophlebia* sp.	+	+	+
	扁蜉科	扁蜉 *Ecdyrus*	+	+	
	石蛾总科	纹石蛾 *Hydropsyche*		+	+
	鳞石蛾科	鳞石蚕属 *Harmothe*	+	+	+
	摇蚊科	粗腹摇蚊 *Pelopia*	+	+	+
	幽蚊科	幽蚊 *Chaoborus*	+	+	+
	龙虱科	龙虱 *Cybister*		+	+
淡水寡毛类	颤蚓科	中华颤蚓 *Tubifex sinicus* Chen	+	+	+

续表 3-9

门类	科	属种	陶乐	巩义	利津
软体动物	扁蜷螺科	凸旋螺 *Gyraulus convexiusculus* Hutton	+	+	
	田螺科	中国圆田螺 *Cipangopaludina*		+	
		铜锈环棱螺 *Bellamya aeruginosa*		+	+
甲壳动物	华溪蟹科	锯齿华溪蟹 *Sinopotamon denticulatum*	+	+	+
	长臂虾科	秀丽白虾 *Palaemon modestus*	+	+	+
		日本沼虾 *Macrobrachium nipponensis*		+	+
	蝲蛄科	克氏原螯虾 *Cambarus clarkii*		+	
	钩虾科	钩虾 *Gammarus* sp.	+	+	+

3.3.3.2　密度和生物量

2010 年底栖动物密度平均为 102 个/m²，水生昆虫和寡毛类的个数最多，分别为 53 个/m² 和 44 个/m²；利津河段的密度最大，为 129 个/m²，见表 3-10。

表 3-10　2010 年各河段底栖生物监测情况

河段	密度(个/m²)					生物量(mg/m²)
	水生昆虫	甲壳动物	软体动物	寡毛类	合计	
陶乐	47	3	2	28	80	0.51
巩义	28	2	2	36	68	0.43
利津	65	4	5	57	129	0.86

2011 年以陶乐段的密度和生物量最大，巩义最低(见表 3-11)。陶乐段的变化最低，巩义和利津段的变化较大，巩义河段的密度从 2010 年 68 个/m²减少到 23 个/m²，减幅为 66.2%，生物量从 2010 年的 0.43 mg/m²减少到 0.16 mg/m²，减幅 62.8%；利津河段密度从 2010 年的 129 个/m²减少到 39 个/m²，减幅 69.8%，生物量从 2010 年的 0.86 mg/m²减少到 0.37 mg/m²，减幅 57.0%。分析认为主要是小浪底调水调沙冲刷河道，使河道原有的底栖生物完全消失，调水调沙后，形成了以来水生物为主的一个生物群落结构，因此变化较大。

表 3-11　2011 年各河段底栖生物监测情况

河段	密度(个/m²)					生物量 (mg/m²)
	水生昆虫	甲壳动物	软体动物	寡毛类	合计	
陶乐	38	2	5	17	62	0.49
巩义	17	—	—	6	23	0.16
利津	22	—	5	12	39	0.37

3.3.3.3　分布规律

底栖动物一般多在河床底质腐殖质多的地方,且一般河床较稳定,而黄河受泥沙影响,河床变动较大,因此底栖生物采集比较困难,底栖生物的含量也较少,主要以低等的原生动物为主,分布变化受河水变化影响很大,季节性的种类比较多,如摇蚊幼虫和一些昆虫的幼虫等较容易采集。底栖动物的分布从上游到下游密度呈递增趋势,寡毛类的数量增多,分析原因主要有:①下游水体营养盐较上游高,水温较上游高,适于寡毛类生长;②由于黄河河道水流较急,泥沙含量大,因此多数底栖生物采样点多选在河湾、水流较缓的漫滩区,这些区域有机质较多,营养丰富,适于寡毛类生物生存繁殖,所以监测值仅能反映采样区域的局部值;③受小浪底水库的影响,底栖生物以季节性的种类居多,定居固着生活的种类很少。

3.3.3.4　演变规律

由于受 2011 年小浪底调水调沙的影响,河床变化很大,因此底栖生物采集困难,对监测河段的底栖生物没有作跟踪监测,根据实际监测定性的判断受季节影响较大,在 5 ~ 7 月摇蚊幼虫较多。同时,受小浪底水库调水调沙的影响,下游河段的底质将发生根本性的变化,因此底栖生物将受到上游水库的影响,很难形成定居生活时间很长的底栖生物,均以季节性和临时性的生物为主。

3.4　重点河段鱼类现状及演变规律

3.4.1　种类组成

调查捕获的鱼类共计 17 科 54 种。主要以鲤科鱼类为主,31 种,占到 57.4%。其中山东段的鱼类种类最多,41 种,其次为河南段 36 种,宁夏段 22 种。山东段属河口地区,东平湖鱼类资源较为丰富,因此鱼类种类较多;河南段属于平原区,水库放养鱼类较多,河道生物较为丰富,鱼类产卵场多分布于此,鱼类组成也较为复杂;宁夏段属黄河中游的河套平原,水流较缓,适于鱼类生存,但由于地处黄河上游的底部,因此鱼类结构也较为简单,仅有当地的土著鱼类。

鱼类组成的特点是:无大型洄游性鱼类,主要以定居性的兰州鲇、鲤鱼和鲫鱼为主,以及短距离生殖洄游的鱼类瓦氏雅罗鱼等;主要经济鱼类有兰州鲇、鲤鱼、鲫鱼等产黏性卵鱼类; 以鲤科鱼类为主,占 57.4%。调查中未见到国家重点保护野生鱼类,有国家公布的鱼类种质资源保护名录中的黄河鲤、兰州鲇,见表 3-12。

表 3-12　鱼类组成名录表

目	科	属种	陶乐	巩义	利津
鲤形目	鲤科	赤眼鳟 *Squaliobarbus curriculus*	+	+	+
		瓦氏雅罗鱼 *Leuciscus waleckii*(*Dybowski*)			+
		黑龙江马口鱼 *Opsariichthys ucirostris bidens*(*Günther*)	+	+	+
		蒙古红鲌 *Erythroculter mongolicus*(*Basilewsky*)	+		+
		翘嘴红鲌 *Erythroculter ilishaetormis* (*Bleeker*)	+	+	+
		餐条 *Hemiculter leucisculus*(*Basilewsky*)	+	+	+
		棒花鮈 *Gobio rivuloides Nichols*	+	+	+
		黄河鮈 *Gobio huanghensis*	+		
		鳙鱼 *Aristichthys nobilis*	+	+	
		青鱼 *Mylopharyngodon piceus*		+	
		鲫鱼 *Carassius auratus*	+	+	+
		草鱼 *Ctennopharyngodon idellus*(*Günther*)	+	+	+
		鲤鱼 *Cyprinus carpio Linnaeus*	+	+	+
		清徐胡鮈 *Huigobio chinssuensis* (*Nichols*)			+
		蛇鮈 *S. dabryi bleeker*			+
		银色颌须鮈 *Gn. argentatus*(*Sauvage et Dabry*)			+
		棒花鱼 *Abbotina rivularis*(*Basilewsky*)		+	+
		贝氏餐条 *H. bleekeri Warp*	+	+	+
		蒙古贝氏餐条 *H. bleekeri warpachowskii* (*Nikolsky*)		+	
		长春鳊 *Parabramis pekinensis* (*Basilewsky*)	+	+	+
		团头鲂 *Megalobrama amblycephala*		+	
		红鳍鲌 *Culter erythropterus Basilewsl*		+	
		黑龙江鳑鲏 *R. sericeus*(*Pallas*)		+	+
		兴凯刺鳑鲏 *Acanthorhodeus chankaensis* (*Dybowsky*)		+	
		高体鳑鲏 *R. ocellatus* (*kner*)		+	+
		中华鳑鲏 *R. hodeus sinensis* (*Günther*)		+	+
		兴凯鱊 *Acheilognathus chankaens*(*Dybowsky*)			+
		逆鱼 *Acanthobrama simoni Bleeker*			+
		花鲭 *Hemibarbus maculatus Bleeker*	+	+	
		麦穗鱼 *Pseudorasbora parua*	+	+	+
		稀有麦穗 *P. fowleri Nichols*		+	+
	鳅科	泥鳅 *Misgurnus anguillicaudatus* (*Cantor*)	+	+	+

续表 3-12

目	科	属种	陶乐	巩义	利津
鲉形目	鲬科	鲬鱼 *Platycembelus indicus*(*linnaeus*)			+
鲻形目	鲻科	梭鱼 *Megil so – iuy Basilewsky*			+
鲱形目	鲱科	圆吻海鰶 *Nematalosa nasus*(*Bloch*)			+
鲇形目	鲇科	鲇鱼 *Parasilurus asotus*	+	+	+
		兰州鲇 *Silurus lanzhouensis* Chen	+	+	
		革胡子鲇 *Clarias leather*	+	+	
	鮠科	黄颡鱼 *Pseudobagrus fulvidrac*(*richardson*)	+	+	+
		光泽黄颡鱼 *Pseudobagrus nitidus Sauvage et Dabry*		+	+
鲈形目	刺鳅科	刺鳅 *Mestacephalus* (*Basilewsky*)		+	+
	鮨科	鲈鱼 *Lateolabrax japonicus Cuvier Valenciennes*			+
		花鲈 *Lateolabrax japonicus*			+
	鰕虎科	斑纹舌鰕虎鱼 *G. olivaceus* (*temminck et Schlegel*)			+
		波氏栉鰕虎鱼 *C. cliffordpopei*(*Nichols*)			
		栉鰕虎鱼 *C. shennongensis Yamg et xie*			+
		弹涂鱼 *Periophthalmus cantonensis*(*Osbeck*)			+
	塘鳢科	黄蚴 *H. swinhonis*(*Günther*)	+	+	+
	鳢科	乌鳢 *Ophipcephalus argus*(*Cantor*)	+	+	+
	斗鱼科	圆尾斗鱼 *M. chinensis*		+	+
鳉形目	鳉科	青鳉 *O. latipes* (*temminck et schlegel*)		+	+
鲑形目	胡瓜鱼科	池沼公鱼 *Hypomesus olidus*	+		
	银鱼科	大银鱼 *Protosalanx hyalocranius*		+	+
鲟形目	鲟科	俄罗斯鲟 *Acipensergueldenstaedtii*		+	
合计	17 科	54 种	22	36	41

3.4.2　渔获物组成

经过统计，实地捕获鱼类共 3 183 尾，总重 166 886 g。数量以餐条居多，1 555 尾，占总数的 48.9%；生物量以鲤鱼为主，70 650 g，占总重的 39.9%。具体渔获物组成及分布区域见表 3-13。

表3-13　渔获物组成

名称	数量(尾)				重量(g)
	陶乐	巩义	利津	合计	
赤眼鳟	7	6	2	15	1 504
瓦氏雅罗鱼			5	5	231
黑龙江马口鱼	2	6	11	19	326
蒙古红鲌	3		2	5	750
翘嘴红鲌	1	3	1	5	2 016
餐条	50	1 449	56	1 555	23 180
棒花鮈	14	8	17	39	427
黄河鮈	2			2	39
鳙鱼	2	3		5	2 462
青鱼		2		2	1 543
鲫鱼	103	404	38	545	14 392
草鱼	1	11	2	14	3 825
鲤鱼	29	420	22	471	70 650
清徐胡鮈			2	2	32
蛇鮈			3	3	41
银色颌须鮈			1	1	22
棒花鱼		6	9	15	233
贝氏餐条	22	32	11	65	1 428
蒙古贝氏餐条		2		2	49
长春鳊	2	2	1	5	760
团头鲂		1		1	207
红鳍鲌		2		2	467
黑龙江鳑鲏		2	2	4	38
兴凯刺鳑鲏		1		1	12
高体鳑鲏		1	1	2	27

续表 3-13

名称	数量(尾)				重量(g)
	陶乐	巩义	利津	合计	
中华鳑鲏		2	1	3	46
兴凯鱊			1	1	35
逆鱼			3	3	137
花鲋	3	2		5	743
麦穗鱼	42	21	53	116	1 024
稀有麦穗		1	2	3	26
泥鳅	6	7	17	30	573
鲬鱼			1	1	76
梭鱼			9	9	853
圆吻海鰶			7	7	671
鲇鱼	49	52	4	105	13 826
兰州鲇	27	7		34	4 325
革胡子鲇	2	12		14	14 322
黄颡鱼	22	18	3	43	1 467
光泽黄颡鱼		2	4	6	169
刺鳅		1	2	3	52
鲈鱼			8	8	3 172
花鲈			3	3	642
斑纹舌鰕虎鱼			4	4	66
合计	389	2 486	308	3 183	166 886

鱼类资源总的特点是:小型的鱼类较多,如餐条,数量占渔获物总数的 48.9%;主要的经济鱼类趋于小型化,鲤鱼平均只有 130 g,最大的只有 2 562 g,2 500 g 以上的在鲤鱼的渔获物中只占 1.1%,体重在 300 g 以下的占了 75% 以上;鲇鱼平均只有 131 g,体重在 300 g 以下的占到 76%。分析原因主要有:河流水量减少,生存区域和活动空间减少,环境容纳量减少;捕捞过度,长期选择性的过度捕捞,使得主要的经济鱼类不断减少,并趋于小型化;环境恶化,水质严重恶化,影响鱼类生存;生境破碎严重,水工程不断增多,生存环境破碎化严重,物质和能量传递受到影响。

3.4.3　亲鱼状况及生境条件

为了解黄河重点河段繁殖期鱼类生境条件，明确繁殖期鱼类栖息与河川径流条件之间的关系，本研究对黄河巩义、利津、陶乐河段鱼类及其生境因子进行了系统的同步监测，监测结果见表 3-14 ~ 表 3-16。

表 3-14　繁殖期巩义河段鱼类生境调查(2011 年)

监测点	监测时间	生物因子	生境因子			
			流速(m/s)	水深(m)	水温(℃)	溶氧(mg/L)
11#	4 月 2 日	餐条:13 条;年龄:2	0.74	0.89	13.5	8.7
12#	4 月 2 日	无	1.04	2.62	13.5	8.5
13#	4 月 2 日	黄颡鱼 1 条,鲤鱼 2 条,鲫鱼 3 条;年龄:2	0.21	1.70	18.8	7.0
14#	4 月 2 日	鲤鱼:2 条;年龄:2	0.44	0.59	15.5	8.0
15#	4 月 2 日	结构组成:餐条 26 条、鲫鱼 7 条;年龄:2、3	0.64	1.39	14.5	8.5
16#	4 月 2 日	鲫鱼 3 条;年龄:2 ~ 3,3 龄雌鱼发育到Ⅲ期	0.74	0.89	13.5	8.7
17#	4 月 2 日	无	1.68	2.39	14.5	8.0
18#	4 月 2 日	无	未监测	未监测	未监测	未监测
19#	4 月 2 日	无	0.25	0.82	12.7	9.5
20#	5 月 3 日	无	0.17	1.65	12.2	9.75
21#	5 月 3 日	黄颡鱼 1 条、鲤鱼 2 条、鲫鱼 3 条;年龄:1、2、3	0.89	2.50	20.5	10.5
22#	5 月 3 日	鲤鱼 3 条、鲫鱼 6 条、餐条 32 条;年龄:1、2、3,鲤鱼性腺发育到Ⅲ期	0.64	1.39	14.5	8.5
23#	5 月 3 日	鲤鱼 5 条、餐条 46 条、鲫鱼 8 条;年龄:2、3,鲤鱼性腺发育到Ⅲ期	0.58	1.10	19.5	10.5
24#	5 月 8 日	无	0.54	0.64	12.5	10.5
25#	5 月 8 日	无	0.92	2.65	14.5	9.5

表3-15　繁殖期利津河段鱼类生境调查(2011年)

监测点	监测时间	生物因子	生境因子			
			流速(m/s)	水深(m)	水温(℃)	溶氧(mg/L)
1#	5月1日	白鲦1条,年龄:1;黄颡鱼1条,年龄:1	0.07	1.35	19.8	10.75
2#	5月2日	黄颡鱼1条,年龄:1	0.28	1.46	20.0	10.5
3#	5月1日	白鲦1条,年龄:1;白鲦1条,年龄:1;鲫鱼1条,年龄:1	0.14	1.27	19.8	10.3
4#	5月1日	虾	0.34	0.96	19.8	10.8
5#	5月1日、2日、4日	光泽黄颡鱼4条,年龄:1、1.5;瓦氏黄颡鱼3条,年龄:1;赤眼鳟2条,年龄:1;鲫鱼3条,年龄:1、2,性别:雌性	0.44	1.36	19.8	10.6
6#	5月1日	虾16条	0.06	0.76	19.8	11.0
7#	5月1日、5日、7日	泥鳅1条,年龄:1;瓦氏黄颡鱼1条,年龄:1;麦穗1条,年龄:1	0.04	1.44	18.8	11.7
8#	5月7日、8日	黄颡鱼1条,年龄:1;麦穗1条,年龄:3,性别:雄性	0.15	0.52	20.1	12.7
9#	5月5日	泥鳅1条,年龄:3	0	0.47	20.1	12.3
10#	5月9日	黄河鲤鱼4条,年龄:3,性别:3雌1雄	0.09	1.25	19.5	8.82

表3-16　繁殖期陶乐河段鱼类生境调查(2011年)

监测点	位置	水温(℃)	溶氧(mg/L)	流速(m/s)	鱼苗(个)
1#	38°48.143′N,106°69.555′E	21.3	5.47	0.340	无
2#	38°48.257′N,106°38.813′E	21.7	5.22	0.325	9
3#	38°48.857′N,103°39.094′E	21.4	5.15	0.277	1
4#	38°48.857′N,103°39.652′E	22.7	5.26	0.867	8
5#	38°49.052′N,106°39.414′E				20(虾8个)

3.4.3.1　亲鱼状况

根据监测河段的实际情况(见表3-14～表3-16),各河段对亲鱼的监测以鲤鱼为主要对象,在繁殖季节,所监测的亲鱼一般可发育到第三期以上。但个体较小,雄性一般在700 g左右,雌鱼一般在1 500～2 000 g。亲鱼多分布在浅水区,以河湾和与河道相连的漫滩为主,分布区多有一定的流速。在鱼类繁殖期间在各河段均采集不同数量的亲鱼,各地的亲鱼发育状况也不尽相同,对采捕的鱼进行鉴定,共有鲤鱼亲鱼135尾,其中雌鱼52

尾，雄鱼83尾。

本研究对巩义采捕的亲鱼进行分析，黄河野生的鲤鱼较养殖的鲤鱼怀卵量相对较低，一般养殖的鲤鱼怀卵量平均为10万粒/kg，而调查最高的怀卵量为7.8万粒/kg。雌鱼一般要比雄鱼大，随着年龄的增长这种差距在增大。对47尾雌鱼和67尾雄鱼的体长、体重与年龄的生长进行分析（见图3-15～图3-18）。从亲鱼体长与年龄关系图可以看出，在2龄前，雌雄鱼在体长上差别不大，体长的增长也大致相同，在2～3龄雌鱼的体长增长要大于雄鱼的体长增长，从3龄开始，雌鱼的体长增长开始减慢，而雄鱼在2～4龄体长的增长几乎保持不变。由此分析认为：该河段的雄鱼2龄可达性成熟，而雌鱼一般为3龄达性成熟；同年龄的雌鱼体长一般大于雄鱼的体长；亲鱼体重和年龄关系与上面的结论几乎相同，雌鱼在前4龄体重增长最快，4龄后体重增长开始减慢，雄鱼从3龄后体重增长开始减小，可见雌鱼从3龄开始性成熟，而雄鱼从2龄开始性成熟；同龄情况下雌鱼体重大于雄鱼体重。

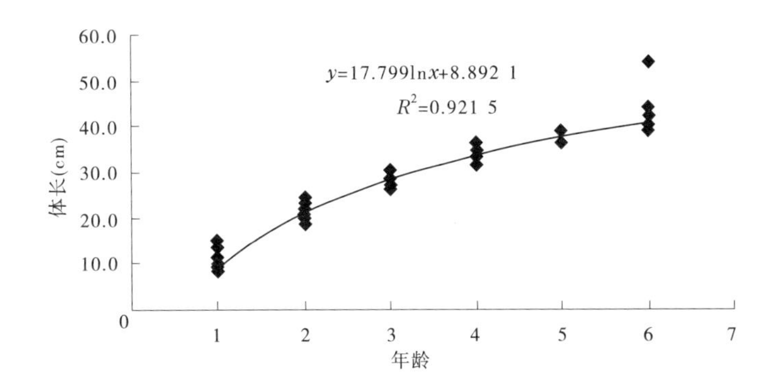

图3-15　雌鱼体长与年龄关系图

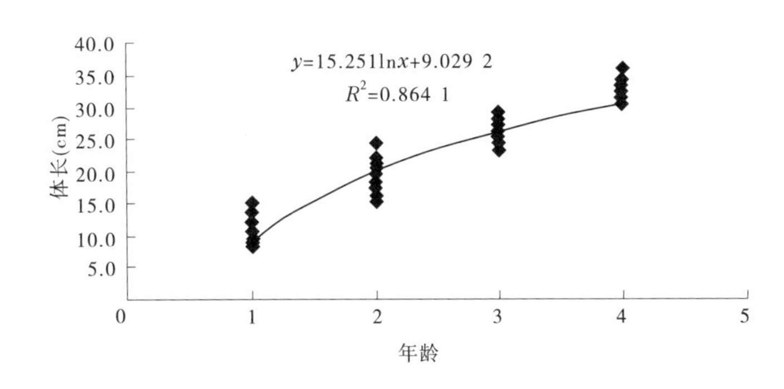

图3-16　雄鱼体长与年龄关系图

3.4.3.2　亲鱼生境条件

根据黄河重点河段繁殖期鱼类及生境因子的同步调查成果（见表3-14～表3-16），以黄河鲤为代表生物，统计其在不同流速、水深、温度、溶氧条件下的出现频率（见表3-17），分析鲤鱼在产卵期间对各种影响因子的喜好程度，可以看出在鲤鱼繁殖季节对流速、溶氧、温度和水深都有一定的选择。

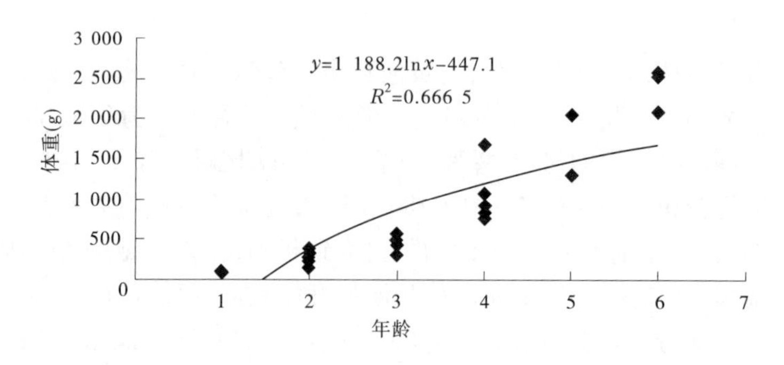

图 3-17　雌鱼体重与年龄关系图

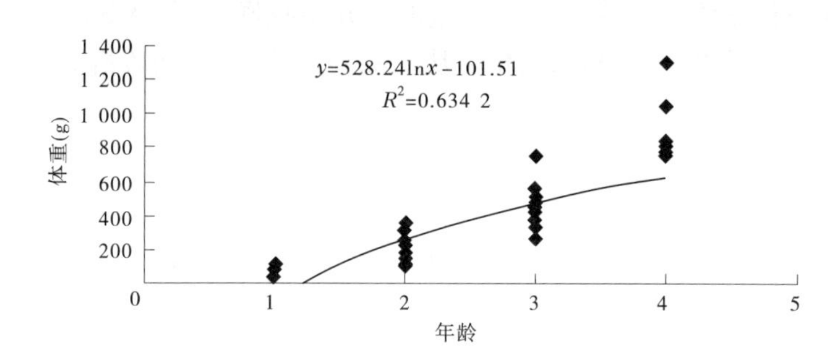

图 3-18　雄鱼体重与年龄关系图

1. 流速

分析繁殖期黄河鲤(亲鱼)在不同生境条件的出现频率,可以看出亲鱼的最适流速为0.2~0.5 m/s,这个流速范围内其出现频率占到62.2%。流速过低,水流刺激不够不利于亲鱼性腺的发育,同时由于流速低溶氧不够,也影响鱼类性腺发育和鱼卵的孵化;流速大于0.5 m/s,鱼类抵抗流速消耗的能量较大,活动受到一定影响,不利于鱼类繁殖。加之鲤鱼产黏性卵,流速过大不利于卵黏附,鱼苗孵化后也不利于活动和捕食,所以流速也不宜过大。

2. 水深

黄河鲤亲鱼的最适水深为50~125 cm,出现频率占到82.1%。鲤鱼类的产卵场所一般都在比较开阔的浅水区,这样既利于水温在白天迅速升高,保证一定的温度和溶氧,水域内有一定的水草或者杂物,形成鱼巢方便产卵,因此水不能过深,浅水区也利于饵料生物的繁衍,确保鱼苗有足够的开口饵料。

3. 温度

监测鱼类繁殖季节的最适温度为18~24 ℃,其出现频率占到82.4%。低于18 ℃,鲤鱼的性腺很难发育或者发育迟缓,温度过高会加快鱼体的代谢,不利于性腺发育和鱼苗孵化。

4. 溶氧

监测的结果是鲤鱼在繁殖季节,溶氧在8~10 mg/L区间内,捕获率最高,出现频率占到67.3%。溶氧低于5 mg/L,鱼类繁殖就会受到影响,也不利于鱼卵的孵化,溶氧大于15 mg/L时,会导致鱼类产生一些疾病,尤其是刚孵化出的鱼苗,溶氧大于12 mg/L容易引发气泡病。

表3-17　繁殖期黄河鲤(亲鱼)在不同生境条件的出现频率

水力因子				水环境因子			
流速(m/s)	黄河鲤出现频率(%)	水深(cm)	黄河鲤出现频率(%)	温度(℃)	黄河鲤出现频率(%)	溶氧(mg/L)	黄河鲤出现频率(%)
0	1.7	25	2.2	10	0	4	0.7
0.1	6.6	50	14.0	12	1.5	5	3.0
0.2	11.7	75	30.5	14	5.9	6	4.1
0.3	10.0	100	25.1	16	7.7	7	7.9
0.4	19.3	125	12.5	18	20.5	8	18.8
0.5	21.2	150	8.8	20	28.4	9	28.1
0.6	8.3	175	2.2	22	21.0	10	20.4
0.7	6.6	250	2.2	24	12.5	11	8.1
0.8	1.7	300	2.2	26	1.6	12	3.0
0.9	5.0	325	0	—	—	13	1.8
1	5.0	340	0	—	—	14	0.7
1.1	1.7	—	—	—	—	15	0
1.2	0	—	—	—	—	16	0.7

3.4.4　分布规律

鱼类分布受地区条件的影响较大,同时监测河段由于受气候和地理位置的影响,因此在分布上有明显特征,即山东段属河口地区,加之东平湖鱼类资源较为丰富,因此鱼类种类较多;河南段属于平原区,水库放养鱼类较多,加之河道生物较为丰富,鱼类产卵场多分布于此,因而鱼类组成也较为复杂;宁夏段属黄河中游的河套平原,水流较缓,适于鱼类生存,但由于地处黄河上游的下段,因此鱼类结构也较为简单,仅有当地的土著鱼类。

3.4.5　演变规律

黄河鱼类资源较匮乏,结构简单,分布上有明显的地域特征,但由于环境和人为影响严重,各河段人工养殖和放流的物种增多,破坏了原有的分布特点。如黄河上游土鲇的放流,就破坏了兰州鲇的结构;黄河中下游的革胡子鲇被很多人作为放生的种类而大量放入黄河,监测期间曾在巩义段看到一次放入革胡子鲇500余kg。小浪底调水调沙也是破坏黄河下游鱼类分布的一个重要因素,每年因小浪底调水调沙,下游鱼类的结构几乎完全被破坏,大型鱼类急剧减少,小型鱼类由于繁殖期短,生物种群恢复比较迅速,导致小型鱼类不断增多。

因此,黄河各河段鱼类的演变受地理环境和人为因素的影响,朝着不同的方向演变发展。首先,陶乐段在一定时间内还将以目前的结构状态为主,随着人为干扰增多,慢慢将以人为活动所增加的种类为变化因子为主导的结构组成;其次,黄河小浪底以下巩义和利津段,由于每年受小浪底调水调沙的影响,鱼类组成将趋于小浪底水库的组成,但渔获物将会大大减少,同时一年生的小型鱼类会大量增多。

3.5　鱼类产卵场调查

3.5.1　产卵场确定

产卵场确定方法有以下几种:

(1)根据渔获物组成,对调查区域内有大量幼鱼的调查河段(占15%以上的),可初步确定为产卵区域,再根据外部的生态环境判断,在水位比较低、流速比较缓的河沟、浅滩和支流汇入的河口地段,对水生植物比较茂密、浮游生物密度较大的区域进行跟踪调查,最终确定产卵场的位置;根据主要鱼类的年龄和性别组成,确定在调查区域内的主要产卵鱼类,判断其产卵类型。

(2)解剖样本中的亲鱼,根据亲鱼发育的情况判断产卵场的所在。对在调查区域内所捕获的鱼类,对亲鱼进行解剖分析,根据卵巢发育情况和怀卵量来判断产卵场的位置和产卵规模,同时根据调查区域内其他鱼类的食性分析,判断其产卵场的分布范围。

(3)根据调查区域内浮游生物的组成情况,选定调查区域内饵料比较丰富的场所,结合河道的地貌、水位、流速和产卵底质等环境因子,初步筛选出该区域内可能的产卵场所。

(4)对发现有受精卵或仔鱼的河段重点调查,同时实行跟踪观测,确定仔鱼种类,并确定产卵区域。

根据2009~2011年黄河重点河段鱼类及栖息地调查结果,依据以上鱼类产卵场确定方法,初步明确了黄河陶乐、巩义、利津河段产卵场的具体位置。其中,陶乐河段产卵场位于平罗大桥上游,从陶乐渡口至赵度农场约2 km,左岸距离岸边5~10 m是芦苇沼泽带,涨水可淹没,宽约500 m,长度约2 km,右岸距离岸边30~50 m是荒草带,往上地势较高,沿岸是农田、村庄,随着河水的涨落,在河中心可出现河心洲。该河段鱼类以杂食性和捕食性鱼类居多,代表性鱼类有兰州鲇、黄河鲤、黄河鮈;巩义河段产卵场位于伊洛河入黄口下游约5 km处,伊洛河汇入黄河,使得该河段的河势结构与生物组成相对复杂和多样化,形成了以伊洛河入黄口为中心相对较大的天然产卵场所,下游约5 km的两岸为河滩地,河势平缓,河道随水流来回小范围内变化,底质为沙粒,下游有一较大的河心洲,代表性鱼类有黄河鲤、兰州鲇;利津河段产卵场位于利津浮桥上游,从利津浮桥自上游河道拐弯处长度约2 km,左岸距离岸边2~3 m是沙滩,岸上为荒草带,宽3~5 m,再往上依次为农田、防护林和黄河大堤,河道内有大面积河心洲分布;右岸是河堤,地势较高,主河道内有大面积河心洲分布。黄河重点河段产卵场基本情况见表3-18。

表3-18 黄河重点河段产卵场基本情况

研究河段	陶乐	巩义	利津
河道特征	河道宽浅,水流散漫,有河心洲,两岸为农田和村庄	河道宽浅,水流散漫,有河心洲,两岸为农田,以沙土质为主	河势相对规顺
河滩及岸边带情况	分布有大面积的河滩地,河滩地形起伏不大,浅滩地植被丰富,岸边带为农田和村庄	分布有大面积的河滩地,河滩地形起伏不大,河滩地有零星植被分布,岸边带为荒草地和农田	分布有河滩地,河滩起伏不大,河滩地有零星植被分布,岸边带为荒草、林地和农田
支流汇入情况	无支流汇入	有支流汇入	无支流汇入
河床底质	沙质	沙质	沙质
代表性鱼类	鲤鱼、鲇鱼、黄河鮈	鲤鱼、鲇鱼	鲫鱼、鲤鱼
鱼类产卵类型	黏性卵	黏性卵	黏性卵
敏感时段	4~6月	4~6月	4~6月
敏感水力因子	流速、水深	流速、水深	流速、水深
敏感水环境因子	水温18 ℃以上; Ⅲ类水以上; 泥沙影响不大、冲刷影响大	水温18 ℃以上; Ⅲ类水以上; 泥沙影响不大、冲刷影响大	水温18 ℃以上; Ⅲ类水以上; 泥沙影响不大、冲刷影响大

3.5.2 产卵场调查

黄河陶乐、巩义、利津河段主要鱼类为敞水性产卵类型,产卵场的位置相对比较稳定,鱼类产卵期需要一定的外界条件,这些条件的综合,就形成产卵场的环境因素,如水温、水流、水深、水质、光线及附着物等。2010~2011年,本项目对黄河陶乐、巩义、利津河段产卵场亲鱼发育、鱼苗出现等情况进行了系统调查(见表3-19),2011年对巩义、利津河段产卵场生物因子与环境影响进行了同步调查(见表3-20、表3-21)。

根据黄河重点河段鱼类产卵场调查结果(见表3-19~表3-21),黄河陶乐、巩义和利津的鱼类产卵场均分布在河湾的敞水区,多有漫滩,有岸边植物,河道、河漫滩区有明显的水流差别,便于水温快速升高,如2010年直到5月7日在黄河干流巩义(伊洛河下游)的产卵场第一次发现鱼苗,测定产卵场水温为11.5 ℃(下午18:00测定),此时浅水区的温度可达18~20 ℃,观察鱼苗的发育状况预测鱼苗孵化2~3 d。山东段产卵场所在河段水深相对较浅,白天水温回升较快,在监测期间,5月1日水温达到18 ℃,自5月2日以后水温一直维持在20 ℃以上,自5月1~5日积温刚好达到鱼类产卵要求,产卵场附近在监测日期内水温平均20 ℃以上,可以满足鱼卵孵化需要。

产卵场内的流速范围比较大，一般为 0.001～1.2 m/s，对于大流速目前没有研究，但流速不能过大，且分布面积较广，根据巩义河段的监测情况，主河道流速最小为 0.56 m/s，最大为 1.42 m/s，均不适合鱼苗孵化发育，幼鱼的早期生长发育应在产卵场内。

产卵场河段两岸生态环境污染源较少，未发现生活垃圾和污水汇入口，一级台地上岸边植被覆盖率较高，河漫滩基本没有植被，底质为细沙，人为干扰较少，为鱼类产卵提供了相对稳定的生态环境。

表 3-19　各河段产卵场监测记录情况

河段		产卵场情况及变化
陶乐		根据现场所采集黄河鮈的发育情况推断，该鱼产卵时间相对鲤鱼、鲫鱼和鲇鱼的产卵时间要晚一些，2010 年的产卵时间约在 5 月底。通过现场对黄河鮈所做的几次人工授精繁殖情况来看，黄河鮈的胚胎发育应在流水环境、高溶氧的条件下进行，水温在 19 ℃左右，不宜太高
巩义	2010 年	从 4 月 23 日开始，在所采集的渔获物中，雌鱼性腺发育到Ⅲ期初（鲤鱼和鲇鱼），卵粒不游离，未发现性腺发育良好的亲鱼，分析主要跟当年气候的变化有关，由于气温多变，低温持续时间长，河水温度一直徘徊在 10 ℃左右，使得亲鱼发育的积温效应时间不够，发育迟缓。5 月 7 日在伊洛河采集到鱼苗，5 月 9 日在黄河采集到鱼苗。监测的水温在 8.0～12.0 ℃，流速在 0.318～1.461 m/s
	2011 年	从 4 月 21 日开始，采集到的亲鱼多处于Ⅲ期末，卵粒游离，雄鱼发育良好；5 月 1 日伊洛河采集到鱼苗，5 月 3 日黄河采集到鱼苗，监测的水温在 9.8～12.7 ℃，流速在 0.828～1.682 m/s。产卵场较 2010 年水温略有上涨，同时随河道摆动，产卵场整体向右偏移 200 m 左右，根据河道走势和摆动情况，预测来年产卵场有可能向左偏移
利津	2010 年	从 4 月 30 日开始监测，5 月上旬采集到亲鱼，在所采集的渔获物中，雌鱼性腺发育到Ⅳ期（鲫鱼、鲤鱼和鲇鱼），卵粒可游离，黄河干流水温白天在 20 ℃以上。通过对性腺的观察称重和怀卵量分析后发现山东段亲鱼性腺发育良好，可正常产卵。山东监测段全程监测的产卵场为利津河段产卵场，产卵鱼类种类相对单一，进入产卵场的性成熟鱼类有鲤鱼、鲫鱼、鲇鱼等，确定繁殖出鱼苗的鱼类仅鲫鱼一种。监测的水温在 15～23 ℃，流速在 0.78～1.421 m/s
	2011 年	从 4 月 27 日开始监测，5 月上旬采集到鱼苗，监测的水温在 17.8～23 ℃，流速在 0.061 5～0.427 5 m/s。较 2010 年监测结果，水温略有升高，平均高 1 ℃左右，流速降低，水温下降，在 2010 年的基础上略有上移，分析预测还会继续上移

表 3-20　巩义河段鱼类产卵场生物因子与环境因子同步调查(2011 年)

监测点	监测日期(月-日)	生物因子	环境因子							
			上午				下午			
			流速(m/s)	水深(m)	水温(℃)	溶氧(mg/L)	流速(m/s)	水深(m)	水温(℃)	溶氧(mg/L)
产卵场1#	04-28	无	0.07	0.80	13.3	7.5	0.06	0.80	19.8	10.5
	04-29	无	0.11	0.93	11.3	6.5	0.08	0.70	20.6	8.4
	05-01	无	0.04	0.82	12.1	6.7	0.06	0.85	21.8	8.5
	05-02	无	0.06	0.62	12.6	7.8	0.06	0.58	22.7	9.5
	05-03	无	0.13	0.90	12.8	7.8	0.06	0.60	23.6	9.0
	05-05	无	0.06	0.85	12.3	8.0	0.06	0.30	23.8	10.5
	05-06	鲤鱼鱼苗	0.07	0.83	13.8	6.5	0.06	0.55	22.8	10.5
	05-07	鲤鱼鱼苗	0.07	0.75	14.3	5.5	0.06	0.40	23.8	10.5
	05-08	鲤鱼鱼苗	0.07	0.80	14.3	7.5	0.06	0.80	23.8	10.7
	05-09	鲤鱼	0.03	0.50	12.3	7.5	0.06	0.80	22.8	9.5
	05-10	鲤鱼	0.05	0.63	12.3	6.5	0.06	0.70	23.8	8.5
	05-11	餐条、银鱼苗	0.07	0.82	14.3	6.5	0.06	0.60	22.8	8.5
	05-12	鲫鱼、餐条	0.05	0.32	14.3	6.5	0.06	0.83	23.2	8.5
	05-13	鲤鱼	0.07	0.80	13.3	7.5	0.06	0.80	19.8	10.5
	05-14	鲫鱼苗	0.02	0.28	13.7	6.5	0.06	0.80	22.8	8.5
	05-15	鲤鱼、鲫鱼鱼苗	0.03	0.25	14.3	6.5	0.06	0.80	19.8	10.5
产卵场2#	04-28	无	0.43	0.57	12.6	7.1	0.07	0.72	19.0	10.0
	04-29	无	0.63	0.82	10.8	7.1	0.04	0.32	21.0	10.4
	05-01	无	0.13	0.97	10.6	7.6	0.56	0.72	21.7	6.2
	05-02	无	0.03	0.57	12.6	7.1	0.07	0.72	19.0	10.0
	05-03	无	0.23	0.39	12.8	6.8	0.07	0.28	22.0	10.0
	05-05	无	0.53	0.57	13.6	7.5	0.07	0.72	22.0	9.0
	05-06	无	0.33	0.57	14.6	7.1	0.56	0.72	21.0	9.7
	05-07	鱼苗	0.07	0.27	14.6	7.1	0.06	0.52	23.0	10.9
	05-08	鱼苗	0.14	0.37	13.6	6.1	0.07	0.22	23.8	9.0
	05-09	鲤鱼、鲫鱼鱼苗	0.83	0.97	12.0	6.1	0.37	0.42	24.0	8.0
	05-10	餐条	0.53	0.75	14.6	5.1	0.39	0.52	23.0	7.6
	05-11	餐条	0.62	0.77	12.3	6.1	0.36	0.52	22.0	8.0
	05-12	鲤鱼、鲫鱼鱼苗	0.24	0.59	14.6	6.7	0.37	0.75	22.0	9.2
	05-13	鲤鱼	0.23	0.49	14.7	7.1	0.07	0.72	19.0	10.0
	05-14	鲤鱼、鲫鱼鱼苗	0.33	0.59	12.6	6.3	0.07	0.42	22.6	9.3
	05-15	鲤鱼鱼苗	0.43	0.53	15.6	6.7	0.07	0.42	23.0	8.7

续表 3-20

监测点	监测日期(月-日)	生物因子	环境因子							
			上午				下午			
			流速(m/s)	水深(m)	水温(℃)	溶氧(mg/L)	流速(m/s)	水深(m)	水温(℃)	溶氧(mg/L)
产卵场3#	04-28		0.13	0.87	18.6	7.0	0.07	0.72	23.1	12.0
	04-29	餐条、鲤鱼、鲇鱼鱼苗	0.03	0.48	20.3	5.0	0.07	0.78	24.1	12.6
	05-01	餐条鱼苗,鲤鱼鱼苗	0.16	0.67	19.6	6.2	0.07	0.42	24.3	11.6
	05-02	餐条、鲤鱼、鲫鱼鱼苗	0.13	0.87	18.6	7.0	0.07	0.72	23.1	12.0
	05-03	餐条、鲤鱼鱼苗	0	0.98	19.6	6.01	0.03	0.72	24.1	8.5
	05-05	餐条、鲤鱼、鲫鱼鱼苗	0.03	0.89	21.5	5.0	0.05	0.92	24.1	8.4
	05-06	鲤鱼、鲇鱼鱼苗	0.03	0.87	20.6	5.0	0.01	0.70	25.1	8.0
	05-07	餐条、鲤鱼鱼苗	0.03	0.77	19.8	6.0	0.06	0.72	24.1	9.0
	05-08	餐条鱼苗	0.10	0.75	20.6	5.0	0.07	0.82	25.1	8.5
	05-09	餐条、鲤鱼、鲫鱼鱼苗	0.13	0.87	18.6	7.01	0.07	0.72	23.1	12.0
	05-10	餐条、鲤鱼、鲫鱼鱼苗	0.23	0.80	20.6	4.0	0.17	0.72	23.8	8.2
	05-11	餐条、鲤鱼、鲫鱼鱼苗	0.04	1.06	21.6	5.8	0.05	0.82	23.7	6.3
	05-12	餐条、鲤鱼、鲫鱼鱼苗	0.33	0.78	20.6	6.3	0.15	0.62	24.1	7.0
	05-13	餐条、鲫鱼鱼苗	0.03	0.77	19.6	5.6	0.07	0.72	24.1	8.6
	05-14	餐条、鲤鱼、鲫鱼鱼苗	0.06	0.57	20.1	6.1	0.05	0.52	26.1	7.4
	05-15	无	0.03	0.27	21.6	5.0	0.03	0.32	25.8	8.2

表 3-21　利津河段鱼类产卵场生物因子与环境因子同步调查(2011 年)

监测点	监测日期(月-日)	生物因子	环境因子							
			上午				下午			
			流速(m/s)	水深(m)	水温(℃)	溶氧(mg/L)	流速(m/s)	水深(m)	水温(℃)	溶氧(mg/L)
产卵场1#	05-07	无	0.28	2.60	20.0	11.2	0.24	2.64	22.0	11.4
	05-08	无	0.43	2.80	18.5	11.1	未测	未测	未测	未测
	05-09	无	0.29	3.10	18.0	10.2	0.21	3.26	18.9	9.4
	05-10	无	0.16	3.30	17.5	9.0	未测	未测	未测	未测
	05-11	无	0.19	3.47	20.6	8.7	0.11	3.39	17.5	8.3
	05-12	无	0.23	3.70	19.0	8.2	0.21	3.82	20.4	3.82
	05-13	鲤鱼鱼苗 3 条、鲫鱼鱼苗 2 条	0.27	4.00	17.8	8.6	0.30	4.30	20.2	8.9

续表 3-21

监测点	监测日期(月-日)	生物因子	环境因子							
			上午				下午			
			流速(m/s)	水深(m)	水温(℃)	溶氧(mg/L)	流速(m/s)	水深(m)	水温(℃)	溶氧(mg/L)
产卵场2#	05-07	无	0	0.26	19.0	12.1	0	0.24	23.1	12.9
	05-08	无	0	0.47	15.0	12.5	未测	未测	未测	未测
	05-09	鲤鱼鱼苗 1 条	0	0.49	18.5	12.1	0.10	0.60	18.5	9.2
	05-10	鲤鱼鱼苗 1 条、鲫鱼鱼苗 1 条	0.09	0.87	17.0	9.3	未测	未测	未测	未测
	05-11	无	0.10	0.91	18.5	8.6	0.11	0.90	22.8	8.8
	05-12	鲤鱼鱼苗 2 条	0.06	1.22	19.0	8.18	0.09	1.37	20.1	8.9
	05-13	鲤鱼鱼苗 3 条、鲫鱼鱼苗 4 条	0.13	1.51	17.5	8.9	0.06	1.60	21.0	8.3
产卵场3#	05-07	无	0	0.77	19.0	15.3	0	0.80	22.8	13.5
	05-08	无	0	0.93	17.0	12.9	未测	未测	未测	未测
	05-09	鲫鱼鱼苗 2 条	0	0.95	18.5	12.2	0.12	1.10	18.8	9.4
	05-10	鲤鱼鱼苗 6 条	0.11	1.00	17.0	9.3	未测	未测	未测	未测
	05-11	鲫鱼鱼苗 1 条	0.15	1.10	18.5	8.4	0.12	1.21	22.8	8.6
	05-12	鲤鱼鱼苗 4 条、鲫鱼鱼苗 3 条	0.06	1.39	19.0	8.3	未测	未测	未测	未测
	05-13	鲤鱼鱼苗 1 条、鲫鱼鱼苗 2 条	未测	未测	未测	未测	未测	未测	未测	未测
产卵场4#	05-07	鲤鱼鱼苗 1 条、鲫鱼鱼苗 1 条	0	0.28	20.0	15.7	0	0.25	21.8	12.6
	05-08	无	0	0.28	16.0	11.7	未测	未测	未测	未测
	05-09	鲤鱼鱼苗 1 条、鲫鱼鱼苗 2 条	0	0.36	18.0	10.3	0	0.49	19.5	10.4
	05-10	鲤鱼鱼苗 5 条、鲫鱼鱼苗 3 条	0	0.68	17.0	9.3	未测	未测	未测	未测
	05-11	鲤鱼鱼苗 4 条、鲫鱼鱼苗 2 条	0	0.72	18.5	8.9	0	0.63	23.5	11.4
	05-12	鲫鱼鱼苗 1 条	0	0.89	19.1	8.4	0	1.06	20.2	8.8
	05-13	鲤鱼鱼苗 4 条、鲫鱼鱼苗 1 条	0		17.5	9.0	0		21.1	8.0

续表 3-21

监测点	监测日期(月-日)	生物因子	环境因子							
			上午				下午			
			流速(m/s)	水深(m)	水温(℃)	溶氧(mg/L)	流速(m/s)	水深(m)	水温(℃)	溶氧(mg/L)
产卵场5#	05-07	无	0	0.46	19.0	13.5	0	0.40	22.0	12.4
	05-08	鲤鱼鱼苗 2 条	0	0.50	17.5	12.7	未测	未测	未测	未测
	05-09	无	0	0.68	20.0	13.7	0.06	0.49	19.8	11.5
	05-11	无	0.10	0.88	17.0	9.7	0.12	0.95	22.5	9.9
	05-12	无	0.11	1.11	20.0	8.3				

3.6　代表鱼类生态习性研究

3.6.1　代表鱼类选择

研究河段代表物种选择应遵循以下原则:①是黄河的重要土著鱼类;②在区系组成上具有一定代表性;③在生态习性上具有一定代表性;④目前在研究河段还有生存的个体或者种群,具有一定的可捕获性,可进行生物学监测、观察实验和研究。根据以上原则,按照国家生物多样性和鱼类物种资源保护要求,综合考虑鱼类土著意义、特有性、经济价值及濒危程度等,结合现状调查结果,选取黄河鲤作为研究河段代表鱼类。黄河鲤属鱼纲、鲤形目、鲤科、鲤亚科、鲤属淡水鱼类,因产于黄河而得名,是生活在黄河水中的一种天然名贵鱼种。黄河鲤是黄河最著名的土著鱼种,具有重要的保护价值、经济价值、文化价值和遗传育种价值。

3.6.2　黄河鲤生态习性

3.6.2.1　黄河鲤生长发育阶段

黄河鲤鱼个体发育史大致可以分为下列几个时期:胚胎期,从受精卵到卵孵出之间为胚胎期,这个发育时期在卵膜内进行;仔鱼期,从孵出直到各运动器官发育完备,又分仔鱼前期和仔鱼后期,仔鱼前期是从孵出到卵黄囊吸收为止,仔鱼后期是从卵黄囊吸收到各运动器官发育完备为止;稚鱼期,从各运动器官发育完备至体形、体色基本上与成鱼相似时为止;幼鱼期,各种器官都已形成,但其性腺尚未成熟;成鱼期,从第一次性成熟开始即为成鱼期。从稚鱼到性成熟,黄河鲤需要 2 ~3 年时间。其中,胚胎期(卵)、仔鱼、稚鱼三个发育阶段,统称为鱼类早期生活史阶段,对鱼类自然资源繁殖保护和养殖业苗种培育具有重要意义,对决定鱼类早期存活的生态因子的研究,在国内外日益受到广泛的重视。

根据黄河鲤个体发育史,结合鲤鱼生长阶段的季节划分,给出了黄河鲤生命阶段周期性表(见表 3-22)。

表3-22　黄河巩义、利津河段黄河鲤生命阶段周期

月份	性腺成熟	繁殖期	生长期	越冬期
		产卵及仔幼鱼期	幼鱼至成鱼期	以第四期卵巢越冬
2月	+			
3月	+			
4月	+	+		
5月		+		
6月		+	+	
7月			+	
8月			+	
9月			+	
10月			+	
11月				+
12月				+
1月				+

3.6.2.2　黄河鲤繁殖习性

1.性周期

鲤鱼为1年1次性周期,每年从4月初至6月初为鲤鱼性腺成熟和产卵时间,产卵后的第六期卵巢在6月底至10月底退化吸收,恢复到第二期,随后又逐渐发育,11～12月,卵巢由第三期发育进入第四期。因此,鲤鱼具有以第四期卵巢越冬的特点,到翌年春季当水温和其他条件适宜时,迅速成熟而产卵。

2.产卵季节

黄河中下游黄河鲤产卵时间为4～6月,水温18℃以上,要有较为适宜的产卵条件,如水温、鱼卵附着物等才能正常产卵。鲤鱼属分批产卵鱼类,繁殖期延续时间较长,一般持续2个月左右。据调查研究,小浪底水库运用前,巩义河段产卵时间约为4月中下旬,小浪底水库运用后,因受水库低温水下泄影响,该河段鲤鱼产卵时间推后,晚于利津河段。

3.产卵场条件

黄河鲤产黏性卵,喜欢在河流沿岸流速缓慢浅水有水草或者附着物的地方产卵,卵产出后附在水草等附着物上发育,故自然产卵场多分布于浅水水草丛生处。

4.产卵及卵孵化

黄河鲤产卵一般在午夜开始,至翌日早晨6～8时最盛,10时后产卵完毕,有时也延续到下午。鲤鱼卵孵化的时间需要3～7 d,刚孵出的鱼苗全长5 mm左右,头部悬附在水草等附着物上,前三天完全靠卵黄囊维持,不积极摄食,3 d后逐渐离开水草,第四天开始主动摄食。卵化后的幼鱼有顶水逆游的习性,游到河面宽阔、水流平稳、饵料丰富的河段生长发育。

3.6.2.3　栖息及摄食习性

黄河鲤鱼属于底栖杂食性鱼类,对生活环境适应性强,食物组成主要有水生微管束植物、草籽、底栖无脊椎动物等。除夏季摄食强度稍大外,一般摄食强度不大,春季生殖后的夏秋季节,卵母细胞处于生长早期,卵巢的发育主要靠外界食物供应营养,这期间鱼类大量摄食肥育。深秋时节,冬季临近,也会出现觅食增加,冬季(尤其在冰下)基本处于半威眠停食状况。

黄河鲤鱼喜栖于水草丛中,流速缓慢的松软河底,常栖息水底,很少上浮。鲤鱼适应能力较强,可以生活在各种水体中,但比较喜欢栖息在水草丛生的浅水区,春季生殖后至夏秋大量摄食肥育,冬季在深水处或水草多的深水槽中越冬,河床中的大坑深槽,以及闸涵附近的深水区,均是黄河鲤鱼的越冬场。

春季生殖后,转入发育期,大量摄取食物。冬季游动迟缓,游入深水底层越冬,尤其北方寒冷地区水封冻时期更是如此。入春后又转趋活跃。食物组成因龄期而改变,刚孵出的鱼主要以浮游动物为食,如昆虫、甲壳类等 。体长达到20 mm时,转食小型的底栖无脊椎动物,成鱼常以底栖动物为主要食料,如螺蛳、昆虫的幼虫等,但也食草和丝状藻类,食性较杂。

3.6.3　黄河鲤生态习性实验室模拟

黄河鲤生态习性实验室模拟主要是为建立黄河鲤栖息地适宜度标准,本项目重点研究繁殖期黄河鲤繁殖及鱼苗发育的水环境条件、水力条件适宜性。

3.6.3.1　小脉冲洪水对亲鱼产卵的影响实验

为确定小脉冲洪水对亲鱼产卵的影响及影响程度,实施人工脉冲洪水实验。实验对象为黄河鲤鱼性成熟到Ⅴ期的亲鱼,每组10尾亲鱼,各3雄7雌。由于实验原材料及实验装置限制,流速未按照均匀梯度设置,在水温、溶氧、水深相同的条件下,设置了一个对照组和一个实验组,对照组流速为0,即静水条件,实验组每隔1 h施于一定流速的洪水,即脉冲洪水,共实施5次。每隔0.5 h观测亲鱼产卵情况,并同时记录水温、溶氧、流速,使得水温、溶氧保持一致。人工小脉冲洪水的平均流速为0.64 m/s。

实验组亲鱼产卵时间为凌晨1时1刻,对照组亲鱼产卵在凌晨3时。实验结果显示,经过洪水刺激的实验组比对照组亲鱼产卵时间提前近2 h,待实验组亲鱼产卵接近尾声,对照组亲鱼开始有反应。根据实验结果得知,小脉冲洪水对黄河鲤亲鱼产卵不是必要条件,即在静水条件下完全可以实现,但是一定的流速刺激可以促进亲鱼产卵,缩短亲鱼受精及产卵时间。在野外各种环境因子不确定的条件下,对于亲鱼来讲,缩短其产卵时间,可以避免不定因素的影响,在一定程度上提高亲鱼产卵率及孵化出来鱼苗的成活率。

3.6.3.2　鱼苗对流速的耐受性实验

为进一步了解黄河鲤不同生长阶段对水流的需求,本项目进行了鱼苗对流速的耐受性人工模拟实验,研究鱼苗对水流的适应性。实验对象为河道采集孵化7~10 d、体长为1.5 cm的鲤鱼鱼苗,实验采用玻璃管道,共进行了两次实验。第一次由于采用密闭的管道,靠调节进水水流来改变流速,但由于压力过大,实验失败;第二次采用敞开的管道,靠改变管道坡度来调节流速,观察鱼苗的活动情况。观察鱼苗刚好可以顶水游动而不被冲

走的速度 v_1 和鱼苗失去自由游动被冲走的速度 v_2，实验所得值为：$v_1 = 0.15$ m/s，$v_2 = 0.23$ m/s。

由于实验的鱼苗采自野外，环境因素改变及饵料变化等会对实验对象产生一定影响和干扰，因此实验所得数值仅作为衡量鱼苗能否生存活动的一个参考值，其真实值可能略高于实验所得的0.15 m/s。但实验所得数值仍可以作为鱼类产卵场（鲤鱼）的一个参照指标，即产卵场必须有流速在0.15 m/s左右的水域环境存在，因卵化后的幼鱼有顶水逆游的习性，但流速如果大于0.23 m/s，小于1.5 cm的鱼苗就无法生存。

3.6.3.3　溶氧对鱼类孵化的影响

为了解溶氧对鱼类繁殖的影响，判断鱼类产卵场溶氧的条件，观察不同溶氧下鲤鱼孵化状况，进行了溶氧对鱼类受精卵孵化的影响实验。实验选择人工受精6 h的受精卵（鲤鱼）。实验在自然温度还不满足鱼类胚胎发育的情况下选择在西安东大罗非鱼厂进行，实验选择和自然条件比较接近的3个溶氧梯度，分别为：7.36 mg/L、6.35 mg/L、5.72 mg/L，7.53 mg/L为空白对照组，结果见表3-23。

表3-23　不同溶氧条件下的出苗率和成活率

溶氧（mg/L）	出膜时间（h）	孵化率（%）	成活率（%）	出苗率（%）
5.72	55	96.5	20.63	19
6.35	54.5	90.28	93.47	84.38
7.36	56.5	88.45	98.71	87.3
7.53	空白对照			

可以看出，在溶氧为5.72 mg/L时，即便鱼卵可以孵化，但鱼苗的成活率也是很低的，仅为20.63%，自然条件下这个值可能会更低。因此，初步确定在自然条件下鱼类（鲤鱼）胚胎发育的溶氧不能低于6.35 mg/L，这可作为判断产卵场是否满足产卵需要的一个溶氧参考值。

3.6.3.4　温度对鱼类孵化的影响

温度是产卵场环境中一个极为重要的因素，温度直接影响着生物的新陈代谢强度，是影响水生生物生长、发育、数量消长和分布的一个重要指标，是影响鱼类繁殖的一个重要因子。为了进一步了解温度在鱼类产卵场环境因子中的作用，我们设置了温度对鱼类孵化和对亲鱼发育的实验。

不同温度下鱼类孵化情况，选择刚受精的鲤鱼卵作为实验对象，设置5个实验梯度，分别为：16、18、20、24、28 ℃，实验过程保证溶氧大于6.5 mg/L，实验结果见表3-24。

表3-24　不同温度对鱼类孵化的影响

温度（℃）	出膜时间（h）	孵化率（%）	成活率（%）	出苗率（%）
16	0	0	0	0
18	109	19.11	24.25	4.39
20	59	59.97	76.97	46.13
24	50	39.36	63.43	24.02
28	48	73.14	40.86	25.79

从实验结果可看出，在自然条件下，温度低于18 ℃，鱼类可以繁殖，但出膜时间长，孵化率低，疫苗成活率低，出苗率不足5%。在孵化水温大于18 ℃时，其孵化率、成活率和出苗率大幅度提高。因此，水温达到18 ℃是鱼类正常孵化的必要条件。与实际监测的结果比较，在监测河段，鱼类产卵场的敞水漫滩区，白天水温可达22 ℃，夜间温度在18 ℃，因此可以满足鱼类孵化的需要。

3.6.3.5 温度对亲鱼性腺发育及胚胎的影响

温度对亲鱼性腺发育、亲鱼排卵及卵质量都有着极为密切的影响。因此，研究不同温度对鲤鱼性腺发育的影响，可以更好地判断水域是否适合鱼类繁殖和活动。实验选择培育好的鲤鱼亲鱼，设置不同温度培育，观察性腺发育情况。亲鱼在不同温度下性腺发育是不同的，设置水温分别为17～18 ℃、20～22 ℃、23～25 ℃，观察发育所需时间和发育质量。通过观察，水温在17～18 ℃时，性腺发育和在池塘中的发育一样，变化不明显，性腺发育几乎处于停滞状态；20～22 ℃时，性腺发育良好，并很快产卵；23～25 ℃时部分发育良好，部分卵出现退化。

水温对鱼类胚胎发育的影响，观察鱼类受精卵到孵化所需时间，水温在17～18 ℃时鲤鱼胚胎发育需要109 h，死卵和畸形较多，水温20 ℃时孵化需91 h，25 ℃时孵化需49 h，30 ℃时孵化需43 h，水温在30 ℃以上对鲤鱼胚胎发育极为不利，畸形怪胎较多。水温过低则孵化时间延长，也会引起鲤鱼胚胎发育不正常，并造成水霉菌的蔓延，降低孵化率。适合的水温是一个鱼类产卵场必须具备的条件。因此，一个水域环境即便其他条件都很好，但水温的变化不能达到鱼类性腺或者鱼卵孵化所需要的温度，也无法成为鱼类的产卵场。

3.7 小　结

3.7.1 浮游生物

各河段浮游生物均以硅藻和原生动物居多，浮游植物从上游往下绿藻增多，硅藻减少；水体因泥沙含量大，浮游生物的种类和生物量都较低；上游陶乐段浮游生物的年变化不明显，下游巩义和利津段的浮游生物变化受小浪底水库调水调沙的影响而发生变化。

3.7.2 底栖生物

底栖生物的种类和生物量极低，以季节性的水生昆虫和寡毛类居多，受水体营养物质的影响，从上游往下寡毛类增多；上游陶乐段年变化不明显，下游组成变化大，定居性的种类急剧减少，季节性的种类增多。

3.7.3 鱼类

鱼类资源量少，结构组成简单，小型鱼类增多；无大型洄游性鱼类，以定居性的鲇鱼、鲤鱼、鲫鱼为主，短距离生殖洄游的鱼类瓦氏雅罗鱼等；组成随季节的变化明显，春、夏和秋季鲤鱼、鲫鱼较多，冬季主要是鲇鱼和小型鱼类。繁殖季节鱼类性腺发育较晚，雄性个体偏小。产卵场每年随着河道变化发生偏移，一般是左右偏移，偏移距离在20～300 m以内；鱼类组成的地区分布差异较大，年变化不明显，小浪底调水调沙对下游鱼类组成和资源量有一定影响，主要是大个体鱼数量减少，小型鱼类增多。

3.7.4　水温、溶氧、流速、水位对鱼类的影响

河南段受小浪底水库下泄水的影响，水温偏低，同期较伊洛河和山东段低4～10 ℃，对巩义河段的鱼类繁殖影响较大。巩义河段鱼类的繁殖晚于伊洛河和山东段的鱼类。各河段的溶氧完全满足鱼类繁殖的需要，不会对鱼类的繁殖造成影响（除小浪底调水调沙期间）。流速对鱼类的活动会产生一定的影响，鱼类根据需要寻求流速适当的区域产卵，各河段流速目前也基本满足鱼类的生存和繁殖需要。水位变化对产卵场影响较大，水位过低会使产卵场退缩，致使鱼类无法完成产卵孵化和鱼苗早期发育的生物学过程。

3.7.5　两岸生态环境

产卵场所在河段两岸生态环境污染源较少，未发现生活垃圾和排污口，一级台地上岸边植被覆盖情况较好，但是河漫滩基本没有植被，底质为细沙，人为干扰较少。巩义河段捞沙现象严重，对鱼类产卵破坏较大。通过对河南、山东、宁夏段黄河各指标的观测和实验得知，黄河宁夏至山东入海口段监测河段水体水质状况仅仅能达到鱼卵孵化的要求，水质对于鱼类胚胎发育的影响几乎接近阈值。

第 4 章　黄河干流重点河段河流栖息地模型及生态需水综合研究

本研究以鱼类生态学、生态水文学、生态水力学等学科为基础，综合野外调查、实验室模拟及专家经验，研究代表性鱼类的栖息习性，以及表征鱼类生存状态因素如种类、数量和栖息地质量对径流条件（包括流量、流速、水位、水深、水质、水温、洪水频率等要素）的需求，建立代表鱼类不同生长阶段的适宜流速、水深、温度、溶氧等的适宜度曲线；应用ADCP、高精度 GPS 等技术，对巩义、利津河段鱼类产卵场流场、地形等进行监测，建立河道地形数据库，构建了巩义、利津河段水动力学模型；应用水动力学模型，耦合鱼类栖息地适宜度曲线，构建黄河重点河段河流栖息地模型，建立河川径流条件与代表物种栖息地质量之间的响应关系，模拟系列流量过程和栖息地质量之间的定量关系；根据代表物种适宜栖息地面积及归一化适宜栖息地面积与流量关系曲线确定代表物种繁殖期和越冬期生态需水量。在此基础上，应用整体法的方法和思路，分析各时期黄河径流条件和鱼类状况变化，明确鱼类栖息地状况参考目标，对基于栖息地法的生态需水进行了复核、调整和协调，提出了基于流量恢复法的代表物种生态需水过程，对比 Tennant 法计算成果，最终提出符合黄河实际的生态需水量。

4.1　黄河鲤栖息地适宜度标准研究

黄河水生生态系统中，鱼类处于水生生物群落食物链的顶层，对其他类群的存在和丰度有着重要作用；此外，鱼类群体对河流的水文条件如流速、水温、水深等变化十分敏感，对河流中的有毒物质尤其敏感，可反映外界干扰对河流生态系统长期作用的结果；另外，它与人类的关系十分密切，对人类有着食物、科研、美学等价值；更为重要的是，流量、栖息地和鱼种产量之间的关系十分密切，在缺少种群数量记录的情况下，可以通过建立可利用的栖息地的质量（或者数量）与流量之间的关系，评价流量变化对鱼类栖息地的影响，进而提出科学合理的流量需求。因此，鱼类是推求生态需水量较适宜的指示物种，本研究选择黄河代表鱼类黄河鲤作为栖息地模拟的研究对象。

4.1.1　黄河鲤栖息地条件研究

黄河鲤栖息地是指黄河鲤能够正常生活、生长、觅食、繁殖及进行生命循环周期中其他重要组成部分的环境总和，包括非生物因素和生物因素。黄河鲤栖息地的非生物部分由大生境、中生境和微生境组成。大生境是指河流的一段纵向部分，在这段纵向部分内，物理的或化学的条件影响了整个研究河段的水生生物环境的适宜度范围，例如水质、水温、浊度、透明度等。中生境是指具有相似物理特征（例如宽度、深度、坡度和基质）的河道几何形状定义的河流不连续面积,例如深潭、浅滩和急流等。微生境是指在较大的中生境类型内由水生生物的特定行为(例如产卵)使用的小范围的局部区域。微生境由水深、流速、底质和覆盖物组成,本研究重点关注黄河鲤微生境条件。

根据 2010 ~ 2012 年黄河重点河段鱼类及生境条件调查结果,结合黄河鲤生态习性实验室模拟成果,参考其他相关研究、调查成果,对繁殖期黄河鲤栖息地条件进行了系统分析,建立了繁殖期黄河鲤栖息状况与各环境因子之间的响应关系曲线。同时,对生长期、越冬期的栖息地条件进行了初步分析。

4.1.1.1　黄河鲤繁殖期栖息地条件

本研究繁殖期指鱼类早期生活史阶段,包括胚胎期(卵)、仔鱼、稚鱼三个发育阶段。

1. 流速

亲鱼:根据 2010 ~ 2012 年对黄河陶乐、巩义、利津河段黄河鲤栖息地的调查结果,建立了黄河鲤出现频率与流速的关系曲线(见图 4-1),黄河鲤栖息地的流速范围为 0 ~ 1.5 m/s, 其中 85% 个体分布于流速 0.1 ~ 0.7 m/s 水域。

黄河鲤虽然可以在流速缓慢水域产卵,但根据流速对黄河鲤亲鱼模拟实验结果,一定的水流刺激可以促进亲鱼产卵,缩短产卵及受精时间。同时,生产实践也证明,在人工催产条件下,亲鱼培育期间临产前适当给予水流刺激,对黄河鲤性腺发育、成熟和产卵都具有良好的促进作用。参考相关调查研究成果,对比研究河段天然流量过程,黄河鲤繁殖期需要水位有一两次提高。

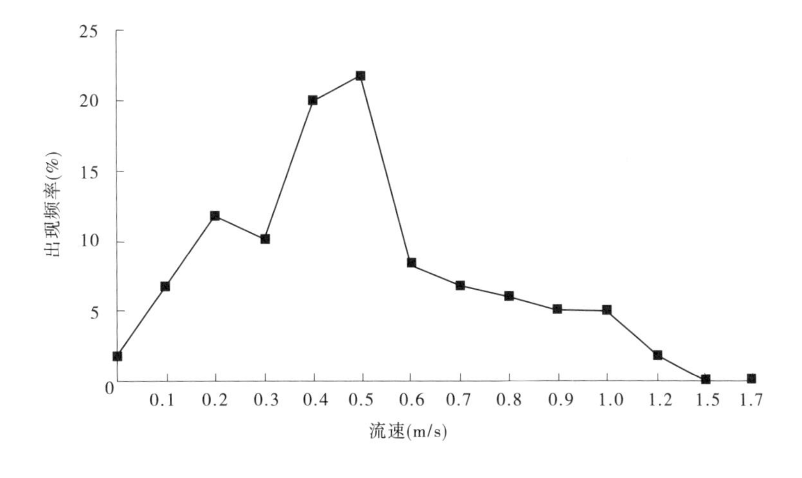

图 4-1　黄河鲤产卵期流速范围频率分布

鱼苗:黄河鲤在仔鱼期附在水草等附着物上,完全靠卵黄囊维持,要求流速不能太大,静水或者微流速即可。根据 2010 ~ 2012 年对黄河陶乐、巩义、利津河段黄河鲤鱼苗栖息环境调查结果,建立黄河鲤鱼苗在不同流速下的分布频率图(见图 4-2),鱼苗的适宜流速是 0 ~ 0.20 m/s,流速大于 0.20 m/s,不适宜鱼苗生存;根据鱼苗对流速的耐受性实验结果,结合 2010 ~ 2012 年野外调查成果,鱼苗最大可耐受的流速是 0.55 m/s,超过此流速鱼苗将不能正常存活。

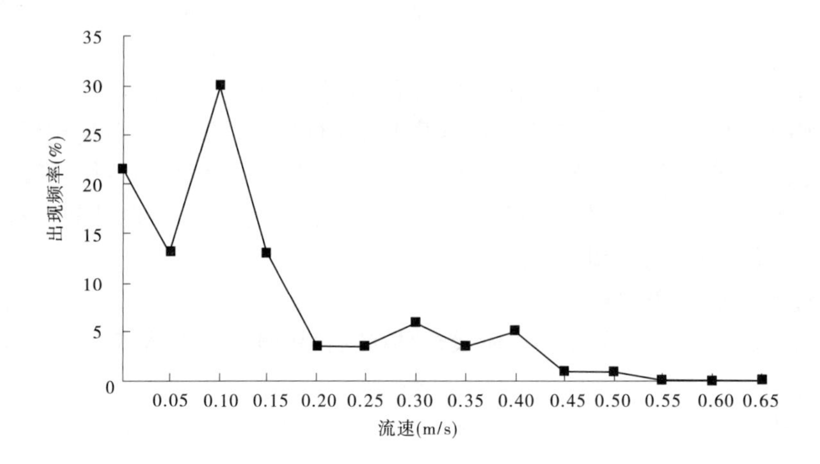

图 4-2　黄河鲤仔鱼期流速范围频率分布

2. 水深

亲鱼:黄河鲤属于底栖鱼类,一定水深为底栖型鱼类提供适当的活动空间和觅食空间。根据 2010 ~ 2012 年对黄河陶乐、巩义、利津河段黄河鲤栖息环境调查结果,分析繁殖期黄河鲤鱼在不同水深下的分布频率图(见图 4-3),黄河鲤栖息地的水深范围为 0.25 ~ 3.25 m,其中 80% 的个体分布于水深为 0.5 ~ 1.25 m 水域。

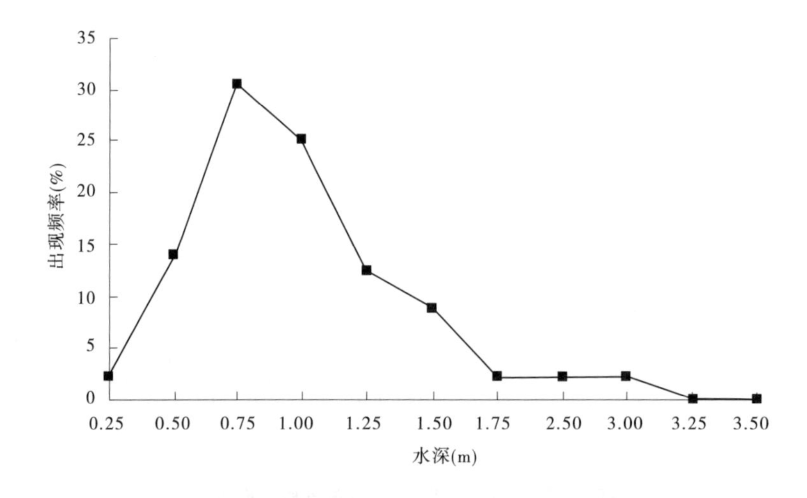

图 4-3　黄河鲤产卵期水深范围频率分布

鱼苗:根据 2010 ~ 2012 年对黄河巩义、利津河段产卵场生物因子与环境因子同步调查结果,黄河鲤鱼苗对水深要求不太严格,大概范围 0.2 ~ 1.5 m 即可。但因黄河鲤产黏性卵,鱼卵主要附着在水生植物的茎和叶上,卵孵化至仔鱼这一时期要求产卵场水位不宜波动太大,否则会影响鱼类产卵和鱼卵的孵化及仔鱼的正常生长发育。根据 2010 ~ 2011 年产卵场调查成果,黄河鲤繁殖期河南、山东河段水位变化较大,监测日期内最高水位与最低水位相差 55 cm,水位低时回水区急剧变小,导致产卵场面积退缩 60% 左右,致使部分鱼苗滞留在浅滩水湾内,影响了鱼卵的孵化和鱼苗的正常生长发育。所以,仔鱼期尤其是仔鱼前期产卵场水位应保持一定时间的稳定。

3. 水温

水温变化决定黄河鲤产卵的开始或终结,黄河鲤在春季温度上升为18 ℃以上时才产卵。根据实验室模拟和野外调查结果(见图4-4),亲鱼在不同温度下性腺发育是不同的,亲鱼性腺开始发育水温需在17~18 ℃,繁殖水温18~28 ℃,适宜水温19~24 ℃。水温过高或过低对鲤鱼胚胎发育都不利,温度适宜且稳定是保证黄河鲤鱼繁殖成功的关键。

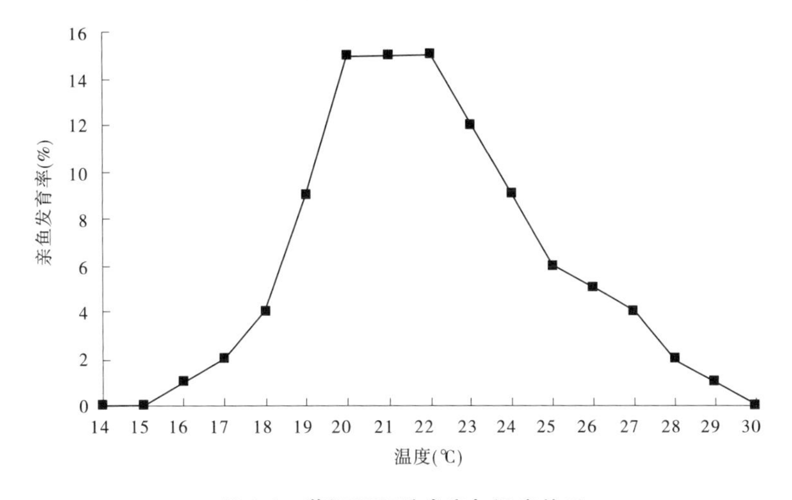

图4-4　黄河鲤胚胎发育与温度关系

4. 溶氧

溶解氧是影响鱼类新陈代谢强度的基本因子之一,亲鱼只有在溶解氧充足的环境中,性腺才能得到良好的发育,特别是开春后随着性腺的迅速发育,亲鱼对溶解氧量的需求也越来越大。根据出苗率和鱼苗成活率与溶氧量的关系实验室模拟(见图4-5)和2010~2012年黄河重点河段鱼类及栖息地野外调查结果,产卵期黄河鲤适宜溶解氧浓度应大于6 mg/L,底限溶氧浓度不能低于4 mg/L。

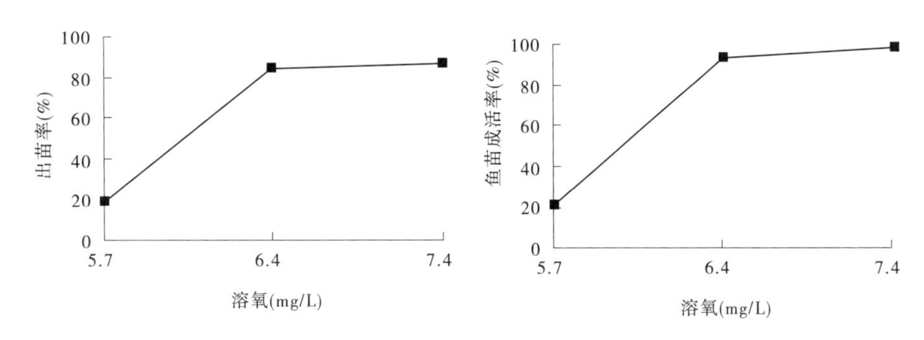

图4-5　黄河鲤出苗率、成活率与溶氧关系

5. 水质

水质直接影响着黄河水生生物的繁殖及栖息,根据野外监测结果和实践经验,地表水

Ⅲ类的标准可以满足和保证鱼类繁殖，根据野外调查，黄河陶乐、巩义、利津河段水环境基本可以满足鱼类的繁殖水质要求。根据实验室模拟监测结果，如果水动力条件改变，就会失去功能要求，比如从流水环境改变为静水环境的情况下，利用自来水暴晒后的水体可以孵化出鱼苗，用同样方法处理的河水却未能孵化出鱼苗。由此可见，监测期黄河水域的Ⅲ类水质对于鱼类胚胎发育的影响几乎接近阈值，如果水质恶化将影响鱼类产卵和孵化。

6. 水面宽

黄河鲤在选择产卵场的时候一般是在一些水草丰富或者浅水滩涂的敞水区，繁殖对流水的水面宽度没有具体的要求，但大的水面提供动力就大，提供的能量和养分就多，可以使受精卵和胚胎更好地发育，根据实践经验和监测结果，黄河鲤产卵场一般要求水面宽大于 50 m。

7. 泥沙和底质

根据 2010 ~ 2012 年调查，黄河鲤产卵期间黄河水体泥沙含量不大，对产卵场影响较小，对鱼卵发育和鱼苗生长影响较小。各产卵场底质有机物较丰富，鱼类大多在河底丝状物上产卵，为鱼卵提供了附着条件，同时也为浮游动植物的生长繁殖提供了有利条件，浮游动植物的大量繁殖为亲鱼和鱼苗提供了丰富的饵料。

4.1.1.2　黄河鲤生长期栖息地条件

生长期对黄河鲤影响最大的是食物因素。黄河沿河洪漫湿地生态系统丰富的食物资源、特殊的生境条件为黄河鲤觅食、育肥、产卵等提供了很好的场所。汛期 7 ~ 10 月为黄河鱼类的育肥期，此时期一定量级的洪水对黄河鲤类生长至关重要，黄河鲤靠漫滩洪水到食物丰富的洪漫湿地（滩地）觅食；同时，湿地依靠漫滩洪水得到充足的水分补充，进而为黄河鲤等鱼类提供更加丰富的食物资源。相关研究表明，要保证鱼类正常生长发育，在鱼类育肥期内，要求水深 1 ~ 2 m、水面宽 50 m 以上，至少有 1 ~ 2 次一定量级洪水发生，时间不少于 7 ~ 10 d。

4.1.1.3　黄河鲤越冬期栖息地条件

水温是黄河鲤越冬期栖息环境的主要限制因素，水深是影响河流水温梯度分布的重要因子。根据相关调查结果和鲤鱼养殖生长实践，越冬期栖息环境要求水深大于 1.5 ~ 2 m，黄河河床中的大坑深槽、深沟处及引水闸涵、控导工程附近深水区，或者深浅交界处、堤岸突出部，或者水底有许多障碍物处均是黄河鲤的越冬场所。因黄河鲤越冬期活动范围非常有限，越冬期栖息地规模要求不大，只要有一定范围的深水区即可。

4.1.1.4　黄河鲤栖息地条件总结

从以上研究可知，黄河鲤繁殖、生长、发育等受众多因素的影响（见表 4-1）。其中，繁殖期主要受水温、溶氧、流速、水深等影响；生长期主要受饵料影响，一定量级洪水的发生可为黄河鲤等鱼类提供更加丰富的食物资源；越冬期水温是鲤鱼主要限制因素，而水深是影响河流水温梯度分布的重要因子。

表4-1 黄河鲤栖息地生态因子总结

生长阶段		水文	水环境	底质	河势	位置	食性
繁殖期	亲鱼胚胎发育及产卵期	流速:0~1.5 m/s 适宜流速:0.1~0.7 m/s 水流:一定流速刺激可以促进产卵; 水深:0.25~3.25 m; 适宜水深:0.5~1.25 m 水面宽:一般大于50 m	水温:18~28 ℃ 适宜水温:19~24 ℃ 溶氧:6~7 mg/L 水质:Ⅱ~Ⅲ类	底质有机物较丰富,为产卵提供附着物	河道宽浅、水流散漫,分布有大面积河心洲和滩地,河道拐弯处、支流入河口、岸边浅水滩地等处	水流较缓、有水草分布或者有附着物浅水区(敞水区)	春季是黄河鲤性腺发育阶段,摄食量增大
	仔鱼期	流速范围:0~0.55 m/s 适宜流速:0~0.15 m/s 适宜水深:0.5~1 m 水位:保持相对稳定	水质:Ⅲ类	沙质	河面宽阔	水流平缓、饵料丰富河段	仔鱼前期靠卵黄囊维持,不积极摄食;仔鱼后期后离开附着物,主动摄食
生长期	稚鱼、幼鱼、成鱼	流速:0~1.5 m/s 水深:0.25~3.25 m 洪水过程:有一定量级洪水发生,持续时间7~10 d	水质:Ⅲ~Ⅳ类	沙质	河势散乱,有大面积河漫滩分布	饵料丰富的岸边河滩	黄河鲤春季生殖后至夏秋大量摄食肥育,其中夏季摄食强度稍大
越冬期	幼鱼、成鱼	水深:大于1.0~1.5 m以上的深潭	水质:Ⅲ~Ⅳ类	沙质	—	大坑深槽、深沟及引水闸涵、控导工程附近深水区	冬季基本处于半戚眠停食状况

4.1.2　黄河鲤栖息地适宜度标准研究

4.1.2.1　栖息地适宜度标准确定方法

1. 栖息地适宜度标准(指数)

栖息地适宜度指数 HSI(Habitat Suitability Indices)是定量一个物种的特定行为特性与其周围的栖息地环境特性关系的一个标准,建立栖息地适宜度指数的目的是用量化的数值来表示物种对其环境的反应,是栖息地模拟法的生物学基础,栖息地适宜度的真实性和准确性对于栖息地模拟的成功起着关键的作用。

栖息地适宜度指数的数值以 0~1 的范围来表示,其中 0 代表完全不适合目标物种的栖息地状况,1 代表最适合目标物种的栖息地状况, 0~1 之间的数值代表不同状况的栖息地适宜度水平,越大的值代表栖息地适宜度状况越好。

栖息地适宜度指数有 3 种:二元格式(见图 4-6)、单变量格式(见图 4-7)和多变量格式。二元格式只有两个值,影响因子适宜鱼种生存的范围对应数值为 1,不适宜对应数值为 0;单变量格式克服了二元格式缺少中间状态的缺点,是单个影响因子的适宜性连续曲线,这种格式将目标物种对环境行为的选择性特征表达成一系列单变量连续值曲线,曲线的峰值代表了目标物种对一个物理环境变量所选择的最合适的范围,且取决于研究者将要如何表达他们的数据,曲线的末端代表了每一个变量适宜度的界限;多变量格式同时计算一个计算单元内几个变量的适宜性值。

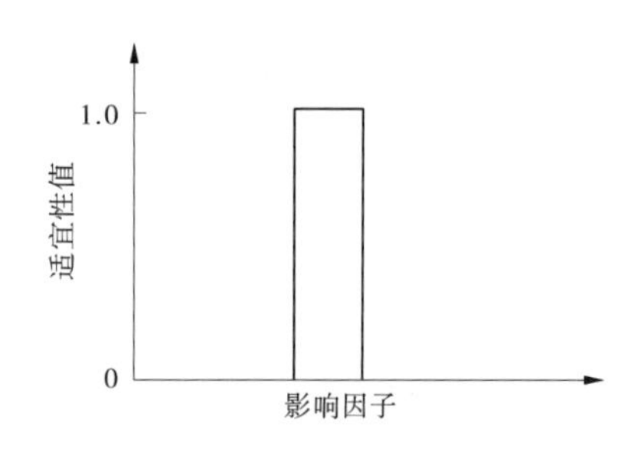

图 4-6　二元格式适宜性曲线

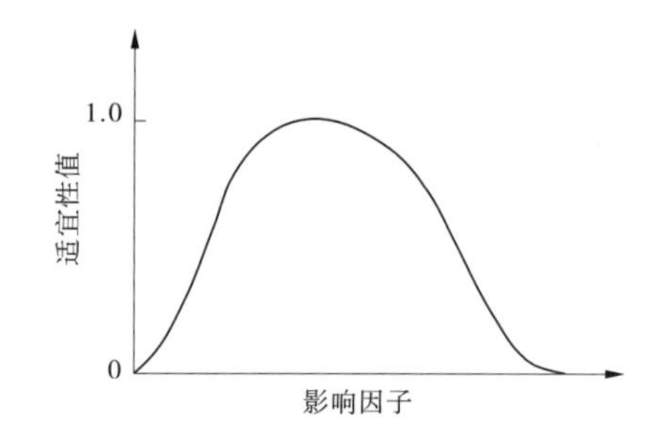

图 4-7　单变量格式适宜性曲线

2. 适宜度标准(指数)确定方法

根据所获得信息的种类和处理数据方法的不同,建立适宜度曲线的方法有三种:

(1)专家建议法。该法是依据个人的经验和专家的建议或者通过协商讨论来定义的标准,这种方法成本较低,但缺点是适宜度的标准是凭借经验而不是实际的数据得出的。

(2)野外实测法。基于目标物种的生态栖息地各种属性变量的频数分布来建立,该方法直接从对目标物种特定生命阶段的栖息地使用观察中得到,以测量的微生境特性的频率分布为基础。在研究河段内,对随机选择的位置预设网格取样,得到每个位置鱼种的数量。对于每一个取样位置,同步测量或者观察栖息地属性(水深、流速、温度、溶氧、底质等数据),统计建立目标鱼种生命阶段使用的栖息地原始数据频率柱状图,使用频率值为落在区间内观察到的鱼种数量与总数量的比值。包含最大数量的鱼种对应区间中心值的适宜性值为 1 ,其他区间中心值的适宜性值由频率图的相对比值确定。最后用这些数值绘制单变量栖息地适宜性曲线。该方法取自数据,具有一定的可靠性,该法的优点是它们基于实际测量的数据而不是主观的经验建议。

(3)实验室模拟法。通过人工控制各项实验条件,模拟流速、水深、溶氧等水力和水环境条件对目标物种的影响,观测在各环境因子下鱼类分布、生长及发育状况,统计鱼类状况与水力因子、水环境因子之间相关关系,建立频率与各环境因子间的关系曲线,进而转换为环境因子适宜度曲线。此种方法的优点是能够根据研究需要模拟各个梯度的环境因子,实验数据具有完整性和序列性特点,缺点是限于各种因素影响,实验室不能完全模拟自然河道的水沙情势、河道地形、底质水草等自然因素,实验室模拟法可作为野外实测法的辅助手段。

4.1.2.2　黄河鲤栖息地适宜度标准(曲线)

根据以上对黄河鲤繁殖期、生长期、越冬期栖息地条件的调查、分析结果(详见第 3 章),综合应用野外实测法、实验室模拟法及专家经验法三种方法,建立了黄河鲤不同生长阶段的主要生态因子的适宜度曲线。其中,繁殖期适宜度曲线以野外实测法建立为主,辅以实验室模拟法和专家经验法,生长期、越冬期适宜度曲线以专家经验法建立为主。

1. 繁殖期

根据黄河鲤繁殖期流速、水深、温度、溶氧等栖息地生境因子频率分布图(见图 4-1 ~ 图 4-5),借鉴单变量格式的思路和方法,应用数值方法,对各生境因子对应的频率值进行归一化处理,建立各范围的栖息地适宜度指数,即栖息地适宜度指数为各变量范围对应的频率值与最大频率值之比。鉴于实测法栖息地适宜度曲线建立的有赖于鱼类生态基础资料调查的正确性和系统化地整理资料并适时加以分析才能符合实况。因此,在野外实际监测建立的黄河鲤与生境因子相关关系基础上,综合应用了专家经验和实验室模拟结果对野外监测数据及各生境因子适宜范围进行适时调整和分析,建立了繁殖期黄河鲤栖息地适宜度曲线(见图 4-8 ~ 图 4-15)。

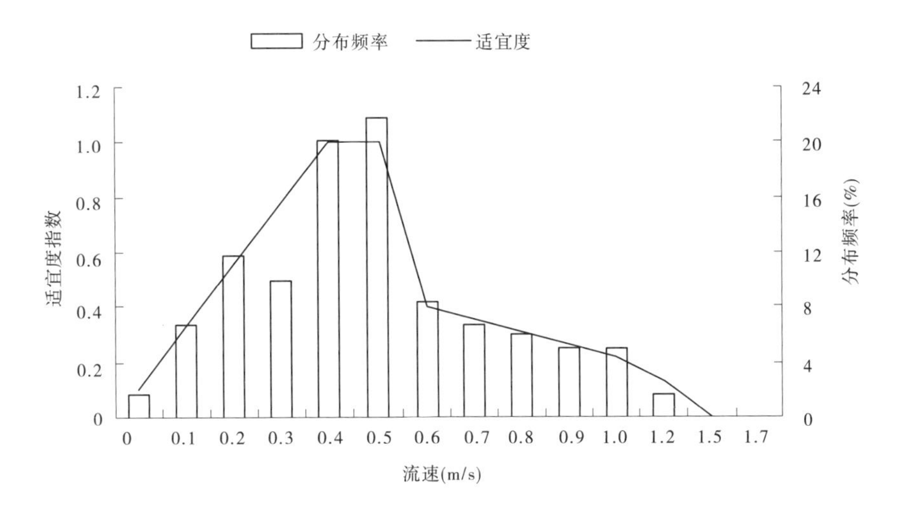

图 4-8　黄河鲤产卵期流速适宜度曲线

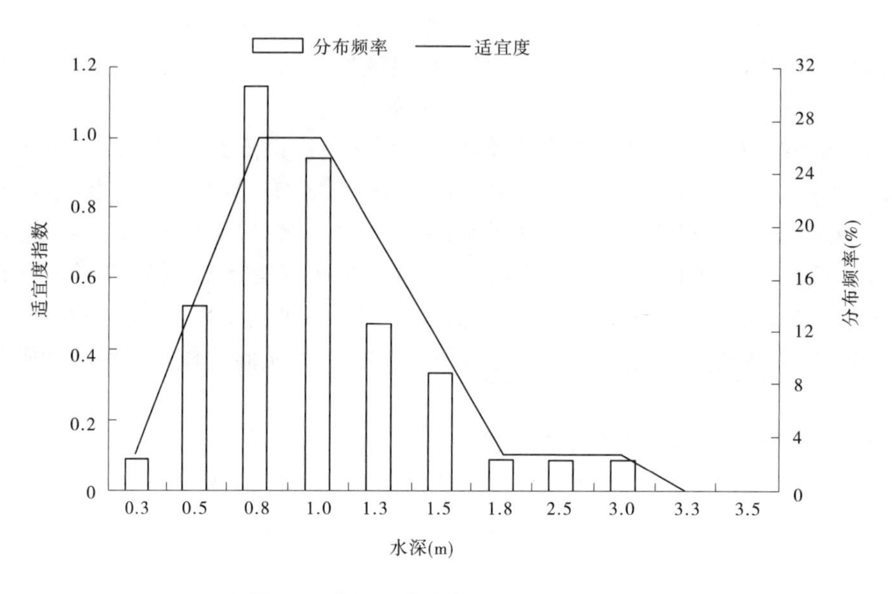

图 4-9　黄河鲤产卵期水深适宜度曲线

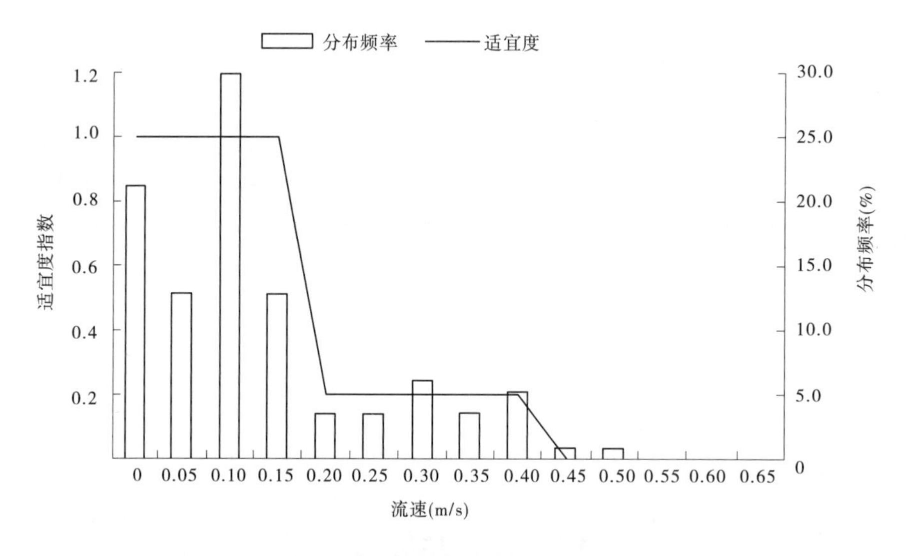

图 4-10　黄河鲤仔鱼期流速适宜度曲线

2. 生长期

鱼类生长期对栖息地要求不太严格,适宜栖息地环境是水深 1 ~2 m、水面宽 50 m 以上,每年至少有 1 ~2 次一定量级洪水发生,但其他条件下也可以生存,再加上相关调查和研究较少,因此本研究暂不对黄河鲤生长期各生态因子适宜度曲线做深入研究。

3. 越冬期

根据越冬期黄河鲤栖息习性,应用专家经验法,建立了越冬期水深适宜度曲线(见图 4-15)。

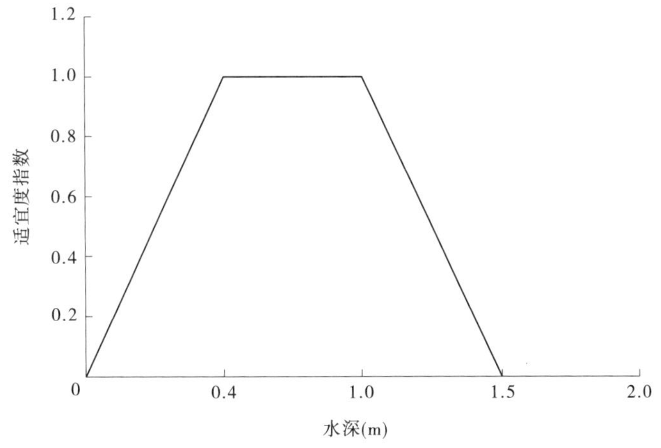

图4-11 黄河鲤仔鱼期水深适宜度曲线

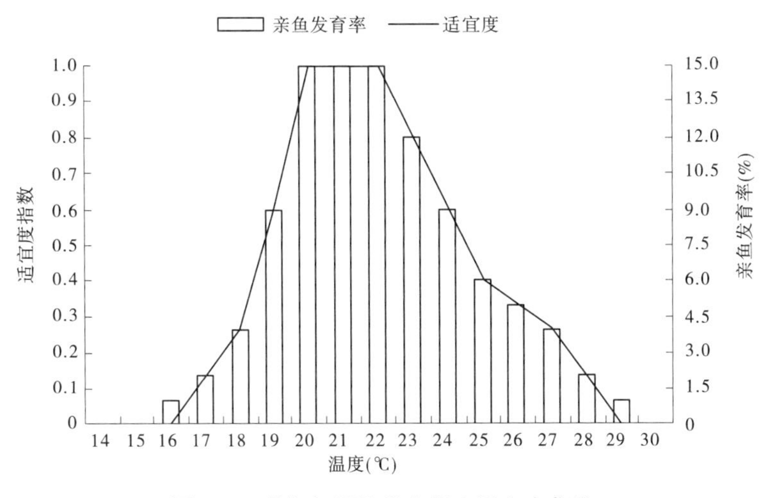

图4-12 黄河鲤胚胎发育温度适宜度曲线

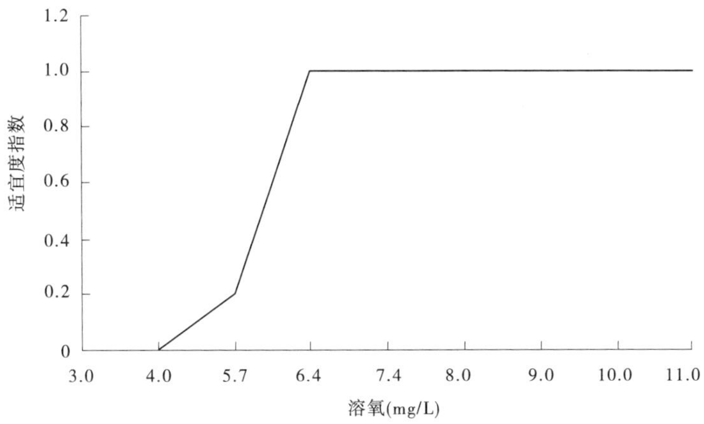

图4-13 黄河鲤产卵期溶氧适宜度曲线

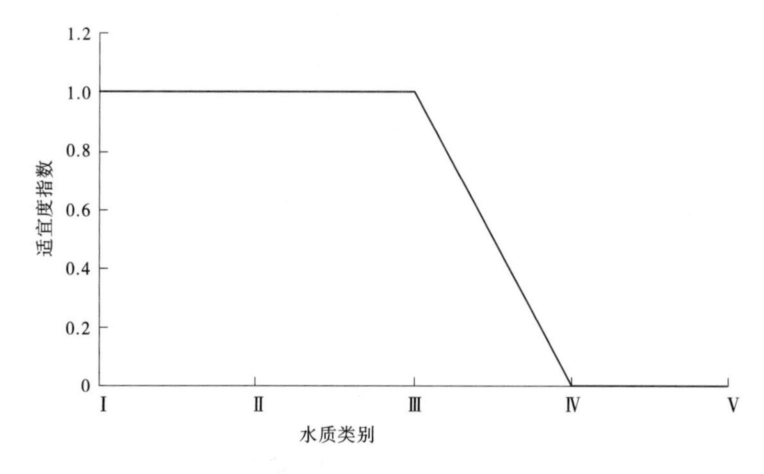

图 4-14　黄河鲤产卵期水质适宜度曲线

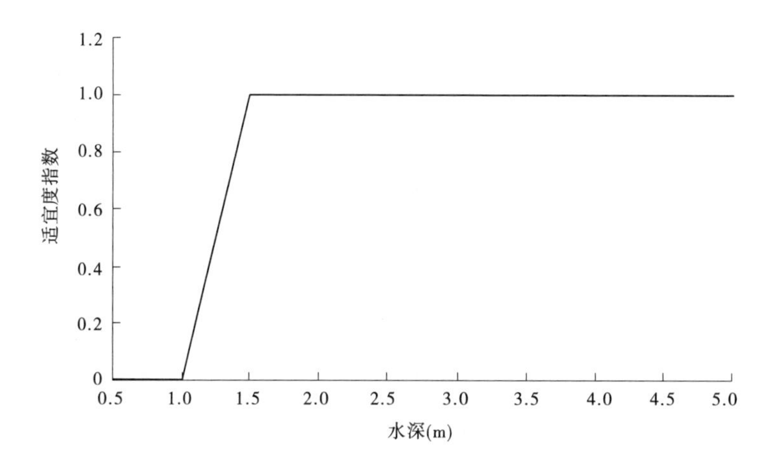

图 4-15　黄河鲤越冬期水深适宜度曲线

4.2　黄河重点河段水动力学模型构建及应用

4.2.1　重点河段选择及基本情况

4.2.1.1　重点河段选取

根据陶乐、巩义、利津三个河段鱼类生态用水被挤占的情况,以及鱼类生态用水保障措施实现的可能性,结合研究河段所处地理位置、支流汇入情况、水文站分布状况等,选取巩义和利津两个河段构建水动力学模型。其中,巩义河段处于黄河中下游节点,水动力模型的构建为小浪底水量调度保障生态用水提供充分的科学依据。该河段距离上下游水文断面中间无大的引水口,可以充分利用花园口水文站的水文数据;利津位于黄河下游节点处,利津水文站是黄河最后一个水文站,提供黄河入海水、沙量等水情资料,可以充分利用该水文站的水文数据,保证模型的准确性。

4.2.1.2　研究河段概况

1. 水文气象

巩义每年平均降水量为583 mm,黄河鲤天然繁殖场属暖温季风型气候,年平均气温14.6 ℃,全年实际日照累积时数2 342 h;利津河段属于温带半湿润大陆性季风气候,年平均气温在15 ℃左右,多年平均日照时数1 740～2 310 h,多年平均降水量在580～700 mm。

2. 径流泥沙

巩义河段水文泥沙及河道情势受黄河小浪底水库调度运用方式影响较大。河道底部为沙质土壤,河底平坦。受小浪底水库影响,泥沙含量相对较低,以2008年泥沙资料统计,4～6月,泥沙含量在0.41～4.5 kg/m^3;利津河段泥沙含量较大,水体透明度较小,以2008年泥沙资料统计,4～6月,泥沙含量在0.732～0.92 kg/m^3。

3. 河势地貌

巩义河段是典型的宽浅型游荡型河段,河道宽度为5～10 km,水流宽、浅、散、乱,主流摆动频繁,两岸由大堤约束,河中间有河心洲分布,受调水调沙影响较大;利津靠近黄河入海口,地面高程在10 m左右,河势稳定,河道不易摆动,水面较窄。河底高程在近几年调水调沙过程中被冲刷了近1 m。

4. 河段水质

2008～2010年连续3年对两个河段进行水质监测。经过水质资料分析,结果显示两个河段水质呈微碱性,pH值7.5～8.8,营养盐类充足,巩义河段溶解氧在6 mg/L以上,利津河段溶解氧在10 mg/L以上,化学需氧量、生化需氧量、氨氮等因子都达Ⅲ类水质标准。

4.2.2　水动力学模型概述

该模型为可以在天然河道使用的基于二维浅水方程的水动力学模型。控制方程是二维 Navier－Stokes 方程组:

$$\left.\begin{aligned}&\frac{\partial H}{\partial t}+\frac{\partial(hu)}{\partial x}+\frac{\partial(hv)}{\partial y}=Q_a\\&\frac{\partial u}{\partial t}+u\frac{\partial u}{\partial x}+v\frac{\partial u}{\partial y}=-\frac{1}{\rho_0}\frac{\partial p}{\partial x}+fv+\nu\left(\frac{\partial^2 u}{\partial x^2}+\frac{\partial^2 u}{\partial y^2}\right)+\frac{1}{\rho_0 H}\tau_x\\&\frac{\partial v}{\partial t}+u\frac{\partial v}{\partial x}+v\frac{\partial v}{\partial y}=-\frac{1}{\rho_0}\frac{\partial p}{\partial y}-fu+\nu\left(\frac{\partial^2 v}{\partial x^2}+\frac{\partial^2 v}{\partial y^2}\right)+\frac{1}{\rho_0 H}\tau_y\end{aligned}\right\}\tag{4-1}$$

式中,Q_a为流量,m^3/s;H为水位,m;u、v为x、y方向上的速度,m/s;ν为水平黏性系数,m^2/s;f为科氏力系数;τ_x、τ_y为底部剪应力,N/m。

二维水动力模型入流边界以日均流量作为输入条件,出流边界以日均水位作为边界条件。水流计算的流速初始条件以冷启动形式给出,即$u=v=0$ m/s,水位淹没整个计算区域。设置入流和出流节点为逐日流量和水位值,在完成3 d的计算后可以消除冷启动带来的影响。

4.2.3 模型构建基本思路

模型构建分两部分,第一是野外监测,第二是室内数据处理和模型构建。分以下几个步骤:

(1)野外监测:通过野外监测获得,包括地形监测和流场监测,实测数据主要是为了创建研究河段的数字地形,以及模型率定。

(2)数据处理:统一野外监测数据的格式,符合模型需要,划分计算区域边界。

(3)建立数字地形:将研究区域划分成计算网格,并进行插值,建立数字地形。

(4)模型建立及运行:输入模型所需各项参数、初始条件、边界条件等,模型运行。

(5)模型率定:提取模型计算结果,与实测值进行对比,验证模型的精确性。

(6)设定流量模拟:模型率定结束,根据研究目标和河流实际情况设置流量进行模拟。

模型构建基本思路及方法如图4-16所示。

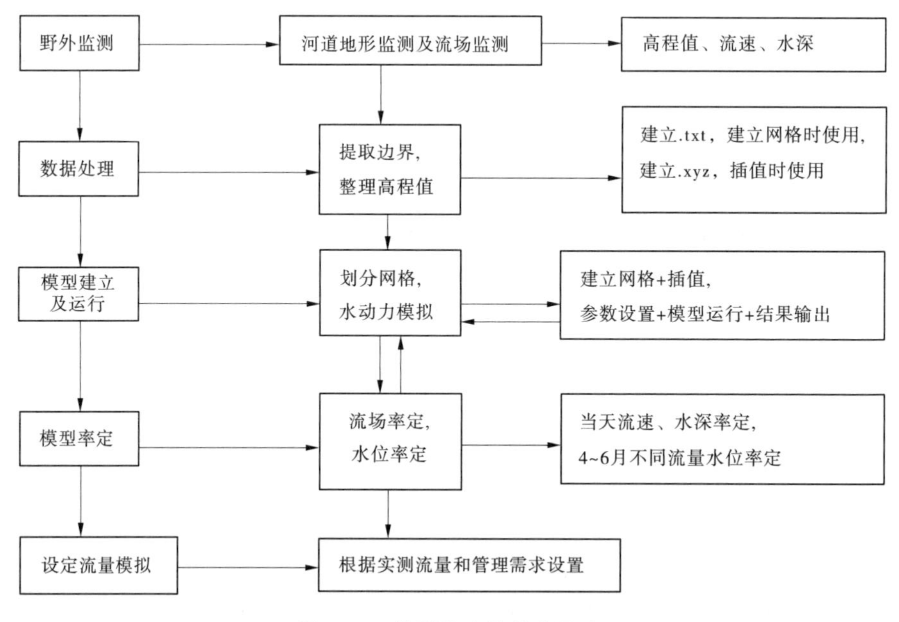

图4-16 模型构建的基本思路

4.2.4 河道地形及流场监测

监测范围首先要确定上下游边界和两岸边界。上下游边界断面位置的选择原则:断面不能有支流,选取在干流上;避免河道拐弯,流场复杂处,流速太过紊乱;尽量靠近水文站,方便充分利用水文数据。两岸边界确定原则是设置模拟流量可以淹没的区域,一般以河岸大堤或者控导工程作为边界。

监测断面及点位布置原则:根据研究河段的长度来确定断面的距离和断面的布设。河床特殊的地方,如河心洲、石头、漩涡之类,需加密监测;上边界、下边界、有坡度的地方、沿着河岸靠近边滩处需加密监测。

地形监测分两部分，一部分是水下地形，采用走航式多普勒流速剖面仪(ADCP)监测，水浅处无法使用ADCP，则采用传统人工测量法；另一部分岸边带陆地地形，使用全站仪及RTK GPS。

本研究于2011年4月中旬至下旬对巩义、利津两个河段的河道地形、流场、岸边带地形、河心滩地形、岸边带植被、河流水质进行了现场监测。产卵场及监测具体情况见表4-2。

表4-2 产卵场地形监测基本情况

监测河段基本情况	巩义河段	利津河段
产卵场位置	产卵场范围约3 km。位于伊洛河口下游约15 km处，有河心洲，河势散乱；分布于河左岸	产卵场范围约1.5 km。位于胜利险工至浮桥，1.5 km，河势相对规整；分布于河左岸
水文站及距离	上游水文站：小浪底，距离约60 km； 下游水文站：花园口，距离约60 km	产卵场距离利津水文站不足1 km
支流汇入	小浪底与该河段之间：伊洛河 花园口与该河段之间：沁河	无
取水口	产卵场与花园口之间：邙山提灌站(郑州市供水)	产卵场与利津水文站之间胜利引黄闸
纵向监测范围	产卵场3 km，上下游各延伸1~2 km，共计约6 km	产卵场1.5 km，上下游各延伸约1 km，共计约3.5 km
横向监测范围	左岸：大流量可能淹没范围； 右岸：大流量可能淹没范围或高地	右岸：以土路为边界； 左岸：大流量可能淹没范围
断面设置	产卵场： 断面密度200 m，往返共30个断面； 延伸河段： 断面密度300 m，往返共21个断面	产卵场： 断面密度150 m，10个断面； 延伸河段： 断面密度300 m，8个断面
左右岸边带	左岸：沙洲，植被较为丰富，依次为荒草地、农田，地势平稳； 右岸：沙滩—邙山—农田	左岸：依次为沙滩—荒草—农田； 右岸：地势较高，紧邻乡间土路
水下地形监测	采用ADCP监测	由于水浅，采用传统人工水尺监测
陆地地形监测	采用全站仪监测	采用RTK GPS监测
监测内容	左岸沿岸取样带，随机取样方，200~300 m或500 m一个样方，岸边带植被测量种类、高度、密度，明确植被分布具体范围	左岸沿岸取样带，随机取样方，200~300 m或500 m一个样方，岸边带植被测量种类、高度、密度，明确植被分布具体范围

4.2.4.1　巩义河段

巩义河段河面宽430 m左右，河道中间有大型河心洲分布。经过河心洲汇流后，遇到邙山，河道急剧拐弯，水面立即缩窄至260 m左右。监测点中最大水深14.48 m，大部分水深小于6 m。水下地形施测断面总共51个，有效断面45个，有效监测点位10 357个，监测因子主要有经纬度、流速、流量、水深、河道宽度等。陆地地形有效监测点位共2 059个，监测因子有经纬度、地面高程。

巩义河段鱼类产卵场示意图见图4-17、河道地形及流场监测断面及点位分布图见图4-18。根据ADCP监测结果，提取出河道各个断面的剖面图见图4-19。

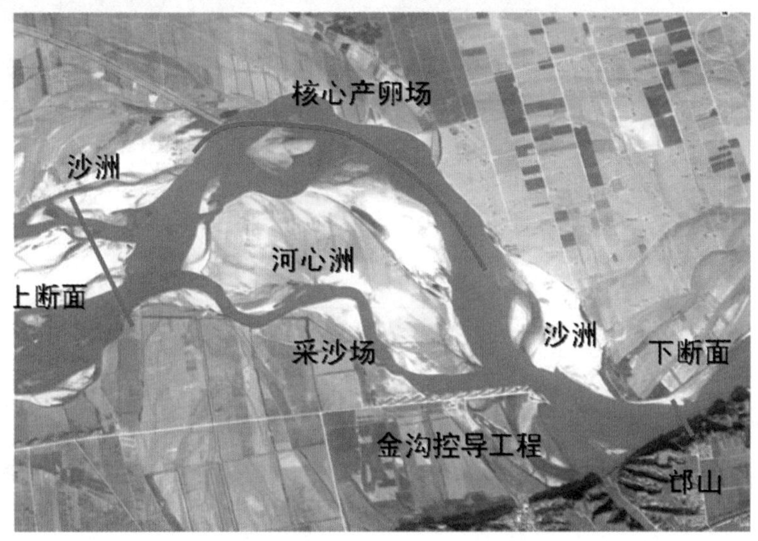

图4-17　巩义河段鱼类产卵场示意图

图4-18　巩义河段地形监测断面及点位分布

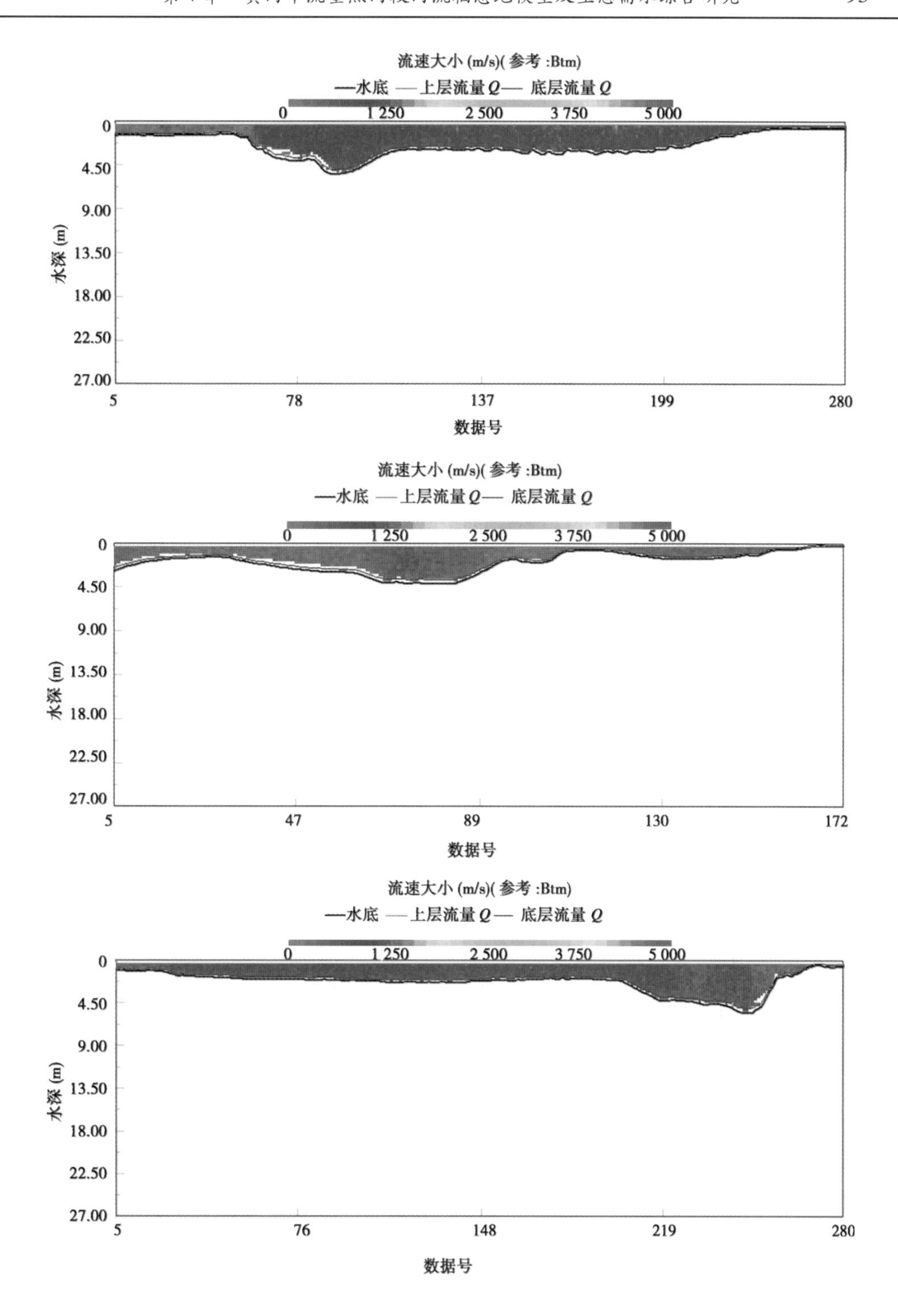

图4-19　巩义河道断面监测结果

4.2.4.2　利津河段

利津研究河段水面较窄,河底地形相对简单,监测因子有经纬度、水深、流速,共布设断面 18 个,监测点位 101 个。岸边带地形监测点位 1 211 个。监测因子包括经纬度、地面高程。水位值采用监测当天水文站断面的水位值。

该河段鱼类产卵场示意图、地形监测断面及点位分布图如图 4-20、图 4-21 所示。

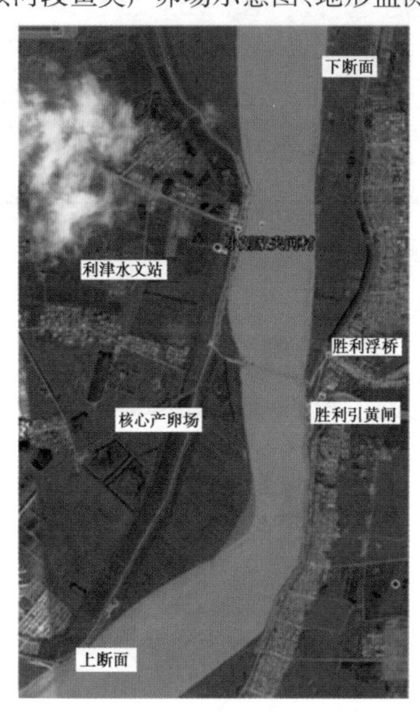

图 4-20　利津河段鱼类产卵场分布示意

图 4-21　利津河段地形监测断面及点位分布

4.2.5　模型构建及模拟

4.2.5.1　数据整理

首先需要将所有监测数据统一 GPS,统一坐标系统,统一数据格式,统一水平面标准。应用 Excel 软件编程,提取 ADCP 监测的 45 个断面,1 万多个数据,并统一数据格式。应用 ArcGIS 软件统一坐标系统,并采用统一的参考平面。数据格式符合模型输入需求,导入水动力学模型,划分计算区域的外边界,上下游边界划定原则是垂直于河岸,保持封闭的直线,保证模型运行时,河道入口的水流可以稳定平顺地流入模型。

4.2.5.2　网格划分

数据预处理后,对整个计算区域采用正交曲线网格进行划分,在主河道中央、核心产卵场分布区等重点关注区域,以及河心洲与其他地形复杂的特殊区域都采用网格加密的方法。网格划分尽量保持方正形,角度保持直角,河道拐角处不平直的地方另外添加网格。

两个河段网格宽度在 6 ~ 17 m。巩义河段计算区域共产生曲线网格 65 535 个,网格面积大小在 43 ~ 187 m^2，计算区域总面积为 670.5 hm^2。利津河段计算区域共产生曲线网格 15 002 个，网格面积在 35 ~ 300 m^2，计算区域总面积为 165.7 hm^2。根据模型运行和率定结果需要对网格进行多次调整。

两个河段最终的网格剖分结果如图 4-22、图 4-23 所示。

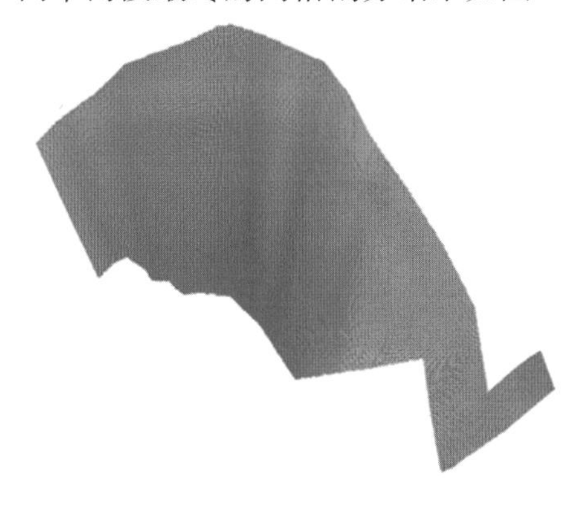

图 4-22　巩义河段网格剖分

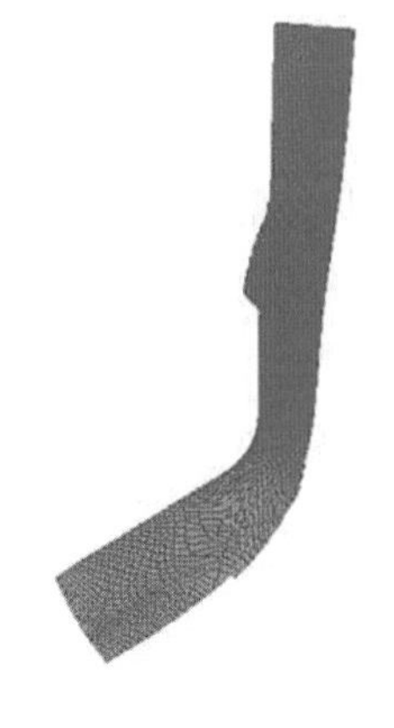

图 4-23　利津河段网格剖分

4.2.5.3　数字地形

网格划分完成后，采用三角插值和线性插值相结合的方法将整个计算区域进行插值，即对计算区域的每个网格赋予地形值。插值过程中，调整有明显错误和不符合河道实际情况的点，需要借助现场监测的影像和记录资料完成。插值结果是否符合河床实际情况决定模型运行结果是否精确。由于监测点位多，河道地形复杂，插值过程需经过多次修正和调试。插值结果如图 4-24、图 4-25 所示。

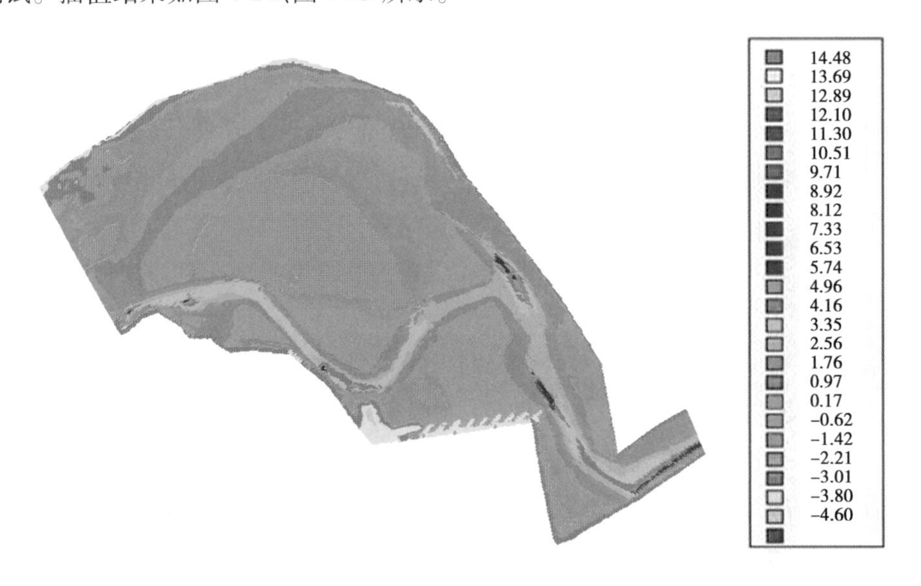

图 4-24　巩义河段插值结果

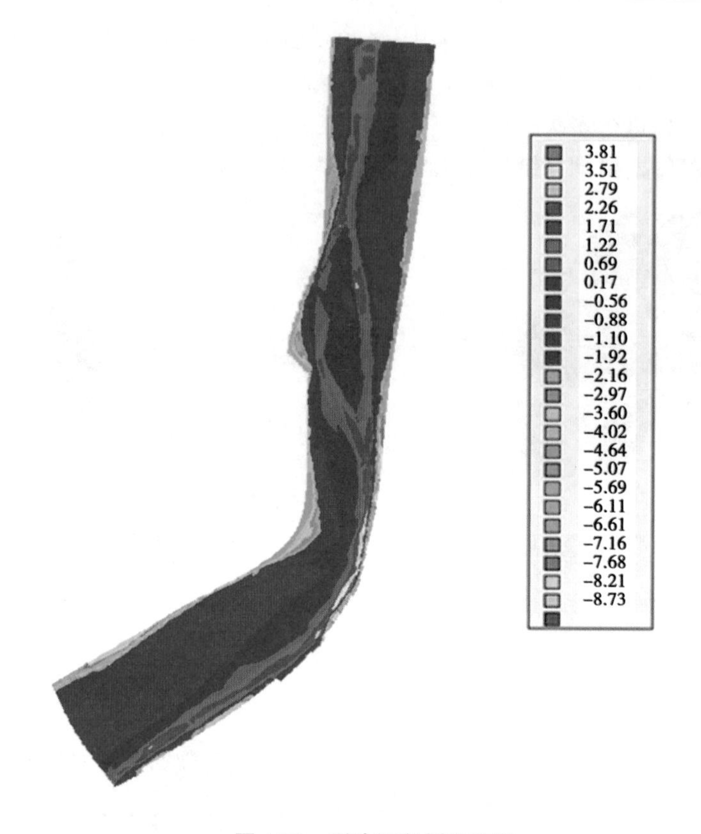

图 4-25 利津河段插值结果

4.2.5.4 参数设置调整及模型运行

模型运行需要输入的参数包括糙率、边界条件、初始条件、泥沙因子。

(1)糙率:是水动力学计算本底文件,模型率定时需精确调试。巩义河段的曼宁系数最终设置为0.02,利津河段曼宁系数最终设置为0.012,经过模型多次运行率定合理。

(2)边界条件:上边界选用流量,下边界选用流量—水位关系曲线,壁面采用固体边界条件。选用监测地形当天的流量作为上边界条件,当天的流量—水位作为下边界,输入模型,恒定流量运行10 d,模型稳定后,提取计算结果,作为模型率定用。

巩义河段监测当天流量650 m^3/s,将水位设置为0参考平面。利津河段监测当天流量为76 m^3/s,下边界水位设置为0。

(3)初始条件:选用初始水位,初始水位是整个模拟区域的水位值,一般比平均水位值略高,使得水流可以顺畅地流入模型即可。初始水位即入流边界流量全部流入河床后的平均水位值。计算结果入流流量等于出流流量,代表模型运行到恒定状态,计算结束。初始条件设置准确,模型稳定运行,计算结果准确;反之,计算结果不准确。

(4)泥沙因子:通过查阅文献并请教相关专家关于泥沙因子的相关参数设置,确定利津河段流量800 m^3/s以下可以不考虑泥沙因子。巩义河段由于距离小浪底近,泥沙含量相对较小,小流量也可以不考虑泥沙因子。

参数设置后,模型开始运行。提取模型运行结果,有流速分布图,由带箭头的线表示流速大小和方向,若流速分布紊乱,或者流速方向明显分布不合理,需要重新调试各项参数。

4.2.6　模型率定

模型率定指把模型计算结果提取出来,与实测数据对比。用统计学方法统计实测值与模拟值的偏差。若模拟结果整体偏大或整体偏小,可能是糙率设置不正确。单独点偏差太大可能是地形插值不对。模拟值与实测值超过误差范围,需调整糙率、网格、地形。

率定分为流场率定和水位率定。流场率定是提取监测当天流量下模拟的流速和水深值,与实测的流速和水深值对比。水位率定是提取水文站关注时段内实测流量下的水位模拟结果,与水文站实测的水位值对比。采用 2011 年实测流速、水深、水位率定模拟的流速、水深、水位。

巩义河段模型率定因子主要有流速、水深。由于巩义河段附近无水文站,所以没有实测的流量—水位关系曲线,主要率定流速和水深两个因子。利津河段模型率定因子主要有流速、水深、水位。利津水文站在监测河段范围内,有长系列的流量—水位实测值。除监测当天的流场率定外,还有水位率定,见表 4-3。

表 4-3　模型率定因子

河段	率定因子	输入条件	运行方式	模拟值	实测值
利津河段	流场率定	2011 年 4 月 27 日流量、水位	恒定流量模拟	所有监测点流速、水深模拟值	所有监测点流速、水深实测值
	水位率定	2011 年 4 ~ 6 月实测流量、水位	实测系列流量模拟	水文站断面 2011 年 4 ~ 6 月模拟水位值	水文站断面 2011 年 4 ~ 6 月实测水位值
巩义河段	流场率定	2011 年 4 月 19 日流量、水位	恒定流量模拟	所有监测点流速、水深模拟值	所有监测点流速、水深实测值

对两个河段模型率定结果进行统计分析,绘制曲线图,如图 4-26 ~ 图 4-30 所示。

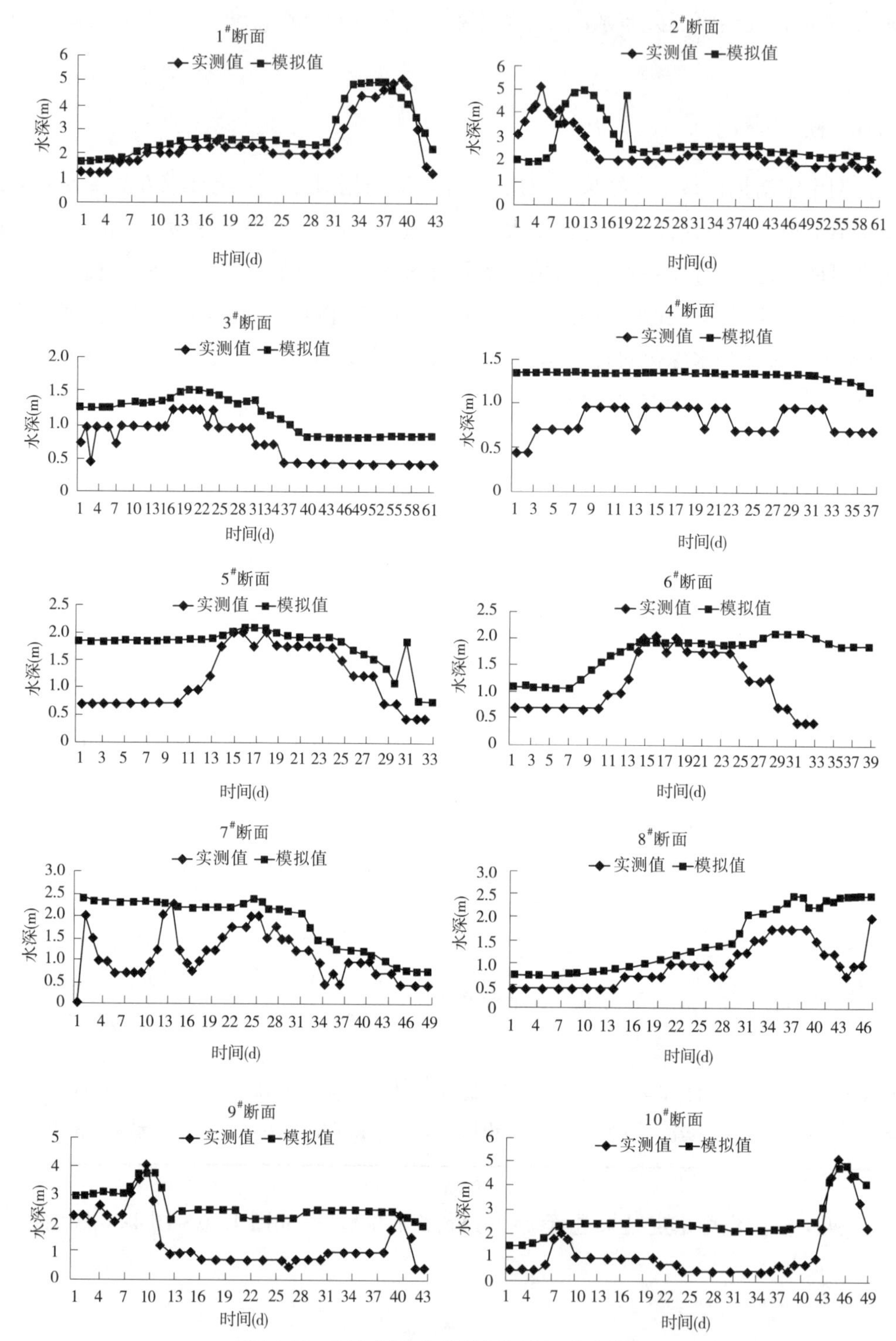

图 4-26 巩义河段各监测断面水深率定结果

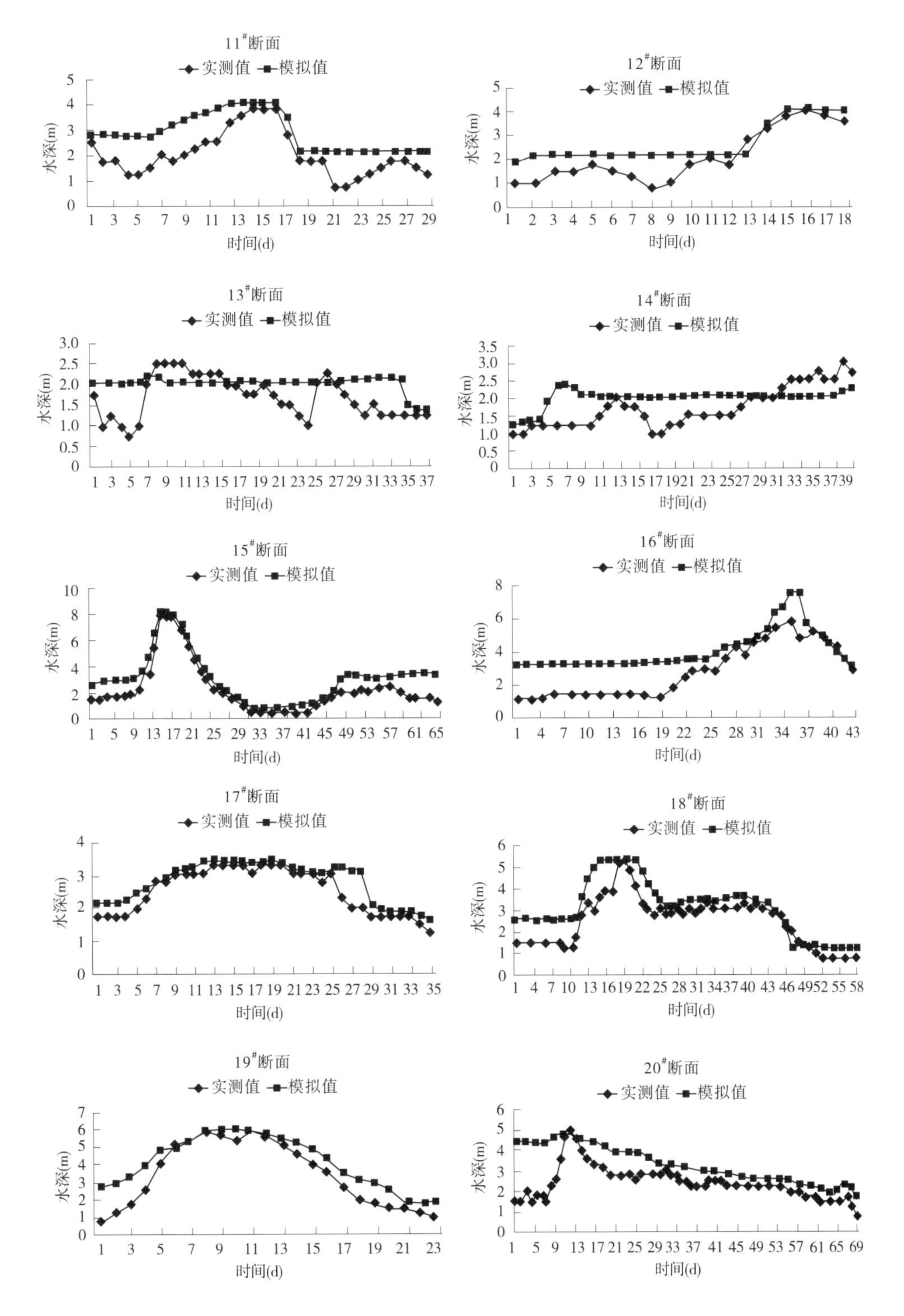
11#断面
实测值 模拟值
水深(m)
时间(d)
12#断面
13#断面
14#断面
15#断面
16#断面
17#断面
18#断面
19#断面
20#断面

续图 4-26

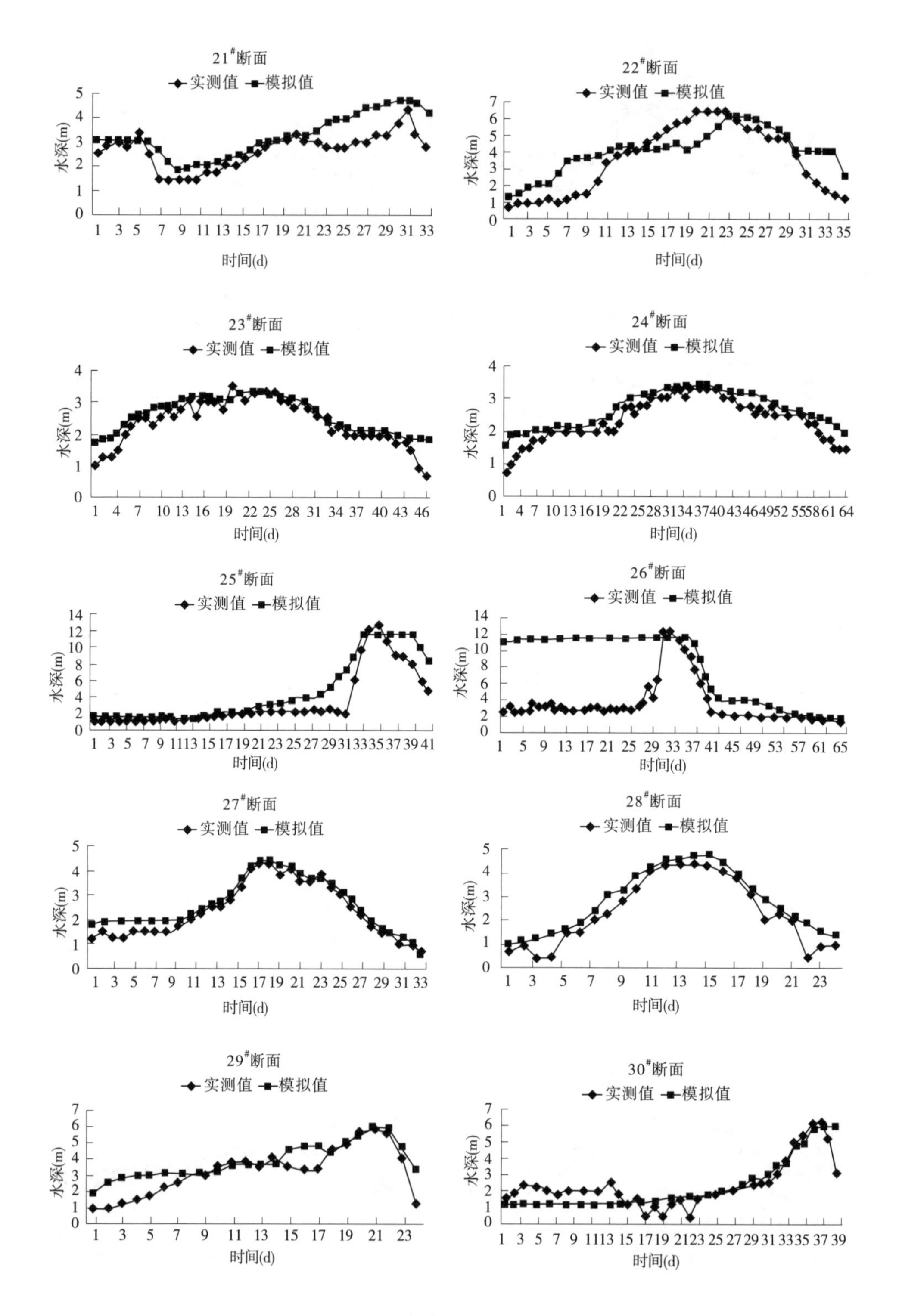
21#断面
实测值 模拟值
水深(m)
时间(d)
22#断面
实测值 模拟值
水深(m)
时间(d)
23#断面
实测值 模拟值
水深(m)
时间(d)
24#断面
实测值 模拟值
水深(m)
时间(d)
25#断面
实测值 模拟值
水深(m)
时间(d)
26#断面
实测值 模拟值
水深(m)
时间(d)
27#断面
实测值 模拟值
水深(m)
时间(d)
28#断面
实测值 模拟值
水深(m)
时间(d)
29#断面
实测值 模拟值
水深(m)
时间(d)
30#断面
实测值 模拟值
水深(m)
时间(d)

续图 4-26

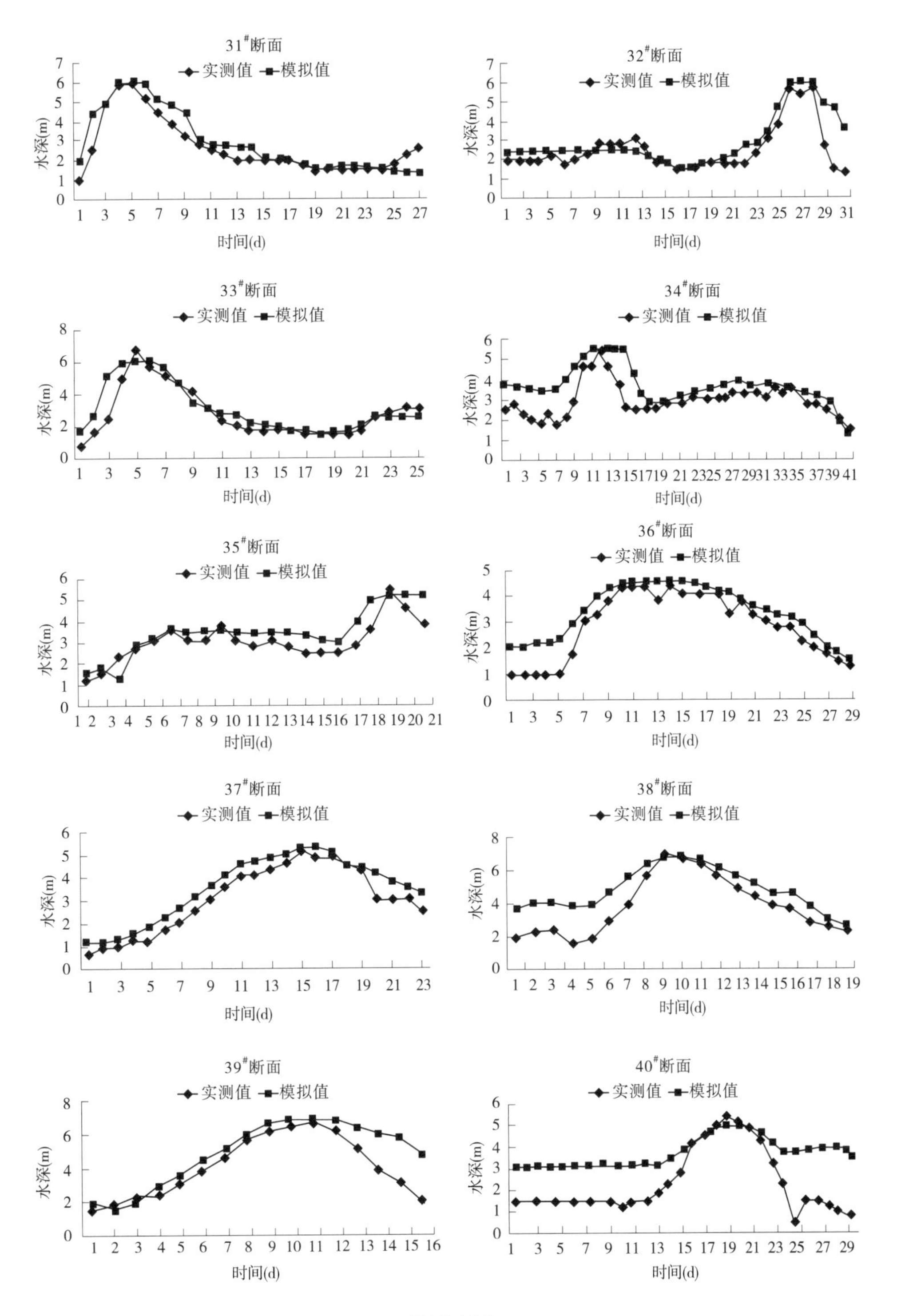
31#断面
实测值
模拟值
水深(m)
时间(d)
32#断面
33#断面
34#断面
35#断面
36#断面
37#断面
38#断面
39#断面
40#断面

续图 4-26

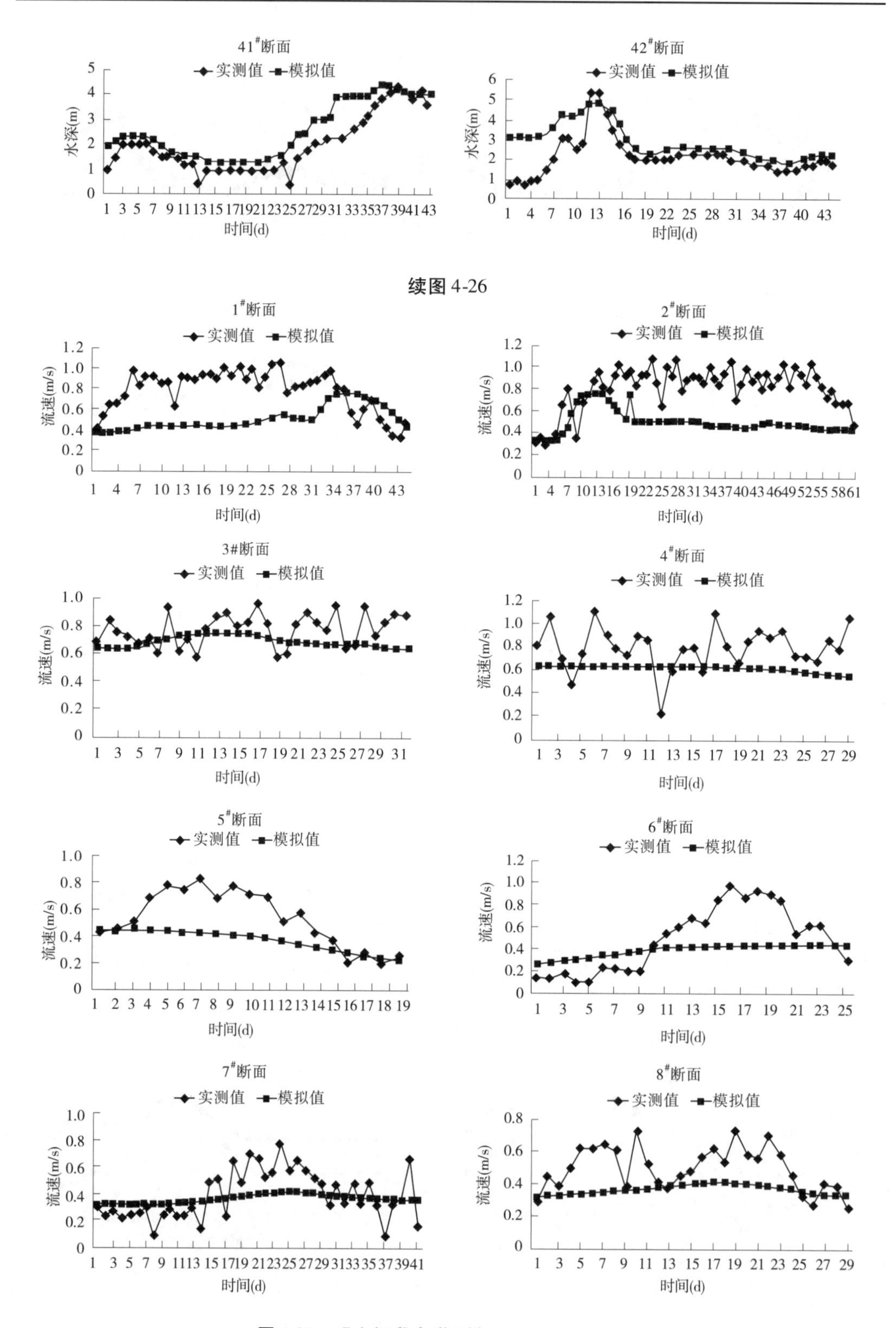

图 4-27　巩义河段各监测断面流速率定结果

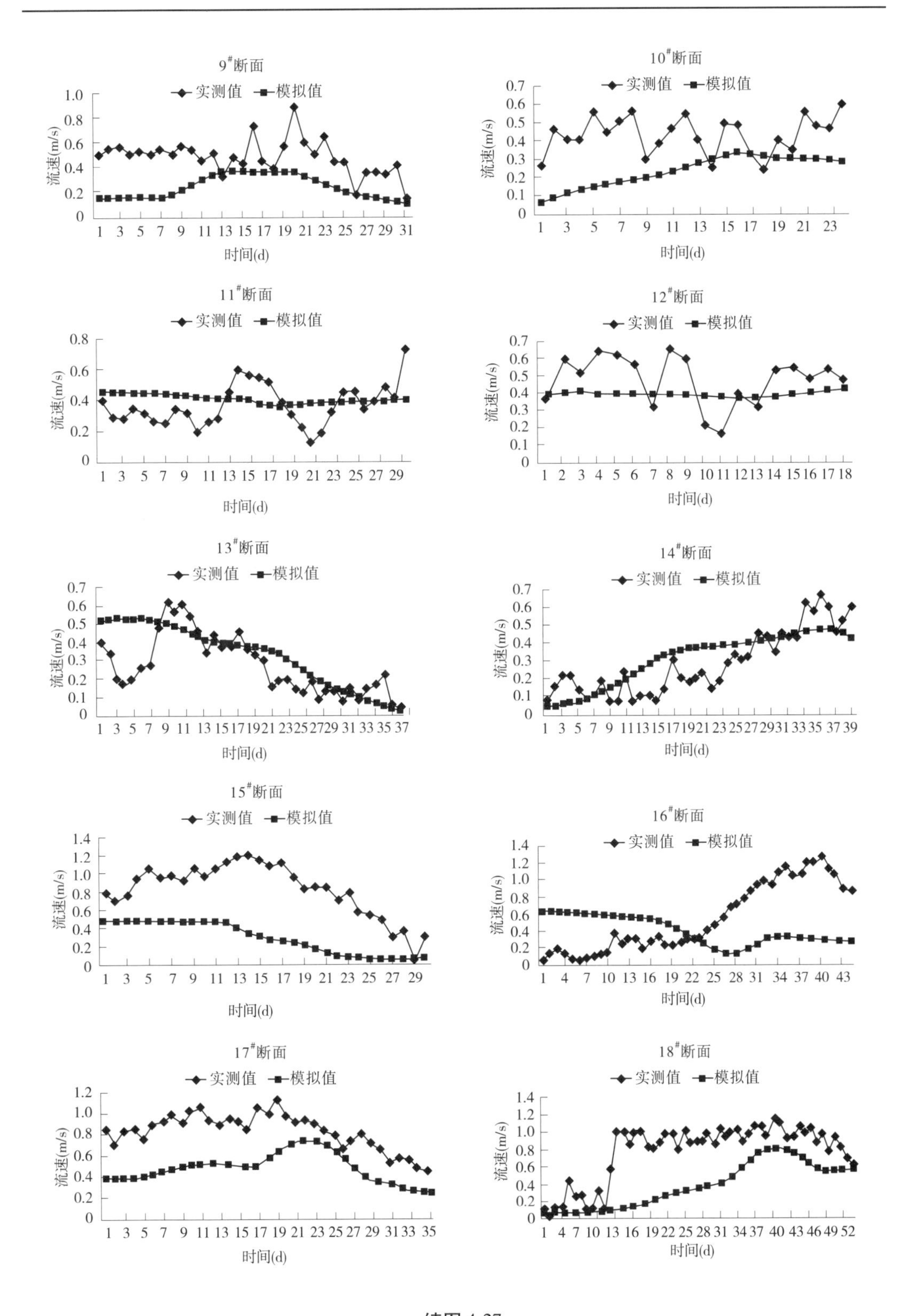
9#断面
实测值
模拟值
流速(m/s)
时间(d)
10#断面
11#断面
12#断面
13#断面
14#断面
15#断面
16#断面
17#断面
18#断面

续图 4-27

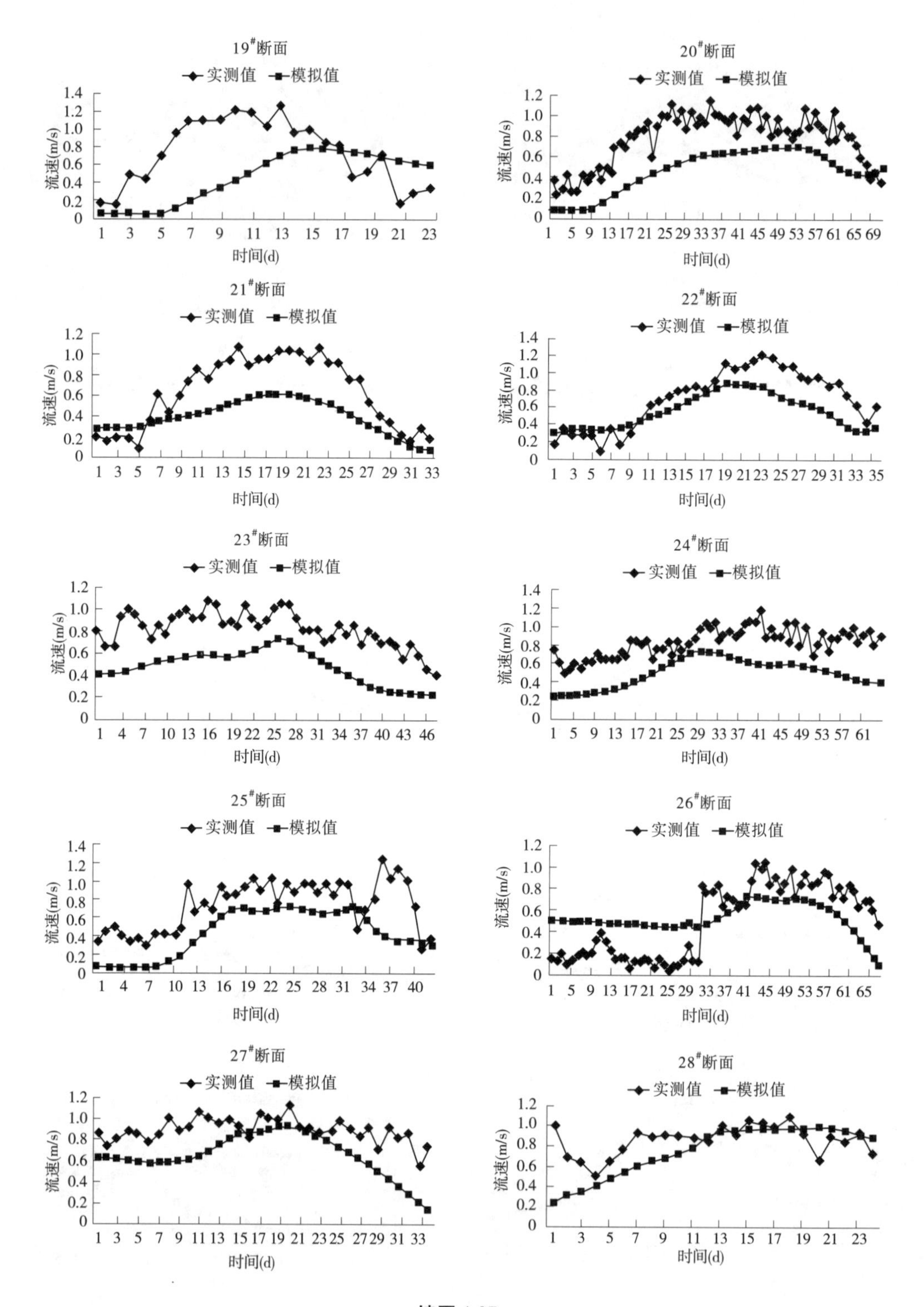
19#断面
实测值 模拟值
流速(m/s)
时间(d)
20#断面
21#断面
22#断面
23#断面
24#断面
25#断面
26#断面
27#断面
28#断面

续图 4-27

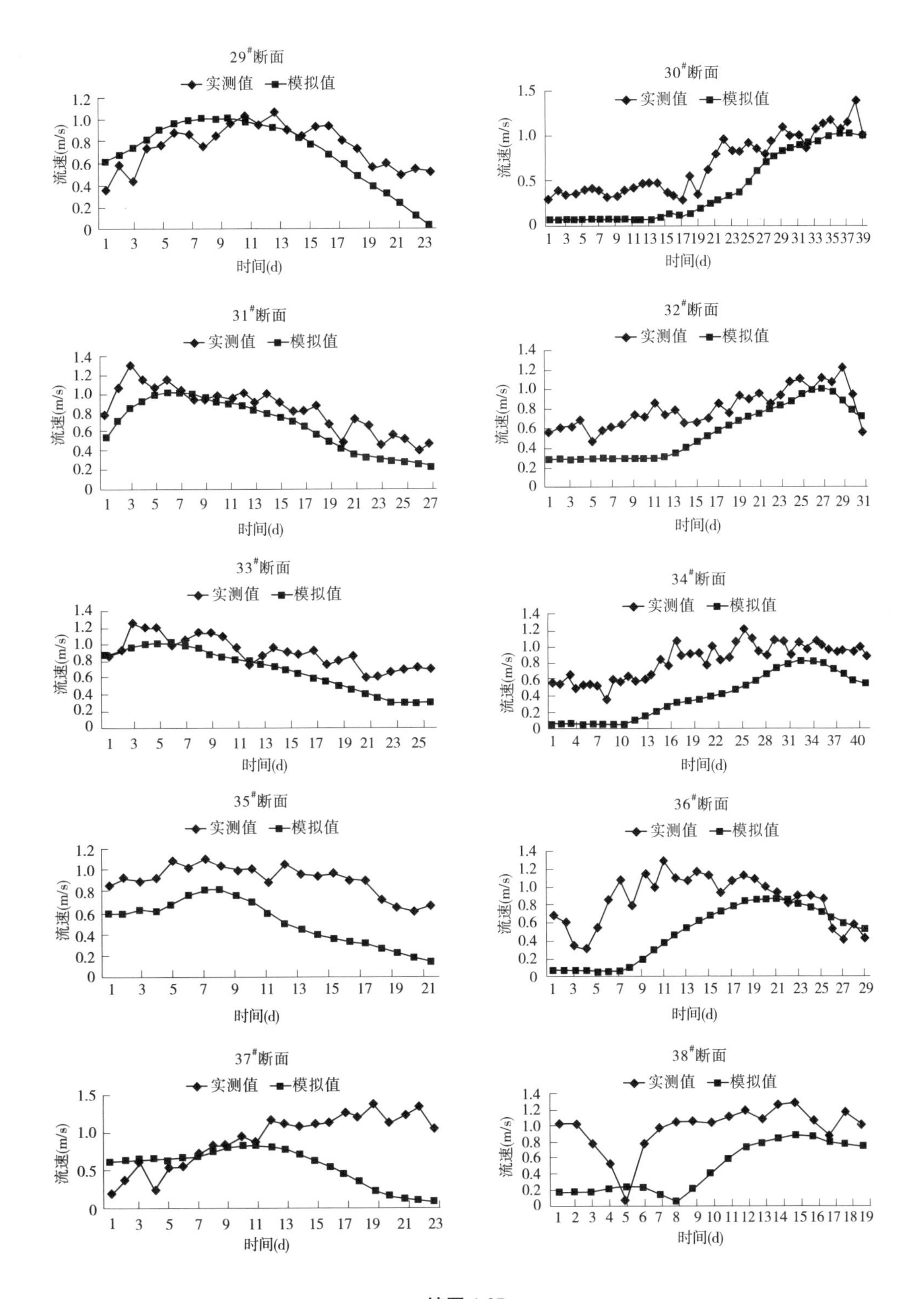
29#断面
实测值
模拟值
流速(m/s)
时间(d)
30#断面
31#断面
32#断面
33#断面
34#断面
35#断面
36#断面
37#断面
38#断面

续图 4-27

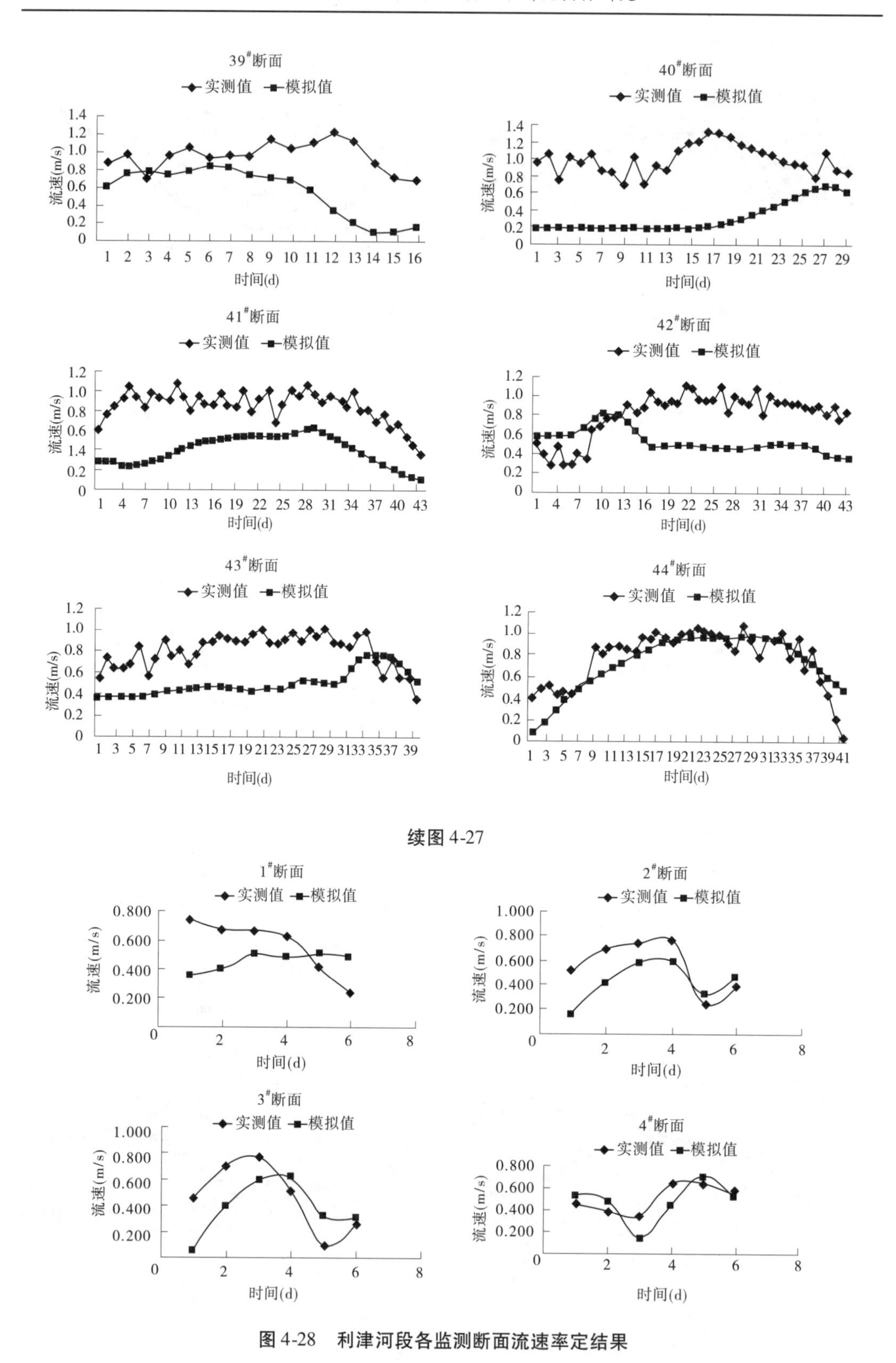

续图 4-27

图 4-28　利津河段各监测断面流速率定结果

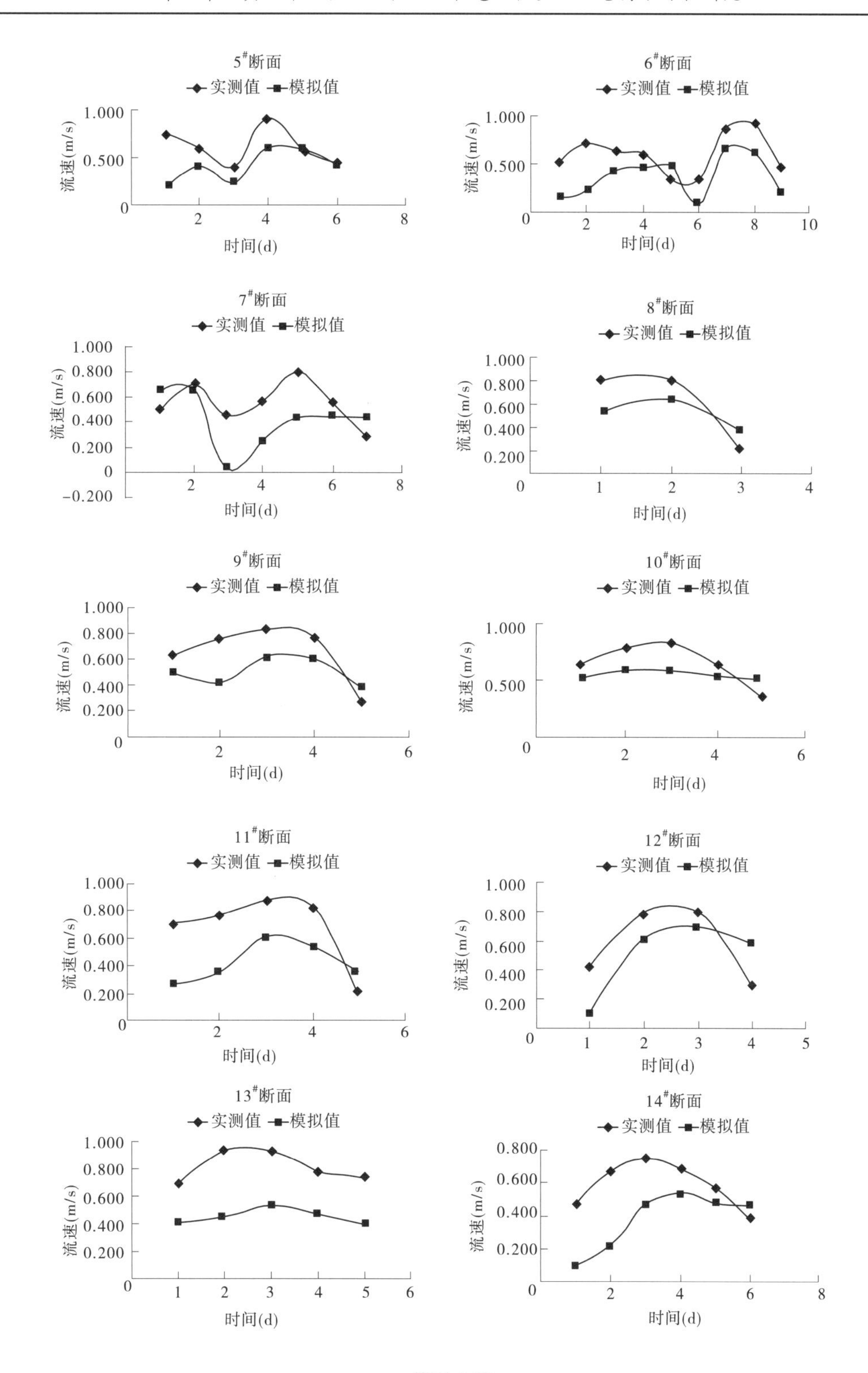
5#断面
实测值 模拟值
流速(m/s)
时间(d)
6#断面
实测值 模拟值
流速(m/s)
时间(d)
7#断面
实测值 模拟值
流速(m/s)
时间(d)
8#断面
实测值 模拟值
流速(m/s)
时间(d)
9#断面
实测值 模拟值
流速(m/s)
时间(d)
10#断面
实测值 模拟值
流速(m/s)
时间(d)
11#断面
实测值 模拟值
流速(m/s)
时间(d)
12#断面
实测值 模拟值
流速(m/s)
时间(d)
13#断面
实测值 模拟值
流速(m/s)
时间(d)
14#断面
实测值 模拟值
流速(m/s)
时间(d)

续图 4-28

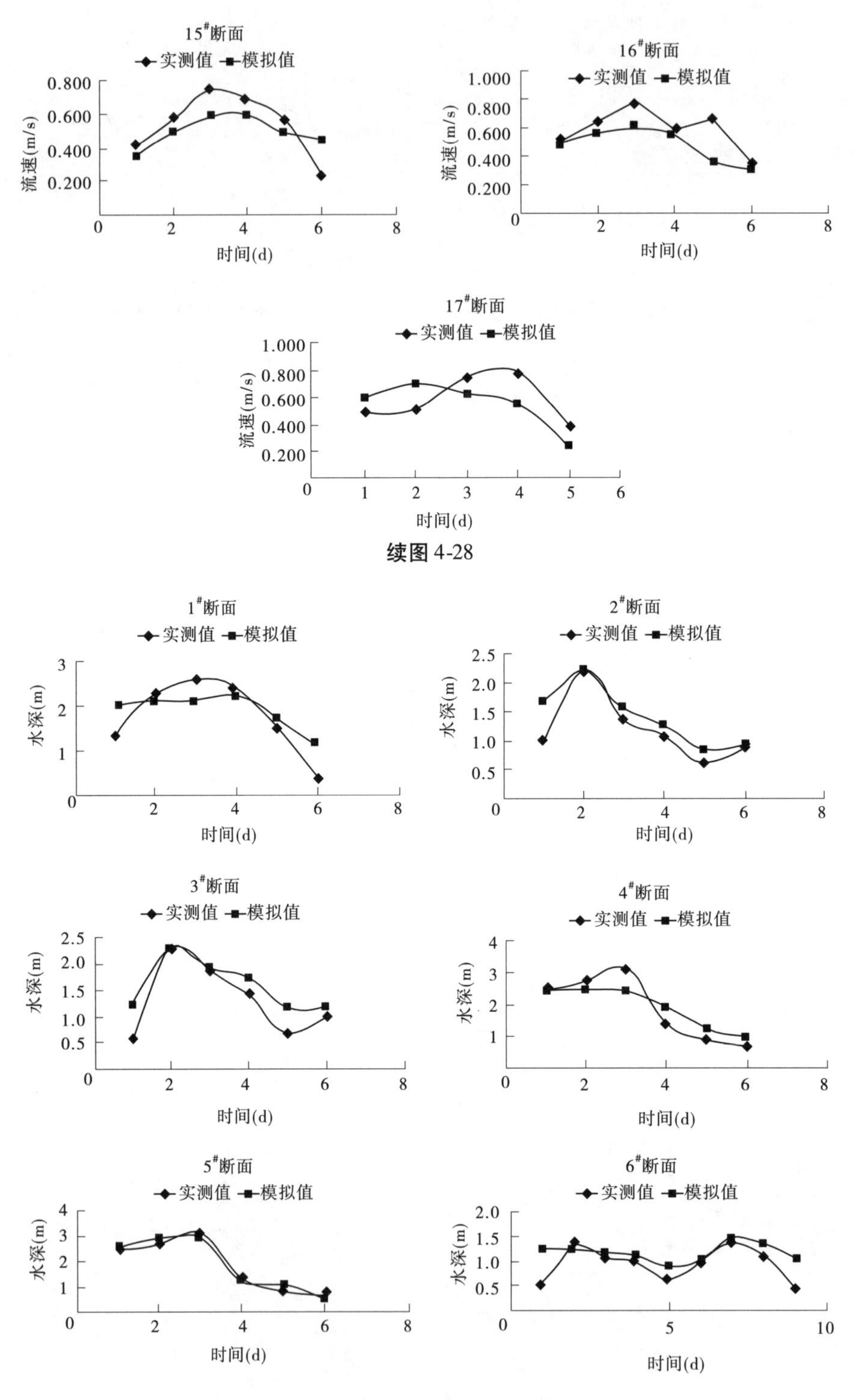

图 4-29　利津河段各监测断面水深率定结果

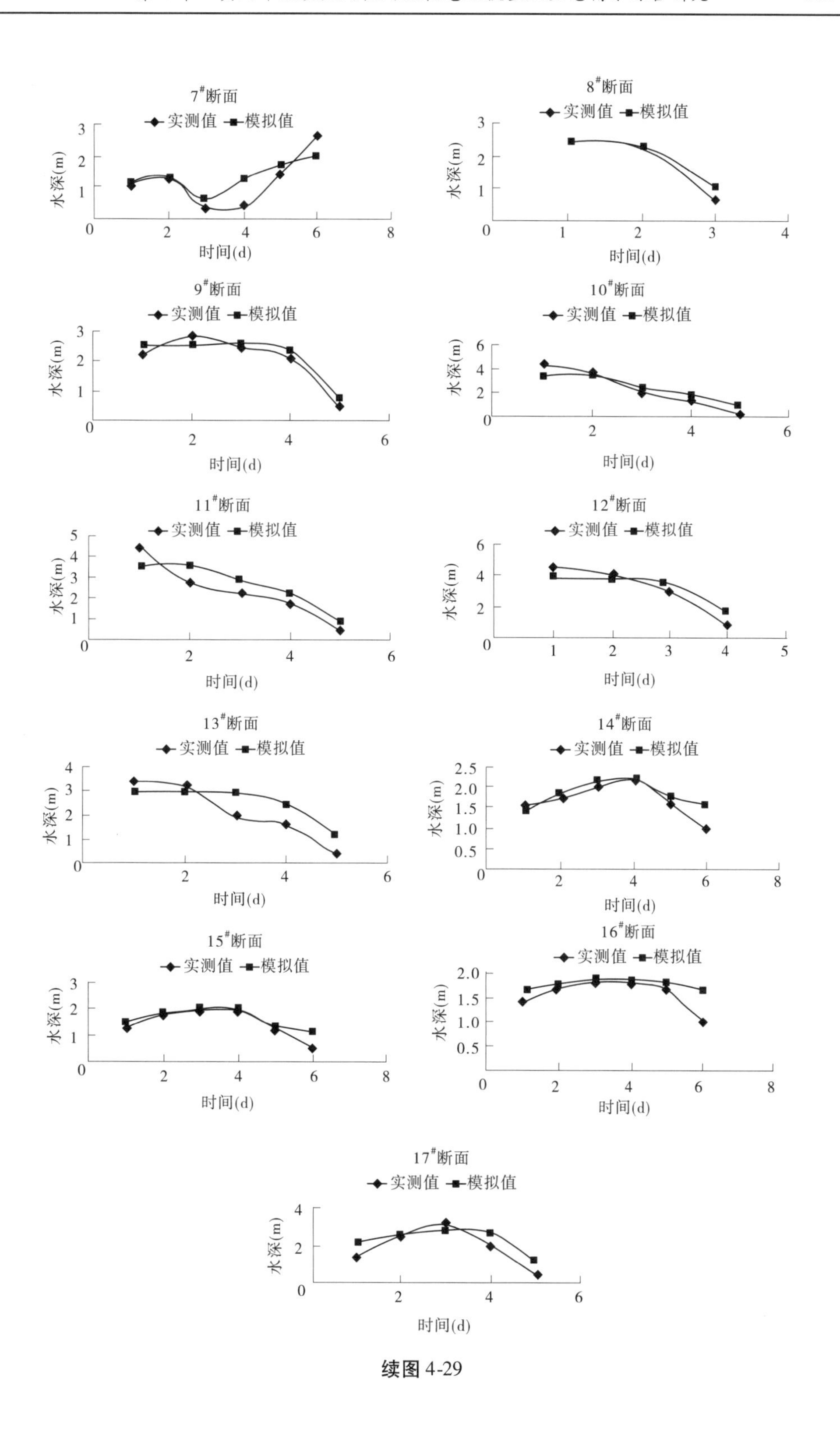
7#断面
实测值
模拟值
水深(m)
时间(d)
8#断面
9#断面
10#断面
11#断面
12#断面
13#断面
14#断面
15#断面
16#断面
17#断面

续图 4-29

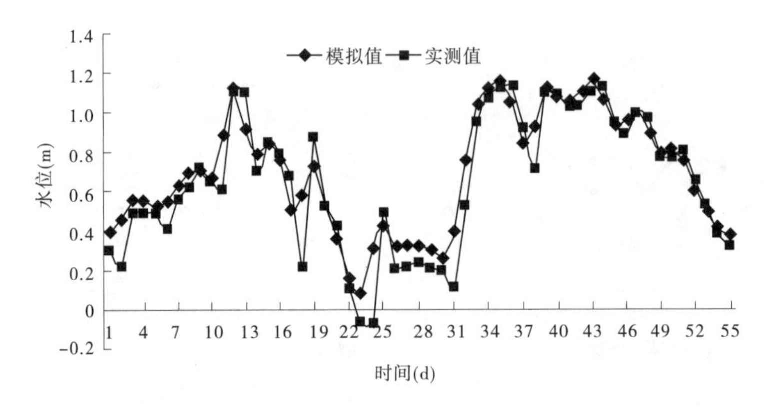

图 4-30　利津河段水位率定

根据率定结果实测值与模拟值偏差统计分析，水深的模拟值与实测值吻合程度比流速的模拟值与实测值吻合程度高，推测主要原因是提取的模拟流速是垂向众多点的平均值。利津河段流速相对误差集中在 ±0.4 之间，水深相对误差集中在 ±0.2 之间。水位模拟值与实测值吻合程度较高，绝对误差分布在 ±0.1 m 之间。巩义河段水深相对误差集中在 0 ~ 0.3，流速相对误差集中在 −0.5 ~ 0。模型率定结果显示模拟结果与实测值吻合，说明模型构建完成，可以设置不同流量进行模拟。

4.2.7　设计系列流量模拟

系列流量模拟的目的是模拟不同流量下流速和水深分布状况，为下一步栖息地模拟提供基础。根据黄河巩义、利津河段与附近水文站位置关系及支流汇入、取水口分布等情况，分别以花园口断面和利津断面流量过程代表巩义、利津河段流量过程（下同）。根据以上两断面近 12 年（2000 ~ 2011 年）水文数据 90% 保证率流量范围，结合黄河水量调度预警流量，考虑不同流量下泥沙影响，巩义河段设计流量范围为 150 ~ 1 300 m^3/s，500 m^3/s 以下以 30 m^3/s 作为计算间隔单位，500 ~ 1 300 m^3/s 以 50 m^3/s 作为流量间隔单位，共设置 28 个流量系列。利津河段模拟流量范围在 30 ~ 800 m^3/s，500 m^3/s 流量以下以 10 m^3/s作为计算间隔单位，500 m^3/s 以上以 50 m^3/s 作为计算间隔单位，共设置 46 个流量系列。

其中巩义河段流量—水位关系曲线见图 4-31，参考小浪底、西霞院、花园口水文站同流量下水位差值计算，其流量水位关系式为：$y = -5.43 \times 10^{-6}x^2 + 8.30 \times 10^{-3}x + 0.982$；利津河段流量—水位关系曲线见图 4-32，直接根据最近两年流量—水位关系计算，其流量水位关系式为：$y = -0.000\,008x^2 + 0.007\,659x + 9.170\,497$。

将设计系列流量及各流量下水位输入水动力学模型，获得了巩义河段 28 个、利津河段 46 个流量下辖的流速、水深分布状况，其中实测当日流量、栖息地分布变化转折点流量、最大流量等几个重点关注流量下的流速、水深模拟结果如图 4-33 ~ 图 4-36 所示。

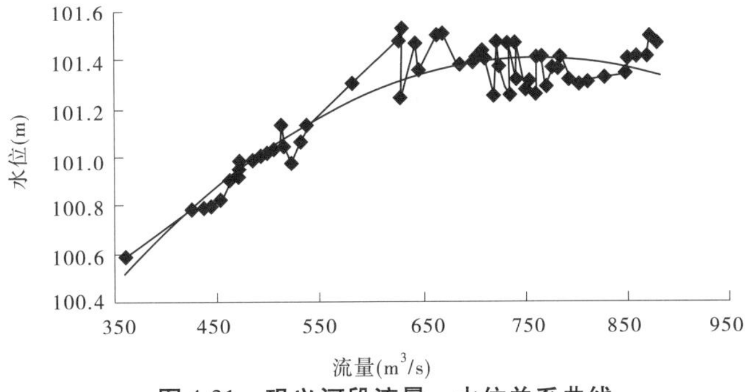

图4-31　巩义河段流量—水位关系曲线

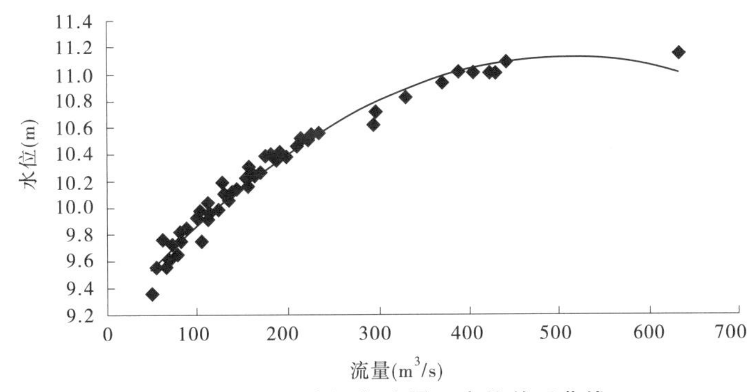

图4-32　利津河段流量—水位关系曲线

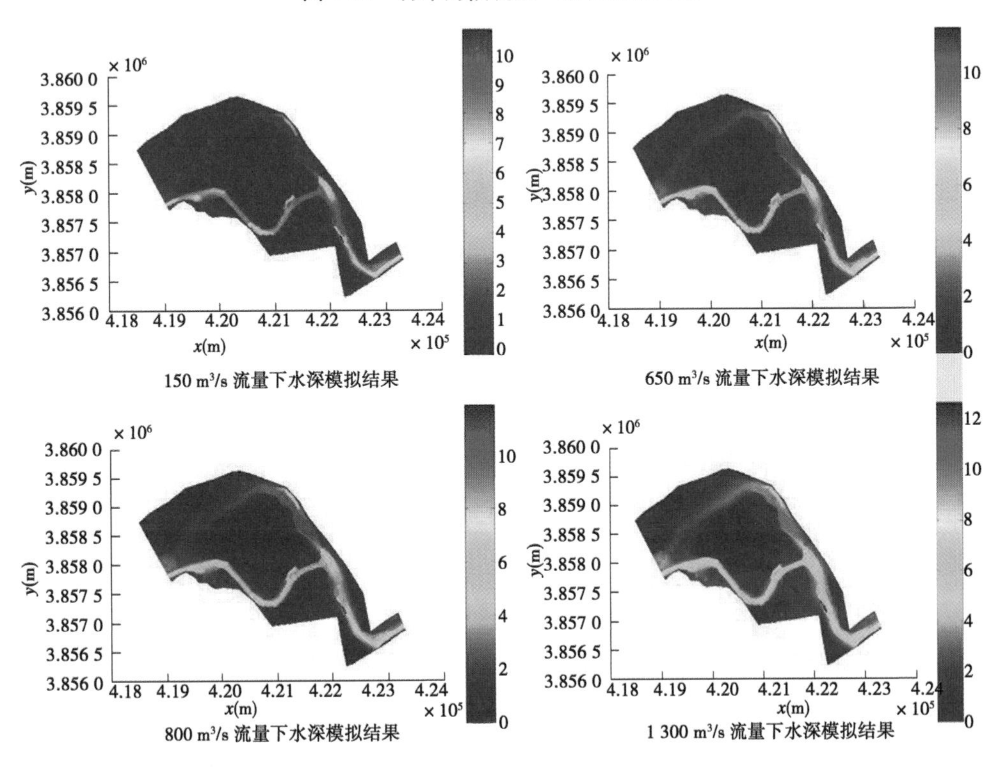

图4-33　巩义河段典型流量下的水深模拟结果

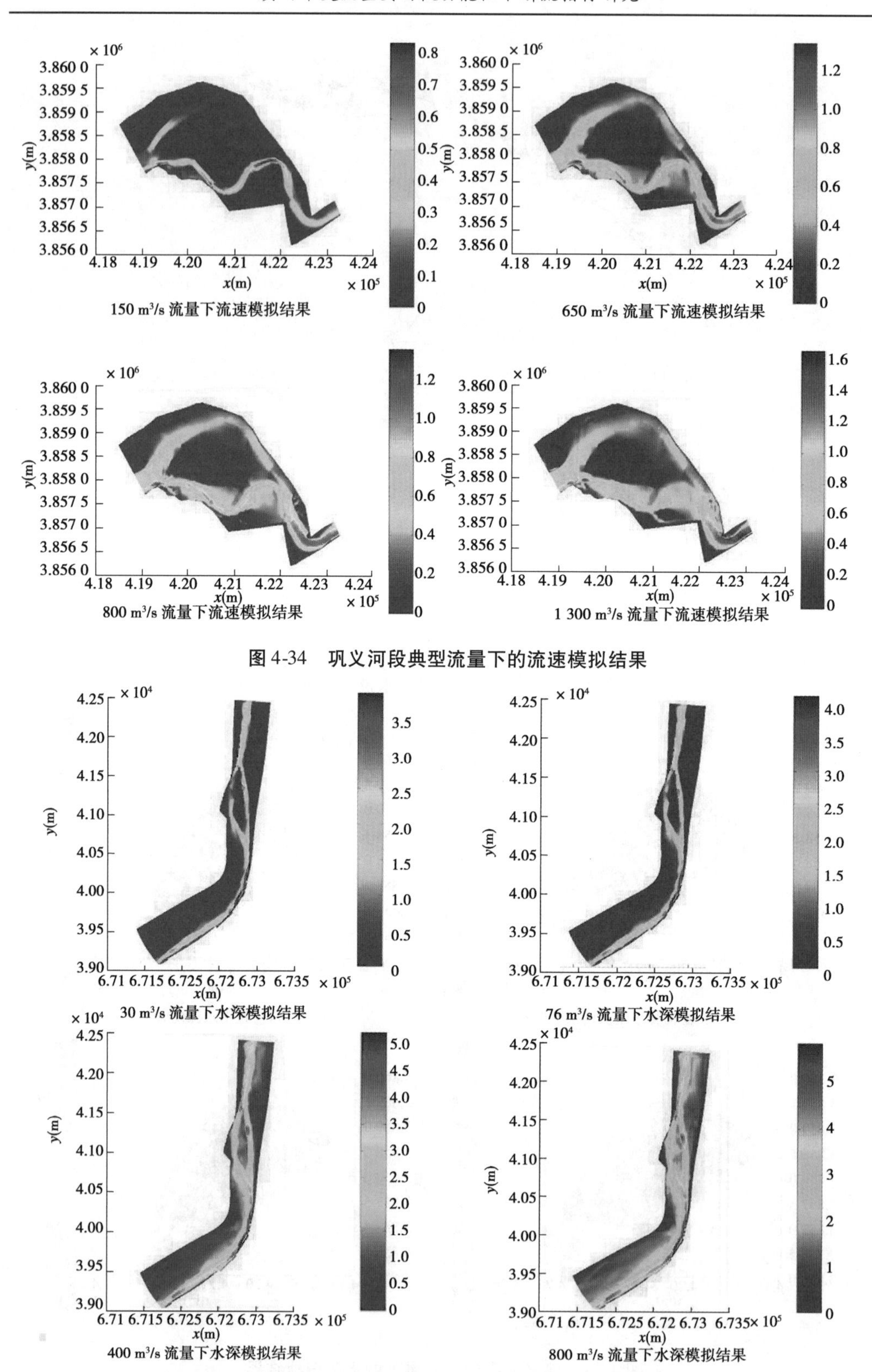

图 4-34　巩义河段典型流量下的流速模拟结果

图 4-35　利津河段典型流量下的水深模拟结果

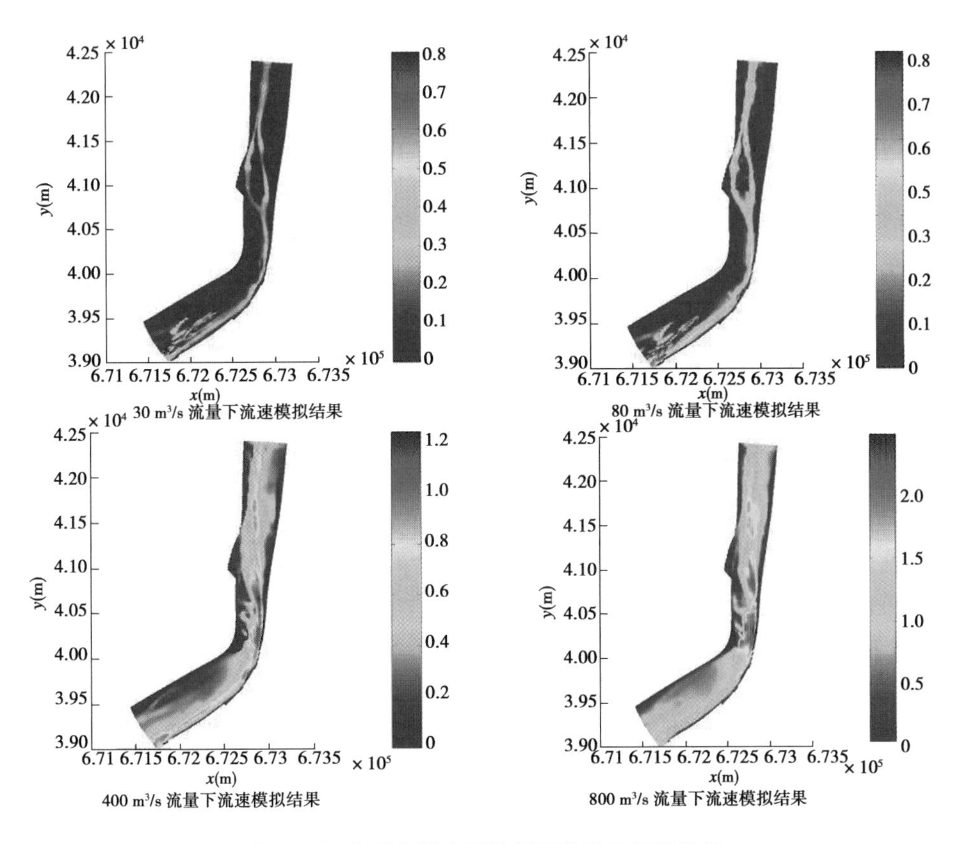

图 4-36　利津河段典型流量下的流速模拟结果

4.3　黄河重点河段鱼类栖息地模型及栖息地与流量响应关系研究

4.3.1　鱼类栖息地模型

鱼类栖息地模型是推求鱼类生态流量的工具，本身并不是模型，是由水动力学模型与栖息地适宜度标准耦合而成的，根据水动力学模型计算的不同流量下各断面流速和水深分布，应用地理信息系统等技术，通过目标物种栖息地适宜度标准，把鱼类所需求栖息地适宜度整合到水力计算单元中，计算各流量下目标物种适宜栖息地面积（式(4-2)：满足单一因子下的适宜栖息地面积计算；式(4-3)：满足多因子下的适宜度栖息地面积计算），从而建立河川径流与鱼类适宜栖息地面积之间的定量关系。

鱼类栖息地模型基于以下假设：①栖息地适宜性是流量的函数；②水深、流速等是流量变化对目标物种数量和分布造成影响的主要因素；③河床形状在模拟的过程中保持不变。

$$HA = \sum_{n=1}^{N} S_i \cdot HSI_i \tag{4-2}$$

式中：HA 为目标物种适宜栖息地面积，hm^2；S_i 为计算单元网格 i 的面积，hm^2；HSI_i 为计算

单元网格 i 的栖息地适宜度指数。

$$WUA = \sum_{i} F[f(v_i), f(d_i), f(t_i)] A_i \tag{4-3}$$

式中：WUA 为目标物种加权适宜栖息地面积，hm^2；A_i 为计算单元网格 i 的面积，hm^2；$F[f(v_i), f(d_i), f(t_i), \cdots]$ 为计算单元网格 i 的栖息地组合适宜度指数。

栖息地组合适宜度指数可以用乘积法、几何平均法、最小值法、加权平均法等进行计算，乘积法是假设流速、水深、温度、溶氧等参数的适宜度指数影响力相同；几何平均法对几种适宜度指数做几何平均；最小法则是取最小值的适宜度指数作为组合适宜度指数；加权平均法是在全面掌握目标物种生物习性基础上，由水生生物学家根据专家经验赋予流速、水深、温度、溶氧等参数的适宜度指数不同权重。

4.3.2　黄河鲤栖息地模拟因子及时段选择

黄河河流中决定黄河鲤生存状况的除流速、水深等河川径流条件外，还有其他因素如水温、溶氧、水质、食物等（见表 4-1），但径流条件对黄河鲤栖息地的影响是最直接的和最容易定量的，河流水面是黄河鲤最大的栖息地，在一定程度上满足了鱼类生存的适宜河川径流条件，能较大程度上满足鱼类的生存条件；关于水温，水温对黄河鲤产卵至关重要，是黄河鲤产卵必需的前提条件，在满足水温前提下才能考虑适宜的河川径流条件；关于溶氧，根据连续 3 年的调查监测，研究河段河流水体溶解氧浓度较高，可以满足黄河鲤适宜溶解氧浓度的要求（大于 6 mg/L）；关于水质，研究河段水质基本达到了其所属水功能区的Ⅲ类水质目标，基本可以满足黄河鲤繁殖等栖息要求。因此，本研究鱼类栖息地模拟仅考虑水力条件（水深、流速）的模拟，需要说明的是，鱼类栖息地水力模拟是以水体污染不严重、水温达到黄河鲤生长发育要求为基础的。

根据研究河段黄河鲤各生长发育阶段的重要意义，考虑黄河鲤各生长发育阶段栖息地的适宜标准支撑条件，栖息地模拟重点是产卵期（4 ~6 月），并对越冬期（11 月至翌年 3 月）基于水深的栖息地规模及分布进行初步模拟。

4.3.3　黄河鲤栖息地模拟结果

根据巩义、利津河段水动力学模型系列流量模拟结果，应用地理信息系统技术，将巩义、利津水动力学模型中的 28 个、46 个系列流量模拟的水深、流速分布信息和坐标信息导入 ArcGIS 中，根据黄河鲤适宜度标准，模拟和计算了巩义河段 28 个系列流量和利津河段 46 个系列流量下黄河鲤适宜栖息地及加权适宜栖息地分布状况，其中加权适宜栖息地面积中的组合适宜度指数应用乘积法计算，即认为流速、水深两因子的适宜度指数影响力相同。各典型流量下黄河鲤繁殖期适宜栖息地分布状况见图 4-37 ~ 图 4-42，图中适宜栖息地分布状况以栖息地适宜度指数来表示，0 代表完全不适合黄河鲤的栖息地状况，1 代表最适合黄河鲤的栖息地状况，值越大代表栖息地适宜度状况越好。

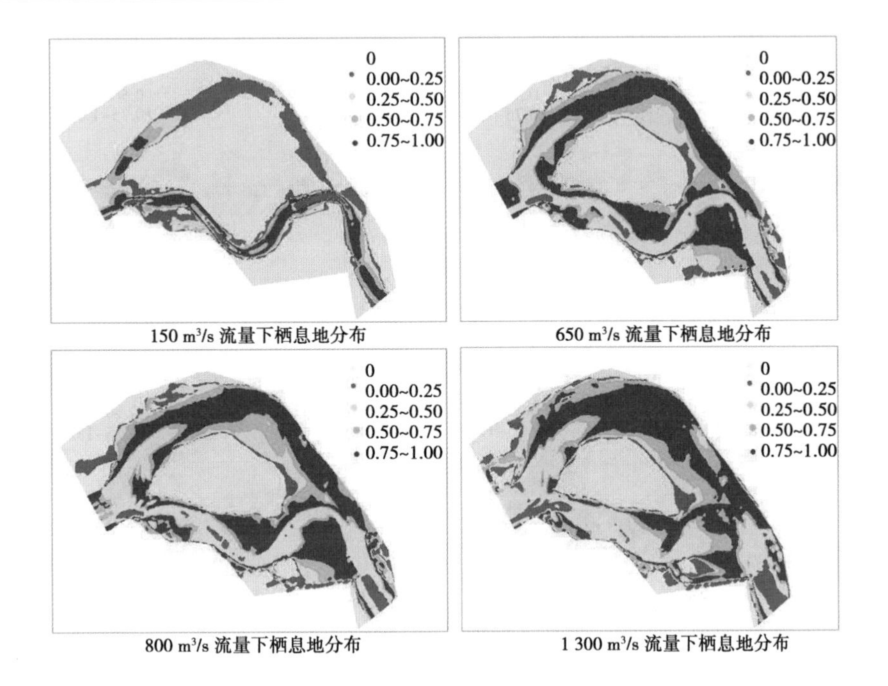

图4-37　巩义河段黄河鲤繁殖期栖息地分布(流速)

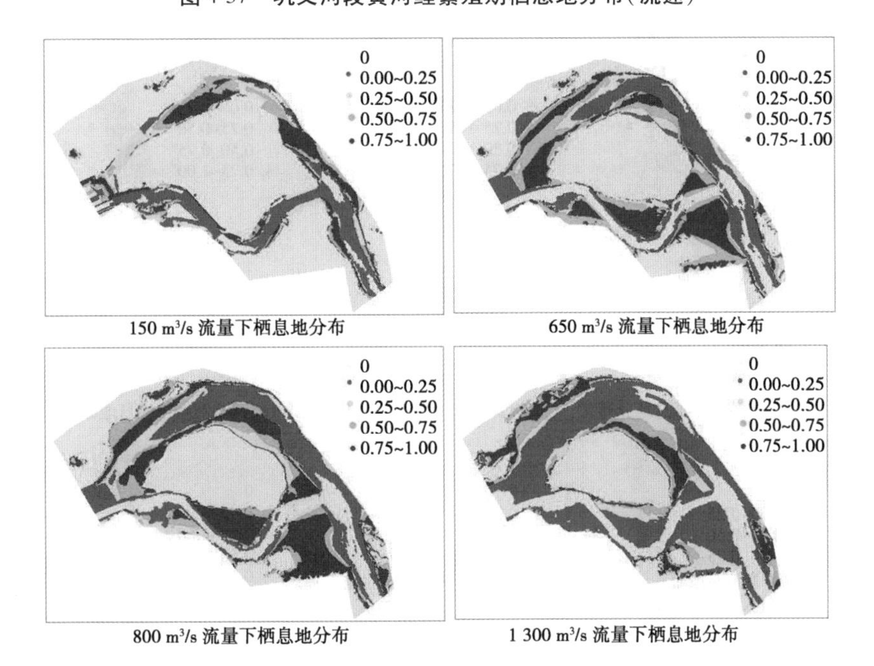

图4-38　巩义河段黄河鲤繁殖期栖息地分布(水深)

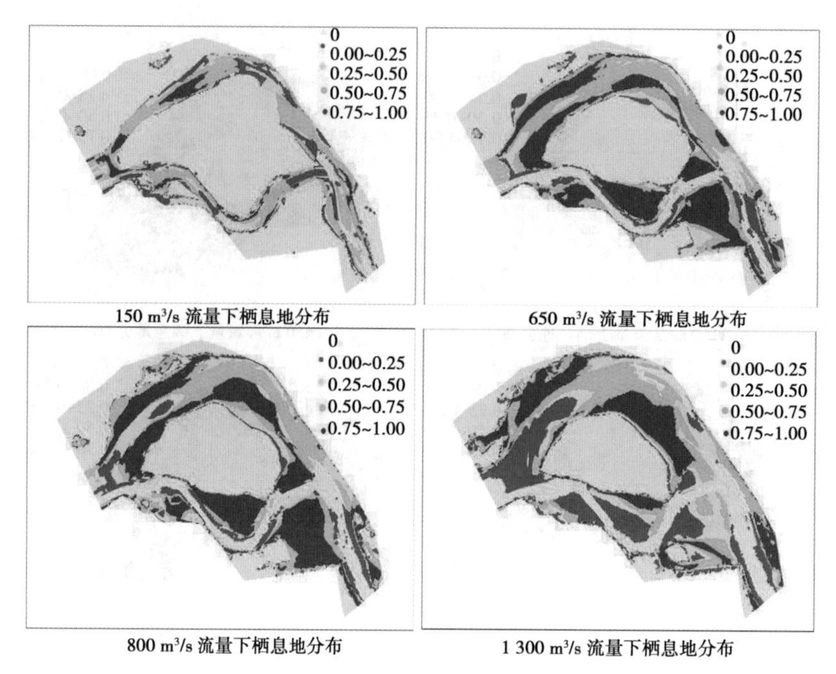

图 4-39　巩义河段黄河鲤繁殖期栖息地分布图(流速 + 水深)

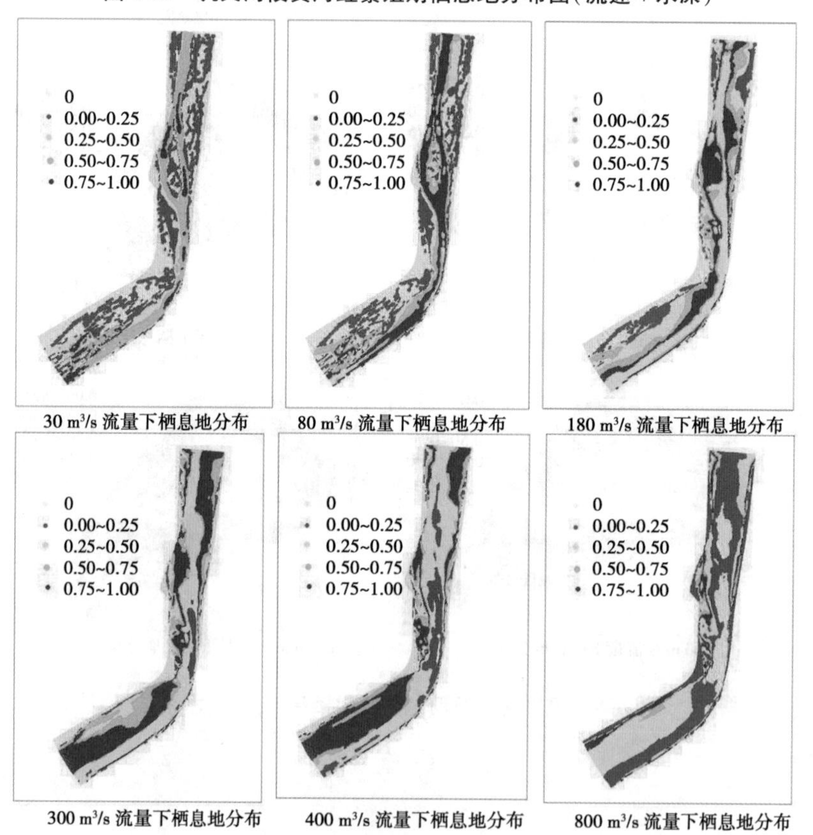

图 4-40　利津河段黄河鲤繁殖期栖息地分布(流速)

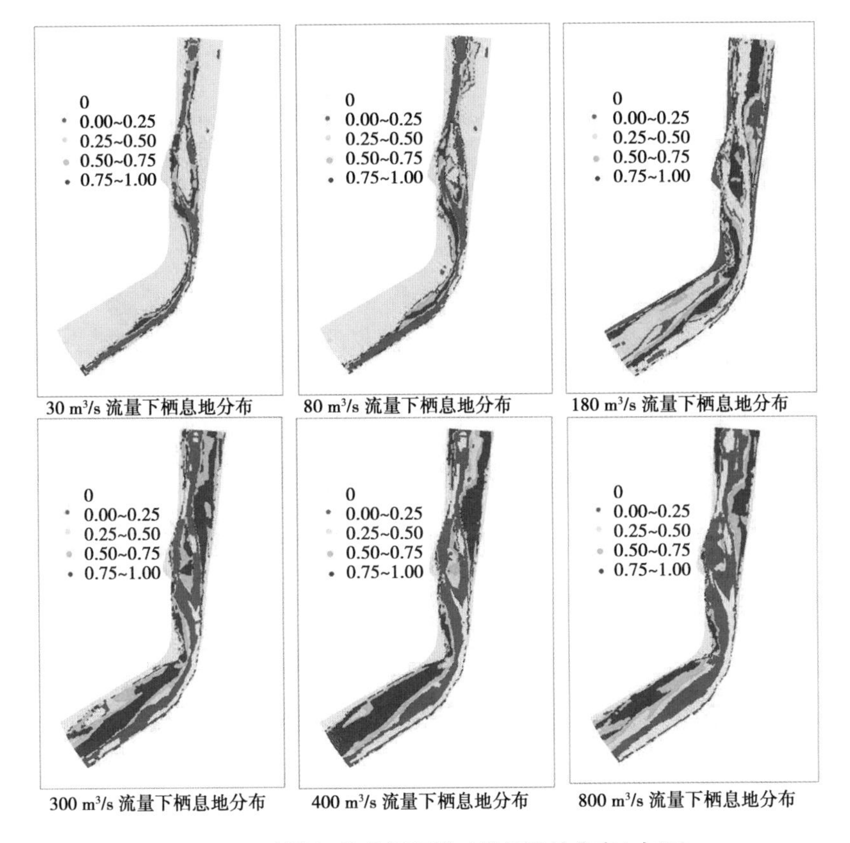

图 4-41 利津河段黄河鲤繁殖期栖息地分布(水深)

4.3.4 黄河鲤适宜栖息地面积与流量关系

4.3.4.1 巩义河段黄河鲤适宜栖息地面积与流量关系

1. 繁殖期

根据巩义河段各系列流量下黄河鲤栖息地模拟结果(部分结果见图 4-43 ~ 图 4-45),统计分析繁殖期黄河鲤适宜栖息地面积与流量关系,可以得到如下结论:①考虑流速因子,流量 150 ~ 500 m^3/s 范围内,随流量增加适宜栖息地面积呈增加趋势;流量 500 ~ 950 m^3/s 范围内,随流量增加适宜栖息地面积呈缓慢增加趋势;流量 950 ~ 1 300 m^3/s 范围内,随流量增加适宜栖息地面积变化不大。②考虑水深因子,流量 150 ~ 800 m^3/s 范围内,随流量增加适宜栖息地面积呈增加趋势;流量 850 ~ 1 300 m^3/s 范围内,随流量增加适宜栖息地面积呈缓慢减少趋势。③综合考虑水深和流速因子,流量 150 ~ 850 m^3/s 范围内,随流量增加适宜栖息地面积呈增加趋势,其中 650 ~ 850 m^3/s 范围内,呈缓慢增加趋势;流量 850 ~ 1 300 m^3/s 范围内,随流量增加适宜栖息地面积呈持续减少趋势。

分析巩义河段繁殖期不同流量下黄河鲤鱼苗适宜栖息地面积变化(见图 4-46 ~ 图 4-48),可以得到如下结论:①考虑流速时,鱼苗适宜栖息地面积随流量增加呈持续减少趋势。②考虑水深因子,流量 150 ~ 700 m^3/s 范围内,随流量增加鱼苗适宜栖息地面积呈缓慢增加趋势;流量 700 ~ 1 300 m^3/s 范围内,随流量增加鱼苗适宜栖息地面积呈下降

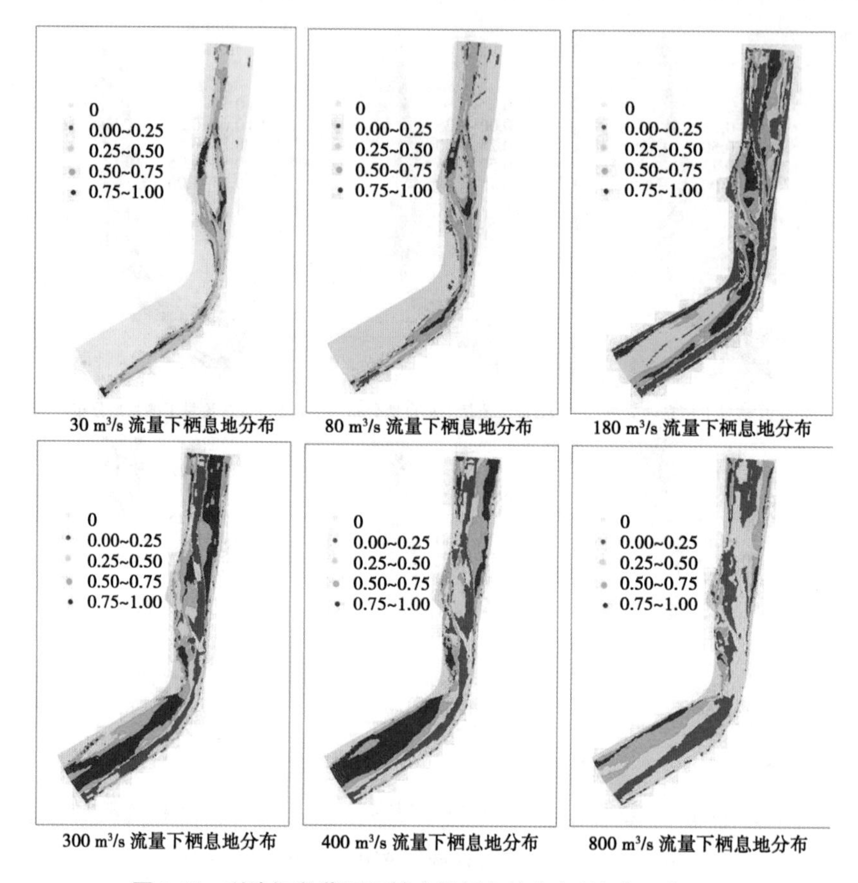

图 4-42　利津河段黄河鲤繁殖期栖息地分布(流速 + 水深)

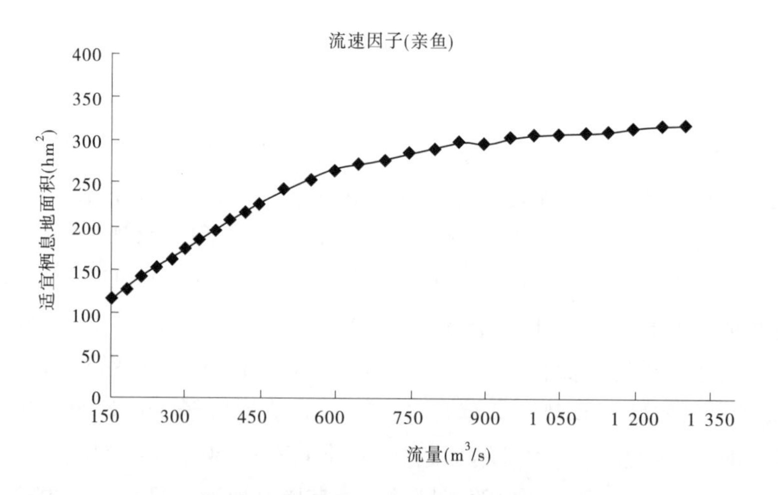

图 4-43　巩义河段繁殖期黄河鲤适宜栖息地面积与流量关系(流速)

趋势。③综合考虑流速和水深因子,鱼苗适宜栖息地面积随流量增加略有减少,但总体上变化不大,基本维持在 100 ~ 130 hm^2范围内。④分析鱼苗适宜栖息地面积随流量变化关系可知,只考虑流速,即使在最不适宜的流量阶段,鱼苗适宜栖息地面积仍保持较大规模;

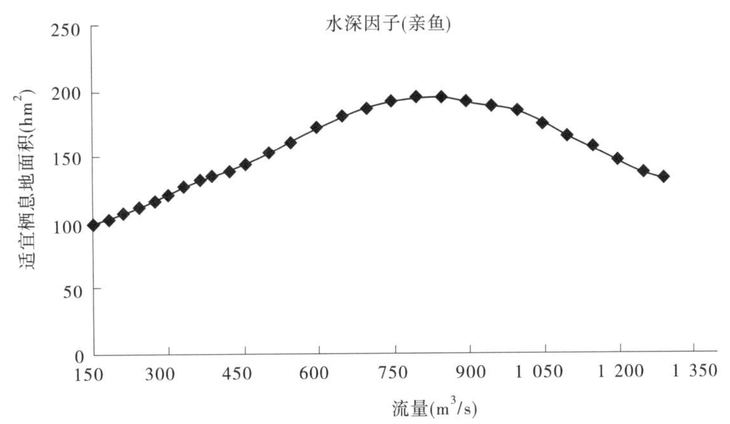

图 4-44　巩义河段繁殖期黄河鲤适宜栖息地面积与流量关系(水深)

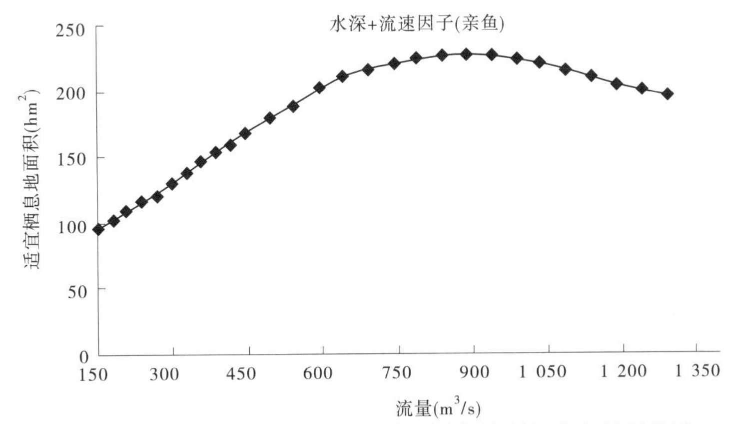

图 4-45　巩义河段繁殖期黄河鲤加权适宜栖息地面积与流量关系

但考虑水深,即使在最适宜的流量阶段,鱼苗适宜栖息地规模仍处于较低水平。因此,该河段水深因子是鱼苗生长发育的限制因子。

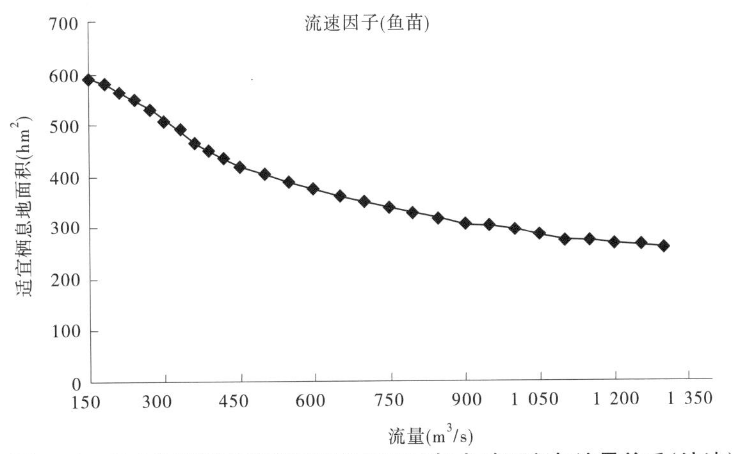

图 4-46　巩义河段繁殖期黄河鲤鱼苗适宜栖息地面积与流量关系(流速)

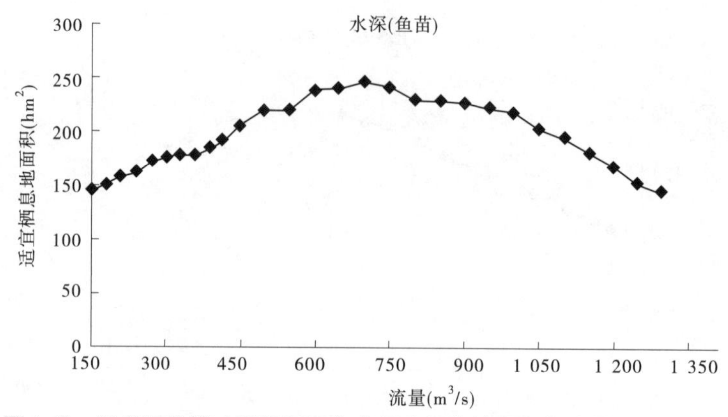

图 4-47　巩义河段繁殖期黄河鲤鱼苗适宜栖息地面积与流量关系(水深)

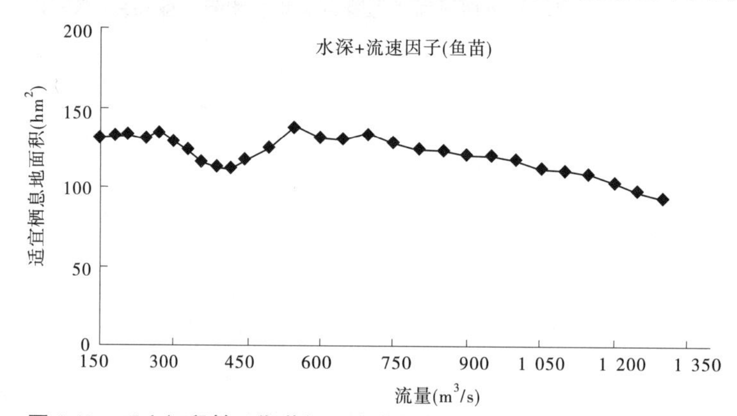

图 4-48　巩义河段繁殖期黄河鲤鱼苗加权适宜栖息地面积与流量关系

2. 越冬期

分析巩义河段越冬期不同流量下黄河鲤适宜栖息地面积变化可知(见图 4-49),越冬期,随着流量增加适宜栖息地面积呈持续快速增加趋势,说明流量越大,满足黄河鲤越冬的深水区面积越大。

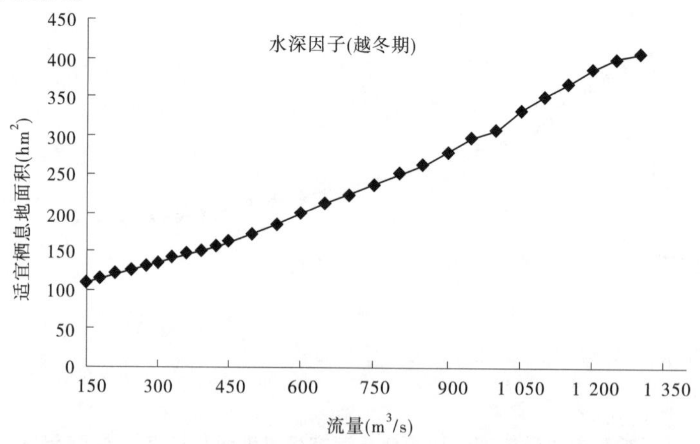

图 4-49　巩义河段越冬期黄河鲤适宜栖息地面积与流量关系

4.3.4.2　利津河段黄河鲤适宜栖息地面积与流量关系

1.繁殖期

分析利津河段繁殖期不同流量下黄河鲤适宜栖息地面积变化(见图 4-50～图 4-52),可以得到如下结论:①考虑流速因子,在流量 30～290 m^3/s 范围内,随流量增加适宜栖息地面积呈增加趋势,流量 290～800 m^3/s 范围内随流量增加适宜栖息地面积呈持续较快减少趋势,但在流量 250～350 m^3/s 范围内,随流量增加适宜栖息地面积变化不大。②考虑水深因子,流量 30～280 m^3/s 范围内,随流量增加适宜栖息地面积呈增加趋势;流量 280～350 m^3/s 范围内,随流量增加适宜栖息地面积变化不大;流量 350～800 m^3/s 范围内,随流量增加适宜栖息地面积呈减少趋势。③综合考虑水深和流速因子,流量 30～320 m^3/s 范围内,随流量增加适宜栖息地面积呈增加趋势,流量 320～800 m^3/s 范围内随流量增加适宜栖息地面积呈减少趋势,但在流量 270～320 m^3/s 范围内,随流量增加适宜栖息地面积变化不大。

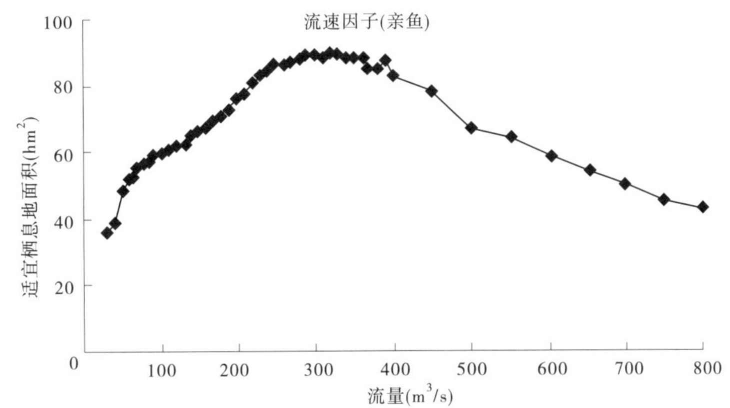

图 4-50　利津河段繁殖期黄河鲤适宜栖息地面积与流量关系

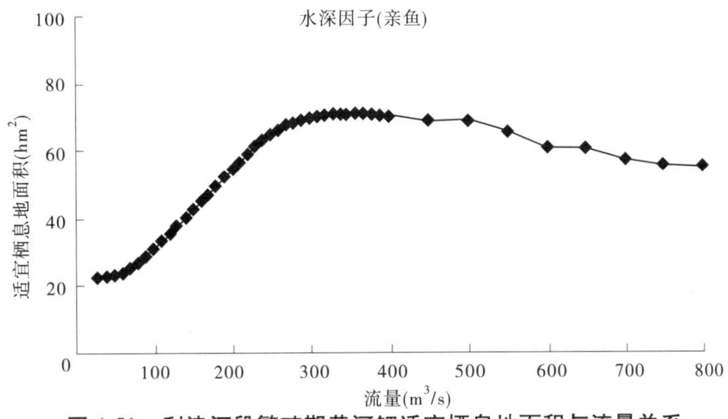

图 4-51　利津河段繁殖期黄河鲤适宜栖息地面积与流量关系

分析利津河段繁殖期不同流量下黄河鲤鱼苗适宜栖息地面积变化(见图 4-53～图 4-55):①考虑流速时,流量越大、流速越大,鱼苗适宜栖息地面积呈减少趋势,但在流量 220～800 m^3/s 范围内适宜栖息地面积减少速度趋于变缓;②考虑水深因子,流量 30～230 m^3/s 范围内鱼苗适宜栖息地面积呈快速增加趋势,流量 230～270 m^3/s 范围内鱼苗

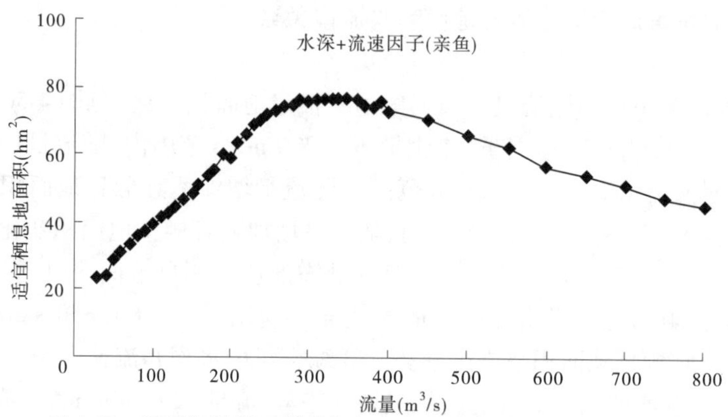

图 4-52　利津河段繁殖期黄河鲤加权适宜栖息地面积与流量关系

适宜栖息地面积增加速度变缓，流量 270 ~ 800 m^3/s 范围内鱼苗适宜栖息地面积呈缓慢下降趋势；③综合考虑流速和水深因子，流量 30 ~ 230 m^3/s 范围内鱼苗适宜栖息地面积呈增加趋势，流量 230 ~ 800 m^3/s 范围内鱼苗适宜栖息地面积呈持续下降趋势；④与巩义河段相比，利津河段鱼苗适宜栖息地相对规模较小，流速、水深因子共同成为本河段鱼苗生长发育的限制因子。

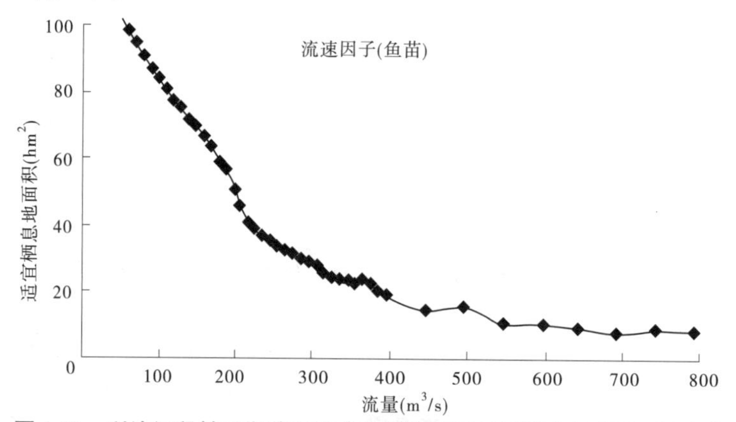

图 4-53　利津河段繁殖期黄河鲤鱼苗适宜栖息地面积与流量关系(流速)

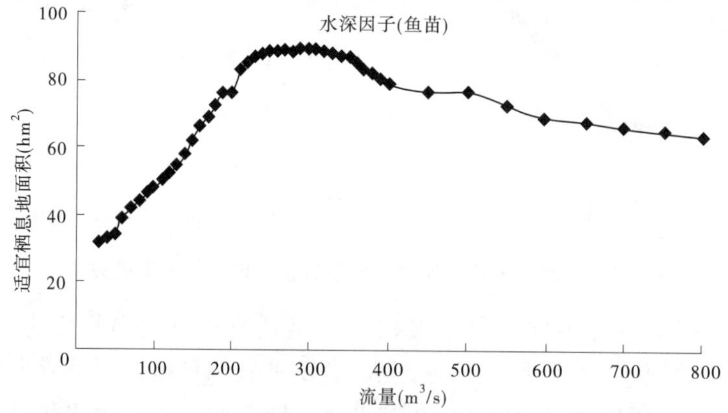

图 4-54　利津河段繁殖期黄河鲤鱼苗适宜栖息地面积与流量关系

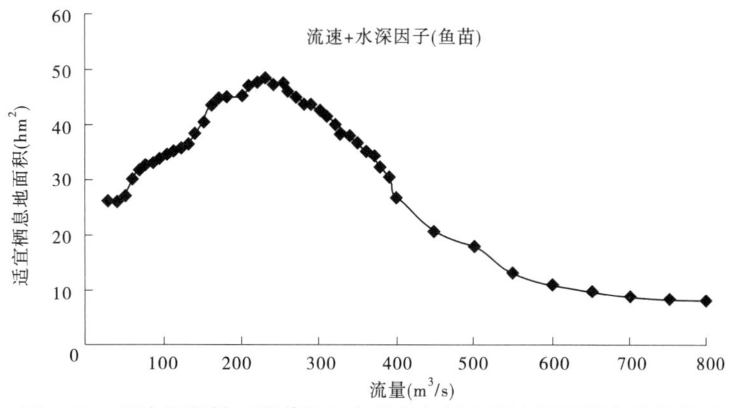

图4-55 利津河段繁殖期黄河鲤鱼苗加权适宜栖息地面积与流量关系

2. 越冬期

分析利津河段越冬期不同流量下黄河鲤适宜栖息地面积变化可知(见图4-56),越冬期,随着流量增加适宜栖息地面积呈持续增加趋势。

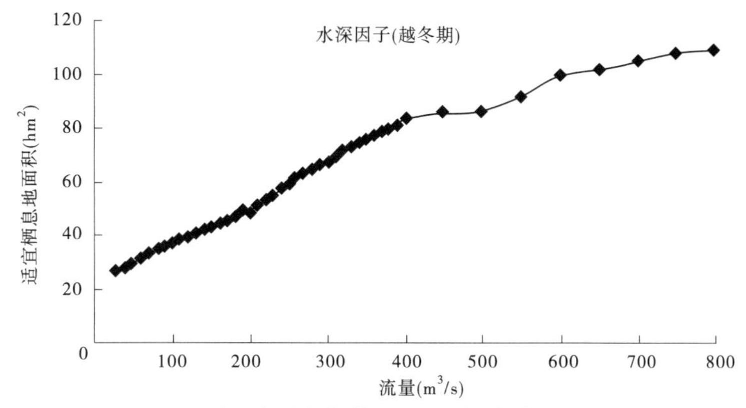

图4-56 利津河段越冬期黄河鲤适宜栖息地面积与流量关系

4.4 基于栖息地模拟的黄河重点河段鱼类生态需水综合研究

目标物种及栖息地与河川径流之间的关系是生态需水研究的核心和难点。本研究根据栖息地模型模拟结果,在明确了适宜栖息地面积与流量关系的基础上,提出代表物种生态需水。栖息地模拟法只考虑了水生生物的水量需求,水资源短缺地区河流生态需水应协调社会经济用水和生态用水关系综合提出。因此,在此基础上,应用整体法的方法和思路,分析各阶段黄河径流条件和鱼类状况变化,明确鱼类栖息地状况参考目标,对基于栖息地法的生态需水进行了复核、调整和协调,提出了基于流量恢复法的代表物种生态需水过程,对比Tennant法计算成果,最终提出符合黄河实际的生态需水量。

4.4.1　基于河流栖息地模拟法的鱼类生态需水计算

4.4.1.1　基于栖息地模拟鱼类生态需水确定方法

根据黄河鲤适宜栖息地面积与流量关系曲线可以看出(见图4-37～图4-56),黄河鲤适宜栖息地面积与流量呈非线性关系,适宜栖息地的面积大小随着流量增大有一个从小到大又从大到小的过程,表明黄河鲤生态需水有一个适宜的流量范围,并不是流量越大越好。

黄河重点河段鱼类生态需水综合应用以下两种方法确定:

(1)直接应用适宜栖息地面积与流量关系确定生态需水。适宜栖息地面积达到或者接近最大时对应的流量作为黄河鲤适宜生态需水量范围;选择适宜栖息地面积—流量关系曲线图第一个明显转折点之前且曲线斜率最大的流量范围作为最小生态需水量,此时栖息地面积与流量关系曲线处于快速上升部分,栖息地面积受流量大小影响较大,在此阶段,从河流中取水将使栖息地受到较大损失,因此将其作为应该保障的最小生态需水量。

(2)应用归一化后的适宜栖息地面积与流量关系确定生态需水。黄河水资源形势严峻,生产、生态用水矛盾突出,很多时候河流水量并不能满足维持最大栖息地规模所需的生态需水量。为使提出的生态需水量具有实践操作意义,本研究把黄河鲤适宜栖息地面积作归一化处理,以适宜栖息地面积百分比来表示适宜栖息地面积随流量的变化趋势,适宜栖息地面积百分比是由各因子下适宜栖息地面积与各因子下所得的最大适宜栖息地面积相比所得出的,生态需水量根据所确定的适宜栖息地面积百分比标准计算。对于如何确定适宜栖息地面积百分比目前尚无统一的标准,从理论上,适宜栖息地面积百分比越大越好,但考虑到黄河水资源形势,根据黄河鲤各个阶段对于维持种群规模的意义及各阶段需要栖息地规模大小,结合各阶段系列流量下适宜栖息地大小,参考相关研究结果,本研究以适宜栖息地面积百分比为90%～100%、50%～60%的范围分别作为繁殖期适宜、最小生态需水量确定标准,以适宜栖息地面积百分比为50%～60%、30%～40%的范围分别作为越冬期适宜和最小生态需水量确定标准。

4.4.1.2　黄河巩义河段生态需水

1.繁殖期生态需水

根据黄河鲤生长阶段划分及各生长阶段所需栖息地规模大小,考虑巩义河段各流量下亲鱼、鱼苗适宜栖息地面积规模,黄河鲤繁殖期(4～6月)生态需水应该重点考虑亲鱼发育及产卵,同时兼顾鱼苗生存及生长发育需水要求。

1)适宜生态水量

根据巩义河段黄河鲤繁殖期适宜栖息地面积与流量关系曲线,综合考虑流速、水深因子,在流量750～850 m^3/s范围内,黄河鲤适宜栖息地面积接近或达到最大;根据巩义河段归一化后适宜栖息地面积与流量关系(见图4-57),当黄河鲤适宜栖息地面积占最大适宜栖息地面积的90%～100%时,其对应的流量为600～850 m^3/s。综合以上分析,考虑4～6月黄河巩义河段来水实际及下游用水需求,推荐黄河巩义河段4～6月黄河鲤适宜生态需水量为600～750 m^3/s,此流量范围可以满足鱼苗生存及生长发育需要。

2)最小生态水量

根据巩义河段黄河鲤繁殖期适宜栖息地面积与流量关系曲线,综合考虑流速、水深因子,在流量300~450 m^3/s,栖息地面积与流量关系曲线处于快速上升部分时,适宜栖息地面积受流量大小影响较大;根据黄河鲤归一化后适宜栖息地面积与流量关系图(见图4-57),当适宜栖息地面积占最大适宜栖息地面积的50%~60%时,其对应的流量范围在250~330 m^3/s。综合以上分析,考虑4~6月黄河巩义河段来水实际,推荐巩义河段4~6月黄河鲤最小生态需水量为300~330 m^3/s,此流量范围可以满足鱼苗生长发育需求。

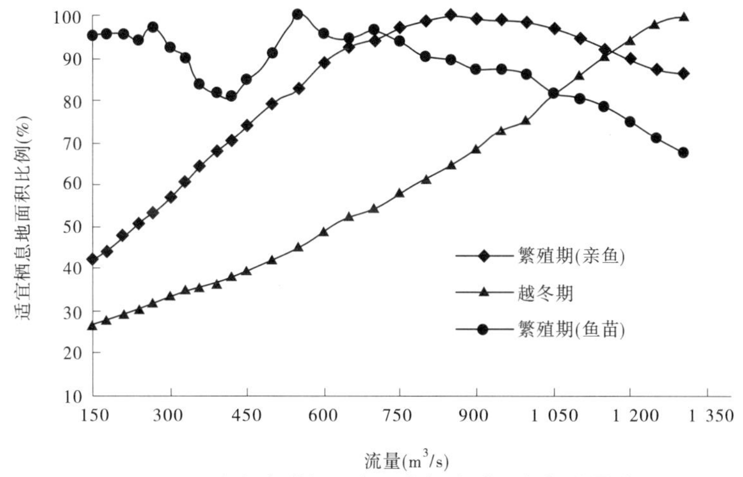

图4-57　巩义河段黄河鲤归一化栖息地面积与流量关系

2.越冬期生态需水

根据巩义越冬期黄河鲤适宜栖息地面积与流量关系曲线可知,流量越大,适宜栖息地面积越大,但考虑到黄河鲤越冬期活动范围有限,所需要栖息地面积相对较小,本研究直接应用归一化栖息地面积与流量关系确定越冬期黄河鲤生态需水,根据前文确定的标准,巩义河段黄河鲤越冬期适宜生态需水量为600~800 m^3/s,最小生态需水量为250~450 m^3/s。

4.4.1.3　黄河利津河段生态需水

1.繁殖期生态需水

考虑利津河段黄河鲤各流量下亲鱼、鱼苗适宜栖息地面积规模,黄河鲤繁殖期生态需水应该重点考虑亲鱼发育及产卵,结合鱼苗生存及生长发育需水要求。

1)适宜生态水量

根据利津河段黄河鲤繁殖期适宜栖息地面积与流量关系曲线,综合考虑流速、水深因子,当流量为290~320 m^3/s时,黄河鲤适宜栖息地面积接近或者达到最大,此流量范围也可以满足鱼苗生存及生长发育需要;根据利津河段归一化后适宜栖息地面积与流量关系图(见图4-58),当适宜栖息地面积占最大适宜栖息地面积的90%~100%时,其对应的流量为240~290 m^3/s,在此流量范围内鱼苗适宜栖息地面积比例为90%~98%。综合以上分析,结合4~6月黄河利津河段来水实际,推荐该河段4~6月黄河鲤繁殖期适宜生态需水量为240~290 m^3/s。

2)最小生态水量

根据利津河段黄河鲤繁殖期适宜栖息地面积与流量关系曲线,综合考虑流速、水深因子,当流量在 50 ~ 230 m^3/s 范围内,黄河鲤亲鱼栖息地面积与流量关系曲线处于快速上升部分时,适宜栖息地面积受流量大小影响较大;根据归一化后适宜栖息地面积与流量关系图(见图 4-58),当黄河鲤亲鱼适宜栖息地面积占最大适宜栖息地面积的 40% ~ 60% 时,其对应的流量范围在 100 ~ 140 m^3/s,在此流量范围内鱼苗适宜栖息地面积比例为 70% ~ 79%。根据以上分析,结合利津河段实际来水量,推荐利津河段 4 ~ 6 月黄河鲤繁殖期最小生态需水量为 100 ~ 140 m^3/s。

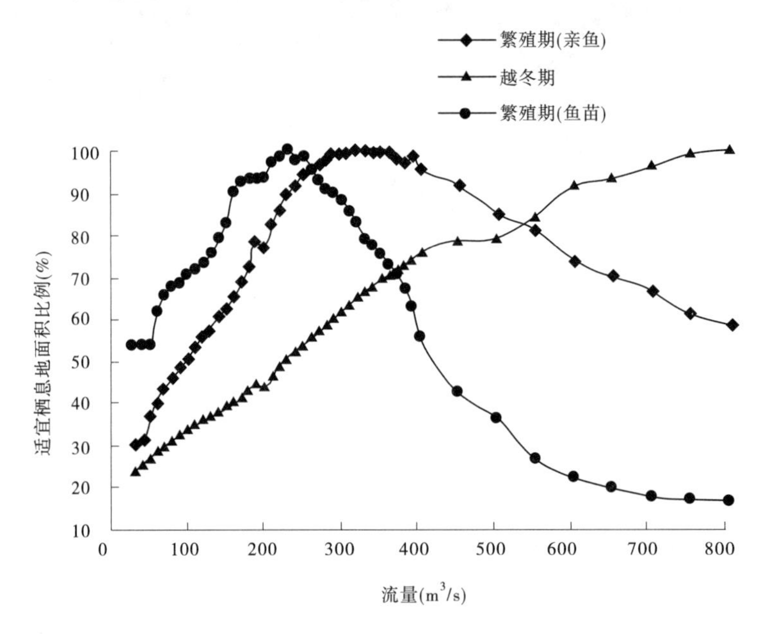

图 4-58　利津河段黄河鲤归一化栖息地面积与流量关系

2. 越冬期生态需水

根据前文确定的标准,应用黄河鲤归一化栖息地面积与流量关系曲线(见图 4-58),推荐利津河段黄河鲤越冬期适宜生态需水量为 230 ~ 290 m^3/s、最小生态需水量为 80 ~ 150 m^3/s。

4.4.2　基于鱼类栖息地状况的生态需水复核

4.4.2.1　鱼类栖息地参考状况

分析黄河 20 世纪 50 年代至今黄河水文情势、鱼类种类及渔业资源等演变趋势,可以得到以下初步结论:①20 世纪 50 年代及以前,人类社会经济活动干扰弱,黄河没有大型水库工程,水质良好,河流水量充足,鱼类栖息地处于天然状况;②20 世纪 60 年代,随着三门峡、刘家峡水库的蓄水运用,黄河水文情势发生了一定变化,但人类用水少,水质相对良好,鱼类栖息地处于良好状况;③20 世纪 70 ~ 80 年代,随着龙、刘水库的联合运用,黄河水质逐渐恶化,人类用水增加等,鱼类栖息地质量开始下降;④20 世纪 90 年代至 2005 年,人类用水的持续增加、水污染形势加剧、梯级电站开发强度增加,再加上受黄河下游断流的影响，鱼类栖息地状况恶化，鱼类栖息地质量达到历史最低点；⑤2006年至今，随着黄河水质改善、黄河水量统一调度的深入开展等，鱼类栖息地质量开始有所恢复，处于20世纪90年代以来相对较好的状况。

综合以上分析，考虑黄河水资源实际、流域社会经济发展用水需求、河流生态用水保障措施实施的可能性，本研究将最近几年（黄河水量统一调度深入开展期）鱼类栖息地状况作为相对较好状况，并应用最近几年（2008～2010年）平均实测径流过程复核基于栖息地模拟提出的适宜生态需水量；将黄河水量统一调度实施初期、黄河来水量偏枯的20世纪末21世纪初期（1999～2001年）作为鱼类栖息地较差状况，并应用其平均实测径流过程复核基于栖息地模拟提出的最小生态需水量。

4.4.2.2　生态需水复核

1. 巩义河段

1）繁殖期适宜生态需水复核

分析2008～2010年、1999～2010年巩义河段鱼类繁殖期（4～6月）实测日径流过程，对比前文推荐的适宜、最小生态需水范围可知，基于栖息地模型提出的生态需水基本合适（见图4-59、图4-60）。同时，其最小生态需水量也满足根据20世纪80年代黄河水系渔业资源系统调查成果提出的鱼类繁殖期最低水量180 m^3/s。

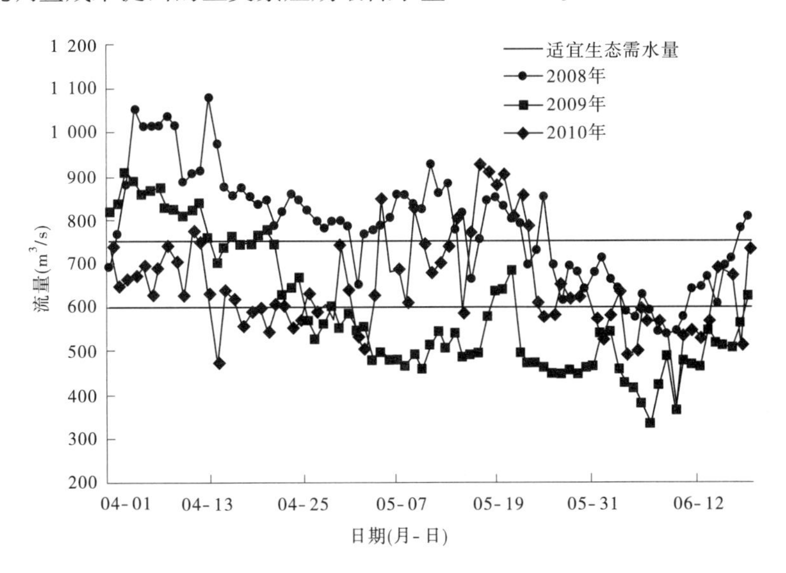

图4-59　巩义河段黄河鲤繁殖期适宜生态水量复核

2）越冬期生态需水量复核

分析巩义河段2008～2009年、1999～2001年鱼类越冬期（11月至翌年3月）实测日径流过程，对比前文推荐的越冬期适宜、最小生态需水量可知（见图4-61、图4-62），基于栖息地法提出的越冬期适宜生态需水量和最小生态需水量上限偏高，生态需水满足程度较低，尤其是11月至翌年1月满足程度更低。考虑黄河鲤越冬期活动范围较小，只要有一定范围的深水区存在即可。本研究根据归一化栖息地面积与流量关系对适宜生态需水进行调整，将满足40%～50%最大适宜栖息地面积对应的流量作为调整后的适宜生态流

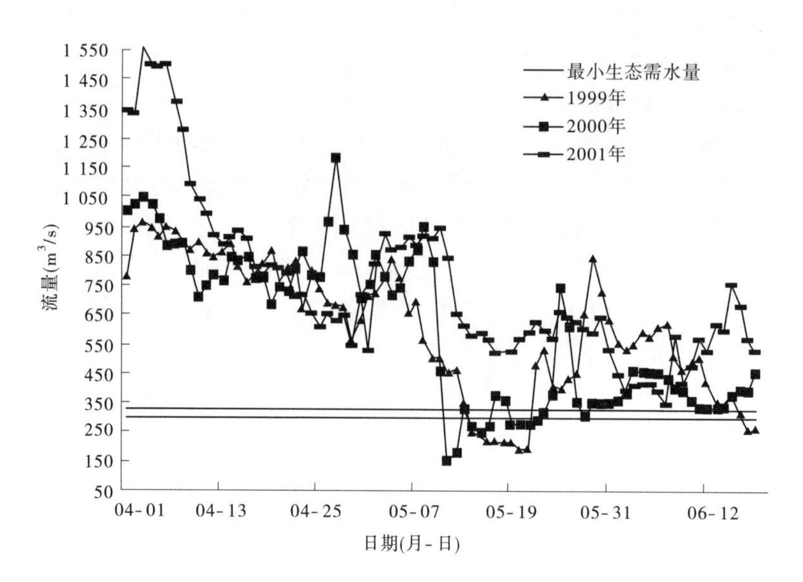

图 4-60　巩义河段黄河鲤繁殖期最小生态水量复核

量,为 450 ~ 600 m^3/s,其对应的适宜栖息地面积为 160 ~ 200 hm^2,可以满足该河段黄河鲤越冬期正常栖息;将满足 30% ~ 35% 最大适宜栖息地面积对应的流量作为调整后的最小生态流量,为 240 ~ 330 m^3/s。

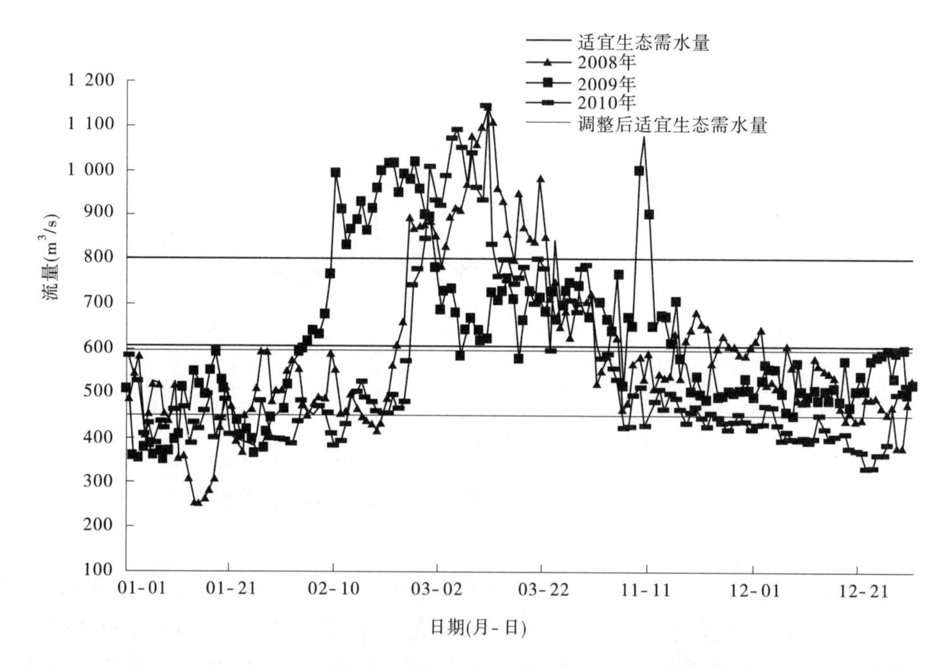

图 4-61　黄河巩义河段黄河鲤越冬期适宜生态水量复核

2. 利津河段

1) 繁殖期生态需水复核

分析 2008 ~ 2010 年、1999 ~ 2001 年利津河段鱼类繁殖期(4 ~ 6 月)实测日径流过程,

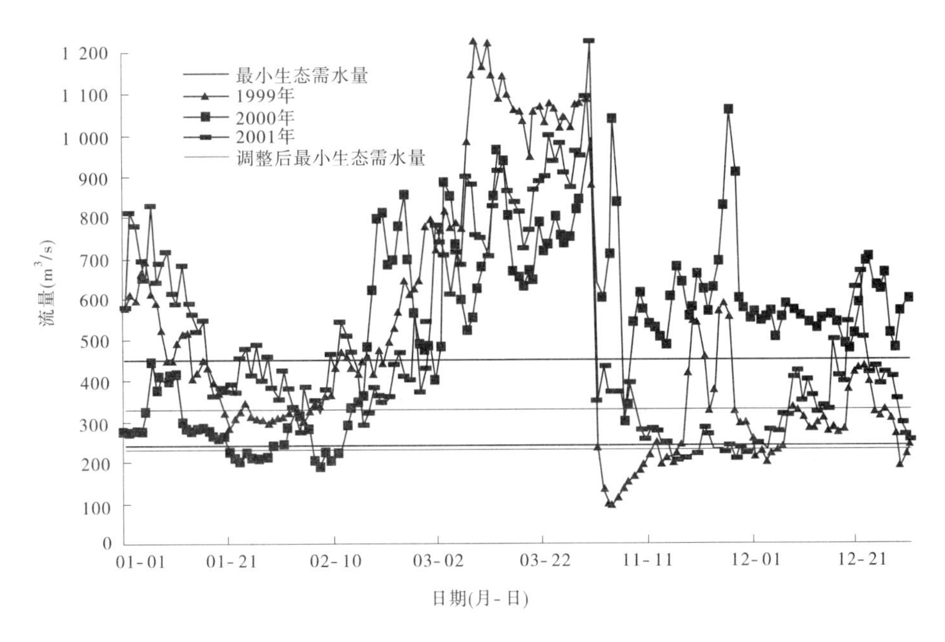

图4-62　黄河巩义河段黄河鲤越冬期最小生态水量复核

对比前文推荐的适宜生态需水、最小生态需水范围可知(见图4-63、图4-64),2008年适宜生态需水满足程度较高,2009~2010年适宜生态需水满足程度低,1999~2001年连续3年最小生态需水量尤其是上限生态需水量满足程度非常低。根据2010~2011年利津河段鱼类及栖息地调查,该河段过低的水位已使产卵场大部分退缩,甚至消失,致使鱼类无法完成产卵孵化和鱼苗早期发育的生物学过程。考虑利津河段是生态需水被严重挤占的河段,同时也是黄河实施功能性不断流调度的重点河段。综合以上分析,根据20世纪80年代黄河水系渔业资源系统调查成果提出的鱼类繁殖期最低水量180 m^3/s,本研究认为基于栖息地法提出的利津河段适宜生态水量240~290 m^3/s基本合适,但提出的最小生态需水量不能满足鱼类繁殖最小水量要求,故将其调整为180 m^3/s。鉴于现阶段利津河段生态需水满足程度较低,应进一步加大黄河水量统一调度力度,提高农业用水效率,全面提高黄河鲤繁殖期生态需水保障程度。

2)越冬期生态需水复核

分析利津河段2008~2009年、1999~2001年鱼类越冬期(11月至翌年3月)实测日径流过程,对比前文推荐的黄河鲤越冬期适宜、最小生态需水量(见图4-65、图4-66),基于栖息地法提出的黄河鲤越冬期适宜、最小生态需水量基本合适。

4.4.3　基于流量恢复法的生态需水过程确定

4.4.3.1　流量恢复法基本原理及应用原则

系统掌握黄河鲤生态需水过程的机制,建立栖息地质量与天然流量过程的响应关系,是确定黄河鲤生态需水过程的理想方法,虽然本项目在黄河鲤生态习性研究方面开展了大量的野外调查和实验室模拟工作,但明确黄河鲤繁殖期所需脉冲流量过程的级别、发生时间、持续时间、发生频率等有待建立在长期、系统的生态监测和系统研究基础上。同时,

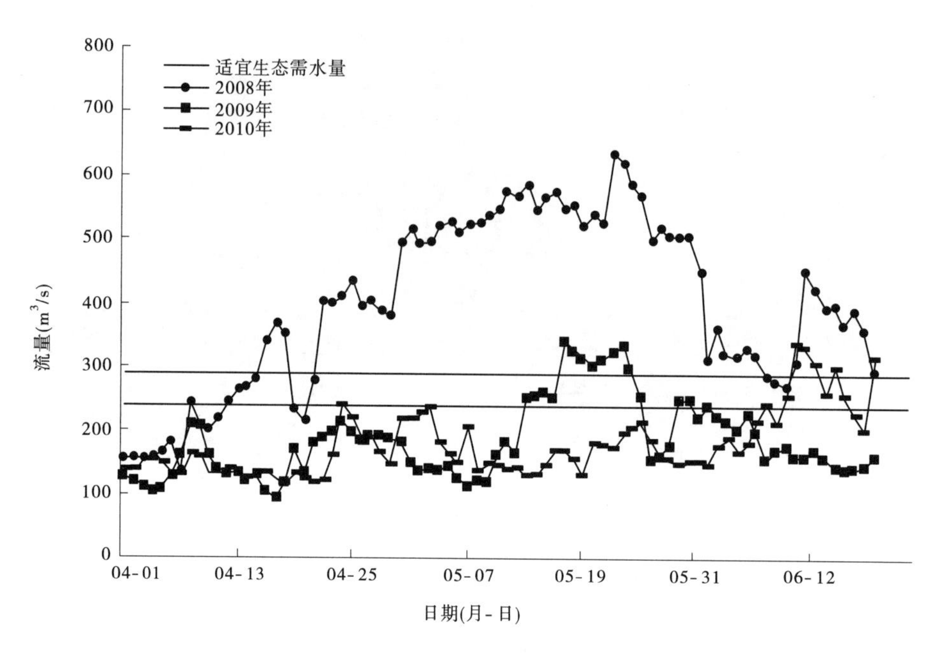

图 4-63　黄河利津河段黄河鲤繁殖期生态需水与日实测平均径流量对比

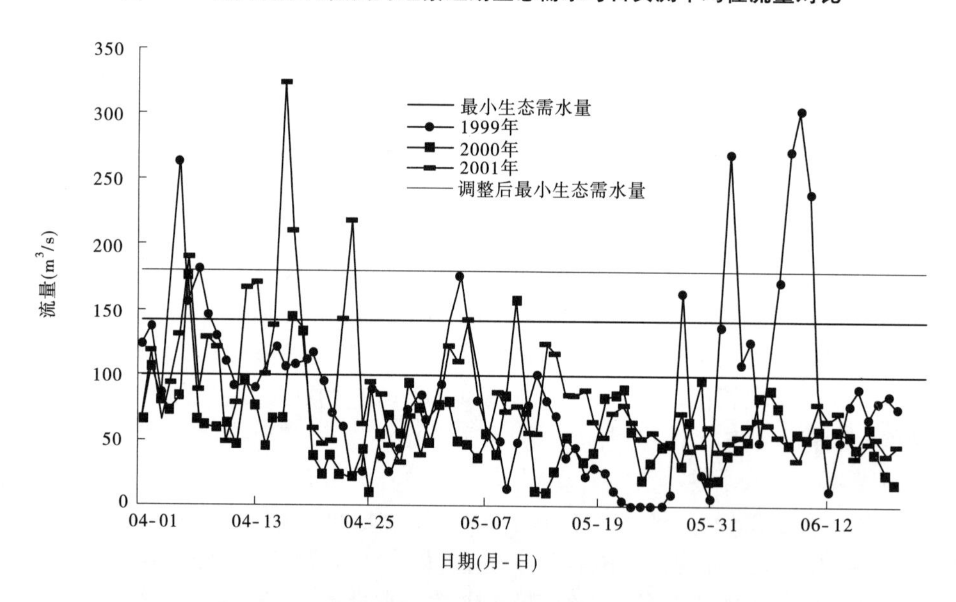

图 4-64　黄河利津河段黄河鲤繁殖期最小生态需水量复核

黄河巩义河段和利津河段为典型的游荡性河道，河道形势随水沙情势变化而变化，鱼类栖息地模型是基于河床形态在模拟的过程中保持不变为前提的，所以，本研究仅选择河床保持相对稳定的低流量范围进行了模拟，考虑水动力学模型模拟精度，未对汛期高含沙洪水进行模拟。

因此，本研究应用流量恢复法确定黄河鲤生态需水过程。流量恢复法的核心是把自然条件下的河流水文条件作为河流生态系统健康的参考标准，模拟自然流量组成的自然

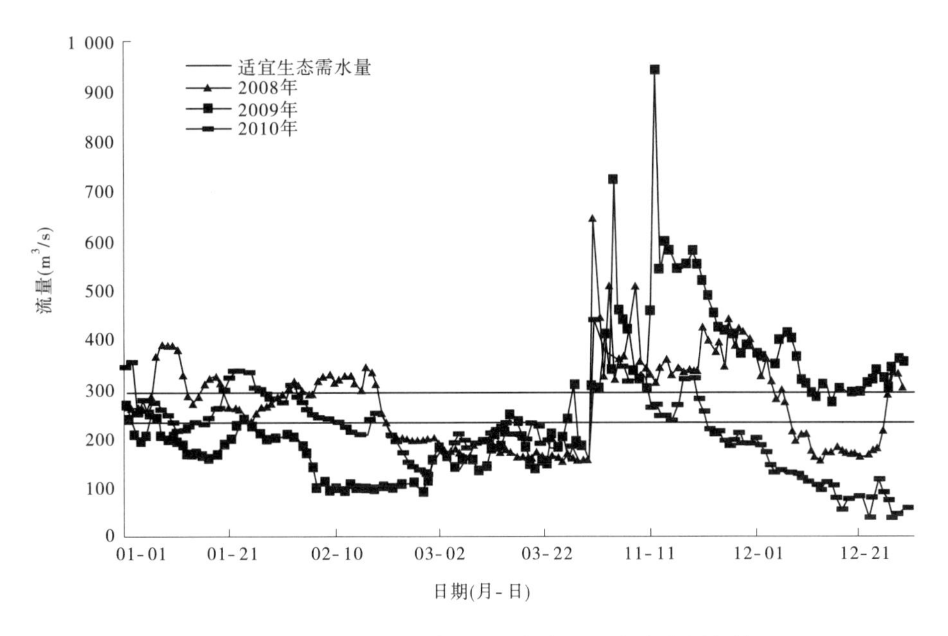

图4-65 黄河利津河段黄河鲤越冬期适宜生态水量复核

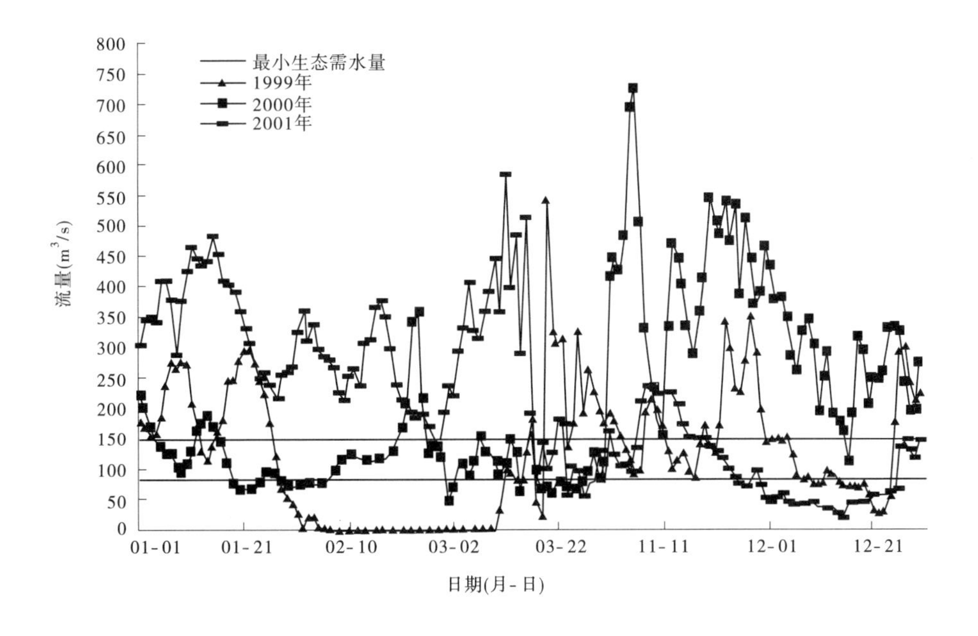

图4-66 黄河利津河段黄河鲤越冬期最小生态水量复核

(注:因黄河调水调沙期与其前后阶段流量相差非常大,本书所提到的4~6月的流量均指4月1日至6月18日之间的流量,不包括调水调沙期间流量过程。)

节律,包括数量、发生时间、持续时间等,目的在于设计一种流量过程使生态系统保持预期的生态健康状态。对黄河这样高度人工调控的河流,流量恢复不是要模拟自然流量过程,而是选择最好的方式使有限的水资源达到更好的生态环境效果,其应用基于以下基本原则:①基于现有黄河水资源实际和水量调度实现的可能性;②基于模仿"自然"流量过程的一些重要特征,而不是模拟和恢复其流量过程线;③设计一种流量过程使鱼类栖息地保持相对可能实现的良好状况,而不是自然状态。

根据前文对黄河鲤生态习性及生境条件研究结果,黄河鲤繁殖期一定流量的小脉冲洪水可以促进亲鱼产卵,缩短产卵及受精时间;生长期需要一定流量级的洪水发生,为黄河鲤等许多鱼类创造重要的捕食区域。应该说明的是,不同频率的洪水产生的干扰程度不同,一般认为,中等洪水产生的干扰对于河流及滩区生态系统的生物群落多样性存在着更多的有利影响,而特大洪水、罕见洪水对于河流及滩区生态系统可能产生破坏作用甚至引起灾难性的后果。所以,本研究提出的一定量级的洪水是指中等洪水。

4.4.3.2　流量过程恢复参考标准

因受人类用水增加、干支流水库调控、下垫面条件改变等影响,黄河水文情势分析黄河水文情势变化规律及人类用水变化趋势、干流水库建设运用情况,考虑黄河近年径流过程特点,综合黄河鱼类栖息地状况变化规律,本研究选择龙、刘水库联合运用之前,人类社会经济用水开始增加的20世纪80年代初期的1982年径流过程作为参考标准。

4.4.3.3　流量过程确定

根据20世纪80年代汛期洪水、非汛期脉冲流量发生时间、量级、持续时间,结合最近几年黄河研究河段径流过程,以及黄河鲤繁殖期、生长期生态习性,设计一种流量过程使鱼类栖息地保持相对的良好状况。考虑到黄河利津河段距离小浪底较远(约800 km),小浪底对利津河段脉冲流量适时调控能力有限,本项目不再考虑利津河段黄河鲤繁殖所需流量过程。

分析1982年巩义河段4~6月日实测流量过程及其与平均流量偏离程度(见图4-67),日径流过程线出现了两个高于平均流量20%~100%的时段,分别是4月15日至4月21日、4月29日至5月4日。根据以上两个时段高于平均流量的百分比,基于2008~2010年4~6月平均日流量,推算黄河鲤繁殖期所需脉冲流量范围是900~1 000 m^3/s。关于脉冲流量发生时间,因受小浪底水库低温水下泄影响,该河段黄河鲤产卵时间已由20世纪80年代的4月初推迟至5月。根据以上分析,参考水流对黄河鲤亲鱼发育模拟试验结果,巩义河段黄河鲤产卵期所需脉冲流量级别是900~1 000 m^3/s,历时6~7 d,发生时间为5月上中旬(具体时间以河流水温达到或者即将达到18 ℃为准)。

分析1982年巩义、利津河段汛期流量过程及其与平均流量偏离程度(见图4-67),日径流过程线有明显洪水过程发生,该时段巩义、利津河段大流量分别高于该时期平均流量70%~460%、80%~180%,分别历时9日、18日。根据巩义、利津河段大流量时段高于平均流量的百分比,基于2008~2010年7~10月日平均流量及日径流过程线,结合不同洪水量级的发生对河流生态系统的意义,推算巩义河段、利津河段黄河鲤生长期所需洪水量级分别为1 500~3 000 m^3/s、1 200~2 000 m^3/s,历时7~10 d,发生时间为7~8月。

4.4.4　基于Tennant法的生态需水核算

Tennant法是历史流量法中的代表方法,是水资源论证、环境影响评价、流域综合规划工作中的推荐方法和常用方法,因此本研究应用Tennant法对栖息地法提出的生态需水

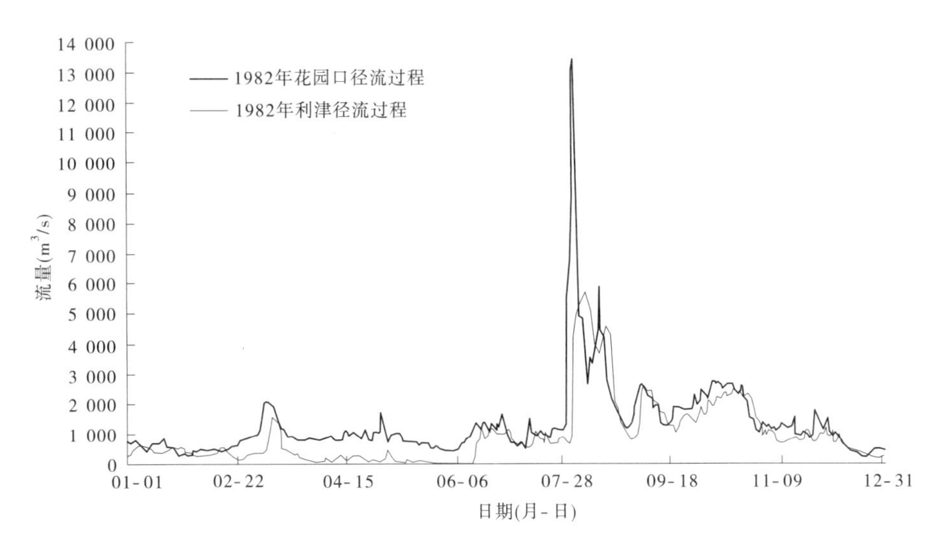

图4-67 1982年花园口、利津断面实测日径流过程

进行对比和复核。选择1956~2000年长时间水文系列作为Tennant法流量分级基准,根据研究河段河川径流特点及鱼类生长发育阶段划分,将年内划分4~6月、7~10月、11月至翌年3月三个时段进行生态需水分析。根据Tennant法流量分级标准,考虑巩义、利津河段年径流过程,选择4~6月、7~10月平均流量的40%~60%、20%~30%分别作为各水期适宜生态流量和最小生态流量;选择多年平均径流量的20%~30%、10%~20%分别作为11月至翌年3月的适宜生态流量和最小生态流量。

对比栖息地模拟法与Tennant法计算的生态需水量可知(见表4-4),基于栖息地模拟法提出及调整的巩义河段适宜、最小生态需水量高于Tennant法确定的生态水量,而利津河段与Tennant法提出生态水量相差不大。

表4-4 巩义、利津河段黄河鲤生态需水对比

河段	水期划分	适宜生态需水量(m³/s)			最小生态需水量(m³/s)		
		Tennant法	栖息地模拟法		Tennant法	栖息地模拟法	
			调整前	复核/调整后		调整前	复核/调整后
巩义	4~6月	360~540	600~750	600~750	180~270	300~330	300~330
	7~10月	820~1 200	—	—	410~620	—	—
	11月至翌年3月	250~370	600~800	450~600	120~250	250~450	250~330
利津	4~6月	210~310	240~290	240~290	100~150	100~140	180
	7~10月	730~1 100	—	—	360~550	—	—
	11月至翌年3月	200~300	230~290	230~290	100~200	80~150	80~150

4.4.5 鱼类生态需水综合确定

根据栖息地模拟法确定的黄河巩义、利津河段生态需水量和基于流量恢复法确定的生态需水过程，结合基于鱼类栖息地状态的生态需水复核及调整和基于 Tennant 法的生态需水对比分析及汛期生态需水量计算，考虑黄河水量统一调度实施的可能性，综合提出黄河巩义和利津河段黄河鲤繁殖期、生长期、越冬期生态需水量，包括适宜生态需水量、最小生态需水量、需水过程。见表 4-5、图 4-68、图 4-69。

表 4-5　巩义、利津河段黄河鲤生态需水综合分析

重点河段	生长发育阶段	水期划分	适宜生态需水量 (m^3/s)	生态需水过程	最小生态需水量 (m^3/s)
巩义	繁殖期	4～6 月	600～750	800～1 000 m^3/s，历时 6～7 d，发生时间为 5 月上中旬	300～330
	生长期	7～10 月	800～1 200	1 500～3 000 m^3/s，历时 7～10 d，发生时间为 7～8 月	400～600
	越冬期	11 月至翌年 3 月	450～600	—	240～330
利津	繁殖期	4～6 月	240～290	—	180
	生长期	7～10 月	700～1 100	1 200～2 000 m^3/s，历时 7～10 d，发生时间为 7～8 月	350～550
	越冬期	11 月至翌年 3 月	230～290	—	80～150

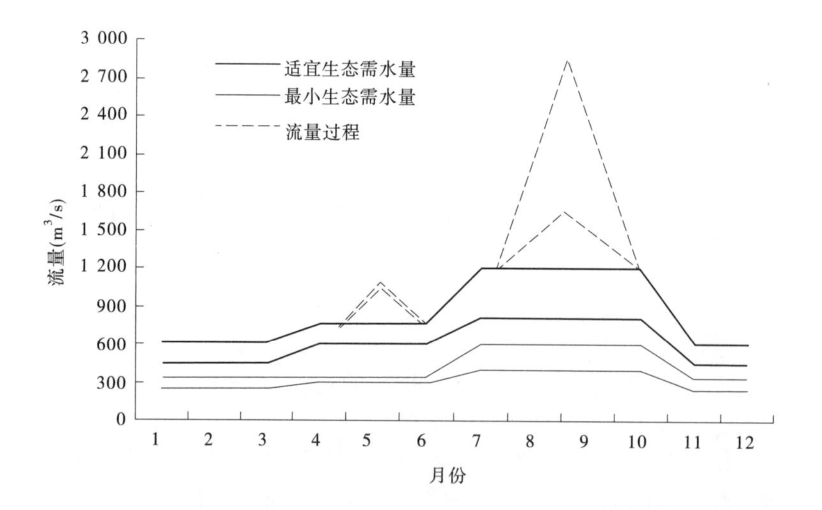

图 4-68　黄河巩义河段黄河鲤生态需水量及过程

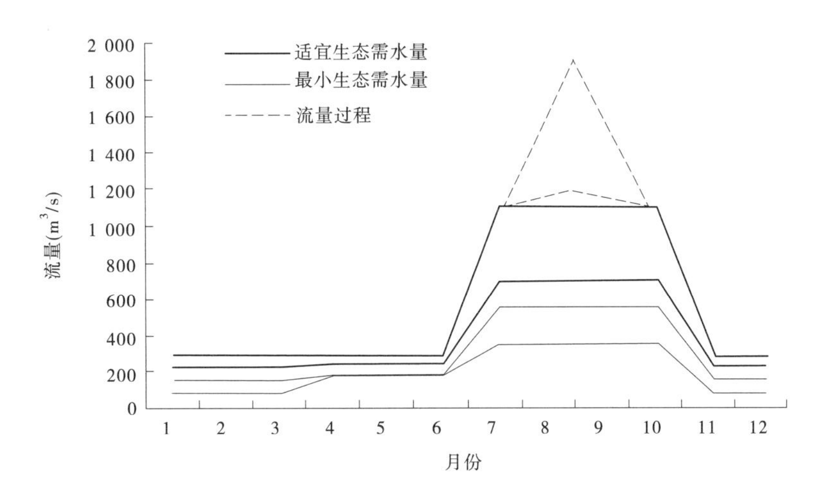

图4-69 黄河利津河段黄河鲤生态需水量及过程

4.4.6 鱼类生态需水保障措施

黄河小浪底以下河段是实现黄河“功能性不断流”转变的重点河段,充分发挥小浪底等黄河干流骨干水库调节功能,根据水生生物及鱼类在不同的生长时期对水量水流的需要,深入开展黄河功能性不断流调度,科学调控黄河河川径流、优先确保其关键期的用水需求,是保障黄河重点河段鱼类生态需水及过程的重要举措。具体调度措施如下:

(1)丰水年或者偏丰水年。在确保黄河防洪安全前提下,满足小浪底以下河段适宜生态流量基础上,尽可能提高黄河鲤繁殖生长关键期生态流量过程满足程度。4~6月,当小浪底至花园口河段水温达到18 ℃或者接近18 ℃时,通过小浪底水库调节,使该河段有800~1 000 m^3/s 流量范围的脉冲流量发生,持续时间约6 d,以满足黄河鲤等鱼类产卵所需水流条件,此后,尽可能稳定小浪底下泄流量,维持适宜生态需水量,以避免小浪底以下河段水位波动太多对鱼苗发育的影响;7~9月,使小浪底至花园口河段有1 500~3 000 m^3/s、利津及以下河段有1 200~2 000 m^3/s 流量范围的洪水出现,持续时间7~10 d,以满足鱼类到河漫滩湿地觅食及河漫滩湿地植被生长所需水流条件。

(2)平水年。通过科学调度,4~6月,尽可能满足巩义河段5月上中旬、利津河段4月底5月初黄河鲤繁殖盛期适宜生态需水量,持续时间为15~20 d,各年份各河段黄河鲤繁殖盛期以河流水温达到18 ℃为准;7~10月,尽可能满足巩义河段、利津河段7~8月黄河鲤适宜生态需水量。

(3)枯水期。4~6月,实施从上中游到下游的全河接力式调水,合理安排重要水库蓄泄,适时加大小浪底水库下泄流量向下游补水,准确掌握墒情变化和春灌用水需求,协调农业灌溉用水,保障巩义、利津河段尤其是利津及以下河段4~6月最小生态需水量,并尽可能保持以上河段鱼类繁殖盛期产卵场水位稳定。

4.5 小 结

4.5.1 研究结论

(1)建立了黄河鲤不同生长阶段栖息地适宜度标准(曲线)。在掌握黄河鲤生态习性基础上,对黄河代表物种黄河鲤生物行为选择性特征及其栖息地水动力、水环境特征进行研究,以野外实测法和实验室模拟法为主,首次建立黄河中下游重点河段代表物种各生长阶段、各生境因子的栖息地适宜度指数,建立了代表物种与水力条件之间的联系,解决了河流生态需水研究中的核心和关键问题。

(2)构建了黄河鲤产卵场二维水动力学模型。综合应用了走航式多普勒流速剖面仪、全站仪、经纬仪、高精度 GPS 等高新技术,对黄河巩义和利津两个河段鱼类产卵场的流场、岸边地形等进行了全面系统监测,创建了产卵场数字地形,建立了巩义、利津河段黄河鲤产卵场的二维水动力学模型,对巩义河段 28 个系列流量和利津河段 46 个系列流量下流速、水深分布进行了系统模拟。

(3)建立了河川径流与鱼类适宜栖息地面积之间的定量关系。耦合黄河鲤产卵场水动力学模型与黄河鲤栖息地适宜度指数,构建了黄河巩义、利津河段黄河鲤栖息地模型,联合 GIS 技术,模拟了系列流量下黄河鲤繁殖期、越冬期适宜栖息地面积和分布,建立黄河重点河段黄河鲤适宜栖息地面积与流量的响应关系,明确了黄河鲤适宜栖息地面积与流量呈非线性关系,适宜栖息地的面积大小随着流量增大有着一个从小到大又从大到小的过程,表明黄河鲤生态需水有一个适宜的流量范围,并不是流量越大越好。

(4)基于栖息地模拟法,综合整体法的思路和方法,提出了黄河重点河段生态需水过程线。以栖息地模拟法为基础,根据代表物种适宜栖息地面积与流量关系及归一化适宜栖息地面积与流量关系曲线,提出了黄河巩义、利津河段黄河鲤生态需水量。在此基础上,应用整体法的方法和思路,分析各阶段黄河径流条件和鱼类状况变化,明确鱼类栖息地状况参考目标,提出了基于流量恢复法的代表物种生态需水过程,对基于栖息地法的生态需水进行了复核、调整和协调,对比 Tennant 法计算成果,综合提出黄河重点河段生态需水量及过程。

4.5.2 研究展望

基于栖息地模拟法的河流生态需水涉及生态学、生物学、环境学、水力学、水文学、地质学等诸多学科,是一个非常复杂的问题,目前国内关于这方面的研究尚处于起步探索阶段,黄河特殊的水沙关系、复杂的流域社会经济背景、严重的水生态问题,使黄河相关研究与其他江河相比面临更大的难度和挑战,有许多问题尚有待进一步探索和研究。包括以下几个方面:

(1)黄河鲤栖息地适宜度曲线的建立和适宜度的取值范围有待进一步完善。代表物种栖息适宜度标准(曲线)是黄河鲤栖息地模拟法的生物学基础,黄河鲤栖息地适宜度准确性对于栖息地模拟的成功起着关键的作用。虽然本项目在黄河鲤生态习性研究方面开展了大量的野外调查和实验室模拟工作,但黄河鲤与水力因子、水环境因子等之间响应关系有待建立在长期、系统的生态监测和系统研究基础上进一步完善。对于建立适宜度曲线的方法还有待进一步研究和完善。

(2)黄河泥沙对栖息地的影响有待深入研究。黄河巩义河段和利津河段为典型的游荡性河道,河道形势随水沙情势变化而变化,本研究鱼类栖息地模型是基于河床形态在模拟的过程中保持不变为前提的,仅对河床保持相对稳定的低流量范围进行了模拟。下一步研究应考虑黄河泥沙对河道形态及鱼类栖息地的影响。

(3)流量过程对黄河鲤栖息地的影响有待系统研究和模拟。本研究模拟因子仅考虑了流速和水深,未针对黄河鲤所需流量过程机制进行系统研究和模拟。今后有待进一步加强野外监测和实验室模拟,进一步明确黄河鲤需水机制,在此基础上完善水动力学模型构建,对黄河鲤产卵所需小脉冲洪水和生长期所需一定量级洪水进行模拟。

第5章　湟水生态需水研究

5.1　湟水流域概况

5.1.1　自然概况

5.1.1.1　地理位置

湟水属于黄河上游一级支流，流经青海、甘肃两省，流域面积32 863 km^2，其中青海省29 060 km^2，甘肃省3 803 km^2。湟水由干流及其支流大通河组成，湟水干流发源于青海省海晏县大坂山南麓，自西向东流经青海省的海晏、湟源、湟中、西宁、大通、平安、互助、乐都、民和等县(市)和甘肃省兰州市的红古区、永靖县，于永靖县上车村注入黄河，干流全长374 km，天然落差2 635 m，平均比降7.05‰，流域面积17 733 km^2，其中青海省16 120 km^2，甘肃省1 613 km^2；支流大通河发源于青海省天峻县托勒南山，自西北向东南流经青海省的天峻、祁连、刚察、海晏、门源、互助、乐都、民和等县(市)和甘肃省武威市的天祝县、兰州市的永登县、红古区，在民和县享堂镇附近注入湟水，河流全长560.7 km，天然落差2 793 m，平均比降5‰，流域面积15 130 km^2，占湟水流域总面积的46%，其中青海省12 940 km^2，甘肃省2 190 km^2。

5.1.1.2　地形地貌

湟水干流位于北纬36°02′~37°28′、东经100°42′~103°01′；北依大板山与支流大通河相隔，南靠拉鸡山同黄河干流分水，西依日月山、大通山、托勒山与青海湖流域毗邻，东部与大通河接壤。湟水干流主要为祁连山山系西北—东南走向的山地丘陵地形，属西北黄土高原过渡带，流域西宽东窄，地势西北高、东南低，地形最高处高程达4 898.3 m，最低处为入黄河口处的谷地，高程为1 650 m左右，相对高差达3 250 m。区域内地形多变，有高山、中山、黄土覆盖的低山丘陵和河谷盆地，古老基地局部隆起形成峡谷，分隔了中生代断陷盆地，各盆地呈串珠状展布。

依据地形、气候、土壤、植被及农业生产的特点，习惯上将流域划分为脑山、浅山、川水地等地区。脑山地区的地势相对较高(海拔2 700 m以上)，土壤多为黑褐色，土地肥沃，植被良好，牧草茂盛，分布有森林和灌丛，地势平坦的沟底、谷地、山梁等地，是湟水干流地区主要的畜牧业基地；浅山地区(海拔在2 200~2 700 m的丘陵和低山地区)地面植被稀疏，荒山秃岭，地势破碎，南北两岸支沟发育，地形切割破碎，支沟之间多为黄土或石质山梁，沟道短、坡度大，横断面呈“V”字形，多悬谷、滑坡、崩塌等，水土流失严重，区域内山梁平地较少，多为坡地；干流自上而下峡盆相间，有青海的海晏、湟源、西宁、平安、乐都、民和及甘肃的海石湾、车家湾、白川、花庄和平安等盆地，海拔在1 920~2 400 m，有宽阔的河谷阶地，水热条件较好，耕地肥沃，农业生产历史悠久，当地称为川水地区，是流域内主要的农业生产基地。

5.1.1.3　气候特征

湟水流域地处西北内陆,远离海洋,属于高原干旱、半干旱大陆性气候,流域气候特征为高寒、干旱,日照时间长,太阳辐射强,昼夜温差大,冬夏温差小,气候地理分布差异大、垂直变化明显。湟水流域的水汽主要来源于印度洋孟加拉湾上空的西南暖湿气流和太平洋的东南季风,1956~2009年多年平均降水量492.1 mm,折合降水总量161.7亿m^3。其中,湟水干流和大通河多年平均降水量分别为489.4 mm和495.3 mm,降水量分布由河谷向两侧山区递增,河谷地区降水量一般在300~400 mm,山区则达到500~600 mm,个别地区甚至达到700 mm;降水量的年内分配极不均匀,5~9月降水量最多,占全年降水量的84.2%。流域降水量年际变化相对较小,最大与最小年降水量的比值在1.8~5.3,大多数雨量站比值在3倍以下。

5.1.1.4　水资源

湟水流域位于我国西北缺水地区,水资源总量不足且水土资源分布不均。湟水地表水资源的补给以降水为主,除此之外还有少量的地下水补给和冰雪融水补给。根据1959~2009年系列水资源调查评价,湟水流域多年平均水资源总量为52.11亿m^3,其中地表水资源量为50.99亿m^3,地下水资源量为23.64亿m^3,地下水与地表水之间不重复量为1.12亿m^3。湟水干流水资源总量为23.06亿m^3,大通河水资源总量为29.05亿m^3。

5.1.1.5　洪水泥沙

湟水流域洪水主要由暴雨和高山冰雪消融形成,其洪水一般分为春汛和夏汛。春汛洪水由流域内的高山冰雪消融所造成,洪峰流量不大;较大洪水都发生在夏汛,由暴雨所形成,暴雨和洪水在时间上具有很好的相应性,发生时间大多集中在7~9月。流域洪水过程陡涨陡落,峰高量不大,历时短。由水文站的实测洪峰流量系列计算分析,干流各站的变差系数C_v在0.52~0.85,支流各站的变差系数C_v在0.47~2.0,年际变化相对于干流要大得多。

根据多年历史监测的数据,湟水上游各站含沙量较小,桥头、石崖庄水文站年平均含沙量分别为0.584 kg/m^3、1.661 kg/m^3,西宁以下河段含沙量较大,民和站达到了7.97 kg/m^3。20世纪80年代以来,湟水干流及大通河的来沙量均呈明显减少的趋势,尤其2000年以来,民和站、享堂站的年均沙量分别为381.8万t、148.7万t,分别较20世纪50年代减少了84.5%、59.7%。

5.1.1.6　土壤植被

受地形、海拔、气候、成土母质的综合影响,湟水流域内的土壤、植被差异比较明显。流域的成土母质主要为第三纪红土和第四纪黄土,在复杂地形及独特高原气候条件的影响下,土壤发育程度低,分布呈明显区域性和垂直分异性的特点。

湟水干流河谷地区由冲洪积次生黄土和红土组成,以栗钙土为主,土壤肥沃,气候温和,植被较好,是耕作条件最优的地区。浅山地区多为红、黄、灰栗钙土,干旱缺水,水土流失严重,土壤贫瘠,有机质含量约1%,除已开发的耕地外,多为荒山秃岭,植被较少。脑山地区耕作土壤主要以暗栗钙土(亚类)、黑钙土及山地草甸土为主,土体较深厚,结构较好,有机质含量在2%以上,土壤比较肥沃,但土性较凉;脑山区是湟水干流植被最好的地区，除有部分森林分布外，还有广阔的草原草甸植被，地面覆盖度达 90% 以上。

5.1.1.7 水土流失

湟水流域土壤侵蚀面积 12 024.4 km^2，占流域总面积的 74.6%，年径流量 21.5 亿 m^3，年输沙量 2 451 万 t，占青海省输入黄河泥沙总量的 36.2%，年最大输沙量 1.9 亿 t，侵蚀模数由西向东增大。

湟水流域水土流失以水力侵蚀为主，重力侵蚀和风力侵蚀次之。除次生林地及小于 5°的台地外，大部分面积存在着水力侵蚀；重力侵蚀主要是坡面滑塌和沟岸崩塌，在湟水中下游地区尤为严重；风力侵蚀主要发生在草原区，面积不大。

水力侵蚀以面蚀为主，兼有沟蚀。面蚀主要发生在农耕地和荒山荒坡；沟蚀则以沟头前进、沟底下切、沟岸扩张三种形式为主。流域内的浅山丘陵区的地貌主要是由沟蚀造成的。

5.1.1.8 矿产资源

流域内蕴藏着丰富的矿产资源，主要有原煤、石油、石英、石膏、硫铁、铝、芒硝等。煤炭资源主要集中在大通河流域，开采量大；木里、江仓、外力哈达、默勒、多隆等地煤炭储量约 33 亿 t，仅木里、江仓地区储量就占规划区总储量的 94%；现状煤炭开采量达 121 万 t。

非金属矿藏类的石英、硅石、石灰石等储量比较丰富，仅大通县的石英储量就达 2.88 亿 t，石灰石储量达 0.85 亿 t，硅石 1.92 亿 t，萤石 48 万 t；在互助县已探明的石膏储量达 1.3 亿 t，芒硝储量 6 亿 t，硫铁储量 0.5 亿 t。

5.1.2 社会概况

5.1.2.1 人口及分布

湟水流域涉及青海省西宁市、海东州、海北州、海西州及甘肃省兰州市、武威市、临夏州等 7 个市(州)17 个县(区)，截至 2009 年底，湟水流域总人口 381.06 万人，其中城镇人口 157.32 万人，城市化率 41.3%。湟水流域为多民族聚居地区，共分布有 30 多个民族，其中以汉、回、藏、土族为主，占总人口的 98% 以上。

5.1.2.2 土地资源

湟水流域总土地面积 4 929.28 万亩(折合 32 863 km^2)，其中耕地面积 541.07 万亩，占流域总土地面积的 11.0%；林地面积 714.71 万亩，占流域总土地面积的 14.5%；牧草地 2 229.87 万亩，占流域总土地面积的 45.2%；非生产用地 73.24 万亩，占流域总土地面积的 1.5%；水域 121.1 万亩，占流域总土地面积的 2.5%；未利用地 1 249.29 万亩，占流域总土地面积的 25.3%。总耕地面积中，其中川水地 115.67 万亩，占总耕地面积的 21.4%；浅山区 230.08 万亩，占总耕地面积的 42.5%；脑山区 195.32 万亩，占总耕地面积的 36.1%。

5.1.2.3 经济发展

湟水流域位于我国中西部地区，由于历史、自然条件等原因，流域经济社会发展相对滞后，与东部地区相比存在着明显的差距。近年来，随着西部大开发战略的实施，湟水流域经济社会得到快速发展，流域国内生产总值(GDP)由 2000 年的 194.85 亿元增加至 2009 年的 724.69 亿元(当年价，下同)，年均增长率达到 15.7%；人均 GDP 由 2000 年的

0.52万元增加到2009年的1.90万元，增长了3倍多。尽管如此，2009年湟水流域人均GDP为全国人均值的75.4%，在全国仍属落后地区。

5.2　湟水水污染现状及污染成因分析

5.2.1　水质现状

5.2.1.1　评价因子、标准及时段、方法

(1)评价因子。选取pH、溶解氧(DO)、高锰酸盐指数(COD_{Mn})、生物需氧量(BOD_5)、化学需氧量(COD)、氨氮、砷化物、挥发酚等8项参数作为评价因子。

(2)评价标准。评价标准采用《地表水环境质量标准》(GB 3838—2002)。

(3)评价时段。收集2002年11月至2006年12月主要水质断面的监测资料，分水期进行评价。评价时段分为汛期、非汛期、全年4个时段。

(4)评价方法。单因子法：将每个断面各评价因子在不同评价时段的算术平均值与评价标准作比较，确定各因子的水质类别，其中的最高类别即为该断面不同时段的综合水质类别。

5.2.1.2　断面评价结果

断面评价结果如表5-1所示。

表5-1　湟水水质现状评价结果

河流	监测断面	水期	水质类别	水质目标	超标因子及超标倍数
湟水干流	东大滩水库	全年	Ⅱ	Ⅱ	
		汛期	Ⅱ	Ⅱ	
		非汛期	Ⅱ	Ⅱ	
	石崖庄	全年	Ⅱ	Ⅱ	
		汛期	Ⅱ	Ⅱ	
		非汛期	Ⅱ	Ⅱ	
	扎麻隆	全年	Ⅱ	Ⅲ	
		汛期	Ⅱ	Ⅲ	
		非汛期	Ⅱ	Ⅲ	
	新宁桥	全年	Ⅳ	Ⅳ	
		汛期	Ⅳ	Ⅳ	
		非汛期	Ⅳ	Ⅳ	

续表 5-1

河流	监测断面	水期	水质类别	水质目标	超标因子及超标倍数
湟水干流	西宁	全年	劣Ⅴ	Ⅳ	氨氮(0.34),BOD_5(0.79)
		汛期	Ⅴ	Ⅳ	BOD_5(0.63)
		非汛期	劣Ⅴ	Ⅳ	氨氮(0.52),BOD_5(0.87)
	团结桥	全年	劣Ⅴ	Ⅳ	氨氮(0.41),BOD_5(0.57)
		汛期	劣Ⅴ	Ⅳ	氨氮(0.38),BOD_5(0.42)
		非汛期	劣Ⅴ	Ⅳ	氨氮(0.43),BOD_5(0.65)
	小峡桥	全年	劣Ⅴ	Ⅳ	氨氮(0.89),BOD_5(0.58)
		汛期	劣Ⅴ	Ⅳ	氨氮(0.36),BOD_5(0.05)
		非汛期	劣Ⅴ	Ⅳ	氨氮(1.16),BOD_5(0.84)
	平安桥	全年	劣Ⅴ	Ⅳ	氨氮(1.12),COD(0.06),BOD_5(0.35)
		汛期	劣Ⅴ	Ⅳ	氨氮(0.54)
		非汛期	劣Ⅴ	Ⅳ	氨氮(1.42),COD(0.16),BOD_5(0.53)
	乐都	全年	劣Ⅴ	Ⅳ	氨氮(0.79),BOD_5(0.09)
		汛期	Ⅴ	Ⅳ	氨氮(0.15),BOD_5(0.01)
		非汛期	劣Ⅴ	Ⅳ	氨氮(1.11),BOD_5(0.13)
	民和	全年	Ⅴ	Ⅳ	氨氮(0.31),BOD_5(0.07)
		汛期	Ⅳ	Ⅳ	
		非汛期	劣Ⅴ	Ⅳ	氨氮(0.72),BOD_5(0.11)
	海石湾	全年	Ⅳ	Ⅳ	
		汛期	Ⅳ	Ⅳ	
		非汛期	Ⅳ	Ⅳ	

5.2.1.3 水功能区评价结果

2009 年湟水流域 36 个水功能区的评价河长为 1 644.7 km,达标水功能区 26 个,个数达标率 72.2%,达标河长 1 310.6 km,河长达标率 79.7%,包括 3 个保护区、5 个保留区、2 个缓冲区等合计 12 个水功能一级区,以及 12 个水功能二级区。达标河段主要分布在湟水西宁新宁桥、北川河黑泉水库以上河段,药水河、水峡河、黑林河、巴州沟、引胜沟等湟水主要支流,以及大通河流域干支流水功能区,水质基本达到水质目标要求。

不达标水功能区 10 个,河长 334.1 km,主要超标因子为氨氮、COD、BOD_5、高锰酸盐指数等,主要分布在湟水新宁桥以下河段、北川河朝阳以下河段、南川河西宁城区段、沙塘川沙塘川桥以下河段,以及大通河红古区河段,包括湟水西宁景观娱乐用水区、湟水西宁城东工业用水区、湟水西宁排污控制区、湟水平安过渡区、湟水乐都农业用水区、湟水民和农业用水区，南川西宁工业用水区、南川西宁景观娱乐用水区、沙塘川西宁工业用水区，以及大通河红古农业工业用水区。污染最严重的是南川河六一桥至南川河口段，以及北川河朝阳附近河段，其中南川河六一桥至南川河口段水质为劣Ⅴ类，BOD_5超标2.65倍、氨氮超标4.65倍；北川河朝阳附近河段水质为劣Ⅴ类，BOD_5超标3.75倍、氨氮超标3.62倍；其他超标河段如湟水干流西宁至民和段、大通河连城段、沙塘川沙塘川桥附近河段的水质为Ⅴ类~劣Ⅴ类，超标倍数小于1。总体来看，湟水、北川河、南川河西宁所属河段是湟水流域水环境综合治理的重点区域。

湟水流域水功能区水质评价结果见表5-2。

表5-2　湟水流域2009年水功能区水质评价结果

水功能区		现状水质			是否达标		
一级	二级	全年	汛期	非汛期	全年	汛期	非汛期
湟水海晏源头水保护区		Ⅱ	Ⅱ	Ⅱ	是	是	是
湟水西宁开发利用区	湟水海晏农业用水区	Ⅱ	Ⅱ	Ⅱ	是	是	是
	湟水湟源过渡区	Ⅱ	Ⅱ	Ⅱ	是	是	是
	湟水西宁饮用水水源区	Ⅱ	Ⅱ	Ⅱ	是	是	是
	湟水西宁城西工业用水区	Ⅳ	Ⅳ	Ⅳ	是	是	是
	湟水西宁景观娱乐用水区	劣Ⅴ	Ⅴ	劣Ⅴ	否	否	否
	湟水西宁城东工业用水区	劣Ⅴ	劣Ⅴ	劣Ⅴ	否	否	否
	湟水西宁排污控制区	劣Ⅴ	劣Ⅴ	劣Ⅴ	否	否	否
	湟水平安过渡区	劣Ⅴ	劣Ⅴ	劣Ⅴ	否	否	否
	湟水乐都农业用水区	劣Ⅴ	Ⅴ	劣Ⅴ	否	否	否
	湟水民和农业用水区	Ⅴ	Ⅳ	劣Ⅴ	否	是	否
湟水青甘缓冲区		Ⅳ	Ⅳ	Ⅳ	是	是	是
大通河武松塔拉源头水保护区		Ⅱ	Ⅱ	Ⅱ	是	是	是
大通河门源保留区		Ⅱ	Ⅱ	Ⅱ	是	是	是
大通河门源开发利用区	大通河门源农业用水区	Ⅲ	Ⅲ	Ⅲ	是	是	是
大通河青甘缓冲区		Ⅲ	Ⅲ	Ⅲ	是	是	是
大通河红古开发利用区	大通河红古农业工业用水区	Ⅳ	Ⅳ	Ⅳ	否	否	否
大通河甘青缓冲区		Ⅲ	Ⅲ	Ⅲ	是	是	是
永安河门源保留区		Ⅱ	Ⅱ	Ⅱ	是	是	是
后和打士河海北保留区		Ⅱ	Ⅱ	Ⅱ	是	是	是
萨拉沟海北保留区		Ⅱ	Ⅱ	Ⅱ	是	是	是

续表 5-2

水功能区		现状水质			是否达标		
一级	二级	全年	汛期	非汛期	全年	汛期	非汛期
老虎沟门源保留区		Ⅱ	Ⅱ	Ⅱ	是	是	是
北川河大通源头水保护区		Ⅱ	Ⅱ	Ⅰ	是	是	是
北川西宁开发利用区	北川大通饮用农业水水源区	Ⅲ	Ⅱ	Ⅲ	是	是	是
	北川西宁工业农业用水区	劣Ⅴ	劣Ⅴ	劣Ⅴ	否	否	否
南川西宁开发利用区	南川湟中农业用水区	Ⅱ	Ⅱ	Ⅱ	是	是	是
	南川西宁工业用水区	劣Ⅴ	劣Ⅴ	劣Ⅴ	否	否	否
	南川西宁景观娱乐用水区	劣Ⅴ	劣Ⅴ	劣Ⅴ	否	否	否
沙塘川西宁开发利用区	沙塘川互助农业用水区	Ⅲ	Ⅲ	Ⅰ	是	是	是
	沙塘川西宁工业用水区	Ⅴ	Ⅳ	劣Ⅴ	否	否	否
引胜沟乐都开发利用区	引胜沟乐都饮用水水源区	Ⅰ	Ⅱ	Ⅰ	是	是	是
	引胜沟乐都农业用水区	Ⅱ	Ⅱ	Ⅲ	是	是	是
巴州沟民和开发利用区	巴州沟民和农业用水区	Ⅰ	Ⅳ	Ⅰ	是	否	是
药水河湟源开发利用区	药水河湟源农业用水区	Ⅱ	Ⅱ	Ⅱ	是	是	是
水峡河湟中开发利用区	水峡河湟中饮用水水源区	Ⅰ	Ⅱ	Ⅰ	是	是	是
黑林河大通源头水保护区		Ⅱ	Ⅱ	Ⅱ	是	是	是

5.2.2　纳污现状

规划重点对湟水干流区间青海省7县1市（海晏县、湟源县、湟中县、大通县、平安县、乐都县、民和县、西宁市）及甘肃省1区1县（红古区和永登县）的入河排污口进行补充监测和调查，重点包括湟水干流、南川河、北川河主要城镇入河排污口，城镇污水处理厂出水口、工业园区排污口等。调查监测结果表明，现状年湟水干流有主要入河排污口76个，废污水年入河总量2.09亿t，主要污染物COD、氨氮的年入河总量分别为3.75万t、0.46万t，入河排污口达标排放率为50%左右。入河废污水及主要污染物COD、氨氮主要集中在石崖庄至小峡河段、北川河朝阳河段、民和至入黄口河段，约占湟水干流纳污总量的90%，其中青海省西宁市废污水及污染物主要排入石崖庄至小峡河段，该河段约占湟水干流纳污总量的70%，民和至入黄口河段主要接纳甘肃省兰州市红古区的排污，约占10%。

湟水干流区间废污水及主要污染物入河量见表5-3。

表 5-3　湟水干流区间废污水及主要污染物入河量

分区/省区		废污水入河量(万 m^3/a)	主要污染物入河量(t/a)	
			COD	氨氮
湟水干流	河源至石崖庄	999	1 669	149
	石崖庄至小峡北岸	4 676	13 775	812
	石崖庄至小峡南岸	9 665	14 919	2 477
	北川河朝阳河段	1 734	2 136	505
	小峡至民和北岸	1 151	686	88
	小峡至民和南岸	406	860	166
	民和至入黄口	2 264	3 483	369
青　海		18 631	34 045	4 197
甘　肃		2 264	3 483	369
小　计		20 895	37 528	4 566

5. 2. 3　水污染成因

湟水流域经济社会发展集中,湟水干流入河污染物相对集中,与干流纳污能力分布不相一致,入河污染物严重超过水域纳污能力。湟水干流、南川河、北川河等西宁城市河段以25%左右的纳污能力承载了全流域约80%的入河污染负荷,加之地表水资源利用、城市河段水电站运行等使河流断流或脱流、河道内水体自净水量不足,造成了湟水西宁河段水质污染及西宁以下河段跨界污染问题。湟水干流现状年水功能区承载状况见表5-4。

表 5-4　湟水干流现状年水功能区承载状况　(单位:t/a)

湟水		COD				氨氮			
		纳污能力		入河量		纳污能力		入河量	
		总量	比例(%)	总量	比例(%)	总量	比例(%)	总量	比例(%)
河源至石崖庄		829	3. 07	1 669	4. 45	52	4. 69	148	3. 24
石崖庄至小峡	干流	5 336	19. 8	14 372	38. 3	267	24. 1	2 435	53. 4
	南川河	177	0. 66	2 796	7. 45	10	0. 90	241	5. 28
	北川河	999	3. 70	13 662	36. 4	47	4. 24	1 117	24. 5
	小计	6 512	24. 1	30 830	82. 2	324	29. 2	3 793	83. 1
小峡至民和		3 430	12. 7	1 546	4. 12	147	13. 3	254	5. 57
民和至入黄口		4 343	16. 1	3 483	9. 28	148	13. 3	369	8. 09
合计		15 114	56. 0	37 528	100	671	60. 5	4 564	100

5.3　湟水水生态系统特征及生态保护目标

5.3.1　水生态系统特征

5.3.1.1　河流连通性

目前,除湟水、大通河源头区河段外,其他河段小水电梯级开发现象严重,湟水干流已建、在建小水电站30座,大通河已建、在建水电站31座,其中湟水干流海晏至西宁河段、大通河天堂寺至入湟口河段平均7～8 km分布1个水电站,水电站首尾相连,河流纵向连通性遭到严重破坏。同时,由于大部分已建电站在引水流量设计、运行、管理中没有考虑维护河流健康所需的生态基流,枯水期(尤其是春季灌溉期)水电站下游河道脱流现象严重,河道基流不能得到保证。

湟水干流、大通河密集水电站群建设,对河流生态系统及其相邻河岸带生态系统、陆地生态系统产生了严重胁迫效应,河流水文泥沙特征、地貌形态特征及生态特征发生较大改变,水生态系统遭到严重破坏。

5.3.1.2　水生生物及其生境

1. 鱼类种类

湟水流域位于青藏高原与黄土高原的过渡地带,从鱼类区系的组成特点来看,以中亚高原区系复合体鱼类为主,其中尤以鲤科裂腹鱼亚科为主。

综合以往的调查研究资料、本次调查成果及相关文献记载,湟水流域共有鱼类29种,土著鱼类14种。其中湟水河干流鱼类19种,土著鱼类12种;大通河鱼类8种,全部为土著种类。

根据2008～2010年调查情况(见表5-5),湟水河干流共捕获鱼类10种,其中土著鱼类5种;大通河共捕获鱼类6种,全部为土著鱼类。

表5-5　湟水干流、大通河土著鱼类分布

河段		黄河雅罗鱼	刺鮈	厚唇裸重唇鱼	花斑裸鲤	黄河裸裂尻鱼	极边扁咽齿鱼	拟硬刺高原鳅	硬刺高原鳅	斯氏高原鳅	黄河高原鳅	拟鲇高原鳅	粗壮高原鳅	东方高原鳅
大通河	源区				+	+	+							
	纳子峡至甘禅口			+	△	+		△			+	+	△	△
湟水干流	湟源			△	+	+		+			+	+	△	
	西宁	△	△	△	+	+		+			+	+	△	
	平安	△	△	△		+		+				△	△	
	乐都	△	△	△		+		+				△	△	
	民和	△	△	△		+		+			+	+	△	

注:+为2008～2010年期间捕获到;△为未捕获,资料记录。

2. 产卵场分布

湟水干流西宁以下河段水质较差，鱼类资源极少，调查未发现明显鱼类“三场”分布；湟水西宁以上至海晏境内河段分布有裂腹鱼类的产卵场；多巴以上干流、支流河流弯曲拐弯处分布有产卵场；大通河仙米以上河段梯级开发程度较低，天然河道较长，在一定程度上保留了原有的产卵场、索饵场，包括仙米至青石嘴河段、青石嘴河段、石头峡及以上河段等。

3. 生境状况调查

湟水源头至海晏河段水质较好，无水电站建设，保留了原有鱼类栖息地；海晏至西宁河段水电梯级开发现象严重，鱼类生境条件发生了较大变化；干流西宁以下河段水质较差，再加上水电梯级开发，鱼类生境条件受到严重破坏；大通河源头至武松塔拉天然河道较长，保留了原有鱼类栖息地；武松塔拉至仙米河段，鱼类生境条件因大坝阻隔、水文情势变化等发生了一定变化，土著鱼类的种类和数量减少；仙米至入湟口水电梯级开发集中，形成了多个长距离的减脱水河段，加上大坝的阻隔等影响，土著鱼类生境遭到严重破坏。

湟水、大通河干支流曾是黄河裸裂尻鱼、厚唇裸重唇鱼、拟鲶高原鳅等土著鱼类的重要分布区，但由于受水污染、梯级水电站开发等影响，与以往调查相比，湟水、大通河的鱼类种类（尤其是土著鱼类）显著减少，其中湟水干流西宁以下河段、大通河仙米以下河段，鱼类生境条件发生了较大改变，鱼类（尤其是土著鱼类）生境严重萎缩，土著鱼类物种资源严重衰退。

5.3.1.3 湿地

湟水流域是黄河流域湿地的重要分布区之一，湿地占黄河流域总湿地面积的9.74%，占所在水资源二级区湿地总面积的64.2%。2009年湟水流域湿地面积约2 688.44 km^2，占流域总面积的8.18%。在湿地结构中，沼泽湿地占有较大比重，占总湿地面积的71.96%，其次是河流湿地，其他湿地类型所占比例较小。大通河是湟水流域湿地的集中分布区，约占湟水流域总湿地面积的86.24%，其中沼泽湿地占有绝对优势，主要分布于河源至武松塔拉段。

由表5-6可以看出，与1990年相比，流域湿地面积总体呈减少趋势（人工坑塘湿地面积有所增加），大通河冰川积雪湿地萎缩最为严重，减少比例高达77.62%，沼泽湿地减少了4.06%，湟水分区湿地面积总体上变化不大。流域湿地萎缩，特别是大通河源头区冰川、沼泽等重要湿地萎缩，导致湿地水源涵养、生物多样性保护等功能下降，将直接影响流域水资源补给，威胁流域生态安全特别是水生态安全。

5.3.1.4 森林资源及演变趋势

森林生态系统是流域陆地生态系统最重要的自然生态系统之一。2009年，湟水流域共有森林5 522.93 km^2，占湟水流域总面积的16.81%，主要分布于大通河中下游区域和湟水上游区域，以灌木林地和有林地为主。

湟水干流区森林资源主要分布于上中游地区，占55.62%，民和以下森林资源较少。在湟水干流区域，以灌木林地为主，占林地总面积的82.81%，有林地和疏林地分布较少。

表 5-6　1990 ~ 2009 年湟水流域湿地资源及变化情况　　（单位:km²）

分区	湿地类型	1990 年面积	2009 年面积	1990 ~ 2009 年	
				变化量	比例(%)
湟水流域	河流	730.40	715.65	-14.75	-2.02
	湖泊	14.56	15.17	0.61	4.19
	水库坑塘	6.76	14.78	8.02	118.74
	冰川积雪	36.38	8.14	-28.24	-77.62
	沼泽地	2 016.19	1 934.71	-81.48	-4.04
	合计	2 804.29	2 688.45	-115.84	-4.13
大通河	河流	527.54	515.66	-11.88	-2.25
	湖泊	14.36	14.08	-0.28	-1.92
	水库坑塘	0.01	0.36	0.35	3 490.00
	冰川积雪	36.38	8.14	-28.24	-77.62
	沼泽地	1 855.83	1 780.40	-75.43	-4.06
	小计	2 434.12	2 318.64	-115.48	-4.74
湟水干流	河流	202.86	199.98	-2.88	-1.42
	湖泊	0.20	1.09	0.89	438.61
	水库坑塘	6.75	14.42	7.67	113.74
	冰川积雪			0.00	
	沼泽地	160.36	154.31	-6.05	-3.76
	小计	370.17	369.80	-0.37	-0.10

注:河流湿地包括永久性河流、季节性河流、洪泛湿地(河滩地)。

根据 1990 ~ 2009 年卫星影像解译成果,湟水流域森林面积略呈增加趋势(净增加 15.06 km²),但新增林地大部分是人工林,天然林呈退化趋势,主要表现在天然森林带下限上移,森林植被覆盖率降低等,尤其是大通河流域,有林地、灌木林地植被覆盖率下降显著。总体上湟水流域(尤其是大通河流域)森林质量远低于 20 世纪 90 年代的水平,流域内天然森林资源退化严重,其水源涵养、水土保持等功能呈下降趋势。

5.3.2　主要水生态问题

湟水流域水资源分布不均,生态环境脆弱,对水土资源开发响应强烈,随着区域社会经济快速发展,加上气候变化等因素影响,湟水流域水生态状况日趋恶化,水生态功能退化,主要表现在以下几方面:

(1)大通河沼泽、冰川积雪等重要湿地萎缩,天然森林带下限上移,森林质量下降,天然森林退化严重,湿地、森林水源涵养、水土保持等功能下降,威胁流域水生态安全。

(2)水电站无序开发现象严重,大坝阻隔、河道脱流,造成河流生境片断化、破碎化,河流连通性、水流连续性及河道景观遭到严重破坏，对河流生态系统及其相邻生态系统产生了严重影响。

(3)湟水干流西宁以下河段、大通河连城河段水污染严重，河流自净能力下降和丧失，已严重影响河流生态系统各项功能正常发挥；受水电梯级开发、水污染等影响，湟水、大通河土著鱼类栖息地遭到严重破坏，土著鱼类物种资源严重衰退，生物多样性降低。

(4)部分地区水资源开发利用过度、地下水超采严重，生态用水被挤占。

(5)大规模调水工程的实施将加剧大通河流域水资源的供需矛盾，改变大通河流域水资源的自然状况及流域生态水文过程，对大通河流域生态环境(尤其是河流生态环境)产生较大不利影响。

5.3.3　水生态保护目标

5.3.3.1　重点保护鱼类及栖息地

根据 2008～2010 年鱼类及鱼类栖息环境的调查结果及相关调查，湟水和大通河重点保护鱼类及其栖息、繁殖等生态习性详见表 5-7。

表 5-7　湟水流域重点保护鱼类及其生态习性

保护鱼类	生态习性	主要分布区域
拟鲇高原鳅	高原冷水性鱼类，常喜潜伏于水流湍急的砾石底质的河段，也栖息于多水草的缓流和静水水体，7、8 月产卵，卵黏性	大通河纳子峡至甘禅口河段、湟水西宁以上河段
极边扁咽齿鱼	高原冷水性鱼类，栖息环境为水底多砾石、水质清澈的缓流或静水水体，繁殖期为 5～6 月，沉性卵，产卵场位于缓流处，水深 1 m 以内，水质清澈，沙砾底质	大通河源头区河段
厚唇裸重唇鱼	高原冷水性鱼类，生活在宽谷河道中，每年河水开冰后即逆河产卵，水温 15 ℃左右，在基底质为沙砾石，流速缓慢河段产卵，卵沉性，具黏性	大通河纳子峡至甘禅口河段
花斑裸鲤	高原冷水性鱼类，栖息在宽谷河道中，每年解冻后，5 月下旬水温 10 ℃开始繁殖，沉性卵。产卵场多在卵石、沙砾为底，水深 1 m 左右缓流浅水区。仔鱼孵出后，随流水进入干流湾汊、岸边浅水处育肥	大通河源头区河段、湟水西宁以上河段
黄河裸裂尻鱼	高原冷水鱼，栖息于水底多砾石河床，尤以被水流冲刷而上覆草皮的潜流为多，越冬时潜伏于河岸洞穴或岩石缝隙之中。每年 5～6 月为主要产卵季节，沉性卵，产于石缝	大通河源头区河段、纳子峡至甘禅口河段及湟水湟源、西宁、平安、乐都等河段

注：该表中的主要分布区域是指 2008～2010 年期间捕获到的区域。

大通河仙米以上河段、湟水干流西宁以上河段为鱼类栖息地的集中分布河段，其中大通河石头峡以上、湟水干流石崖庄以上为鱼类栖息地的重点保护河段。

5.3.3.2　自然保护区

为保护湟水流域的天然湿地、森林资源，国家相关部门在湟水流域建立了青海祁连山省级自然保护区、甘肃连城国家级自然保护区、甘肃祁连山国家级自然保护区、大通北川河源区省级自然保护区等4处自然保护区，其中与湟水干流、大通河有直接水力联系的有3处(见表5-8)，是湟水流域重要的水生态保护目标。

表5-8　湟水流域重要自然保护区基本情况

名称	主要保护对象	主体生态功能	与大通河水力联系	与大通河位置关系	水电站建设	存在问题
青海祁连山省级自然保护区	河流源头冰川、高寒湿地生态系统	水源涵养、生物多样性保护、水土保持等	大通河重要水源涵养区	1. 大通河源头区位于“三河源保护分区”，保护对象是沼泽、草甸湿地； 2. 大通河仙米河段位于“仙米保护分区”，主要保护对象是水源涵养林	大通河干流已建、在建、规划水电站13座	冰川积雪和沼泽湿地萎缩、草场退化、天然森林带下限上升等，以及小水电无序开发造成的河道脱流、植被破坏、土著鱼类生境破坏等
甘肃连城国家级自然保护区	森林生态系统、珍稀濒危物种	水源涵养、生物多样性保护、水土保持等	汇集了吐鲁沟、竹林沟、水磨沟等12沟系之水，大通河重要水源补给区	大通河流经保护区约35 km，大通河及沿岸大部分位于试验区	已建、在建6座	小水电站无序开发、挖砂采石、不合理开垦等
甘肃祁连山国家级自然保护区	高山生态系统、水源涵养林、草原植被		大通河重要水源补给区	大通河流经保护区68 km	大通河已建、在建水电站6座	森林带下限上移，冰川积雪退缩，高寒沼泽草甸湿地萎缩等

5.3.3.3　国家森林公园

为保护森林资源，合理利用森林景观资源，国家相关部门在湟水流域建立了仙米国家森林公园、北山国家森林公园、天祝三峡国家森林公园、吐鲁沟国家森林公园(位于连城国家级自然保护区内)、大通国家森林公园等5处国家森林公园，其中与湟水干流、大通河有直接水力联系的4处，其基本情况见表5-9。园内森林资源丰富，森林覆盖率和林草覆盖率高，有多处冰川积雪、沼泽湿地，水源涵养功能强大，是大通河重要的水源涵养区，对保障湟水流域水资源水生态安全具有重要意义。

表5-9　湟水流域国家森林公园基本情况

名称	主要保护对象	主体生态功能	与大通河、湟水位置关系	水力联系	水电站建设情况	存在问题
青海仙米国家森林公园	森林资源、森林景观、冰川积雪湿地等	水源涵养、水土保持、生物多样性保护、气候调节等	大通河流经园内约40 km，大通河仙米峡谷及其两岸森林等山水景观是公园蓝色景观主轴	园内讨拉河、初麻河、达龙沟、珠固寺沟等十余条较大沿途河流均汇入大通河，是重要水源补给区	大通河已建、在建水电站9座	小水电无序开发造成的河道脱流、植被破坏、土著鱼类生境破坏严重，以及森林带下限上移，冰川积雪退缩等
青海北山国家森林公园	森林资源、森林景观等		大通河流经园内约67 km，位于卡索峡景区和下河景区	重要水源补给区	大通河已建、在建水电站6座	
甘肃天祝三峡国家森林公园	森林资源、森林景观、冰川积雪湿地等		大通河流经园内约68 km，大通河的朱岔峡、金沙峡、先明峡组成了天祝“三峡”森林公园的景观主体	重要水源补给区		
甘肃吐鲁沟国家森林公园	森林资源、森林景观等		大通河流经园内20 km	重要水源补给区		

注：甘肃天祝三峡国家森林公园与甘肃祁连山国家级自然保护区（天祝县境内）范围有重叠，甘肃吐鲁沟国家森林公园与甘肃连城国家级自然保护区范围有重叠。

5.4　湟水功能性不断流生态需水组成分析

湟水河流基本生态需水的组成主要包括生态基流、鱼类需水、湿地需水、河岸带植被需水、自净需水、输沙需水等。依据各河段重要保护对象及对存在主要问题的分析，得出湟水不同河段的生态需水组成，见表5-10。

表 5-10　湟水流域生态需水组成分析

河流	河段	生态功能	重要水生态保护目标	生态需水组成
湟水	源头至海晏	涵养水源、生物多样性	土著鱼类重要栖息地	维持天然状态
	海晏至西宁	水土保持、生物多样性	青海大通北川河源区自然保护区、土著鱼类栖息地	河道基流、鱼类需水
	西宁至河口	水土保持	河流基本生态功能	河道基流、景观需水、自净需水
大通河	源头至尕大滩	涵养水源、生物多样性	祁连山冰川与水源涵养生态功能区、水功能区保护区和保留区、青海祁连山自然保护区、土著鱼类重要栖息地	河道基流、鱼类需水、景观需水
	尕大滩至天堂寺	水土保持、生物多样性	祁连山冰川与水源涵养生态功能区、青海祁连山自然保护区、青海仙米国家森林公园、土著鱼类栖息地	鱼类需水、河道基流、景观需水
	天堂寺至入湟口	水土保持、生物多样性	甘肃天祝三峡国家森林公园、甘肃祁连山国家级自然保护区、甘肃连城国家级自然保护区	自净需水、河道基流

湟水干流源头至海晏段，主要生态功能为水源涵养与生物多样性保护，水电站尚未进行开发，河流应以维持天然来水过程为最佳；海晏至西宁河段，水电站开发强度较大，造成河道生态基流难以得到保证，因此此河段生态需水的目标是维持河流基本生态功能的最小生态环境用水；西宁以下河段，除需维持河流基本连通性功能的水量外，还应保证河道自净用水及基本景观用水。

大通河水量相对较丰，但外流域调水日益增多。源头至武松塔拉河段的主要功能为水源涵养与生物多样性保护，河流生态用水应以维持河流天然来水状态为最佳；武松塔拉至尕大滩河段，目前水电开发强度不大，但向外流域调水任务重，该河段生态需水对象主要为维持河道基流用水、土著鱼类繁殖生长需水等；尕大滩至天堂寺河段，水电站建设开发强度大，是目前大通河河流生态破坏最严重的河段，该河段生态需水对象主要为维持河道生态基流的用水、鱼类需水等；天堂寺至入湟口河段，生态需水对象主要为河道自净用水及维持河道生态基流用水。整体上，首先应维持河流基本连通等生态功能的最小生态用水与过程，其次部分生态保护目标集中分布河段或对生态需水较敏感河段，应在敏感需水期保证该河段生态用水需求。

5.5　生态需水量研究

5.5.1　主要保护目标生态需水分析

根据水生态保护目标与湟水、大通河水力联系及补给关系的分析，湟水、大通河生态需水要求包括鱼类需水、河谷植被需水、河流基本生态环境功能维持需水。湟水、大通河保护鱼类繁殖期集中于5～7月，繁殖期需要一定水流刺激和一定水深及水面宽；河谷植被发芽期为4～5月，应有淹及岸边的流量过程以保持土壤水分，生长期6～9月有一定量级洪水过程发生。湟水、大通河各河段需水对象需水规律见表5-11。

表5-11　湟水、大通河各河段需水对象及需水规律分析

河流及河段		需水对象	需水规律
湟水	源头至海晏	土著鱼类、河谷植被	5～6月：流速0.3～0.8 m/s；有淹没岸边的流量过程。 7～9月：岸边缓流流速0.3～1.0 m/s，且有一定水面宽度；有一定流量级别的洪水发生
	海晏至西宁	土著鱼类、河谷植被、自净需水	4～6月：流速0.3～0.8 m/s；有淹没岸边的流量过程。 7～9月：岸边缓流流速0.3～1.0 m/s，水深1 m左右，且有一定水面宽度；有一定流量级别的洪水发生
	西宁庄至入黄口	河流基本生态功能	自净需水
大通河	源头至武松塔拉	土著鱼类、河岸植被	6～7月：流速0.3～0.8 m/s，水深1 m左右；有淹没岸边的流量过程。 8～9月：有一定流量级别的洪水发生
	武松塔拉至尕大滩	土著鱼类、河谷植被	5～6月：流速0.3～0.8 m/s，水深1 m左右；有淹没岸边的流量过程。 7～9月：岸边缓流流速0.3～1.0 m/s，水深1 m左右，且有一定水面宽度；有一定流量级别的洪水发生
	尕大滩至天堂寺	土著鱼类、河谷植被	4～6月：流速0.3～0.8 m/s，水深1 m左右；有淹没岸边的流量过程。 7～9月：岸边缓流流速0.3～1.0 m/s，水深1 m左右，且有一定水面宽度；有一定流量级别的洪水发生
	天堂寺至入湟口	河岸植被	4～6月：有淹没岸边的流量过程。 7～9月：有一定流量级别的洪水发生

根据以上分析，湟水、大通河生态保护的关键期为4～9月。考虑河流年内径流变化规律，将每年划分为4～6月、7～10月、11月至翌年3月三个水期进行生态需水分析。鉴于大通河径流年内变化较大，来水量主要集中于5～9月，为使河流生态流量尽可能反映河流年内天然丰枯变化，结合生态保护关键期，将以上水期适当细分，进行大通河生态需

水量计算。

5.5.2　主要断面生态需水计算

5.5.2.1　计算方法

选择流域尚未大规模开发的1956～1973年的天然流量作为基准,以Tennant法为基础,分4～6月、7～10月、11月至翌年3月三个时段,根据湟水各河段不同保护对象对径流条件的需水要求,分别取1956～1973年同时段流量的不同百分比作为生态需水的初值,在此基础上分析流量与流速、水深、水面宽等之间的关系,以需水对象繁殖期和生长期对水深、流速、水面宽等的要求(见表5-12),考虑水资源配置实现的可能性,结合自净需水,综合确定重要控制断面的最小生态流量和适宜生态流量,用最小生态流量和适宜生态流量计算结果与2001～2010年近十年各断面实测流量进行对比,以分析所提出生态水量的科学性与合理性。

(1)最小生态流量:指维持河流基本形态和基本生态功能的河道内最小流量。河流基本生态功能主要为防止河道断流、避免河流水生生物群落遭受到无法恢复的破坏等。最小生态流量选择4～6月平均流量的30%作为该期生态流量初值、7～10月平均流量的40%作为该期生态流量初值、非汛期11月至翌年3月平均流量的20%作为该期生态流量初值。

(2)适宜生态流量:指河流形态与河流自然生态功能均能达到较好状态的河道内所需保留的流量及其过程。适宜生态流量选择4～6月平均流量的50%或以上作为该期生态流量初值、7～10月平均流量的60%或以上作为该期生态流量初值、非汛期11月至翌年3月平均流量的40%或以上作为该期生态流量初值。

5.5.2.2　生态需水量计算

根据湟水与大通河资源开发利用及河流生态保护目标情况,4～6月主要是保证鱼类等水生生物敏感生态需水,7～10月在保证防洪安全的前提下,需要满足河流自然生态基本需求的一定量级洪水过程,11月至翌年3月主要是保证河流生态基流。根据上述计算要求,对湟水与大通河主要控制断面的生态水量进行计算,结果见表5-12。

5.5.2.3　90%保证率与近10年最枯月流量法

90%保证率最枯月流量法是7Q10法的延伸。7Q10法是指采用90%保证率最枯连续7 d的平均水量作为河流最小流量设计。该方法传入我国后主要用于计算污染物允许排放量。我国在《制定地方水污染物排放标准的技术原则和方法》(GB 3839—83)中规定:一般河流采用近10年最枯月平均流量或90%保证率最枯月平均流量。

本研究利用1956～2010年长序列实测流量,计算90%保证率下最枯水流量,同时采用2001～2010年最枯月流量法进行计算,计算结果与前面方法所计算的最小生态水量进行比较(见表5-13),以确定生态水量计算的合理性与实现的可行性。

表 5-12　湟水与大通河重要断面生态需水量计算成果

河流	河段	需水对象	重要断面	月份	最小生态水量		适宜生态水量	
					流量（m^3/s）	水量（亿 m^3）	流量（m^3/s）	水量（亿 m^3）
湟水干流	源头至海晏	土著鱼类	海晏	1～12 月	保持天然流量及过程			
	海晏至西宁	土著鱼类、河谷植被	石崖庄	4～6 月	4.1	1.29	6.1	1.87
				7～10 月	6.9		9.3	
				11 月至翌年 3 月	1.8		3.1	
	西宁至入黄口	河流基本生态功能维持需水、河口生态需水	西宁	4～6 月	13.0	5.35	21.6	7.9
				7～10 月	30.0		45	
				11 月至翌年 3 月	8.7		10.9	
			民和	4～6 月	18.5	8.60	30.8	11.8
				7～10 月	50.4		67.1	
				11 月至翌年 3 月	13.7		17.1	
大通河	源头至武松塔拉	土著鱼类	武松塔拉	1～12 月	保持天然流量及过程			
	武松塔拉至尕大滩	土著鱼类、河谷植被	尕大滩	4 月	10	6.39	16.1	11.1
				5～6 月	20		36.8	
				7～9 月	49		70.2	
				10 月	20		25.3	
				11 月至翌年 3 月	5.0		15.3	
	尕大滩至天堂寺	土著鱼类、河谷植被、景观需水	天堂寺	4 月	17	10.48	26.5	14.4
				5～6 月	34		55.1	
				7～9 月	83.5		110.7	
				10 月	21		42.2	
				11 月至翌年 3 月	8.0		13.5	
		河岸植被、景观需水、河口生态功能维持需水	享堂	4 月	22	12.23	33.1	16.8
				5～6 月	39		55.8	
				7～9 月	95		114.9	
				10 月	28		46.3	
				11 月至翌年 3 月	10		16.7	

表 5-13　90% 保证率与近 10 年最枯月流量法计算成果　（单位：m^3/s）

断面	90% 保证率	近 10 年最枯月流量法
石崖庄	2. 8	4. 1
西宁	5. 3	5. 6
民和	4. 6	3. 1
尕大滩	2. 4	5. 2
天堂寺	13. 7	13
享堂	15. 0	15. 9

5. 6　自净需水研究

5. 6. 1　水质保护目标识别

依据《全国重要江河湖泊水功能区划》，湟水干流共划分为 3 个一级区、10 个二级区。其中，从湟水源头至海晏县桥为海晏源头水保护区，水质目标为Ⅱ类；从海晏县桥到民和水文站为西宁开发利用区，该区流经青海省海晏、湟源、西宁、平安、乐都、民和等市（县），是这些市（县）的生活、工业、农业用水的主要来源，水质目标为Ⅲ ~ Ⅳ类；从民和水文站到入黄口是青海、甘肃两省的省界河段，为青甘缓冲区，水质目标为Ⅳ类。详见表 5-14。

表 5-14　湟水干流水功能区

水功能一级区名称	水功能二级区名称	起始断面	终止断面	长度（km）	水质目标
湟水海晏源头水保护区		源头	海晏县桥	75. 9	Ⅱ
湟水西宁开发利用区	湟水海晏农业用水区	海晏县桥	湟源县	43. 3	Ⅱ
	湟水湟源过渡区	湟源县	扎马隆	21. 1	Ⅲ
	湟水西宁饮用水水源区	扎马隆	黑嘴	10. 3	Ⅲ
	湟水西宁城西工业用水区	黑嘴	新宁桥	20. 3	Ⅳ
	湟水西宁景观娱乐用水区	新宁桥	建国路桥	4. 8	Ⅳ
	湟水西宁城东工业用水区	建国路桥	团结桥	6	Ⅳ
	湟水西宁排污控制区	团结桥	小峡桥	10. 2	
	湟水平安过渡区	小峡桥	平安县	22	Ⅳ
	湟水乐都农业用水区	平安县	乐都水文站	32. 3	Ⅳ
	湟水民和农业用水区	乐都水文站	民和水文站	53. 4	Ⅳ
湟水青甘缓冲区		民和站	入黄口	74. 3	Ⅳ

5.6.2　计算时段及单元划分

5.6.2.1　计算时段

考虑到湟水干流全年水环境条件、纳污的不均衡性，湟水稀释水量按照非汛期、汛期分别计算。

5.6.2.2　计算单元划分

1. 行政区界节点原则

以行政区界为节点，保持进入某一河段断面的水质和流出断面的水质处于同一水平，使得上游行政区的污染不向下游传递。

2. 水功能区节点原则

水功能区的水质目标是水域水资源保护，以水功能区起止断面作为节点，可以有效保证水功能区水质目标的实现。

3. 重要水利枢纽节点原则

重要水利枢纽是保证下游地区各类用水、生态用水的重要基础，也是控制下游水体水质的重要保障，以重要水利枢纽为节点，对保证其水量水质具有重要作用。

依据上述原则，将湟水干流 374 km 河长划分成 10 个计算河段，其中包括沿湟海晏县、湟源县、西宁市、平安县、乐都县和民和县等6个集中排污河段，湟水源头、东大滩水库等2个水质保护河段，1个入黄缓冲河段，见表5-15、图5-1。

表5-15　湟水计算河段划分情况表

河段区间	河段性质	长度(km)	水质目标	电站
源头—海晏县桥	源头保护	75.9	Ⅱ	
海晏县桥—东大滩水库回水末端	海晏县排污	6.0	Ⅱ	
东大滩水库回水末端—东大滩大坝	东大滩水库保护	5.6	Ⅱ	
东大滩大坝—石崖庄	湟源县排污	39.3	Ⅲ	巴燕、莫尔吉峡、巴燕天桥、巴燕三级、石嘴
石崖庄—黑嘴	西宁市水源保护	23.8	Ⅲ	东峡新民、东峡山城、响河、果米滩一级、果米滩二级、下脖项、石板沟
黑嘴—新宁桥	西宁城西排污	20.3	Ⅳ	国寺营、惶乐
新宁桥—大峡桥	西宁城东排污和平安县排污	58.0	Ⅳ	高寨、柳湾、上滩
大峡桥—老鸦峡	乐都县排污	37.7	Ⅳ	大峡、大路、高庙
老鸦峡—民和水文站	民和县排污	33.0	Ⅳ	
民和水文站—入黄口	入黄缓冲	74.3	Ⅳ	下营房、海石湾、惠民、红古(规划)、金星、水车湾(规划)、新庄、洞子村(规划)、白川、湟惠渠(规划)、福子川、平安

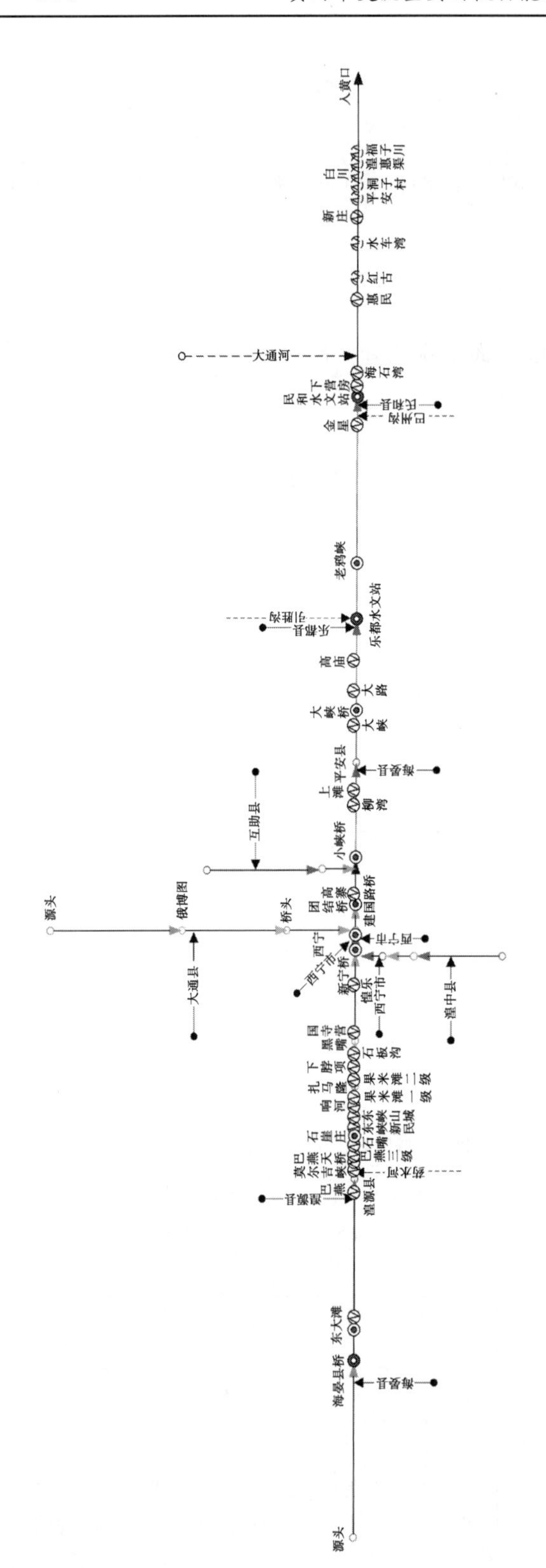

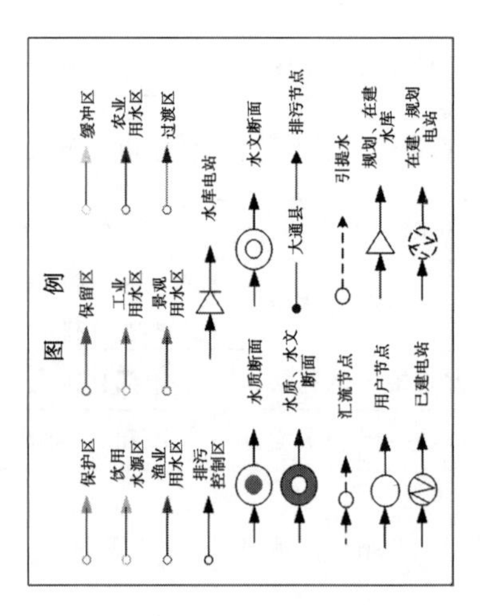

图 5-1　自净水量计算节点图

5.6.3 有关参数

5.6.3.1 90%保证率最枯月平均流量

湟水干流海晏、西宁、民和等主要水文站90%最枯月保证率设计流量见表5-16。

表5-16 主要水文站90%最枯月保证率设计流量 (单位:m^3/s)

断面	90%最枯月平均流量
海晏	0.92
石崖庄	2.65
新宁桥	4.26
西宁	5.50
团结桥	9.61
小峡	9.87
平安	6.24
乐都	7.22
民和	7.74

5.6.3.2 污染物综合降解系数

湟水干流汛期平均温度约为20 ℃,非汛期平均温度约为12 ℃,由于温度对污染物自净降解能力影响较大,对汛期(6~9月)、非汛期(11月至翌年2月)的主要污染物COD、氨氮综合自净降解系数进行修正,见式(5-1)

$$k_T = K_{20} \cdot 1.047(T - 20) \tag{5-1}$$

式中 K_T——温度为T ℃时的K值;

T——水温,℃;

K_{20}——20 ℃时的K值。

其中,COD汛期综合自净降解系数介于0.2~0.4(1/d),非汛期介于0.12~0.23(1/d),氨氮汛期综合自净降解系数介于0.15~0.25(1/d),非汛期介于0.08~0.13(1/d)。

5.6.4 计算成果及分析

5.6.4.1 现状稀释水量

1.现状排污情况下的稀释水量计算成果

现状排污情况下的稀释水量计算成果见表5-17。

表 5-17　湟水干流稀释水量计算成果　（单位：m^3/s）

河段名称	非汛期		汛期	
	COD	氨氮	COD	氨氮
源头—海晏县桥	1	5	2	1
海晏县桥—东大滩水库回水末端	4	4	12	1
东大滩水库回水末端—东大滩大坝				
东大滩大坝—石崖庄	2	2	2	2
石崖庄—黑嘴	3	5	6	4.5
黑嘴—新宁桥	11	10.5	7	7.5
新宁桥—大峡桥	27	487.5	14.5	396
大峡桥—老鸦峡	15	24	7	15.5
老鸦峡—民和水文站	43	81.5	10.5	32
民和水文站—入黄口	>8	>8	>8	>8

总的来看，现状年湟水干流稀释水量呈现以下规律：在现状接纳污染物水平下，各个河段所需稀释水量相差较大。现状接纳污染物较少，上游背景来水水质较好的部分河段所需稀释水量较小；而现状接纳污染物多，现状水平下所需稀释水量较大，并远大于环境基流。年内汛期、非汛期水体自净能力有所不同，在相同排污条件下，所需稀释水量表现为汛期小于非汛期。对同一河段而言，年内接纳污染物相对稳定的河段，年内自净用水整体变化不大；而对于以接纳来自支流污染物的部分河段，则受支流输污的影响，变化较大。

2. 实际监测水质—水量关系分析

分析湟水干流海晏、新宁桥、西宁、团结桥、乐都等水质监测站点2007～2009年COD、氨氮水质、流量监测结果可以看出，断面流量与水质具有一定相关性。其中，海晏站流量大于2.5 m^3/s时，COD、氨氮浓度基本能满足Ⅱ类水；石崖庄站大于6 m^3/s时，COD、氨氮浓度基本能满足Ⅲ类水；新宁桥站大于15 m^3/s时，COD、氨氮浓度基本能满足Ⅳ类水；西宁桥站大于25 m^3/s时，COD、氨氮浓度基本能满足Ⅳ类水；团结站大于25 m^3/s时，COD、氨氮浓度基本能满足Ⅳ类水；乐都站大于27 m^3/s时，COD浓度基本能满足Ⅳ类水，大于50 m^3/s时，氨氮浓度基本能满足Ⅳ类水。

3. 湟水干流现状稀释水量推荐成果

由实际湟水干流水质—水量分析结果来看，其与湟水干流稀释水量计算结果基本一致。综合考虑湟水干流稀释水量计算结果及多年情况下水质—水量分析结果，给出现状情况下湟水干流海晏、西宁、民和等重要站点稀释水量推荐结果，详见表5-18。

表 5-18　湟水干流现状情况下重要水文站点稀释水量

水文站	距河源距离（km）	现状稀释水量（m^3/s）	
		非汛期	汛期
海晏	75.9	4	12
石崖庄	126.8	6	6
西宁	174.1	27	20
乐都	246.2	27	50
民和	299.6	30	50

5.6.4.2　自净需水量

自净需水量是国家环保政策能完全落实的一种理想状态，即指研究河段所纳污染源达标排放，入湟支流满足入黄水质要求，在这种理想状态下，稀释入湟污染物使河段水质满足功能要求的所用水量。

1. 入湟支流水质目标

根据《全国重要江河湖泊水功能区划》和《青海省水功能区划》，北川河、南川河、大通河等湟水主要支流入湟控制水质要求见表 5-19。

表 5-19　目标控制水平下主要支流入湟水质目标

河名	入湟水质目标	控制浓度（mg/L）	
		COD	氨氮
北川河	Ⅲ	20	1
南川河	Ⅲ	20	1
沙塘川	Ⅲ	20	1
引胜沟	Ⅲ	20	1
大通河	Ⅲ	20	1

2. 入湟排污口控制要求

根据废水性质的不同，入湟排污口大体可以分为三类，一是工业排污口，二是生活排污口，三是混合排污口。混合排污口又可分为以生活为主的混合排污口、以工业为主的混合排污口和工业混合排污口。对于不同种类的排污口，其控制水平的确定遵循如下原则：工业点源按照国家达标排放的原则，按照达标控制；生活污染源按照“城镇污水处理厂污染物排放标准”来控制入湟污染物量；混合排污口，以工业为主的混合排污口和工业混合排污口的浓度控制按照工业点源中行业排放标准里浓度最高的控制，以生活为主的排污口按照生活污水控制浓度来进行控制。

3. 达标情况下湟水干流纳污量

在入湟排污口满足达标排放，入湟支流满足水功能区划水质目标要求时，湟水干流纳污量见表5-20。对比现状与达标情况下湟水干流纳污量结果，湟水干流达标情况下COD、氨氮较现状分别减少51.0%、35.2%，减少污染物量主要集中在西宁河段，COD、氨氮较现状分别减少47.5%、30.6%。

表5-20　达标情况下湟水干流区间废污水及主要污染物入河量　（单位：t/a）

所属河段	主要污染物入河量	
	COD	氨氮
河源至石崖庄	707	95
石崖庄至小峡北岸	4 947	658
石崖庄至小峡南岸	9 690	1 727
北川河	1 545	248
小峡至民和北岸	685	88
小峡至民和南岸	554	93
民和至入黄口	272	50
小计	18 400	2 959

4.自净需水量计算成果

达标情况下湟水干流自净需水量计算成果见表5-21。

表5-21　湟水干流自净需水量计算成果　（单位：m^3/s）

河段名称	非汛期		汛期	
	COD	氨氮	COD	氨氮
源头—海晏县桥	1	2	1	1
海晏县桥—东大滩水库回水末端	1	1	2	1
东大滩水库回水末端—东大滩大坝				
东大滩大坝—石崖庄	2	2	2	2
石崖庄—黑嘴	4.5	3	3	3
黑嘴—新宁桥	9	9.5	7	7.5
新宁桥—大峡桥	22.5	373	16	398
大峡桥—老鸦峡	13	27	7	15.5
老鸦峡—民和水文站	27.5	18.5	7	19
民和水文站—入黄口	>8	>8	>8	>8

5.湟水干流自净需水量推荐成果

综合考虑给出达标情况下湟水干流海晏、西宁、民和等重要站点自净需水量的推荐成果，详见表5-22。

表5-22　现状情况下湟水干流重要水文站点自净需水量

水文站	距河源距离(km)	自净需水量(m^3/s)	
		非汛期	汛期
海晏	75.9	3	3
石崖庄	126.8	4	5
西宁	174.1	25	20
乐都	246.2	30	25
民和	299.6	30	30

5.7　生态需水耦合研究

维持良好的水环境是河流自然功能发挥的前提与基础,也是目前中国河流生态修复的主要工作。湟水西宁以下河段,入河污染物严重超过水域纳污能力,水污染严重。因此,湟水生态需水首先要满足一定目标的水环境用水需求,水质保证优先是湟水生态与环境需水耦合的首要原则。其次,要进行全河段综合考虑。重要水文断面流量整合时,要考虑上下断面之间流量的匹配性、水流演进等多种因素,经综合优化后给出。此外,不考虑河段取水及水量损失。研究提出的生态水量对河段内取水及因蒸发、渗漏等水量的损失未予考虑。

根据上述原则,湟水干流生态水量与环境水量耦合结果见表5-23。大通河由于目前基本无污染问题,因此河流生态需水中不再考虑自净水量需求。

表5-23　湟水干流生态水量和环境水量耦合

水文站断面名称	生态水量(m^3/s)			环境水量(m^3/s)		推荐水量			
	Tennant 法		90%保证率法	现状排污水平	达标排放水平	最小水量(11月至翌年6月)		适宜水量(11月至翌年6月)	
	4~6月	11月至翌年3月				流量(m^3/s)	径流量(亿m^3)	流量(m^3/s)	径流量(亿m^3)
海晏	维持天然状态			4	3	维持天然状态			
石崖庄	6	3	3	6	4	4	0.84	6	1.25
西宁	22	11	5	27	25	13	2.72	25	5.23
民和	31	17	5	30	30	19	3.97	31	6.48
尕大滩	37	15	2	—	—	10	2.09	37	7.74
天堂寺	55	14	14	—	—	17	3.55	55	11.50
享堂	56	17	15	—	—	22	4.60	56	11.71

5.8 小　结

（1）湟水是黄河上游重要的支流之一，随着流域内经济社会的快速发展，湟水水资源供需矛盾日益尖锐，湟水干流西宁及以下河段入河污染物严重超过水域纳污能力，水污染严重。同时，湟水干流、大通河水电站群密集建设造成河道脱流现象严重，对河流生态系统及其相邻河岸带生态系统、陆地生态系统产生了严重胁迫效应，河流水文泥沙特征、地貌形态特征及生态特征发生了较大改变，水生态系统遭到破坏。

（2）湟水流域位于青藏高原与黄土高原的过渡地带，湟水、大通河干支流曾是黄河裸裂尻鱼、厚唇裸重唇鱼、拟鲇高原鳅等土著鱼类的重要分布区，湟水流域也是黄河流域湿地的重要分布区之一，湿地占黄河流域总湿地面积的 9.74%。但由于受水污染、梯级水电站开发及气候变化等影响，与以往调查结果相比，湟水流域鱼类种类（尤其是土著鱼类）显著减少，源头区冰川、沼泽等重要湿地严重萎缩。

（3）湟水流域水生态系统保护目标主要是维持河流生境的基本连通性，保护土著鱼类及其栖息地（大通河仙米以上河段、湟水干流西宁以上河段）和源头区的沼泽湿地、水源涵养林保护区等。因此，湟水功能性不断流的生态需水组成主要包括生态基流、鱼类需水、湿地需水、河岸带植被需水、自净需水、输沙需水等。

（4）湟水流域经济社会集中，湟水干流入河污染物也相对集中，与干流纳污能力分布不相一致，入河污染物严重超过水域纳污能力。湟水干流、南川河、北川河等西宁城市河段以 25% 左右的纳污能力承载了全流域约 80% 的入河污染负荷，加之地表水资源利用、城市河段水电站运行等使河流断流或脱流、河道内水体自净水量不足，造成了湟水西宁河段水质污染及西宁以下河段跨界污染的问题。

（5）通过采用优化 Tennant 法，充分考虑湟水各河段不同保护对象对径流条件的需水要求，以及水资源配置实现的可能性，可以综合计算确定湟水与大通河重要控制断面的最小生态流量与适宜生态流量，耦合河流自净用水，并提出湟水与大通河重要断面功能性不断流的生态环境水量需求。

第 6 章　渭河生态需水研究

6.1　渭河流域概况

6.1.1　自然概况

6.1.1.1　地理位置

渭河是黄河第一大支流，发源于甘肃省渭源县鸟鼠山，流域涉及甘肃、宁夏、陕西三省（自治区），在陕西省潼关县注入黄河。渭河流域面积 13.48 万 km^2，其中甘肃占 44.1%、宁夏占 6.1%、陕西占 49.8%。干流全长 818 km，宝鸡峡以上为上游，河长 430 km，河道狭窄，河谷川峡相间，水流湍急；宝鸡峡至咸阳为中游，河长 180 km，河道较宽，多沙洲，水流分散；咸阳至入黄口为下游，河长 208 km，比降较小，水流较缓，河道泥沙淤积。

6.1.1.2　地形地貌

渭河流域地形特点为西高东低，西部最高处高程 3 495 m，自西向东地势逐渐变缓，河谷变宽，入黄口高程与最高处高程相差 3 000 m 以上。流域北部为黄土高原，南部为秦岭山区。

渭河上游主要为黄土丘陵区，面积占该区面积的 70% 以上，海拔 1 200 ~ 2 400 m。渭河中下游北部为陕北黄土高原，海拔 900 ~ 2 000 m；中部为河谷冲积平原区关中盆地；南部为秦岭土石山区，多为海拔 2 000 m 以上的高山。其间北岸加入泾河和北洛河两大支流，其中，泾河北部为黄土丘陵沟壑区；中部为黄土高原沟壑区，东部子午岭为泾河、北洛河的分水岭，有茂密的次生天然林；西部和西南部为六盘山、关山地区，植被良好；北洛河上游为黄土丘陵沟壑区，中游两侧分水岭为子午岭林区和黄龙山林区，中部为黄土塬区，下游进入关中地区，为黄土阶地与冲积平原区。

6.1.1.3　河流水系

渭河支流众多，其中以南岸的数量较多，但较大支流集中在北岸，水系呈扇状分布。集水面积在 1 000 km^2 以上的支流有 14 条，北岸有咸河、散渡河、葫芦河、牛头河、千河、漆水河、石川河、泾河、北洛河；南岸有榜沙河、耤河、黑河、沣河、灞河。北岸支流多发源于黄土丘陵和黄土高原，相对源远流长，比降较小，含沙量大；南岸支流均发源于秦岭山区，源短流急，谷狭坡陡，径流较丰，含沙量小。

泾河是渭河最大的支流，河长 455.1 km，流域面积 4.54 万 km^2，占渭河流域面积的 33.7%。泾河支流较多，集水面积大于 1 000 km^2 的支流有左岸的洪河、蒲河、马莲河、三水河，右岸的汭河、黑河、泔河。马莲河为泾河最大的支流，流域面积 1.91 万 km^2，占泾河流域面积的 42%，河长 374.8 km。

北洛河为渭河第二大支流，河长 680 km，流域面积 2.69 万 km^2，占渭河流域面积的 20%。集水面积大于 1 000 km^2 的支流有葫芦河、沮河、周河。葫芦河为北洛河最大的支流，流域面积 0.54 万 km^2，河长 235.3 km。

6.1.1.4 气候特征

渭河流域处于干旱地区和湿润地区的过渡地带，多年平均降水量 572 mm(1956～2000 年系列，下同)。降水量变化趋势是南多北少，山区多盆地河谷少。秦岭山区降水量达到 800 mm 以上，西部太白山、东部华山山区达到 900 mm 以上，而渭北地区平均 541 mm，局部地区不足 400 mm。降水量年际变化较大，C_v 值 0.21～0.29，最大月降水量多发生在 7、8 月，最小月降水量多发生在 12、1 月。7～10 月降水量占年降水总量的 60% 左右。

流域内多年平均水面蒸发量为 660～1 600 mm，其中渭北地区一般为 1 000～1 600 mm，西部 660～900 mm，东部 1 000～1 200 mm，南部 700～900 mm。年内最小蒸发量多发生在 12 月，最大蒸发量多发生在 6、7 月，7～10 月蒸发量可占年蒸发量的 46%～58%。流域内多年平均陆地蒸发量在 500 mm 左右，高山区小于平原区，秦岭山区一般小于 400 mm，而关中平原大于 500 mm。

6.1.1.5 水资源

按照 1956～2000 年 45 年系列计算，渭河流域多年平均天然径流量为 100.40 亿 m^3，占黄河流域天然径流量 580 亿 m^3 的 17.3%。其中渭河干流林家村以上 25.25 亿 m^3，咸阳以上 54.05 亿 m^3，华县以上 88.09 亿 m^3；支流泾河张家山以上 17.23 亿 m^3，北洛河洑头以上 9.96 亿 m^3。

流域多年平均地下水资源量为 69.88 亿 m^3，其中山丘区 35.95 亿 m^3，平原区 42.29 亿 m^3，山丘区与平原区重复计算量为 8.36 亿 m^3。流域多年平均地下水可开采量为 35.71 亿 m^3，其中山丘区 2.57 亿 m^3，平原区 33.14 亿 m^3。

流域地下水资源主要分布在渭河干流地区，占地下水总量的 82.1%。地下水可开采量与地下水资源量分布情况相似，渭河干流地区地下水可开采量最多，占总量的 91.9%。

流域多年平均水资源总量 110.56 亿 m^3，其中天然径流量 100.4 亿 m^3，地下水资源量 69.88 亿 m^3，扣除二者之间的重复量后，天然径流量与地下水资源量之间的不重复量为 10.16 亿 m^3。75% 偏枯水年份和 95% 枯水年份水资源总量分别为 83.7 亿 m^3 和 60.5 亿 m^3。

6.1.1.6 暴雨洪水

洪水主要来源于泾河、渭河干流咸阳以上和南山支流。渭河流域洪水具有暴涨暴落、洪峰高、含沙量大的特点。每年 7～9 月为暴雨季节，汛期水量约占年水量的 60%。

历史上渭河曾发生过多次大洪水，1898 年(光绪二十四年)，渭河咸阳段发生特大洪水，咸阳、华县洪峰流量分别为 11 600 m^3/s、11 500 m^3/s；1911 年，泾河发生特大洪水，张家山洪峰流量 14 700 m^3/s；1933 年，华县洪峰流量 8 340 m^3/s；1981 年 8 月华县站发生了 5 380 m^3/s的洪水。进入 20 世纪 90 年代以后，洪水特性发生了一定变化，主要表现在：洪水次数减少、发生时间更加集中，高含沙中常洪水频繁发生，同流量水位上升、漫滩概率增大、漫滩洪水传播时间延长等。例如,日平均流量大于1 000 m^3/s 的洪水天数,90年代以前平均14 d/a,90年代只有2.6 d/a;大于3 000 m^3/s 的洪水,1960~1990年共发生了25次,90年代仅发生3次。

6.1.1.7 水土流失

渭河流域位于黄土高原地区,是黄河流域水土流失最为严重的地区之一。水土流失的特点,一是面积广,水土流失面积8.60万 km^2(其中甘肃4.07万 km^2,宁夏0.64万 km^2,陕西3.89万 km^2),占渭河流域总面积的63.8%;二是土壤侵蚀强度大,全流域侵蚀模数大于5 000 t/(km^2·a)的强度侵蚀面积为3.58万 km^2,多沙粗沙区面积1.87万 km^2,占黄土高原地区同类面积的23.8%;三是人为因素造成的水土流失严重,由于忽视生态环境的保护和建设,导致地表植被破坏严重、林线后退和产生大量弃渣,人为造成的水土流失面积增加较快。

6.1.1.8 泥沙特征

渭河流域多年平均天然来沙量6.09亿t,其中泾河3.06亿t,北洛河1.06亿t,干流咸阳站1.97亿t。由于水土保持作用及降雨条件的变化,1970~2000年系列渭河流域多年平均来沙量为4.57亿t,其中泾河2.46亿t,北洛河0.85亿t,干流咸阳站1.26亿t。渭河流域泥沙的主要特点有:输沙量大、含沙量高;水沙异源,渭河径流主要来源于南岸,而泥沙主要来自北岸,尤其是泾河和北洛河,分别占渭河来沙量的53.8%和18.6%;来沙量地区分布相对集中,泥沙主要来自泾河、北洛河和渭河上游。

6.1.2 社会概况

6.1.2.1 人口

渭河流域包括陕西省的宝鸡市、咸阳市、西安市、铜川市、渭南市及延安市,甘肃省的白银市、定西地区、平凉地区、庆阳地区、天水市、陇南地区和宁夏回族自治区的固原市等,共涉及84个市(县、区)。截至2005年,流域总人口3 332万人,人口密度247人/km^2。城镇人口1 176万人,城市化率35.3%。流域人口分布以关中地区最为密集,占流域总人口的65%,人口密度444人/km^2;流域南北边缘的秦岭山区和黄土高原区人口分布稀疏。

6.1.2.2 土地利用

渭河流域总土地面积20 220万亩,其中山丘区占84%,平原区占16%,平原区面积的99%集中在关中地区。

流域内现有林地面积5 940万亩,占流域总土地面积的29.4%,其中甘肃、宁夏和陕西的林地面积分别占总林地面积的33.5%、3.2%和63.3%。

流域内现有耕地面积4 768万亩,占流域总土地面积的23.6%,现状流域的农田有效灌溉面积1 633万亩,占耕地面积的34.3%,其中渭河干流地区1 437万亩,泾河128万亩,北洛河68万亩,分别占流域总有效灌溉面积的87.9%、7.8%和4.3%。

6.1.2.3 工农业生产

历史上渭河流域是我国经济较为发达的地区之一,目前也是我国重要的粮棉油产区和工业生产基地之一。2005年其国内生产总值(GDP)达3 146亿元,人均GDP 9 442元,产业结构为12∶47∶41。渭河流域经济社会主要指标见第1章表1-1所示。

农业以种植业为主。2005年流域农作物播种面积6 192万亩，其中粮食播种面积占78%。大牲畜433万头，小牲畜1 428万只。农业总产值365亿元，农村人均农业总产值1 695元。

工业主要集中在西安、宝鸡、咸阳、天水、铜川等城市，拥有机械、航空、电子、电力、煤炭、化工、建材和有色金属等工业，是我国西北地区门类比较齐全的工业基地。2005年陕西省人均GDP达到11 967元，社会经济发展迅速。

6.2　渭河水污染现状及污染成因分析

6.2.1　水质现状

6.2.1.1　评价范围

本次评价选取渭河干流源头至河口的10个监测断面，23个水功能区，818 km的河长进行水质评价。

6.2.1.2　评价项目、评价标准、评价年份

1. 评价项目

必评项目：溶解氧、高锰酸盐指数、化学需氧量、氨氮、挥发酚和砷；

选评项目：pH、五日生化需氧量、氟化物、氰化物、汞、铜、铅、锌、镉、铬（六价）、石油类项目；

参考项目：流量、水温、总硬度、总磷、总氮。

2. 评价标准

采用《地表水环境质量标准》（GB 3838—2002）。

3. 评价年份

采用2009年作为评价年份。

4. 评价方法

选用评价测站2009年监测数据的全年、汛期、非汛期数据作为评价代表值，采用单指标评价法（最差的项目赋全权，又称一票否决法），以水功能区水质目标作为水体是否超标的判定值。

5. 站点评价

选取渭河干流源头至河口的10个监测断面，分别进行全年、汛期、非汛期的水质评价。评价的10个站点分别为文峰、武山、甘谷、北道、拓石、林家村、咸阳公路桥、耿镇、华县、吊桥。其中，文峰、武山、甘谷、北道为甘肃省监测站点，拓石、林家村、咸阳公路桥、耿镇为陕西省监测站点，华县、吊桥为黄委水文局监测点。

渭河干流站点水质现状评价结果详见表6-1。

表 6-1　渭河干流站点水质现状评价结果

断面名称	水期	水质类别	超标因子
文峰	全年	劣Ⅴ	COD、氨氮
	汛期	劣Ⅴ	COD、氨氮、BOD_5
	非汛期	劣Ⅴ	氨氮
武山	全年	Ⅴ	COD
	汛期	Ⅴ	COD
	非汛期	Ⅴ	COD
甘谷	全年	Ⅴ	挥发酚
	汛期	Ⅴ	COD、总氮
	非汛期	Ⅴ	挥发酚
北道	全年	劣Ⅴ	总氮
	汛期	劣Ⅴ	总氮
	非汛期	劣Ⅴ	氨氮、总氮
拓石	全年	Ⅳ	COD
	汛期	Ⅳ	COD
	非汛期	Ⅳ	COD
林家村	全年	Ⅲ	COD、氨氮
	汛期	Ⅲ	COD、氨氮
	非汛期	Ⅲ	COD、氨氮
咸阳公路桥	全年	劣Ⅴ	COD、氨氮、BOD_5、总氮
	汛期	劣Ⅴ	BOD_5、总氮
	非汛期	劣Ⅴ	COD、氨氮、BOD_5、总氮、高锰酸盐指数
耿镇	全年	劣Ⅴ	COD、氨氮、BOD_5、总氮
	汛期	劣Ⅴ	COD、氨氮、BOD_5、总氮
	非汛期	劣Ⅴ	COD、氨氮、BOD_5、总氮、高锰酸盐指数
华县	全年	劣Ⅴ	COD、氨氮、BOD_5、总磷、高锰酸盐指数
	汛期	劣Ⅴ	氨氮
	非汛期	劣Ⅴ	COD、氨氮、BOD_5、总磷、高锰酸盐指数
吊桥	全年	劣Ⅴ	COD、氨氮
	汛期	劣Ⅴ	氨氮
	非汛期	劣Ⅴ	氨氮、总磷

由表 6-1 可知，渭河干流所有站点的全年、汛期、非汛期水质类别均一致，即渭河干流所有站点的水质类别并不随不同季节来水量的不同而发生变化。

6.2.1.3　水功能区评价

渭河干流共有水功能区 23 个，其中有水质监测断面的水功能区有 10 个（见表 6-2）。在有水质监测断面的 10 个水功能区中，全年、汛期、非汛期水功能区达标情况见表 6-1。

表 6-2　渭河干流水功能区情况

水功能一级区	水功能二级区	起始断面	终止断面	长度（km）	水质目标	备注	代表断面
渭河渭源源头水保护区		源头	峡口水库上口	6	Ⅱ	甘	
渭河定西天水开发利用区	渭河渭源陇西农业用水区	峡口水库	秦祁河入口	43	Ⅲ	甘	
	渭河陇西武山工业农业用水区	秦祁河入口	榜沙河入口	60	Ⅲ	甘	文峰
	渭河武山工业农业用水区	榜沙河入口	大南河入口	30	Ⅲ	甘	武山
	渭河武山甘谷工业农业用水区	大南河入口	渭水峪	45	Ⅲ	甘	甘谷
	渭河甘谷秦城工业农业用水区	渭水峪	耤河入口	65	Ⅲ	甘	北道
	渭河甘谷秦城排污控制区	耤河入口	社棠	10		甘	
	渭河秦城过渡区	社棠	伯阳	14	Ⅲ	甘	
	渭河秦城农业用水区	伯阳	太碌	30	Ⅲ	甘	
渭河甘陕缓冲区		太碌	颜家河	83	Ⅲ	甘陕	拓石
渭河宝鸡渭南开发利用区	渭河宝鸡农业用水区	颜家河	林家村	43.9	Ⅲ	陕	林家村
	渭河宝鸡景观娱乐用水区	林家村	卧龙寺	20	Ⅲ	陕	
	渭河宝鸡排污控制区	卧龙寺	虢镇	12		陕	
	渭河宝鸡过渡区	虢镇	蔡家坡	22	Ⅳ	陕	

续表 6-2

水功能一级区	水功能二级区	起始断面	终止断面	长度(km)	水质目标	备注	代表断面
渭河宝鸡渭南开发利用区	渭河宝鸡工业农业用水区	蔡家坡	永安村	44	Ⅲ	陕	
	渭河杨凌农业用水区	永安村	漆水河入口	16	Ⅲ	陕	
	渭河咸阳工业农业用水区	漆水河入口	咸阳公路桥	63	Ⅳ	陕	咸阳公路桥
	渭河咸阳景观娱乐用水区	咸阳公路桥	咸阳铁路桥	3.8	Ⅳ	陕	
	渭河咸阳排污控制区	咸阳铁路桥	沣河入口	5.4		陕	
	渭河咸阳过渡区	沣河入口	草滩镇	19	Ⅳ	陕	
	渭河西安农业用水区	草滩镇	零河入口	56.4	Ⅳ	陕	耿镇
	渭河渭南农业用水区	零河入口	罗敷河入口	96.8	Ⅳ	陕	华县
渭河华阴缓冲区		罗敷河入口	入黄口	29.7	Ⅳ	陕	吊桥

6.2.2 纳污现状

2009～2011年委托陕西省水文水资源勘测局对渭河入河排污口进行了两年四期(汛期、非汛期)的监测,如表6-3所示。监测结果表明,渭河干流现有入河排污口103个,其中甘肃46个,陕西57个。渭河干流年接纳废污水6.58亿m^3,COD 10.05万t/a,氨氮1.88万t/a。其中甘肃省废污水入河量占渭河接纳总量的5%左右,COD、氨氮占20%左右;陕西省废污水占渭河接纳总量的95%左右,COD、氨氮占80%左右;渭河咸阳以下河段是渭河入河废污水和主要污染物的主要来源区间,废污水和主要污染物约占渭河干流接纳总量的50%。此外,由于新河、皂河、灞河、沈河等支流穿过咸阳、西安、渭南等城镇,支流水污染严重,主要污染物COD、氨氮约占渭河干流接纳总量的15%,是改善渭河下游水质的治理重点。

表 6-3　渭河干流入河排污口情况

一级水功能区	二级水功能区	排污口个数	废污水入河量(万 m^3/a)	COD(t/a)	氨氮(t/a)
渭河渭源、陇西、武山、甘谷、秦城、麦积开发利用区	渭河渭源、陇西农业用水区	8	127	522	64
	渭河陇西、武山工业农业用水区	12	338	1 386	149
	渭河武山工业农业用水区	14	468	2 828	167
	渭河甘谷、秦城、麦积排污控制区	9	2 119	7 171	3 613
	渭河秦城过渡区	3	41	196	21
	小计	46	3 093	12 103	4 014
渭河宝鸡、渭南开发利用区	渭河宝鸡景观娱乐用水区	15	11 171	8 355	3 147
	渭河宝鸡排污控制区	5	1 014	1 130	376
	渭河宝鸡过渡区	8	2 847	2 100	2 187
	渭河宝鸡工业农业用水区	8	4 122	17 959	444
	渭河咸阳工业农业用水区	5	7 600	21 895	2 259
	渭河咸阳景观娱乐用水区	1	2 208	3 958	810
	渭河咸阳排污控制区	5	4 778	8 776	2 716
	渭河咸阳过渡区	5	16 741	16 143	1 854
	渭河西安农业用水区	3	10 722	5 540	926
	渭河渭南农业用水区	2	1 471	2 566	104
	小计	57	62 674	88 421	14 823
甘肃	定西市	20	465	1 908	213
	天水市	26	2 628	10 195	3 801
	小计	46	3 093	12 103	4 014
陕西	宝鸡市	36	19 155	29 543	6 154
	咸阳市	12	20 104	39 551	6 453
	西安市	5	19 737	13 022	1 486
	渭南市	4	3 678	6 304	729
	小计	57	62 674	88 421	14 823
总计		103	65 767	100 524	18 837

此外，根据《全国污水处理厂名录》(截至 2010 年)，随着近几年环境保护力度的加强，渭河流域天水市、陇西市、西安市、宝鸡市等城镇建有污水处理厂 60 座，设计处理能力 220.5 万 m^3/d，平均处理能力 160.5 万 m^3/d。

6.2.3　水污染成因

20世纪90年代以来,渭河流域城镇人口大量增加、工矿企业快速发展,工业废水和城市污水排放量逐年增大,由于工业产业结构不尽合理,高能耗、重污染企业仍占有相当比例,工业污染源不能实现稳定达标排放,生活废污水处理的基础设施和运转机制滞后于废污水快速增长的需要,大量未经任何处理或有效处理的工业废水和城市污水直接排入河道。与此同时,90年代以来渭河流域处于干旱少雨期,加之工农业生产用水、耗水量增加,河川径流量也相应地呈锐减之势,河道水量减少,甚至局部河段出现断流,国民经济用水已严重挤占生态环境用水。总的来看,污染物的入河量已远远超过河流水体自身的承载能力,使渭河水质严重超标,水生态环境恶化。渭河严重的水污染状况制约了流域经济社会发展,导致流域内城市生活水源地和农业用水受到污染,工业用水水质得不到保证,恶化了人类生存环境,加剧了水资源供需矛盾。渭河日趋严重的水污染,对黄河潼关以下河段的水环境也产生了较大影响,威胁到黄河下游的水资源利用和沿黄城市的供水安全。

6.3　渭河水生态系统特征及生态保护目标

6.3.1　水生态系统特征

6.3.1.1　河流连通状况

渭河干流大型水库只有宝鸡峡水利枢纽工程,规划水电站11座,尚未修建。渭河河流连通状况主要受泥沙淤积及防洪工程的影响。

由于黄河、渭河水沙关系的改变及其他多种因素的影响,渭河下游泥沙淤积严重,造成主河槽严重萎缩,河床失稳。水流连续性、河流水文、地貌形态等发生较大改变,影响上下游物质、信息、生物联系。渭河的防洪工程大都建成于20世纪六七十年代,也会对河流与河岸的物质、信息、生物联系产生一定的影响。

6.3.1.2　水生生物及其生境

1.鱼类种类

渭河位于秦岭北侧,发源于甘肃省渭源县鸟鼠山,全长835.6 km,自西向东注入黄河,整个河段无天然阻障影响鱼类分布,仅因气候、降水量的差异有所不同。鱼类成分在上游和中下游处显示出了下述特点:第一,整个河道,自西向东,鱼的种类和数量逐渐增多。渭河水系记录鱼类79种,上游(甘肃省渭源县鸟鼠山至甘陕交界处的牛背沟)长约371.6 km的河段中,有23种鱼,占全流域鱼类种数的29.1%,中下游(自甘陕交界处的牛背沟至陕西潼关入黄河处)长约464 km的河段中,有72种鱼,占全流域鱼类种数的91.1%;第二,从其地理位置来看,上游和西北高原区接壤,中下游和江河平原区毗邻,反映在鱼类区系成分上,由东向西,裂腹鱼亚科和条鳅属的种类与数量逐渐增多,上游裂腹鱼亚科和条鳅属鱼类分别为2种和4种,下游裂腹鱼亚科和条鳅属鱼类分别为1种和3种。近年来,由于渭河中下游污染严重,鱼类数量减少,鱼类主要分布在上游河段。

2. 鱼类生境状况

渭河干流流经黄土高原,河水混浊,地面逸流季节变化较大,武山鸳鸯镇以上的渭河干流常常干枯断流,每逢雨季,河水暴涨,含沙量大,除经济价值不大的几种鳅科鱼类外,其他鱼类多因窒息而死。渭河干流鱼类个体较小、种类少,但渭河上游东部和南部的边缘地带,如葫芦河、牛头河东岸,通关河和渭河南岸的各支流,源出于林区和草地,地下水丰富,地表水充足,流量比较稳定,沙石河床,河水清澈,水中浮游生物、水生昆虫、底栖动物较多,生活的鱼类数量较其他支流和干流都多。

6.3.1.3　湿地

渭河干流现存湿地主要有三种类型：河流、滩地和草本沼泽。在这些湿地上分布着湿地植物、鸟类及鱼类等资源。渭河湿地鸟类资源主要有大鸨、黄鸭、绿头鸭、绿翅鸭、小白鹭、豆雁、苍鹭、雉鸡、红脚隼等；其中大鸨、红脚隼分别为国家一、二级保护动物。渭河湿地植物资源主要有臭椿、毛白杨、刺槐、泡桐、国槐、楸树、杨树、白榆等，经济果树有苹果、桃、核桃、梨、猕猴桃、石榴、枣等，没有发现国家保护的珍稀植物。

渭河流域内湿地资源有以下特点:①由于渭河的人类开发历史久远，而且开发程度较高，现存湿地几乎没有原始自然状态的遗迹;②流域内湿地面积大大减少,由原来的96.05 km^2 减少为81.74 km^2,整体呈萎缩趋势;③渭河湿地主要由河流和滩地组成,1980年、2006年分别为73.46%、63.68%,见表6-4。

表6-4　渭河流域1980年、2006年湿地面积变动统计　(单位:km^2)

类别	1980年湿地面积	2006年湿地面积	面积增减	变化幅度
河流	427.08	251.11	-175.97	-41.20%
时令河	43.76	0	-43.76	-100.00%
滩地	278.58	269.47	-9.11	-3.27%
湖泊	57.66	32.12	-25.54	-44.29%
灌草沼泽湿地	104.46	139.42	34.96	33.48%
林灌湿地	0	30.53	30.53	
坑塘水面	22.48	21.55	-0.93	-4.13%
水库	26.52	73.25	46.73	176.18%

6.3.2　主要水生态问题

6.3.2.1　河流水沙循环通道不畅,河流生态系统呈恶化趋势

1991年以来,渭河下游河道淤积2.37亿m^3,大部分泥沙淤在主河槽,造成主河槽严重萎缩,河床不断抬升,水流连续性、河流水文、地貌形态、生物栖息地等发生较大改变,河流连通功能退化,土著鱼类栖息地严重萎缩,河流生态系统呈恶化趋势。

6.3.2.2　流域天然湿地萎缩,水土保持功能下降

渭河流域天然湿地萎缩、退化,植被覆盖率降低,湿地质量下降,涵养水源、水土保持

等功能下降。

6.3.2.3 土著鱼类栖息地遭到破坏,鱼类物种资源严重衰退

受渭河流域水资源减少、水污染严重、河床失稳等因素的影响,渭河流域土著鱼类栖息地遭到严重破坏,土著鱼类物种资源严重衰退,生物多样性降低。

6.3.2.4 河流生态用水被挤占,生态环境安全性降低

渭河流域水资源开发利用过度,生态用水被挤占,致使生态需水严重不足。生态需水得不到满足,严重影响到傍河水源补给、河流生物、空地湿度、土壤水分等,使渭河流域生态环境安全性降低。

6.3.3 水生态保护目标

6.3.3.1 重要水生生物及栖息地

据调查,渭河流域主要保护的水生生物有秦岭细鳞鲑、马口鱼、黄河裸裂尻鱼、渭河裸重唇鱼、岷县条鳅等,均为土著鱼类,其栖息、繁殖等生态习性如表6-5所示。

表6-5 渭河流域重要保护鱼类及其生态习性

保护鱼类	生态习性	分布区域
秦岭细鳞鲑	冷水性山麓鱼类。生活于秦岭地区海拔900~2 300 m的山涧溪流中,水流湍急、水质清澈、水底多为大型砾石	渭河上游及其支流
马口鱼	喜生活在水流清澈、水温较低的水体中	渭河上游
黄河裸裂尻鱼	高原冷水鱼。栖息于流水多砾石河床,尤以被水流冲刷而上覆草皮的潜滩为多,越冬时潜伏于河岸洞穴或岩石缝隙之中。每年5~6月为主要产卵季节,沉性卵,产于石缝	渭河上游
渭河裸重唇鱼	冷水性鱼类。生活在大江和河川的急流中,产卵期在4~8月,喜产卵于湖泊、河川多石质的水底	渭河支流牛头河
岷县条鳅	生活于海拔2 300 m,此处水体虽较清澈,但不能见底。底质为泥沙且多卵石	渭河支流姚河

6.3.3.2 自然保护区

为保护渭河湿地资源,相关部门在渭河流域建立了西安泾渭湿地省级自然保护区、陕西省周至黑河湿地省级自然保护区,是渭河流域的重要水生态保护目标。

1. 西安泾渭湿地省级自然保护区

西安泾渭湿地自然保护区,是省级自然保护区,位于西安市区以北20 km处,渭河、灞河、泾河在此地汇流,以水禽及其湿地生态系统为主要保护对象,建设范围包括灞桥、未

央和高陵两区一县的灞河、泾河、渭河交汇区域，总面积 63.527 km^2，是典型的温暖半湿润区河流湿地景观。植物种类多样，是水禽重要的栖息场所，有鸟类 140 余种，也是我国候鸟迁徙的中转、越冬和繁殖地。

保护区内有高等植物 324 种，其中野生 253 种；野生动物 169 种，其中鸟类 91 种。国家重点野生保护动物有 18 种，其中Ⅰ级 2 种，Ⅱ级 16 种；陕西省省级保护动物 56 种，省级以上保护鸟类占总种数的 70% 以上，如表 6-6 所示。

表 6-6　渭河流域重要自然保护区基本情况

名称	主要保护对象	主体生态功能	与渭河水力联系	与渭河位置关系	存在问题
西安泾渭湿地省级自然保护区	水禽及湿地生态系统	生物多样性保护	位于渭河干流咸阳与华县河段	位于渭河下游	人为破坏严重，湿地面积锐减
陕西省周至黑河湿地省级自然保护区	湿地生态系统	生物多样性保护	位于黑河，与渭河无水力联系	位于渭河中游支流黑河	人为破坏严重，湿地面积锐减

2. 陕西省周至黑河湿地省级自然保护区

陕西省周至黑河湿地自然保护区被批准为省级自然保护区，保护区面积 13 126 hm^2，沿黑河流域的周至县陈河乡、马召镇、楼观镇、司竹乡等，一直延伸到黑河入渭口。保护对象为湿地生态系统。如表 6-6 所示。

6.3.3.3　种质资源保护区

国家有关部门在渭河流域划定了水产种质资源保护区，保护区基本情况见表 6-7。

1. 陕西陇县秦岭细鳞鲑国家级水产种质资源保护区

陕西陇县秦岭细鳞鲑国家级水产种质资源保护区是以保护秦岭细鳞鲑及其生境为主的水生野生动物类型的自然保护区。保护区地处陇县境内，位于东经 106°26′32″～107°06′10″、北纬 34°35′17″～35°08′16″，总面积 6 559 hm^2，其中核心区面积 1 376 hm^2，缓冲区面积 3 197 hm^2，实验区面积 1 986 hm^2。2001 年保护区开始建设，2004 年建成为省级自然保护区，2009 年 9 月国办发〔2009〕54 号文件批准成立陕西陇县秦岭细鳞鲑国家级自然保护区，核心区特别保护期为 3～7 月。保护区位于陕西陇县西南部渭河支流的千河和长沟河水域，地处秦岭、六盘山和黄土高原的交汇区，地理上属古北界与东洋界的交汇地带，是气候、动植物的过渡地带。

2. 渭河国家级水产种质资源保护区

渭河国家级水产种质资源保护区，从方山河入渭河河口至渭河入黄河口，保护区总面积 14 972 hm^2，核心保护区面积 6 432 hm^2，实验区面积 8 540 hm^2。保护区主要保护对象为鲤、鲇鱼、黄颡鱼、乌鳢、鲫鱼，其他保护物种有黄鳝、中华鳖等水生生物。

表 6-7　渭河流域水产种质资源保护区基本情况

名称	地理位置	分布	面积（km^2）	主要保护对象	存在问题
陕西陇县秦岭细鳞鲑国家级水产种质资源保护区	陇县	位于陕西陇县西南部渭河支流的千河和长沟河水域	65.59	秦岭细鳞鲑及其生境	受人类活动影响，资源衰退严重
渭河国家级水产种质资源保护区	渭南	方山河入渭河河口至渭河入黄河口	149.72	鲤、鲇鱼、黄颡鱼、乌鳢、鲫鱼等	水质污染

6.3.3.4　重要湿地

渭河湿地被划为陕西省重要湿地，范围从宝鸡市陈仓区凤阁岭到潼关县港口沿渭河至渭河与黄河交汇处，包括渭河河道、河滩、泛洪区及河道两岸 1 km 范围内的人工湿地。

6.3.3.5　风景名胜区、城市景观及地质公园

渭河流域无与干流有直接水力联系的风景名胜区和地质公园。与渭河干流有直接水力联系的有两处城市景观，即宝鸡市“渭水之央”水利风景区和灞柳生态综合开发园国家水利风景区。

1. 宝鸡市“渭水之央”水利风景区

宝鸡市“渭水之央”水利风景区属于国家级风景名胜区，位于宝鸡市，景区对水的要求包括水量与水质。水量方面，按照有关规定保证生态基量；水质方面，满足景观用水对水质的要求所需的自净水量。根据全国水功能区划成果和陕西省人民政府已批复的水功能区划，宝鸡市“渭水之央”水利风景区位于林家村至卧龙寺河段，一级区为宝鸡渭南开发利用区，二级区为宝鸡景观娱乐用水区。

2. 灞柳生态综合开发园国家水利风景区

灞柳生态综合开发园国家水利风景区位于西安市城区东北部的“灞渭三角洲”地段，西偎灞河，北依渭水，景区内地势平坦，河池滩涂甚多，水资源丰富，自然风光秀丽，文化底蕴丰厚，“灞柳风雪”便是风景区的一大亮点。

景区依托泾渭湿地自然保护区，形成了东有秦俑馆，中有泾渭湿地、灞渭三角洲、浐灞三角地、未央湖、桃花源，西有东晋桃园、渭水园、汉阳陵，并与秦岭北麓百里旅游带相呼应的西安市集旅游、休闲、体育运动、生态住宅为一体的水利景区度假带。项目总规划面积为 24.18 km^2，占地约 36 500 亩。

6.4　渭河功能性不断流生态需水组成分析

河流基本生态需水组成中主要包括生态基流、鱼类需水、湿地需水、河岸带植被需水、自净需水、输沙需水等。依据各河段重要保护对象及对存在的主要问题的分析，可知渭河不同河段的生态需水组成，如表 6-8 所示。

（1）源头至林家村：河长 430 km，是渭河的上游，河道狭窄，河谷川峡相间，水流湍急，

主要有水源涵养、生物多样性保护等功能。功能性需水主要包括植被需水、鱼类需水、生态基流。

(2)林家村至咸阳:河长 180 km,是渭河中游,河道较宽,多沙洲,水流分散,湿地资源丰富,水质污染严重,水土流失严重。主要有湿地维护功能、自净功能和景观多样性保护功能。功能性需水主要包括湿地需水、自净需水、景观需水、生态基流。

(3)咸阳至入黄口:河长 208 km,是渭河下游,水流比降较小,水流较缓,河道泥沙淤积严重,水质污染严重。其中西安泾渭湿地自然保护区位于咸阳至华县河段,渭河国家级水产种质资源保护区位于华县入黄口河段。渭河干流泥沙淤积问题主要集中在下游,而输沙需水量主要集中在汛期,尤其是汛期(7 ~ 10 月)需水量更多,同时缺水量也多;而非汛期,绝大多数月份基本上可以达到平衡输沙。因此,需要在 7 ~ 10 月满足输沙需水要求。故咸阳至华县河段主要有自净功能、输沙功能和湿地保护功能,功能性需水主要包括湿地需水、自净需水、输沙需水、生态基流。华县至入黄口河段主要有自净功能、输沙功能、生物多样性保护功能,功能性需水主要包括鱼类需水、自净需水、输沙需水、生态基流。

表 6-8 渭河功能性不断流生态需水组成

河段	重要断面	生态功能	功能需水组成
源头至林家村(上游)	北道	水源涵养 生物多样性	植被需水 鱼类需水 生态基流
林家村至咸阳(中游)	林家村	湿地维护 自净 景观多样性保护	湿地需水 自净需水 景观需水 生态基流
咸阳至入黄口(下游)	咸阳	自净 输沙 湿地保护	自净需水 输沙需水 湿地需水 生态基流
	华县	自净 输沙 生物多样性保护	自净需水 输沙需水 鱼类需水 生态基流

6.5 生态需水量研究

6.5.1 主要保护目标生态需水分析

6.5.1.1 需水要求

(1)秦岭细鳞鲑:秦岭细鳞鲑属鱼纲、鲑形目、鲑科、细鳞鲑属,为中国所特有,中国国家Ⅱ级保护野生动物,被列入《中国濒危动物红皮书》,属濒危物种。仅分布于渭河上游及其支流和汉水北侧支流湑水河、子午河的上游溪流中,生活于秦岭地区海拔900~2 300 m的山涧溪流中,水流湍急、水质清澈、水底多为大型砾石。秋末在深水潭或河道的深槽中越冬。除洪水期,很少在平原干流中见到。性成熟个体于2~3月产卵,产卵场多在浅水砂石底处,产卵水温需低于10 ℃。

(2)马口鱼:属鲤形目、鲤科、马口鱼属,濒危等级为易危。马口鱼体重一般约50 g,100~150 g重的不常见,为小型鱼类,成鱼体长仅100~200 mm。体延长,侧扁,口大,下颌前端有一突起,两侧凹陷,恰与上颌相吻合;性成熟的雄性个体臀鳍条显著延长,吻部、胸鳍和臀鳍上具有发达的珠星。分布于从黑龙江至珠江的亚洲东部诸流域,多生活在山溪流水之中。性凶猛,以昆虫、小鱼等为食,幼鱼嗜食浮游生物。在华东地区,性成熟早,1冬龄即可成熟,4~6月繁殖,此时雄鱼的头部、胸鳍及臀鳍上出现白色珠星,体色也更加鲜艳。在某些山区种群数量较大,有一定经济价值。

(3)黄河裸裂尻鱼:栖息于高原地区的黄河上游干支流和湖泊及柴达木水系。越冬时潜伏于河岸洞穴或岩石缝隙之中,喜清澈冷水。分布海拔常在2 000~4 500 m。以摄食植物性食物为主,常以下颌发达的角质边缘在沙砾表面或泥底刮取着生藻类和水底植物碎屑,兼食部分水生维管束植物叶片和水生昆虫。最小性成熟个体雄性体长16.1 cm,体重35 g,精巢重1.8 g,3龄雌性21.5 cm,体重108.1 g,卵巢重4.7 g,4龄雌性个体体长32.2 cm,体重462.5 g,绝对怀卵量12 882粒;每年5~6月为主要产卵季节,沉性卵,产于石缝。

(4)渭河裸重唇鱼:为冷水性鱼类。生活在大江和河川的急流中,有时也游至附属的静止水体内。2~3月开始向河上游游动,尤以4月比较集中,10月即开始下游。为杂食性鱼类,主要以软体动物、桡足类、端足类、小鱼、摇蚊幼虫和其他昆虫为食,有时也食少量的水生植物的枝叶和藻类。个体性成熟慢。4~5冬龄的鱼才开始性成熟,通常雌体较同龄的雄体大;产卵期在4~8月,喜产卵于湖泊、河川多石质的水底,卵常附着于石子上,之后被水流冲走至石缝中进行发育。

(5)岷县条鳅:生活在海拔为2 300 m的山涧溪流中,水体虽较清澈,但不能见底。底质为泥沙且多卵石。

鱼类繁殖场的水质达到地表水Ⅲ类的标准就基本可以满足和保证鱼类的繁殖,但一些珍稀水生生物栖息地、鱼虾类产卵场的水质则要达到Ⅱ类水的标准。

6.5.1.2 生态保护关键期

渭河生态需水主要包括维持河流连通性的基本生态需水(生态基流)、重要水生生物的生态需水及河岸带植被的生态需水(敏感生态需水)等。

渭河保护鱼类的产卵期为每年4~6月,觅食生长期为7~9月,主要位于渭河上游;对于湿地,植被需水关键期分为植被发芽期(4~6月)和植被生长期(7~9月),主要位于渭河中下游。

根据生态需水对象的需水规律,确定渭河生态需水关键期为每年的4~9月,其中4~6月是大部分河段保护生物的繁殖期,7~9月为其生长发育期。考虑到河流年内的径流变化规律,将每年划分为4~6月、7~10月、11月至翌年3月三个水期进行生态需水分析，其中 4 ~ 6 月重点保证敏感生态需水。

渭河不同河段生态保护目标需水规律分析如表 6-9 所示。

表 6-9　渭河生态需水对象及需水规律分析

河段	需水组成	重要断面	需水要求
源头至林家村	鱼类需水	北道	4 ~ 6 月：流速 0.3 ~ 0.8 m/s，有淹没岸边植被的流量过程，满足鱼类产卵生态水量需求； 其他时段：维护河道连通性与自然生态的水量过程，维持河流水量自然下泄状态
林家村至咸阳	自净需水 湿地需水 景观需水	林家村	4 ~ 6 月：有淹没岸边的流量过程； 11 月至翌年 3 月：保证生态基流，维护河流生境连通性
咸阳至入黄口	自净需水 湿地需水 输沙需水	咸阳	4 ~ 6 月：有淹没岸边的流量过程； 11 月至翌年 3 月：保证生态基流，维护河流生境连通性
		华县	4 ~ 6 月：流速 0.3 ~ 0.8 m/s，有淹没岸边的流量过程，维持水深在 1 m 左右，满足黄河鲤等鱼类产卵生态水量需求； 11 月至翌年 3 月：保证生态基流，维护河流生境连通性

注：华县断面需要满足输沙需水要求。

6.5.2　主要断面生态需水计算

6.5.2.1　计算方法

选择流域尚未大规模开发的 1956 ~ 1975 年天然流量作为基准，以 Tennant 法为基础，分 4 ~ 6 月、7 ~ 10 月、11 月至翌年 3 月三个时段，根据渭河各河段不同保护对象对径流条件的需水要求，分别取 1956 ~ 1975 年同时段流量的不同百分比作为生态需水的初值，在此基础上，以鱼类繁殖期对流速、水深的要求对生态水量进行校核，选择满足保护目标生境需求的流量，考虑水资源配置实现的可能性，结合自净需水，综合确定重要控制断面的最小生态流量与适宜生态流量。

6.5.2.2　生态需水量计算

根据渭河水资源开发利用及河流生态保护目标的情况，渭河 4 ~ 6 月主要是保证鱼类等水生生物的敏感生态需水，7 ~ 10 月满足输沙要求，11 月至翌年 3 月主要是保证河流生态基流。采用上述计算方法，对渭河主要控制断面生态水量进行计算，结果见表 6-10。

根据《黄河流域综合规划》输沙水量计算成果，渭河下游汛期输沙用水在 2020 年水平汛期的输沙用水量为 44.4 亿 m^3，2030 年水平为 42.9 亿 m^3。因此，渭河 7 ~ 10 月输沙用水在 42.9 亿 ~ 44.44 亿 m^3，由此反推华县断面 7 ~ 10 月所需的流量为 403 ~ 417 m^3/s。

表 6-10　渭河主要断面生态需水计算结果

<table>
<tr><th rowspan="2">河段</th><th rowspan="2">重要断面</th><th rowspan="2">需水对象</th><th rowspan="2">时段</th><th colspan="2">最小生态水量</th><th colspan="2">适宜生态水量</th></tr>
<tr><th>流量(m³/s)</th><th>生态需水量(亿 m³)</th><th>流量(m³/s)</th><th>生态需水量(亿 m³)</th></tr>
<tr><td rowspan="2">源头至林家村</td><td rowspan="2">北道</td><td rowspan="2">植被需水
鱼类需水
生态基流</td><td>4～6 月</td><td>15</td><td rowspan="2">1.83</td><td>25</td><td rowspan="2">3.27</td></tr>
<tr><td>11 月至翌年 3 月</td><td>5</td><td>10</td></tr>
<tr><td rowspan="2">林家村至咸阳</td><td rowspan="2">林家村</td><td rowspan="2">湿地需水
自净需水
景观需水
生态基流</td><td>4～6 月</td><td>25</td><td rowspan="2">3.27</td><td>39</td><td rowspan="2">5.68</td></tr>
<tr><td>11 月至翌年 3 月</td><td>10</td><td>20</td></tr>
<tr><td rowspan="4">咸阳至入黄口</td><td rowspan="2">咸阳</td><td rowspan="2">自净需水
输沙需水
湿地需水
生态基流</td><td>4～6 月</td><td>52</td><td rowspan="2">6.57</td><td>88</td><td rowspan="2">11.88</td></tr>
<tr><td>11 月至翌年 3 月</td><td>19</td><td>38</td></tr>
<tr><td rowspan="2">华县</td><td rowspan="2">自净需水
输沙需水
湿地需水
生态基流</td><td>4 月～6 月</td><td>83</td><td rowspan="2">9.79</td><td>140</td><td rowspan="2">17.53</td></tr>
<tr><td>11 月至翌年 3 月</td><td>25</td><td>50</td></tr>
</table>

6.5.2.3　90% 保证率与近 10 年最枯月流量法

本研究利用 1956～2010 年长序列实测流量，计算 90% 保证率下最枯水流量，同时采用 2001～2010 年最枯月流量法进行计算，计算结果与前面方法所计算的最小生态水量进行比较，以确定生态水量计算的合理性与实现的可行性。见表 6-11。

表 6-11　90% 保证率与近 10 年最枯月流量法计算结果　（单位：m³/s）

重要断面	90% 保证率	近 10 年最枯月流量法
北道	2.0	1.0
林家村	8.3	2.9
咸阳	9.8	4.4
华县	30.3	8.5

由计算结果可知，除华县断面计算结果略大于优化 Tennant 法外，其他断面均远小于优化 Tennant 法计算结果，这与 90% 保证率和近 10 年最枯月平均流量法主要适用于污染物排放量对水量要求较为严格有关。比较而言，优化 Tennant 法更适用于河流自然生态保护的需水量计算。

6.6　自净需水研究

6.6.1　水质保护目标识别

依据《全国重要江河湖泊水功能区划》，渭河干流共划分为5个一级区、20个二级区。其中，从渭河源头至峡口水库为渭河渭源源头水保护区，水质目标为Ⅱ类；从峡口水库上口到太碌是渭河定西、天水开发利用区，从太碌到颜家河为渭河甘陕缓冲区，水质目标为Ⅲ类；从颜家河到罗敷河入口为渭河宝鸡、渭南开发利用区，水质目标为Ⅲ～Ⅳ类；从罗敷河入口到入黄口为渭河华阴缓冲区，水质目标为Ⅳ类。详见表6-12。

表6-12　渭河干流水功能区

一级水功能区	二级水功能区	范围		长度(km)	水质目标
		起始断面	终止断面		
渭河渭源源头水保护区		源头	峡口水库上口	6	Ⅱ
渭河定西、天水开发利用区	渭河渭源、陇西农业用水区	峡口水库上口	秦祁河入口	43	Ⅲ
	渭河陇西、武山工业农业用水区	秦祁河入口	榜沙河入口	60	Ⅲ
	渭河武山工业农业用水区	榜沙河入口	大南河入口	30	Ⅲ
	渭河武山、甘谷工业农业用水区	大南河入口	渭水峪	45	Ⅲ
	渭河甘谷、秦城工业农业用水区	渭水峪	耤河入口	65	Ⅲ
	渭河甘谷、秦城排污控制区	耤河入口	社棠	10	
	渭河秦城过渡区	社棠	伯阳	14	Ⅲ
	渭河秦城农业用水区	伯阳	太碌	30	Ⅲ
渭河甘陕缓冲区		太碌	颜家河	83	Ⅲ
渭河宝鸡、渭南开发利用区	渭河宝鸡农业用水区	颜家河	林家村	43.9	Ⅲ
	渭河宝鸡景观娱乐用水区	林家村	卧龙寺	20	Ⅲ
	渭河宝鸡排污控制区	卧龙寺	虢镇	12	
	渭河宝鸡过渡区	虢镇	蔡家坡	22	Ⅳ
	渭河宝鸡工业农业用水区	蔡家坡	永安村	44	Ⅲ
	渭河杨凌农业用水区	永安村	漆水河入口	16	Ⅲ
	渭河咸阳工业农业用水区	漆水河入口	咸阳公路桥	63	Ⅳ
	渭河咸阳景观娱乐用水区	咸阳公路桥	咸阳铁路桥	3.8	Ⅳ
	渭河咸阳排污控制区	咸阳铁路桥	沣河入口	5.4	
	渭河咸阳过渡区	沣河入口	草滩镇	19	Ⅳ
	渭河西安农业用水区	草滩镇	零河入口	56.4	Ⅳ
	渭河渭南农业用水区	零河入口	罗敷河入口	96.8	Ⅳ
渭河华阴缓冲区		罗敷河入口	入黄口	29.7	Ⅳ

6.6.2 计算时段及单元划分

6.6.2.1 计算时段

考虑到渭河干流全年水环境条件、纳污的不均衡性,渭河稀释水量按照非汛期、汛期分别计算。

6.6.2.2 计算单元划分

依据计算单元划分原则,将渭河干流 818 km 的河长,划分成 15 个计算河段,其中包括沿渭陇西县、武山县、甘谷县、天水市、宝鸡市、兴平县、咸阳市、西安市、渭南市等集中排污河段 10 个,渭河源头、咸阳水源水质保护河段 2 个,自然净化、省界和入黄缓冲河段 4 个。详见表 6-13、图 6-1。

表 6-13 渭河计算河段划分情况

河段区间	所属城市	河段性质	河长(km)	距河源距离(km)	水质目标
渭河源头—秦祁河入口	渭源	水源保护	49.00	49.00	Ⅲ
秦祁河入口—榜沙河入口	陇西	陇西排污	60.00	109.00	Ⅲ
榜沙河入口—大南河入口	武山	武山排污	30.00	139.00	Ⅲ
大南河入口—渭水峪	甘谷	甘谷排污	45.00	184.00	Ⅲ
渭水峪—耤河入口	秦安	自然净化	65.00	249.00	Ⅲ
耤河入口—太碌	天水	天水市排污	54.00	303.00	Ⅲ
太碌—林家村	甘陕交界	省界缓冲	126.90	429.90	Ⅲ
林家村—蔡家坡	宝鸡	宝鸡西排污	54.00	483.90	Ⅳ
蔡家坡—漆水河入口	宝鸡	宝鸡东排污	60.00	543.90	Ⅲ
漆水河入口—兴平咸阳交界	兴平	兴平排污	48.00	591.90	Ⅳ
兴平咸阳交界—咸阳公路桥	咸阳	咸阳水源保护	15.00	606.90	Ⅳ
咸阳公路桥—草滩镇	咸阳	咸阳排污	28.20	635.10	Ⅳ
草滩镇—零河入口	西安	西安排污	56.40	691.50	Ⅳ
零河入口—罗敷河入口	渭南	渭南排污	96.80	788.30	Ⅳ
罗敷河入口—入黄口	入黄缓冲	入黄缓冲	29.70	818.00	Ⅳ

6.6.3 有关参数

COD 汛期综合自净降解系数介于 0.18 ~ 0.40(1/d),非汛期介于 0.12 ~ 0.3(1/d);氨氮汛期综合自净降解系数介于 0.16 ~ 0.30(1/d),非汛期介于 0.10 ~ 0.3(1/d)。

6.6.4 计算结果及分析

6.6.4.1 现状稀释水量

1. 现状排污情况下稀释水量计算结果

现状排污情况下稀释水量计算结果见表 6-14。

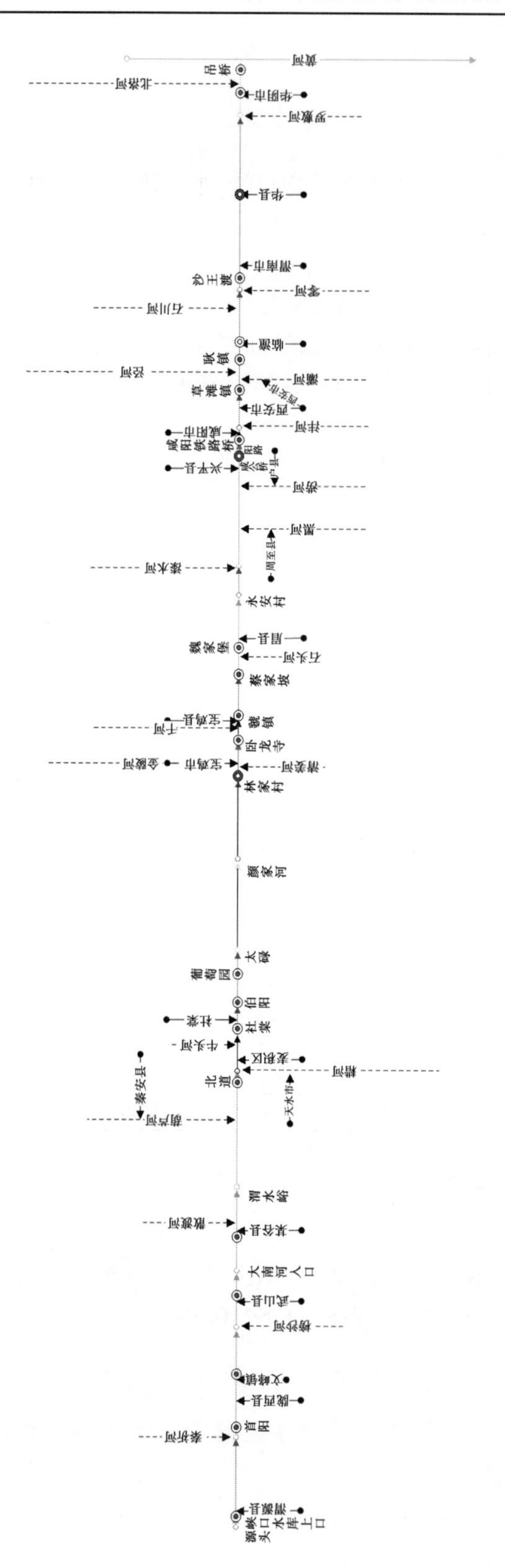

图 6-1　自净水量计算节点图

表6-14　渭河干流稀释水量计算结果　（单位：m^3/s）

河段名称	现状稀释水量			
	非汛期		汛期	
	COD	氨氮	COD	氨氮
源头—峡口水库上口				
峡口水库上口—秦祁河入口	3	5.5	3	4
秦祁河入口—榜沙河入口	26.5	39	33.5	39
榜沙河入口—大南河入口	30	16.5	35.5	13
大南河入口—渭水峪	26.5	16.5	32	16.5
渭水峪—耤河入口				
耤河入口—伯阳	138.5	789	147.5	788
伯阳—太碌				
太碌—颜家河				
颜家河—林家村				
林家村—卧龙寺	138	720.5	406	588
卧龙寺—蔡家坡	6.5	73	18.5	184
蔡家坡—永安村				
永安村—漆水河入口				
漆水河入口—咸阳公路桥	56	116	70.5	115.5
咸阳公路桥—咸阳铁路桥				
咸阳铁路桥—草滩镇	579	1 331.5	568	1 438.5
草滩镇—零河入口				
零河入口—罗敷河入口	37.5	145.5	56.5	175.5
罗敷河入口—入黄口				

2. 实际监测水质—水量关系分析

分析渭河干流林家村、拓石、西宁、华县、吊桥等水质监测站点在2007～2009年的COD、氨氮水质、流量监测结果，可以看出断面流量与水质具有一定相关性。其中，林家村站上游来水水质较好，COD、氨氮浓度基本能满足Ⅲ类水；拓石站水量$>30\ m^3/s$时，COD、氨氮浓度基本能满足Ⅲ类水；华县站由于上游西安、咸阳等城镇排污，水量$>200\ m^3/s$时，COD浓度基本能满足Ⅳ类水，但氨氮浓度实现Ⅳ类较困难；吊桥站水量$>150\ m^3/s$时，COD浓度基本能满足Ⅳ类水，但氨氮浓度实现Ⅳ类较困难。

3. 渭河干流现状稀释水量推荐结果

从实际渭河干流水质—水量分析结果来看，其与渭河干流COD稀释水量计算结果基本一致,氨氮差异较大。综合考虑渭河干流稀释水量计算结果及多年情况下的水质—水量分析结果,给出现状情况下渭河干流武山、甘谷、北道、林家村、咸阳、华县等重要站点稀释水量推荐结果,详见表6-15。

表6-15 渭河干流现状情况下重要水文站点稀释水量

断面名称	距河源距离(km)	稀释水量(m^3/s)	
		非汛期	汛期
武山	125.1	6	5
甘谷	249	30	35
北道	273	140	150
林家村	388.5	80	120
咸阳	606.9	120	120
华县	744.8	150	180

6.6.4.2 自净需水量

1. 入渭支流水质目标

根据《全国重要江河湖泊水功能区划》和《甘肃省水功能区划》《陕西省水功能区划》,耤河、皂河、泾河、灞河、北洛河、沣河、罗敷河等渭河干流的主要支流入渭控制水质要求见表6-16。

表6-16 目标控制水平下主要支流入渭水质目标

河名	水质目标	控制浓度(mg/L)	
		COD	氨氮
耤河	Ⅲ	≤20	≤1
皂河	Ⅳ	≤30	≤1.5
泾河	Ⅲ	≤20	≤1
灞河	Ⅳ	≤30	≤1.5
北洛河	Ⅲ	≤20	≤1
沣河	Ⅳ	≤30	≤1.5
罗敷河	Ⅳ	≤30	≤1.5

2. 达标情况下渭河干流纳污量

在入渭入黄排污口满足达标排放、入渭支流满足水功能区划水质目标要求时,渭河干流纳污量见表6-17。对比现状与达标情况下渭河干流纳污量成果,渭河干流达标情况下COD、氨氮较现状分别减少42.7%、53.4%,减少污染物量主要集中在宝鸡、咸阳和西安河段。

表 6-17　渭河干流区间达标情况下废污水及主要污染物入河量

一级水功能区	二级水功能区	COD（t/a）	氨氮（t/a）
渭河渭源、陇西、武山、甘谷、秦城、麦积开发利用区	渭河渭源、陇西农业用水区	127	19
	渭河陇西、武山工业农业用水区	338	45
	渭河武山工业农业用水区	468	63
	渭河甘谷、秦城、麦积排污控制区	3 179	503
	渭河秦城过渡区	61	10
	小计	4 173	640
渭河宝鸡、渭南开发利用区	渭河宝鸡景观娱乐用水区	7 347	1 639
	渭河宝鸡排污控制区	1 001	253
	渭河宝鸡过渡区	1 394	559
	渭河宝鸡工业农业用水区	2 746	430
	渭河咸阳工业农业用水区	10 058	1 184
	渭河咸阳景观娱乐用水区	3 311	552
	渭河咸阳排污控制区	6 209	926
	渭河咸阳过渡区	16 143	1 854
	渭河西安农业用水区	4 877	722
	渭河渭南农业用水区	373	29
	小计	53 458	8 148
甘肃	定西市	465	64
	天水市	3 708	576
	小计	4 173	640
陕西	宝鸡市	12 487	2 882
	咸阳市	24 501	3 329
	西安市	13 022	1 486
	渭南市	3 448	450
	小计	53 458	8 147
总计		57 631	8 785

3. 自净需水量计算成果

渭河干流达标情况下自净需水量计算结果见表 6-18。

表 6-18　渭河干流自净需水量计算结果　（单位：m^3/s）

河段名称	自净需水量			
	非汛期		汛期	
	COD	氨氮	COD	氨氮
源头—峡口水库上口				
峡口水库上口—秦祁河入口	1	5.5	1	1
秦祁河入口—榜沙河入口	5	10.5	6.5	10.5
榜沙河入口—大南河入口	1.5	3.5	2	3
大南河入口—渭水峪	2	6.5	2.5	6.5
渭水峪—耤河入口				
耤河入口—伯阳	33.5	65.5	38	65.5
伯阳—太碌				
太碌—颜家河				
颜家河—林家村				
林家村—卧龙寺	105	359.5	82	261
卧龙寺—蔡家坡	5	40	5	18.5
蔡家坡—永安村	—	—	—	—
永安村—漆水河入口				
漆水河入口—咸阳公路桥	23	73.5	25.5	50
咸阳公路桥—咸阳铁路桥				
咸阳铁路桥—草滩镇	508.5	876.5	549.5	990
草滩镇—零河入口				
零河入口—罗敷河入口	17	111	55	121.5
罗敷河入口—入黄口				

4. 渭水干流自净需水量推荐结果

综合考虑给出达标情况下渭河干流武山、甘谷、北道、林家村、咸阳、华县等重要站点自净需水量的推荐结果，见表 6-19。

表6-19 渭河干流现状情况下重要水文站点自净需水量

断面名称	距河源距离(km)	自净需水量(m^3/s)	
		非汛期	汛期
武山	125.1	6	3
甘谷	249	12	12
北道	273	40	40
林家村	388.5	50	30
咸阳	606.9	80	50
华县	744.8	120	120

6.7 景观需水

渭河流域分布有湿地、风景名胜区和城市景观等多种类型的涉水景观,在前面的生态需水的内容里已经考虑了湿地需水、森林公园需水,本小节重点考虑风景名胜区和城市景观需水。渭河干流分布的涉水景观见表6-20。

表6-20 渭河干流分布的涉水景观

景观名称	级别	所在河段	功能定位	水量要求
宝鸡市"渭水之央"水利风景区	国家级	林家村附近	休闲娱乐	水面是景观的一部分,已布置拦河橡胶坝,可以蓄水而成。不需要特别补水
宝鸡市渭河公园	城市景观	林家村附近	休闲娱乐	
咸阳渭河湿地	城市景观	咸阳至华县河段	水质处理,休闲娱乐	
西安浐灞国家湿地公园	国家级	咸阳至华县河段	休闲娱乐	
西安西咸新区渭河生态景观带	城市景观	咸阳至华县河段	娱乐休闲	

6.8 生态需水耦合研究

河流功能性需水主要有自然功能需水和社会功能需水。自然功能需水主要包括生态基流、鱼类需水、湿地需水、河岸带植被需水、自净需水、输沙需水等。这些功能性需水之间存在着交叉和重复,各种功能所需水量可以兼顾。因此,需要对满足多种功能需求的不同量级的水量进行耦合。

本课题关注的重点是河流生态系统的结构和功能,并据此提出了最小生态水量和适宜生态水量。

生态需水耦合主要遵循以下原则:

(1)河流连续性,上下游传递的原则。

重要水文断面流量整合时,要考虑上下断面之间流量的匹配性、水流演进等多种因素,经综合优化后给出合适的流量。

(2)生态保护优先的原则。

分布有鱼类产卵场、重要湿地、重要森林资源的河段,优先考虑鱼类需水、湿地需水、河岸带植被需水等需求。

(3)下游以水质保护为主,但要考虑多用水目标。

水质改善是功能性不断流的重要目标之一,只有良好水质保证的水资源才能满足支撑河流其他功能。下游以水质保护为主,需同时考虑生态、景观等多用水目标。

根据上述耦合原则,给出渭河重要水文断面的推荐水量(见表 6-21)。

表 6-21　渭河重要断面生态水量和自净水量耦合成果

重要断面	时段	生态水量		自净水量(m^3/s)	90%保证率法(m^3/s)	耦合后的推荐水量(归整)			
		最小生态水量(m^3/s)	适宜生态水量(m^3/s)			最小生态水量		适宜生态水量	
						流量(m^3/s)	生态需水量(亿 m^3)	流量(m^3/s)	生态需水量(亿 m^3)
北道	4～6 月	15	25	40	2.0	15	1.83	40	4
	11 月至翌年 3 月	5	10			5		10	
林家村	4～6 月	25	39	50	8.3	25	3.27	50	8
	11 月至翌年 3 月	10	20			10		39	
咸阳	4～6 月	52	88	80	9.8	52	6.57	88	11
	11 月至翌年 3 月	19	38			19		38	
华县	4～6 月	83	140	120	30.3	83	9.79	140	16
	11 月至翌年 3 月	25	50			25		50	

6.9 小　结

(1)渭河功能需水包括自然功能需水和社会功能需水。自然功能需水包括鱼类需水、自净需水、湿地需水等,社会功能需水主要考虑景观需水。源头至林家村河段主要有水源涵养功能、生物多样性保护功能,功能性需水主要有植被需水、鱼类需水。林家村至咸阳河段主要有湿地保护、自净功能和景观多样性保护等功能,功能性需水主要有湿地需水、自净需水、景观需水。咸阳至入黄口河段主要满足自净功能、输沙功能、湿地维护,功能性需水主要有湿地需水、自净需水、输沙需水。华县至入黄口河段主要满足自净功能、输沙功能、生物多样性保护,功能性需水主要有鱼类需水、自净需水、输沙需水。

渭河流域存在着河流水沙循环通道不畅,河流生态系统呈恶化趋势;流域天然湿地萎缩,水土保持功能下降;土著鱼类栖息地遭到破坏,鱼类物种资源严重衰退;河流生态用水被挤占,生态环境安全降低等生态环境问题。

(2)根据生态需水对象的需水规律,确定渭河生态需水关键期为 4～6 月。考虑河流年内径流变化规律,将每年划分为 4～6 月、7～10 月、11 月至翌年 3 月三个水期进行生态需水分析，其中4～6月重点保证敏感生态需水。7～10月满足输沙要求，11月至翌年3月主要是维护河流生境连通性。经过计算，北道断面在4～6月、11月至翌年3月两个水期的最小生态水量分别为15 m^3/s、5 m^3/s，生态需水量为1.83亿m^3；4～6月、11月至翌年3月两个水期的适宜生态水量分别为25 m^3/s、10 m^3/s，生态需水量为3.27亿m^3。林家村断面在4～6月、11月至翌年3月两个水期的最小生态水量分别为25 m^3/s、10 m^3/s，生态需水量为3.27亿m^3；4～6月、11月至翌年3月两个水期的适宜生态水量分别为39 m^3/s、20 m^3/s，生态需水量为5.68亿m^3。咸阳断面在4～6月、11月至翌年3月两个水期的最小生态水量分别为52 m^3/s、19 m^3/s，生态需水量为6.57亿m^3；4～6月、11月至翌年3月两个水期的适宜生态水量分别为88 m^3/s、38 m^3/s，生态需水量为11.88亿m^3。华县断面在4～6月、11月至翌年3月两个水期的最小生态水量分别为83 m^3/s、25 m^3/s，生态需水量为9.79亿m^3；4～6月、11月至翌年3月两个水期适宜生态水量分别为140 m^3/s、50 m^3/s，生态需水量为17.53亿m^3，其中华县断面7～10月输沙用水在42.9亿～44.44亿m^3，由此反推华县断面7～10月所需流量为403～417 m^3/s。

（3）林家村站上游来水水质较好，COD、氨氮浓度基本能满足Ⅲ类水；拓石站流量>30 m^3/s时，COD、氨氮浓度基本能满足Ⅲ类水；华县站由于上游西安、咸阳等城镇排污，流量>200 m^3/s时，COD浓度基本能满足Ⅳ类水，但氨氮实现Ⅳ类较困难；吊桥站流量>150 m^3/s时，COD浓度基本能满足Ⅳ类水，但氨氮实现Ⅳ类较困难。推荐结果如下：武山断面非汛期、汛期自净水量分别为6 m^3/s、3 m^3/s；甘谷断面非汛期、汛期自净水量分别为12 m^3/s、12 m^3/s；北道断面非汛期、汛期自净水量分别为40 m^3/s、40 m^3/s；林家村断面非汛期、汛期自净水量分别为50 m^3/s、30 m^3/s；咸阳断面非汛期、汛期自净水量分别为80 m^3/s、50 m^3/s；华县断面非汛期、汛期自净水量分别为120 m^3/s、120 m^3/s。

（4）渭河流域分布有湿地、森林公园、风景名胜区和城市景观等多种类型的涉水景观，在生态需水的内容里已经考虑了湿地需水、森林公园需水，除此之外，对于渭河流域，还需要考虑宝鸡市"渭水之央"水利风景区、宝鸡市渭河公园、咸阳渭河湿地、西安浐灞国家湿地等城市景观用水，由于水面是景观的一部分，已布置拦河橡胶坝，可以蓄水而成，不需要特别补水。

（5）生态需水耦合主要遵循河流连续性、上下游传递的原则，生态保护优先的原则，以下游以水质保护为主，但要考虑多用水目标等原则。经过耦合计算，北道断面在4～6月、11月至翌年3月两个水期的最小生态水量分别为：15 m^3/s、5 m^3/s，非汛期生态需水量为1.83亿m^3；4～6月、11月至翌年3月两个水期的适宜生态水量分别为：40 m^3/s、10 m^3/s，非汛期生态需水量为4亿m^3。林家村断面在4～6月、11月至翌年3月两个水期的最小生态水量分别为：25 m^3/s、10 m^3/s，非汛期生态需水量为3.27亿m^3；4～6月、11月至翌年3月两个水期的适宜生态水量分别为：50 m^3/s、39 m^3/s，非汛期生态需水量为8亿m^3。咸阳断面在4～6月、11月至翌年3月两个水期的最小生态水量分别为：52 m^3/s、19 m^3/s，非汛期生态需水量为6.57亿m^3；4～6月、11月至翌年3月两个水期的适宜生态水量分别为：88 m^3/s、38 m^3/s，非汛期生态需水量为11亿m^3。华县断面在4～6月、11月至翌年3月两个水期的最小生态水量分别为：83 m^3/s、25 m^3/s，非汛期生态需水量为9.79亿m^3；4～6月、11月至翌年3月两个水期的适宜生态水量分别为：140 m^3/s、50 m^3/s，非汛期生态需水量为16亿m^3。

第 7 章　沁河生态需水研究

7.1　沁河流域概况

7.1.1　自然概况

7.1.1.1　地理位置

沁河流域位于东经 112° ~ 113°30′、北纬 35° ~ 37°，是黄河三门峡至花园口区间两大支流之一，发源于山西省沁源县霍山南麓的二郎神沟。流经山西省安泽、沁水、阳城、晋城等县（市），至河南省济源市五龙口出太行山峡谷进入平原，下行 90 km，经济源、沁阳、博爱、温县，于武陟县南贾村汇入黄河。河道全长 485 km，落差 1 844 m，平均坡降 2. 16‰。流域面积 13 532 km^2，呈南北向狭长形，约占黄河三花间流域面积 41 615 km^2 的 32. 5%，占黄河流域总面积的 1. 8%。

7.1.1.2　地形地貌

沁河流域位于太行山脉西侧，大部分为山区，海拔一般在 700 m 左右，最高在 1 800 ~ 2 000 m。源头地区海拔 1 800 ~ 2 000 m，中游河道高程一般 700 m 左右，下游平原地区高程在 150 m 以下。山西境内安泽以上流域为丘陵—河谷平川区，山体浑圆，山峰相对高度一般 100 ~ 200 m，山区间有大面积平川；郑庄镇（沁水河汇入口）以上流域为山岭重丘区，山峰相对高度 200 ~ 500 m；润城—郑庄镇区间是低山丘陵区，山体相对高度大多不足 100 m，坡度较缓，河谷宽阔，区间有较大范围平川，土地利用充分；润城—河南济源区间是高山峡谷区，河谷深切，山峰高耸，悬崖峭壁（高达数百米至上千米），山峰相对高度一般 800 ~ 2 000 m。沁河在济源五龙口出山后进入沁黄冲积平原，地势开阔平坦，两岸有堤防束缚洪水。润城—五龙口山区河段平均比降 4. 5‰左右，五龙口—入黄河口河段平均比降 0. 8‰左右。

7.1.1.3　河流水系

沁河一级支流长度在 25 km 以上的共计有 30 条，长达 1 029 km；长度在 2 ~ 5 km 的支毛沟 347 条，全长 5 715 km。较大支流有紫红河、赤石桥河、泗河、蔺河、兰河、沁水河、端氏河、芦苇河、菏泽河、长河、西治河和丹河等。

支流以丹河为最大，该河发源于山西省高平县丹朱岭，流经晋城、陵川，至河南省博爱九府坟进入下游平原，于沁阳北金村汇入沁河。河道全长 169 km，平均比降 5. 27‰，流域面积 3 152 km^2。流域位于晋城东南山字形背斜间，在寒武系及奥陶系石灰岩中，溶洞发育，泉水出露较多，如沁河马山泉、黑水泉，丹河的三姑泉、郭壁泉，三姑泉最大流量达 5 ~ 6 m^3/s。

7.1.1.4　气候特征

沁河流域地处副热带季风区,大陆性季风显著,四季分明。冬季在蒙古高压的控制下盛行西北风,气候干燥,天气寒冷,雨雪稀少;春季受西南季风的影响较弱,雨量增加有限。夏季西太平洋副热带高压增强,暖湿气团从西南、东南侵入本流域,同时又处于西风环流的影响下,冷暖空气交换频繁,故雨量特别集中。

截至2000年资料统计,沁河流域历年蒸发量和气温基本维持稳定,流域多年平均气温为10.4 ℃,多年平均蒸发量为1 700 mm(E601蒸发皿)。

近十几年来,沁河流域降水持续偏少。根据流域内34个雨量站1956年7月至1986年6月同步降水实测系列统计,流域多年平均降水量为635 mm;将系列延长到2000年,流域多年平均降水量减少到611 mm,其中1986年7月至2000年6月年平均降水量仅为544 mm,比1956年7月至1986年6月平均降水量减少14%。降水的空间分布在东西向和南北向上并无明显的差异。流域降水的高值区为润城—五龙口区间,多年平均降水量为665 mm,该区间以南、以北的降水量相对有所减少,一般在600~640 mm。降水量年内分配主要集中在6~9月,占全年降水总量的70%左右。

7.1.1.5　水资源

沁河流域现有水文站7处,其中5处位于沁河干流,从上至下依次为孔家坡、飞岭、润城、五龙口和小董(武陟)。支流丹河上设有山路平水文站,沁水河上设有油房水文站。由于沁河流域跨山西、河南两省,且又属黄河流域,因此各水文站归属也有所不同。上游的孔家坡、飞岭、油房、张峰、任庄等站属山西省水文局管理,中下游的润城、五龙口、山路平、武陟等站属黄委水文局管理。除几个专用站系列较短外,其他测站截至2000年有40~50年系列(水文年)。

沁河流域多年平均水资源总量17.45亿m^3,其中地表水资源量14.20亿m^3,地下水资源量11.05亿m^3,重复量7.80亿m^3。

7.1.1.6　暴雨洪水

沁河洪水由暴雨形成,年最大洪峰多发生在7、8月。据五龙口水文站1953~1998年46年资料统计,7、8月洪水占78.3%,9月占13.0%。其中8月出现洪峰的次数最多,占50.0%。洪峰出现时间最早为7月上旬,最迟到9月下旬。一次洪水历时均在5日之内,洪峰陡涨陡落,呈单峰型或双峰型,洪量集中。

沁河是黄河洪水的重要来源之一,沁河防洪与黄河防洪息息相关,远在金代就有黄沁都巡河官居怀州兼沁水事,自明清以来,历代均将沁河防洪与黄河防洪统一管理。沁河下游河道高于背河地面以上2~7 m,一旦左岸堤防决溢失事,洪水将一泄千里,淹没华北3.3万km^2的政治、经济发达区域,影响范围之广、损失之大不堪设想,京广、津浦、新菏等重要铁路干线和107等国道及新乡市等重要城市安全将受到威胁,中原油田等重要能源生产基地将严重受损,多年建立起来的灌溉排水系统及河道治理工程将毁于一旦。

1948年前,沁河灾害频繁。自三国魏景初元年(公元237年)有记载以来,到1948年,共发生灾害1 712次,决溢293次。1949年堵复大樊决口,确定以防御小董站20年一遇流量4 000 m^3/s洪水为目标,保证堤防不决口,遇超标准洪水,一是在沁北自然滞洪区自然滞洪,二是在南岸五车口分洪,以确保丹河口以上南岸堤防及丹河口以下北岸堤防安全。目前,丹河口以下 59 km 左岸堤防属于一级建设标准,被国家明确为确保堤段。沁河武陟站曾发生 1954 年 3 050 m^3/s 和 1982 年 4 130 m^3/s 的大洪水,年最大流量 1 000 m^3/s 以上洪水发生过 17 次。1996 年沁河武陟最大流量 1 640 m^3/s,相应水位高于 1954 年 3 050 m^3/s相应水位 0.91 m。若遇超标准洪水,沁河下游防洪安全、超河道下泄能力之外的部分洪水处置,仍是急需研究解决的重大难题。

7.1.1.7　水土流失

沁河流域植被条件相对较好,水土流失较少。年内泥沙主要集中于汛期,汛期输沙量占到全年的90%以上,且年际变化较大。

沁河流域的水土流失区主要分布在流域中部的泽州盆地及其附近,流域水土流失面积约为 7 255 km^2,占流域总面积的54%,侵蚀强度在800～1 500 t/(km^2·a)。现状治理面积为 2 700 km^2,治理度达 37%。由于沁河流域水土流失强度较小,水土保持的治理规模也相当有限。

7.1.2　社会概况

7.1.2.1　人口

据 2005 年资料统计,沁河流域总人口 342.6 万人,其中农业人口 209.1 万人,城镇人口 133.5 万人,城市化率 39.0%。其中山西省沁河流域总人口为 242.6 万人,农村人口 141.8 万人,城镇人口 100.6 万人,城市化率 41.5%;河南省沁河流域总人口 100.0 万人,农村人口 67.21 万人,城镇人口 32.8 万人,城市化率为 39.0%。沁河流域平均人口密度为 253 人/km^2,在地区分布上一般是山区小于平川,上游小于中下游。

7.1.2.2　土地利用

沁河流域总面积 13 532 km^2,耕地面积 423.1 万亩,占流域面积的 20.8%,其中有效灌溉面积 174.8 万亩(不包括流域外引沁灌溉面积 57.65 万亩),占耕地面积的 41.3%,流域内现有耕地和有效灌溉面积主要分布在沁河干流的中下游和丹河流域的泽州盆地。耕地面积中山西省为 322.9 万亩,占 76.3%;河南省为 100.2 万亩,占 23.7%。

流域内人均耕地 1.2 亩,农业人均 2.0 亩,人均有效灌溉面积 0.5 亩。

7.1.2.3　工农业生产

沁河流域 2005 年工农业增加值 573.5 亿元,其中农业增加值 44.3 亿元,工业增加值 529.2 亿元。山西省沁河流域工农业增加值 386.5 亿元,其中工业增加值 362.2 亿元,农业增加值 24.3 亿元;河南省沁河流域工农业增加值 187.0 亿元,其中工业增加值 167.0 亿元,农业增加值 20.0 亿元。2000 年沁河流域国内生产总值(GDP)222.6 亿元,其中山西省 159.2 亿元,河南省 63.4 亿元。

沁河流域粮食作物以小麦、玉米、谷子为主,并有少部分的水稻;经济作物主要有棉花、油料、药材等。流域粮食播种面积 513.6 万亩,粮食总产 149.8 万 t,人均占有粮食 437 kg,其中山西省粮食总产 91.9 万 t,人均占有粮食 379 kg;河南省粮食总产 57.9 万 t,人均占有粮食 579 kg。近十几年来,流域的农业生产已有长足的发展,粮食生产基本可以满足本流域的消耗需要。今后农业生产的发展方向主要是通过种植结构调整,逐步发展高效农业,提高农业生产效益。

2005年流域牲畜总数252.9万头(只),其中大牲畜28.9万头,小牲畜224.0万只。

7.2　沁河水污染现状及污染成因分析

7.2.1　沁河水功能区划及水质目标

沁河干流共划分水功能一级区6个,其中开发利用区2个、保护区2个、保留区1个、缓冲区1个,水功能二级区8个。水功能区划及水质目标详见表7-1。

表7-1　沁河水功能区划及水质目标

水功能一级区名称	水功能二级区名称	范围		长度(km)	水质目标
		起始断面	终止断面		
沁河沁源源头水保护区		源头	孔家坡站	69.3	Ⅱ
沁河沁源安泽保留区		孔家坡站	周家沟	54.7	Ⅱ
沁河安泽阳城开发利用区	沁河安泽县饮用农业用水区	周家沟	市界	58.0	Ⅲ
	沁河沁水县张峰水库工业农业用水区	市界	郑庄	44.5	Ⅲ
	沁河端氏农业用水区	郑庄	北留公路桥	76.3	Ⅳ
沁河阳城缓冲区		北留公路桥	曹河村	40.8	Ⅲ
沁河晋豫自然保护区		曹河村	五龙口站	52.0	Ⅲ
沁河济源焦作开发利用区	沁河济源沁阳农业用水区	五龙口站	沁阳县北孔	28	Ⅳ
	沁河沁阳排污控制区	沁阳县北孔	孝敬	14	
	沁河沁阳武陟过渡区	孝敬	武陟县王顺	16	Ⅳ
	沁河武陟农业用水区	武陟县王顺	武陟县小董	4.7	Ⅳ
	沁河武陟过渡区	武陟县小董	入黄口	26.8	Ⅳ

沁河干流全长485.1 km,共设有5个水文断面,7个水质监测断面。水文断面分别是孔家坡、飞岭、润城、五龙口、武陟;水质监测断面分别是孔家坡、飞岭、郑庄、润城、五龙口、武陟城关、蟒沁河渠首。见图7-1。

7.2.2　水质现状

7.2.2.1　评价对象

以沁河干流为评价对象,进行水功能区水质达标评价和河长水质评价。

7.2.2.2　评价因子

选取pH、溶解氧(DO)、高锰酸盐指数(COD_{Mn})、5日生化需氧量(BOD_5)、化学需氧量(COD)、氨氮、氟化物、总磷、锌、汞、铅、铬、石油类等13项参数作为评价因子。

7.2.2.3　评价标准

评价标准采用《地表水环境质量标准》(GB 3838—2002)。

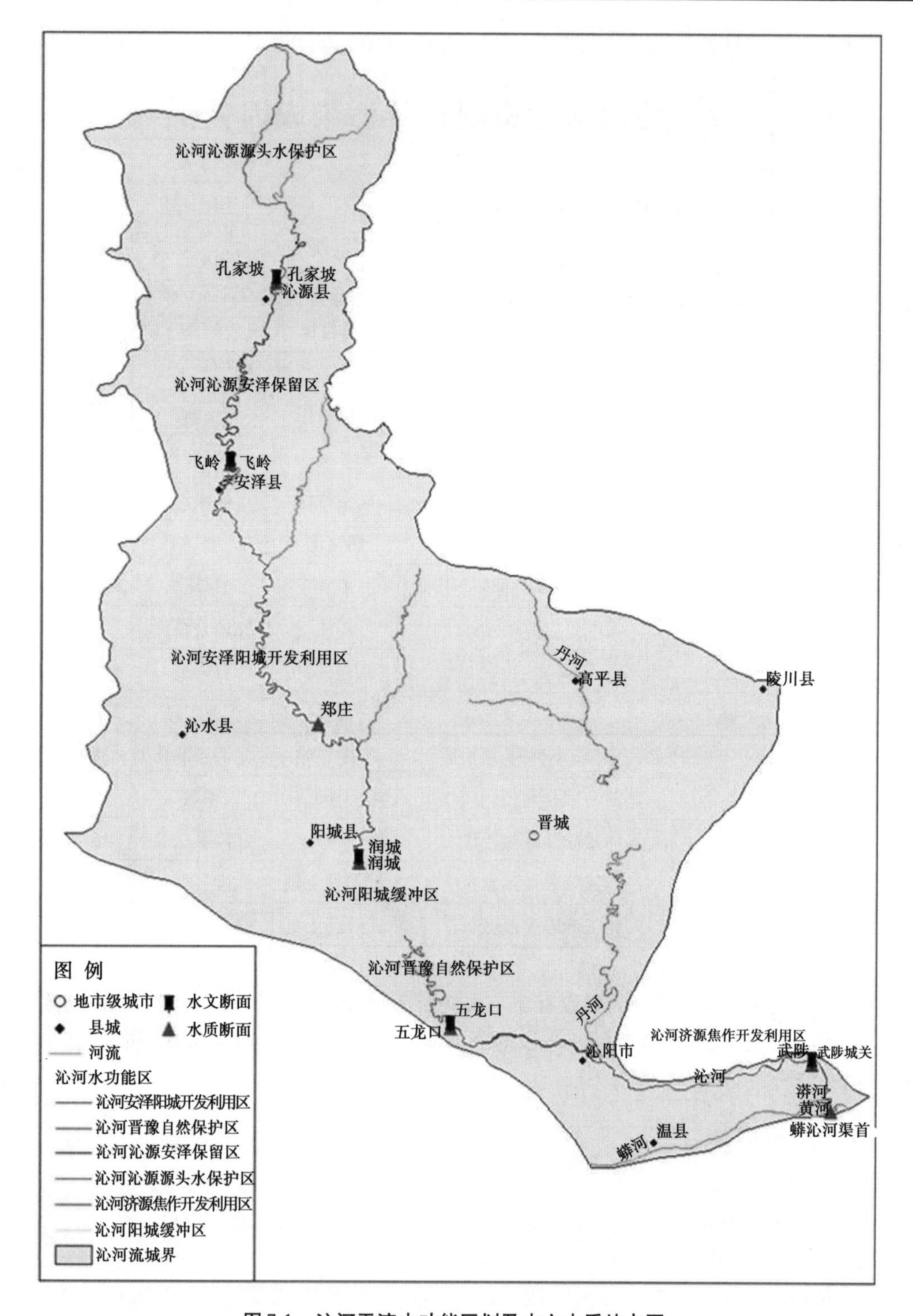

图 7-1　沁河干流水功能区划及水文水质站点图

7.2.2.4　评价时段

收集 2009 年逐月常规水质断面监测资料,分汛期(7 ~ 10 月)、非汛期(1 ~ 6 月、11 ~ 12 月)、全年三个时段进行评价。

7.2.2.5　评价方法

单因子指数法:将每个断面各评价因子不同评价时段的算术平均值与评价标准比较,确定各因子的水质类别,其中的最高类别即为该断面不同时段的综合水质类别。

7.2.2.6　评价结果

1. 水功能区水质达标评价

对沁河干流各水功能区进行水质达标评价,结果见表 7-2。从表中可以看出,沁河干流的 4 个一级区(除开发区外)全部达标,8 个二级区中有 5 个达标、3 个超标,水功能区达标率为 75%。超标功能区位于距沁河入黄口 50 km 河段内,即沁河末端 50 km 河长水质超标。

表 7-2　2009 年沁河各水功能区水质达标评价详细信息

水功能一级区名称	水功能二级区名称	代表断面	水质目标	所在省区	水质类别及超标项目和倍数					
					全年		汛期		非汛期	
沁河沁源源头水保护区		孔家坡	Ⅱ	晋	Ⅱ		Ⅱ		Ⅱ	
沁河沁源安泽保留区		孔家坡	Ⅱ	晋	Ⅱ		Ⅱ		Ⅱ	
沁河安泽阳城开发利用区	沁河安泽县饮用农业用水区	飞岭	Ⅲ	晋	Ⅱ		Ⅱ		Ⅱ	
	沁河沁水县张峰水库工业农业用水区	飞岭	Ⅲ	晋	Ⅱ		Ⅱ		Ⅱ	
	沁河端氏农业用水区	润城	Ⅳ	晋	Ⅱ		Ⅳ		Ⅱ	
沁河阳城缓冲区		润城	Ⅲ	晋	Ⅱ		Ⅳ	氟化物(0.11)	Ⅱ	
沁河晋豫自然保护区		五龙口	Ⅲ	晋豫	Ⅲ		Ⅲ		Ⅲ	

续表 7-2

水功能一级区名称	水功能二级区名称	代表断面	水质目标	所在省区	水质类别及超标项目和倍数					
					全年		汛期		非汛期	
沁河济源焦作开发利用区	沁河济源沁阳农业用水区	五龙口	Ⅳ	豫	Ⅲ		Ⅲ		Ⅲ	
	沁河沁阳排污控制区			豫						
	沁河沁阳武陟过渡区	武陟城关	Ⅳ	豫	劣Ⅴ	COD(0.55)、COD$_{Mn}$(0.93)	Ⅳ		劣Ⅴ	COD(0.63)、COD$_{Mn}$(1.0)
	沁河武陟农业用水区	武陟城关	Ⅳ	豫	劣Ⅴ	COD(0.55)、COD$_{Mn}$(0.94)	Ⅳ		劣Ⅴ	COD(0.63)、COD$_{Mn}$(1.1)
	沁河武陟过渡区	蟒沁河渠首	Ⅳ	豫	劣Ⅴ	COD(1.73)、氨氮(0.46)	Ⅴ	COD(0.21)、氨氮(0.25)	劣Ⅴ	COD(2.3)、氨氮(0.54)

2. 河长评价

沁河干流全长 485.1 km，各类水质河长见表 7-3。

表 7-3　2009 年沁河各类水质河长　　（单位：km）

水期	评价河长	Ⅰ类	Ⅱ类	Ⅲ类	Ⅳ类	Ⅴ类	劣于Ⅴ类
全年	485.1	0	349.6	76.6	0	0	58.9
汛期	485.1	0	222.1	76.6	172.5	13.9	0
非汛期	485.1	0	349.6	76.6	0	0	58.9

从表 7-3 中可以看出，2009 年沁河全年均值的水质情况是：Ⅱ类水质河长占 72.1%，Ⅲ类水质河长占 15.8%，劣Ⅴ类水质河长占 12.1%。汛期水质稍好于非汛期。

7.2.3　水质沿程变化趋势分析

选取 2009 年水质监测资料，对沁河干流孔家坡、飞岭、润城、五龙口、武陟、蟒沁河渠首 6 个断面进行水质沿程变化趋势分析，结果表明：

沁河水质在源头至五龙口处较好，能够达到水质目标；进入武陟断面，由于五龙口—武陟区间加入了逍遥河支流，以及北洋纸业、华丰纸业等污染严重的排污口，水质开始急剧恶化，达到劣Ⅴ类，COD$_{Cr}$超标 0.55～0.63 倍，COD$_{Mn}$超标 0.93～1.0 倍；到达蟒沁河渠首断面，由于武陟—蟒沁河渠首区间又加入了遭受严重污染的老蟒河，沁河水质变得更差，COD 超标倍数高达 2.3 倍。

7.2.4　纳污现状

2000年前后，沁河沿岸接纳了大量制浆造纸废水，尤其是五龙口以下的河南段，规模以下的小型造纸厂林立，加上沿岸生活污水的汇入，非汛期基本无天然径流，致使沁河水质污染严重。据黄河流域水资源综合规划资料，2000年沁河流域共调查到28个排污企业，其中仅造纸制浆业就有23个，可见当时沁河工业废水主要来自造纸业。

2006年以后，随着国家环保治污力度的加大，很多小型造纸厂被关停取缔，沁河流域水污染得到了有效控制。

为详细准确地了解沁河纳污现状，项目组先后对沁河流域入河排污口及污染严重的支流口开展了四次调查监测，时间是2010～2011年的汛期和非汛期，具体调查监测时间与沁河干流常规水质监测同步。监测因子包括水温、pH、废污水入河量（流量）、化学需氧量（COD）、氨氮、总磷、总氮，以及排污口特征污染物等。其中，总磷、总氮主要针对生活污水排污口。

根据调查结果，沁河干流共有13个入河排污口，其中河南省5个，山西省8个；共有8个污染严重的支流口，其中河南省4个，山西省4个。干流13个入河排污口中，只有山西省安泽县综合污水口略有超标；8个支流口中，有4个水质为劣Ⅴ类，其中河南境内的逍遥河和老蟒河水质最差，COD浓度高达60 mg/L。

通过以上调查到的入河排污口和污染严重的支流口，沁河干流共接纳废污水量2.07亿m^3/a，COD量1.18万t/a，氨氮量762 t/a。具体分布情况见表7-4和表7-5。从表中可以看出，沁河的排污特点是：纳污量80%以上集中在河南境内，主要是来自沁阳市和武陟县排污，且大部分以混合污水的形式进入沁河干流。

表7-4　沁河干流现状纳污量城镇分布情况

所属城镇	所属省区	入河废污水量（万t/a）	入河COD量（t/a）	入河氨氮量（t/a）
沁源县	山西	356.36	111.81	22.65
安泽县		41.00	41.11	6.45
沁水县		2 867.67	899.75	111.00
阳城县		350.05	87.44	4.46
济源市	河南	997.33	339.88	11.47
沁阳市		8 372.81	1 867.58	89.66
武陟县		7 704.24	8 463.79	515.83
沁河干流合计		20 689.46	11 811.36	761.52

表 7-5　沁河干流现状接纳不同性质废水比例　（单位:%）

污水性质	废污水	COD	氨氮
工业	19.00	50.34	18.68
生活	2.27	1.31	4.35
混合	78.73	48.35	76.97

7.3　沁河水生态系统特征及生态保护目标

7.3.1　水生态系统特征

7.3.1.1　河道连通性

据对 1951 ~1997 年 47 年实测逐日流量资料统计,沁河下游断流(以武陟站为例,下同)始于 1951 年,47 年中有 45 年发生断流,断流几乎年年发生,其中断流天数最多的年份为 1991 年,共断流 319 天,连续断流时间最长达 240 天(1979 年 10 月至 1980 年 7 月),从断流的年际变化看,50 年代年均断流 26 d,60 年代为 68 d,70 年代为 167 d,80 年代为 157 d,90 年代(1990 ~ 1997 年)为 228 d,可见断流有加剧的趋势。此外沁河最大支流——丹河的断流问题也相当严重,目前,丹河除汛期有少量几场洪水进入河南外,其他时段均已无出境水量,丹河山路平以下更是处于常年断流的状态。沁河频繁断流破坏了自然河流水流连续性和河流廊道的连通性,完全阻隔了河流纵向、横向及河流与海洋之间物质流、能量流、信息流的连续性,改变了物种生境条件,对鱼类洄游与其他物种的迁移形成障碍,严重影响了河流自然生态功能的发挥。

7.3.1.2　水生生物及其生境

1. 鱼类种类

据最新调查,沁河共有鱼类 36 种,分属 3 目 6 科,其中鲤科 29 种,占 81.7%,占有绝对优势,见表 7-6。

2. 鱼类生境状况

润城河段以上鱼类有 22 种,润城以下河段鱼类有 32 种,张峰水库以上河段属于未开发河段,处于相对自然状态,保留了鱼类生存较好的栖息生境。润城至上游大坡段,属于典型山区河道,河水湍急、落差大,底质以石砾为主,无水草,不适合鱼类繁殖索饵;润城至五龙口段,河道弯曲,水深可达 3 m,是鱼类较理想的繁殖、索饵和越冬场所;五龙口至丹河口河段,河道宽浅,浅滩多,是鱼类产卵和索饵场,自沁阳河段开始,河水受到污染,鱼类生存环境受到影响;丹河口至小董河段和小董至入黄口河段,河水污染严重,已无鱼类生存条件。

表7-6　沁河鱼类资源调查结果统计

科	种	张峰水库以上	润城以下
鲤科	花鲭 *Hemibarbus maculatus*		+
	细体鮈 *Gobio tenuicorpus*		+
	蛇鮈　*Saurogobio dabryi Bleeker*		+
	鲫鱼 *Carassius aumtus Crucian carp*	+	+
	似铜鮈 *Gobio coriparoides*		+
	似鮈 *Pseudogobio vaillanti vaillanti*	+	+
	点纹颌须鮈 *Ganthopogon wolterstorffi*	+	+
	黑鳍鳈 *Sarcocheilichthys nigripinnis*		+
	唇鲭 *Hemibarbus labeo* (*Pallas*)	+	+
	清徐胡鮈 *Gobio tenuicorpus*	+	
	棒花鱼　*Abbottina rivularis*	+	+
	麦穗鱼　*Topmouth Gudgeon*	+	+
	长麦穗鱼 *P. elongata*	+	+
	稀有麦穗 *Pseudorasbora fowleri Nichols*	+	
	圆吻鲴 *Distoechodon tumirostris Peters*		+
	银鲴 *Xenocypris argentea Gunther*		+
	鲤鱼 *Cyprinus carpio*	+	+
	鳑鲏鱼 *Rhodeus sinensis Günther*	+	+
	彩副鱊 *P. imberbis*	+	+
	草鱼 *Ctenopharyngodon idellus*	+	+
	红鳍鲌 *Culter erthropteru*(*Mongolian culter*)		+
	翘嘴鲌 *E. ilishaeformis*		+
	马口鱼 *Opsariichthys biden Chinese hooksnout carp*	+	+
	拉氏鱥 *Phoxinus lagowskii Dybowsky*		+
	宽鳍鱲 *Zacco platypus* (*Pale chub*)		+
	赤眼鳟 *Spualiobarbus Curriculus*		+
	油餐条 *H. bleekeri*		+
	餐条 *Hemicculter Leuciclus* (*Basilewaky*)	+	+
	亚罗鱼 *Leuciscus*	+	+
鳅科	泥鳅 *M. anguillicaudatus*	+	+
	刀鳅 *Sinobdella sinensis*	+	+
	粗壮高原鳅 *Triplophysa robusta Kessler*	+	+
鲿科	乌苏里拟鲿 *Pseudobagrus ussuriensis*	+	
鮠科	黄颡鱼 *Pelteobagrus fulvidraco*		+
鲇科	鲇鱼 *Siluriformes*	+	+
鰕虎鱼科	吻鰕虎鱼 *Rhinogobius gigas*	+	+

7.3.1.3　湿地

沁河流域湿地面积不大,类型简单,主要有河流与沼泽湿地两种类型。据 2006 年遥感解译,沁河流域湿地总面积约为 4 076 hm^2,主要为河流湿地。与 20 世纪 80 年代相比,沁河流域湿地面积呈下降趋势,沼泽湿地减少幅度较大。

7.3.2　主要水生态问题

1. 沁河下游河道长期断流,河流生态呈恶化趋势

沁河下游断流(以武陟站为例,下同)几乎年年发生,其中断流天数最多的年份为 1991 年,共断流 319 d,连续断流时间最长达 240 d(此外沁河最大支流——丹河的断流问题也相当严重,目前丹河除汛期有少量几场洪水进入河南外,其他时段均已无出境水量,丹河山路平以下更是处于常年断流的状态)。沁河频繁断流改变了物种生境条件,对鱼类洄游与其他物种的迁移形成障碍,严重影响了河流正常生态过程,河流生态呈恶化趋势。

2. 沁河下游河段污染比较严重,水生生境已遭破坏

沁河由于局部地区煤矿矿坑排水以及煤化工企业污水排放,导致部分河段自净能力下降(主要是阳城以下河段),环境容量减小。沁河下游流域内的沁阳、温县和武陟等县的小型企业废污水未经任何处理,直接排入沁河支流老蟒河,加之干流来水较少,稀释水量不足,致使武陟以下水质不断恶化。水质污染造成下游水生生境恶化,水生生物多样性程度明显降低(主要是阳城以下河段)。

3. 河流生态用水被挤占,水生态安全受到威胁

根据沁河流域润城、五龙口、武陟三个水文站历年实测径流资料统计, 1971 ~ 1985 年与 1956 ~ 1970 年相比,1986 ~ 2000 年与 1971 ~ 1985 年相比,润城断面平均年径流量分别减少 5.36 亿 m^3、2.83 亿 m^3;五龙口断面平均年径流量分别减少了 7.09 亿 m^3、3.16 亿 m^3;武陟断面平均年径流量分别减少了 8.11 亿 m^3、2.44 亿 m^3。整体看来,三个断面的径流量大幅度递减,水资源量减少,同时,沁河流域水资源开发利用过度,生态用水被挤占,致使生态需水严重不足,进而严重影响到傍河的水源补给、河流生物的生长繁殖,水生态安全受到威胁。

7.3.3　水生态保护目标

7.3.3.1　代表性鱼类及栖息地

沁河河道狭窄,上游落差大,不具备大型洄游性鱼类繁殖的条件,河流中皆为北方淡水河道中常见鱼类,分为流水性鱼类和静水及缓流性水鱼类,未发现国家级保护及濒危鱼类,也无河南省重点保护鱼类。常见鱼类有鲤鱼、鲫鱼、黄颡鱼、餐条鱼、油餐条、鲇鱼、泥鳅、麦穗鱼、鳑鲏鱼、马口鱼、蛇鮈等。其栖息、繁殖等生态习性见表 7-7。

表 7-7　沁河流域代表性鱼类生态习性

鱼类	生态习性
鲤鱼	黏性卵,产卵期为 4 ~ 6 月,栖息于静水或流速较慢的水体,杂食性鱼类
鲫鱼	黏性卵,产卵期为 4 ~ 6 月,栖息于静水或流速较慢的水体,杂食性鱼类
黄颡鱼	沉性卵,产卵于近岸有水草淤泥黏土底质浅水区,产卵期为 5 ~ 7 月,栖息于静水或河内缓流中,肉食性鱼类
油餐条	浮性卵,产卵期为 5 ~ 6 月,浅水岸边,杂食性鱼类
餐条	黏性卵,栖息于有水草浅水缓流或静水区,产卵期为 5 ~ 7 月,产卵于静水或流速较慢的水体
泥鳅	黏性卵,产卵期为 4 ~ 6 月,底栖动物,杂食鱼类
鲇鱼	黏性卵,产卵期为 5 ~ 7 月,底栖动物,肉食性鱼类
麦穗鱼	沉性黏着卵,产卵期为 4 ~ 5 月,栖息于静水或缓流的浅水,杂食性鱼类
鳑鲏鱼	沉性卵,产卵期为 4 月,栖息于静水或流速较慢的水体,杂食性鱼类
马口鱼	沉性卵,5 ~ 8 月,栖息于山涧急流或平原底质为砂石的小河中,小型凶猛肉食性
蛇鮈	黏性卵,产卵期为 3 ~ 4 月,喜伏游于浅水底

7.3.3.2　自然保护区

沁河流域自然保护区主要有山西历山国家级自然保护区、山西阳城蟒河猕猴国家级自然保护区、太行山猕猴国家级自然保护区等,是沁河流域重要水源涵养地及流域重要水生态保护目标。见表 7-8。

表 7-8　沁河流域重要自然保护区基本情况

名称	主要保护对象	主体生态功能	与沁河水力联系	与沁河位置关系
山西历山国家级自然保护区	暖温带森林植被和勺鸡、猕猴、大鲵	生物多样性保护、水源涵养、水土保持等	水源涵养	重要水源涵养林区
山西阳城蟒河猕猴国家级自然保护区	猕猴等珍稀野生动植物	生物多样性保护、水源涵养、水土保持等	与干流无直接水力联系	位于沁河支流蟒河
太行山猕猴国家级自然保护区	太行猕猴及其生态环境多样性	生物多样性保护、水土保持等	沁河河段位于自然保护区之内	位于五龙口至入黄口河段

1. 山西历山国家级自然保护区

历山自然保护区位于山西省翼城、垣曲、阳城、沁水四县交界处,地理坐标为东经 111°51′10″ ~ 112°5′35″、北纬 35°16′30″ ~ 35°27′20″。1983 年经山西省人民政府批准建立,1988 年晋升为国家级,保护区地处亚热带向暖温带的过渡地带,气候温暖,雨量充沛,自然条件优越,主要保护对象为暖温带森林植被和珍稀动物。

保护区面积 24 800 hm^2,其中核心区面积 7 541. 5 hm^2,缓冲区面积 2 722 hm^2,实验区面积 13 936. 5 hm^2,总蓄积 937 204 m^3,森林覆盖率达 80. 9% 。

2. 山西阳城蟒河猕猴国家级自然保护区

阳城蟒河猕猴国家级自然保护区位于山西省东南部，中条山东端的阳城县境内。地理坐标为东经 112°22′10″～112°31′35″、北纬 35°12′30″～35°17′20″，是以保护猕猴和亚热带植被为主的森林和野生动物类型自然保护区，1998 年经国务院批准为国家级自然保护区。保护区东西长 15 km，南北宽 9 km，总面积 5 573 hm^2。

阳城蟒河猕猴国家级自然保护区分布有脊椎动物 70 科、285 种，昆虫 600 余种，属于国家一级保护的珍稀野生动物金雕、黑鹳、金钱豹 3 种，二级保护的有猕猴、勺鸡、大鲵、水獭、猛禽类、鸮类等 29 种，省级保护的野生动物有刺猬、苍鹰、普通夜鹰、小麝鼩等 23 种。该区与河南太行山保护区毗邻，都是当今世界猕猴分布的最北限，其主要保护对象——太行猕猴属猕猴的华北亚种，为中国特有，区内有猕猴 6 群，约 400 余只。

3. 太行山猕猴国家级自然保护区

河南太行山猕猴国家级自然保护区（以下简称猕猴自然保护区）位于河南省北部，地理坐标为北纬 34°54′～35°16′、东经 112°02′～112°52′。保护区位于太行山南端南坡，东起沁阳县白松岭，西至济源市黄背角斗顶，南临黄河，北至山西省界，与山西省阳城市、晋城市接壤，面积 56 600 hm^2。在行政区划上，属济源市和沁阳市北部山区。保护区为野生动物类型自然保护区，主要保护对象是以猕猴、金钱豹等为主的野生动物及其栖息地，同时保护森林生态系统及其他各种野生动植物资源。

河南太行山猕猴国家级自然保护区最初由国营济源蟒河林场、国营济源愚公林场、国营济源黄楝树林场、沁阳市国营双台林场、辉县国营林场、博爱林场、焦作林场、修武林场和部分群营林场组成。1982 年经河南省政府批准成立太行山猕猴省级自然保护区，1998 年经国务院批准晋升为国家级自然保护区。自然保护区下辖 3 个管理局 10 个管理分局，分别为：济源管理局，下辖黄楝树、邵源、愚公、蟒河、五龙口 5 个管理分局；焦作管理局，下辖沁阳、修武、博爱、焦作 4 个管理分局；新乡管理局，下辖辉县 1 个管理分局，分别管理保护区内的不同片区。行政主管部门是河南省林业厅和济源、焦作、新乡市林业局。

保护区位于五龙口与入黄口之间。其中沁河河段位于自然保护区之内。

7.3.3.3　种质资源保护区

安泽县沁河干流河段分布有沁河特有的鱼类国家级水产种质资源保护区，总面积 1 760 hm^2，其中核心区面积 300 hm^2，实验区面积 1 460 hm^2。保护区内沁河干流总长 89.4 km。特别保护期为全年。主要保护对象为乌苏里拟鲿、唇䱻，其他保护对象包括鲇、鲫、鲤等。

保护区具体范围如下：位于安泽县双头村（112°17′19″E，36°21′46″N）、岭南村（112°14′05″E，36°14′36″N）、孔村（112°13′42″E，36°05′58″N）、郎寨村沁河西岸（112°19′32″E，35°57′44″N）、郎寨村沁河东岸（112°20′40″E，35°57′44″N）、马连圪﨑村（112°16′53″E，36°10′49″N）、河东村（112°17′57″E，36°19′52″N）、后河村（112°17′29″E，36°21′46″N）之间，呈 S 型走向，区域涉及 4 个镇，保护区内沁河干流总长 89.4 km。

安泽县沁河干流河段在该保护区内，与沁河有直接水力联系。

7.3.3.4　重要森林资源及保护区

为保护森林资源，合理利用森林及湿地景观资源，国家相关部门在沁河流域内相继建立了安泽森林公园、沁源北海国家湿地公园、沁阳市沁河国家湿地公园和安泽县府成沁河湿地公园等,沁河上游森林资源丰富,水源涵养功能较高,中下游湿地对于维护流域生物多样性和水土保持具有重要意义。见表7-9。

表7-9　沁河流域国家森林公园基本情况

<table>
<tr><th>名称</th><th>主要保护对象</th><th>主体生态功能</th><th>与沁河位置关系</th><th>水力联系</th><th>存在问题</th></tr>
<tr><td>安泽森林公园</td><td>森林资源、森林景观</td><td rowspan="2">水源涵养、水土保持、生物多样性保护、气候调节</td><td>位于沁河上游,张峰水库以上河段</td><td>重要水源补给区</td><td rowspan="2">旅游开发严重</td></tr>
<tr><td>沁源北海国家湿地公园</td><td>森林资源、森林景观</td><td>位于沁河上游,张峰水库以上河段</td><td>重要水源补给区</td></tr>
<tr><td>沁阳市沁河国家湿地公园</td><td>湿地资源</td><td rowspan="2">水土保持、生物多样性保护</td><td>五龙口以下河段</td><td>有水力联系</td><td rowspan="2">人类活动干扰严重</td></tr>
<tr><td>安泽县府成沁河湿地公园</td><td>湿地资源</td><td>位于沁河上游,张峰水库以上河段</td><td>有水力联系</td></tr>
</table>

7.4　沁河功能性不断流生态需水组成分析

河流基本生态需水组成中主要包括生态基流、鱼类需水、湿地需水、河岸带植被需水、自净需水、输沙需水等。依据各河段重要保护对象及存在主要问题的分析,分析沁河不同河段的生态需水组成。

沁河功能需水包括自然功能需水和社会功能需水,自然功能需水包括鱼类需水、自净需水等,社会功能主要考虑景观需水。见表7-10。

表7-10　沁河功能性不断流生态需水组成

河段	代表断面	生态功能	功能需水组成
源头至省界	润城	水源涵养、生物多样性	鱼类需水、植被需水、生态基流
省界至五龙口	五龙口	生物多样性、自净功能	自净需水、生态基流、鱼类需水
五龙口至入黄口	武陟	自净功能、景观多样性	自净需水、生态基流、景观需水

源头至省界:源头至张峰水库坝址处是沁河的上游,属于山区峡谷型,坡陡流急,水多沙少,植被较好,主要有水源涵养功能、生物多样性保护功能;张峰水库坝址处至省界是沁

河中游，为土石丘陵区，是沁河流域人类活动影响较为严重的地区，相对其他河段，该河段植被较差，水土流失严重。中上游具有水源涵养、生物多样性保护等功能

省界至入黄口：沁河下游，冲积平原，水流变缓。此河段所在区域土地肥沃，地势平坦，水利条件较好，农业生产发达，是农作物高产区，近河口为冲积平原，两岸靠堤防束水。主要具有生物多样性保护、景观多样性维护及自净等功能。

7.5　生态需水量研究

7.5.1　主要保护目标生态需水分析

7.5.1.1　需水要求

(1)鲤鱼：生活于湖泊，江河。杂食性，幼小鲤鱼食浮游动物(当生长至 20 mm 时改食底栖无脊椎动物，与成鱼同)、水生维管束植物和丝状藻类。每年 5～6 月产卵。2 冬龄成熟，4 龄鱼体长约 400 mm，重 1.75 kg 的雌鱼怀卵量约 25 万多粒。卵黄色，具黏性，分批产出，附着于浅水区水草上发育。水温 25 ℃时，3～4 d 即可孵化。

(2)鲫鱼：鲫鱼属鲤形目、鲤科、鲫属，是一种主要以植物为食的杂食性鱼，喜群集而行，择食而居。一般体长 15～20 mm，呈流线形(也叫梭形)，体侧扁而高，体较厚，腹部圆，头短小，吻钝，无须，鳃耙长，鳃丝细长。下咽齿一行，扁片形。鳞片大，侧线微弯，背鳍长，外缘较平直。背鳍、臀鳍第 3 根硬刺较强，后缘有锯齿。胸鳍末端可达腹鳍起点，尾鳍深叉形。一般体背面灰黑色，腹面银灰色，各鳍条灰白色。因生长水域不同，体色深浅有差异。

鲫鱼分布很广，除西部高原地区外，广泛分布于全国各地。鲫鱼适应性非常强，在深水或浅水、流水或静水、高温水(32 ℃)或低温水(0 ℃)均能生存。

(3)黄颡鱼：广布于中国东部各太平洋水系。体长 123～143 mm，杂食，主食底栖无脊椎动物，食物多为小鱼、水生昆虫等小型水生动物。4～5 月产卵。黄颡鱼多在静水或江河缓流中活动，营底栖生活。白天栖息于湖水底层，夜间则游到水上层觅食。对环境的适应能力较强，因此在不良环境条件下也能生活。幼鱼多在江湖的沿岸觅食。

该鱼属温水性鱼类。生存温度 0～38 ℃。最佳生长温度 25～28 ℃，pH 值范围宜为 6.0～9.0，最适 pH 值为 7.0～8.4。耐低氧能力一般，水中溶氧在 3 mg/L 以上时生长正常，低于 2 mg/L 时出现浮头，低于 1 mg/L 时会窒息死亡。

(4)蛇鮈：栖息于江河、湖泊中下层的小型鱼类，喜生活于缓水沙底处。一般在夏季进入大湖肥育，主要摄食水生昆虫或桡足类，同时也吃少量水草或藻类。雌鱼一般体长达 10.6 mm 即性成熟，生殖季节为 4～6 月，在河流中产漂浮性小卵。略呈圆筒形，背部稍隆起，腹部略平坦，尾柄稍侧扁。头较长，大于体高，吻突出，在鼻孔前下凹。口下位，呈马蹄形。唇发达，具有显著的乳突，下唇后缘游离。

(5)鲇鱼：鲇鱼的同类几乎分布在全世界，多数种类生活在池塘或河川等淡水中，但部分种类生活在海洋里。鲇鱼主要生活在江河、湖泊、水库、坑塘的中下层，多在沿岸地带

活动,白天多隐于草丛、石块下或深水底,一般夜晚觅食活动频繁。秋后居于深水活污泥中越冬,摄食程度亦减弱。鲇鱼为底层凶猛性鱼类怕光,喜欢生活在江河近岸的石隙、深坑、树根底部的土洞或石洞里,以及流速缓慢的水域。

(6)麦穗鱼:为江河、湖泊、池塘等水体中常见的小型鱼类,生活在浅水区。杂食,主食浮游动物。产卵期 4 ~6 月,卵呈椭圆形,具黏液,成串地黏附于石片、蚌壳等物体上,孵化期雄鱼有守护的习性。头尖,略平扁。口上位,无须。背鳍无硬刺。生殖时期雄鱼体色深黑,吻部、颊部出现珠星。雄鱼个体大,雌鱼个体小,差别明显。

(7)马口鱼:是一种生活在溪流中的小型鱼类。体延长,侧扁,银灰带红色,具蓝色横纹。口大,上下颌边缘凹凸。雄鱼臀鳍鳍条延长,生殖季节色泽鲜艳。头后隆起,头大且圆尾柄较细,腹部圆。吻短、稍宽,端部略尖。口裂宽大,端位,向下倾斜,上颌骨向后延伸超过眼中部垂直线下方,下颌前端有一不显著的突起与上颌凹陷相吻合。上颌两侧边缘各有一个缺口,正好为下颌的突出物所嵌,形似马口,故名"马口鱼"。马口鱼栖息于水域上层,喜低温的水流。马口鱼通常集群活动,为肉食性鱼类。以小鱼为食。多生活于山涧溪流中,尤其是在水流较急的浅滩。口角具 1 对短须,眼较小。鳞细密,侧线在胸鳍上方显著下弯,沿体侧下部向后延伸,于臀鳍之后逐渐回升到尾柄中部。背鳍短小,起点位于体中央稍后,且后于腹鳍起点,胸鳍长,腹鳍短小,臀鳍发达,可伸达尾鳍基,尾鳍深叉。背部灰褐色,腹部灰白,体中轴有蓝黑色纵纹,生殖期雄鱼头下侧、胸腹鳍及腹部均呈橙红色。雄鱼的头部、胸鳍及臀鳍上均具有珠星,臀鳍第 1 ~4 根分枝鳍条特别延长,体色较为鲜艳。

栖居于河川较上游的河段,喜生活在水流清澈、水温较低水体中。即使在同一条河川中,甚少有与其相近的鱲属鱼类。游动敏捷,善跳跃,性贪食,甚至可由此改变体型而极度肥胖。为小型杂食性鱼类。

(8)乌苏里拟鲿:又名乌苏里鮠,俗名牛尾巴、黄昂子、回鳇鱼。体长,头宽大于头高。吻钝圆。前鼻孔呈短管状,与后鼻孔相距甚远。须 4 对,鼻须末端后伸接近后鼻孔。背鳍刺强硬,其后缘仅具齿痕;胸鳍硬刺后缘具锯齿。尾鳍浅凹,上叶略长于下叶,末端均圆钝。中型鱼类,生活于江河流水中,肉食性。数量较多,肉质细嫩,有一定的经济价值。

7.5.1.2　生态保护关键期

沁河生态需水主要包括维持河流连通性的基本生态需水(生态基流)、重要水生生物的生态需水及河岸带植被的生态需水(敏感生态需水)等。

沁河鱼类产卵期为每年的 4 ~6 月,河岸两侧植被萌芽期为每年的 4 ~5 月,生长期是 6 ~9 月。根据生态需水对象的需水规律,确定沁河生态需水关键期为 4 ~6 月。考虑河流年内径流变化规律,将每年划分为 4 ~6 月、7 ~10 月、11 月至翌年 3 月三个水期进行生态需水分析,其中 4 ~6 月重点保证敏感生态需水。

沁河不同河段生态保护目标需水规律分析见表 7-11。

表 7-11　沁河生态需水对象及需水规律分析

河段	需水组成	重要断面	需水要求
源头至省界	鱼类需水 植被需水 生态基流	润城	4 ~ 6 月:流速 0.3 ~ 0.5 m/s,有淹没岸边植被的流量过程,满足鱼类产卵生态水量需求; 其他时段:维护河道连通性与自然生态的水量过程,维持河流水量自然下泄状态
省界至五龙口	自净需水 生态基流 鱼类需水	五龙口	4 ~ 6 月:流速 0.3 ~ 0.5 m/s,有淹没岸边的流量过程,满足鱼类产卵生态水量需求; 7 ~ 10 月:维护河流一定量级洪水下泄,满足河流自然生态的洪水需求; 11 月至翌年 3 月:保证生态基流,维护河流生境连通性
五龙口至入黄口	自净需水 生态基流 景观需水	武陟	4 ~ 6 月:流速 0.3 ~ 0.5 m/s,有淹没岸边的流量过程; 7 ~ 10:维护河流一定量级洪水下泄,满足河流自然生态的洪水需求; 11 月至翌年 3 月:保证生态基流,维护河流生境连通性

7.5.2　主要断面生态需水计算

7.5.2.1　计算方法

选择流域尚未大规模开发的 1956 ~ 1975 年的天然流量作为基准,以 Tennant 法为基础,分 4 ~ 6 月、7 ~ 10 月、11 月至翌年 3 月三个时段,根据沁河各河段不同保护对象对径流条件的需水要求,分别取 1956 ~ 1975 年同时段流量的不同百分比作为生态需水的初值,在此基础上,分析流量与流速、水深、水面宽等之间关系,以鱼类对流速、水深的要求对生态水量进行校核,选择满足保护目标生境需求的流量,考虑水资源配置实现的可能性,结合自净需水,综合确定重要控制断面的最小生态流量与适宜生态流量。

7.5.2.2　生态需水量计算

根据沁河水资源开发利用及河流生态保护目标情况,4 ~ 6 月主要保证鱼类等水生生物敏感生态需水,7 ~ 10 月在保证防洪安全的前提下,满足河流自然生态基本需求的一定量级洪水过程,11 月至翌年 3 月主要是保证河流生态基流。采用上述计算方法,对沁河主要控制断面生态水量进行计算,结果见表 7-12。

表 7-12　沁河主要断面生态需水计算结果

河段	重要断面	需水对象	时段	最小生态水量		适宜生态水量	
				流量（m^3/s）	生态需水量（亿 m^3）	流量（m^3/s）	生态需水量（亿 m^3）
源头至省界	润城	鱼类需水 植被需水 生态基流	4～6 月	5	3.32	8.3	5.24
			7～10 月	23.6		35.3	
			11 月至翌年 3 月	3.2		6.4	
省界至五龙口	五龙口	自净需水 生态基流 鱼类需水	4～6 月	7.4	4.57	12.3	7.26
			7～10 月	31.4		47.1	
			11 月至翌年 3 月	5		9.9	
五龙口至入黄口	武陟	自净需水 生态基流 景观需水	4～6 月	8.7	4.87	14.6	7.32
			7～10 月	34.5		43.1	
			11 月至翌年 3 月	4		12.2	

7.5.2.3　90% 保证率与近 10 年最枯月流量法

本研究利用 1956～2010 年长序列实测流量，计算 90% 保证率下最枯水流量，同时采用 2001～2010 年最枯月流量法进行计算，计算结果与前面方法所计算的最小生态水量进行比较，以确定生态水量计算的合理性与实现的可行性。详见表 7-13。

表 7-13　90% 保证率与近 10 年最枯月流量法计算结果　（单位：m^3/s）

断面	90% 保证率	近 10 年最枯月流量法
润城	1.0	0.9
五龙口	4.3	3.4
武陟	武陟断面断流，不适合该方法	

由计算结果可知，润城、五龙口断面计算结果小于优化 Tennant 法计算结果，这与 90% 保证率与近 10 年最枯月平均流量法主要适用于污染物排放量、对水量要求较为严格有关。比较而言，优化 Tennant 法更适用于河流自然生态保护的需水量计算。

7.6　自净需水研究

7.6.1　计算因子

由于沁河污染最严重的因子主要是 COD 和氨氮，故选择 COD 和氨氮作为本次自净水量计算的污染控制因子。

7.6.2　计算时段

考虑到沁河干、支流全年水资源条件的不均衡性，自净水量计算分汛期和非汛期两个计算时段，合计全年需水量。由于排污口全年排污量比较恒定，故同一排污口汛期和非汛期计算方案中的浓度及水量值相同。

另外，设置现状排污水平和目标控制水平两种情况进行计算。现状排污水平是指在现状排污条件下计算自净水量，目标控制水平是指在各排污口和支流口达标的条件下计算自净水量。

7.6.3　计算单元划分

自净水量计算单元主要考虑行政区划情况、水功能区用水功能及纳污量分布情况等，从便于水污染控制和监督管理的角度进行划分。划分结果详见表 7-14 和图 7-2。

表 7-14　计算单元划分

计算单元名称	河段性质	计算单元长度(km)	水质目标
河源—孔家坡	源头保护	69.3	Ⅱ
孔家坡—周家沟	沁源县排污	55.3	Ⅱ
周家沟—市界	饮用水源保护	58	Ⅲ
市界—张峰水库	张峰水库水源保护	39.6	Ⅲ
张峰水库—润城	沁水县排污	81.9	Ⅳ
润城—曹河村	阳城县排污	39.5	Ⅲ
曹河村—拴驴泉	省界缓冲	3.94	Ⅲ
拴驴泉—河口村水库	自然保护区保护	35.2	Ⅳ
河口村水库—沁阳县北孔		40.86	Ⅳ
沁阳县北孔—武陟县王顺	晋城、沁阳县排污	30	Ⅳ
武陟县王顺—入黄口	老蟒河排污、入黄缓冲	31.5	Ⅳ

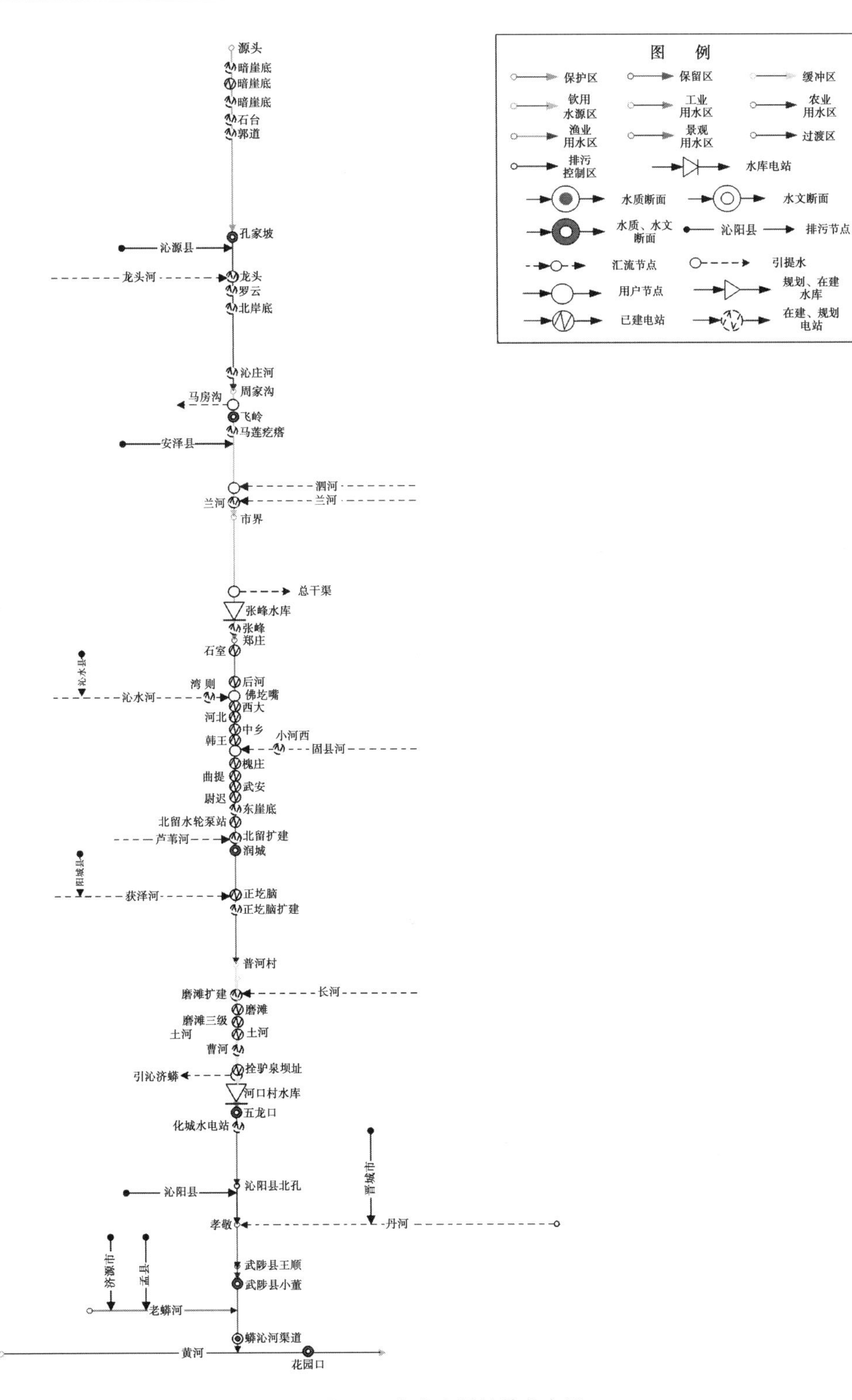

图7-2　自净水量计算节点图

7.6.4 参数选取

7.6.4.1 污染物综合降解系数(K)

1. 综合降解系数影响因素

相关研究表明，影响污染物降解系数的主要因素有河道特性、流速、水体中污染物种类、污染物浓度、pH、水温等。在一定时期内，由于沁河河道形态、污染源、pH 等相对稳定，可以认为河道特性、污染物种类等在不同水期基本上是不变的。同时根据沁河近年的水质监测成果，水体中溶解氧在不同时段虽有一定差别，但差别不大，且能够保证微生物生化分解作用需要，可以不考虑其对污染物降解系数的影响。总体上看，水体水温变化对污染物降解系数的影响较大，确定污染物综合降解系数必须考虑水温的影响。国内外研究成果表明，水体温度越高，降解系数越大，且二者之间的定量关系已经有较为可靠的研究成果。

2. 综合降解系数的确定

本次综合降解系数主要利用 2009 年完成的水资源综合规划已有成果，再根据近几年水温监测资料(见表 7-15)，对已有成果进行温度修正。

表 7-15 沁河主要断面近年平均水温统计 (单位:℃)

断面名称	汛期(5～9 月)	非汛期(10 月至翌年 4 月)
孔家坡	21.3	7.8
飞岭	20.3	5.7
润城	23.7	9.9
武陟	24.1	9.2

不同水温条件下 K 值估算关系式如下：

$$K_T = K_{20} \cdot 1.047^{(T-20)} \tag{7-1}$$

式中 K_T——水温 T(℃)时的 K 值；

T——水温，℃；

K_{20}——20 ℃时的 K 值。

不同计算单元污染物综合降解系数修正结果如表 7-16 所示。

表7-16　不同计算单元污染物降解系数修正结果

计算单元名称	修正前		修正后			
	COD	氨氮	汛期		非汛期	
			COD	氨氮	COD	氨氮
河源—孔家坡	0.3	0.2	0.32	0.21	0.17	0.11
孔家坡—周家沟	0.3	0.2	0.30	0.20	0.16	0.10
周家沟—市界	0.3	0.2	0.30	0.20	0.16	0.10
市界—张峰水库	0.3	0.2	0.36	0.24	0.19	0.13
张峰水库—润城	0.32	0.22	0.38	0.26	0.20	0.14
润城—曹河村	0.3	0.18	0.36	0.22	0.18	0.11
曹河村—拴驴泉	0.3	0.18	0.36	0.22	0.18	0.11
拴驴泉—河口村水库	0.3	0.18	0.36	0.22	0.18	0.11
河口村水库—沁阳县北孔	0.3	0.18	0.36	0.22	0.18	0.11
沁阳县北孔—武陟县王顺	0.3	0.18	0.36	0.22	0.18	0.11
武陟县王顺—入黄口	0.3	0.18	0.36	0.22	0.18	0.11

7.6.4.2　计算单元背景浓度(C_0)和下断面浓度(C_S)

依据河流“上游污染不影响下游”的污染控制原则,即某一个河段接纳废污水后在进入下一个河段时,其水质应恢复到该河段的功能区水质要求,不得影响下一个河段的水质。确定计算单元的背景(上断面)浓度,各计算单元背景(上断面)浓度,均采用上一个计算单元水功能区的水质目标。各计算单元的下断面浓度,原则上采用该单元所处的功能区水质目标。

7.6.4.3　流速(v)

统计沁河实测流量、流速资料,建立流量—流速关系曲线。根据经验确定流速,再根据计算流量值调整流速取值。流量—流速关系式为:

$$v = aQ^b \tag{7-2}$$

式中　v——断面平均流速,m/s;

Q——流量值,m^3/s;

a、b——待定系数。

7.6.5　计算结果及分析

7.6.5.1　计算单元纳污量情况

计算单元内现状排污水平和目标控制水平下纳污量情况如表7-17所示。从表中可以看出:两种水平下沁河纳污量均主要集中在沁阳县北孔—武陟县王顺和武陟县王顺—入黄口两个计算单元内,占总量的80%以上。与现状排污水平相比,目标控制水平COD纳污量减少7.9%,氨氮则减少45.1%。可见氨氮超标比较严重,需要的自净水量更大。

表 7-17　各计算单元现状排污水平和目标控制水平纳污量

所属计算单元	现状排污水平(t/a)		目标控制水平(t/a)	
	COD	氨氮	COD	氨氮
河源—孔家坡	0	0	0	0
孔家坡—周家沟	111.8	22.6	111.8	22.6
周家沟—市界	41.1	6.5	41.0	6.1
市界—张峰水库	0	0	0	0
张峰水库—润城	986.0	115.3	960.4	55.5
润城—曹河村	1.2	0.2	1.2	0.1
曹河村—拴驴泉	0	0	0	0
拴驴泉—河口村水库	0	0	0	0
河口村水库—沁阳县北孔	339.9	11.5	339.9	11.5
沁阳县北孔—武陟县王顺	1 867.6	89.7	1 806.7	89.7
武陟县王顺—入黄口	8 463.8	515.8	7 611.6	232.6
沁河干流总计	11 811.4	761.5	10 872.6	418.1

7.6.5.2　自净水量计算结果

经计算,各计算单元自净水量见表 7-18。从计算结果看,武陟县王顺以上各计算单元自净水量只需 90% 保证率最枯月平均流量即可满足,但武陟县王顺—入黄口单元需要 19.2 ~ 36.6 m^3/s。自净水量在现状排污水平下略大,目标控制水平下较小。

表 7-18　沁河自净水量计算结果

计算单元名称	现状排污水平				目标控制水平				90% 保证率最枯月平均流量 (m^3/s)
	汛期		非汛期		汛期		非汛期		
	COD (t/a)	氨氮 (t/a)	COD (t/a)	氨氮 (t/a)	COD (t/a)	氨氮 (t/a)	COD (t/a)	氨氮 (t/a)	
河源—孔家坡									0.2
孔家坡—周家沟	0.5	1.6	0.5	0.5	0.5	1.6	0.5	1.8	0.5
周家沟—市界	1.2	1.2	1.2	1.2	1.2	1.2	1.2	1.2	1.2
市界—张峰水库	0	0	0	0	0	0	0	0	1.9
张峰水库—润城	1.8	1.8	1.8	1.8	1.8	1.8	1.8	1.8	1.8
润城—曹河村	2.5	2.5	2.5	2.5	2.5	2.5	2.5	2.5	2.5
曹河村—拴驴泉	0	0	0	0	0	0	0	0	2.5
拴驴泉—河口村水库	0	0	0	0	0	0	0	0	0.3
河口村水库—沁阳县北孔	0.3	0.3	0.3	0.3	0.3	3.0	0.3	0.3	0.3
沁阳县北孔—武陟县王顺	0.3	0.3	0.3	0.3	0.3	0.3	1.1	0.3	0.3
武陟县王顺—入黄口	36.6	37.1	36.4	33.0	36.6	34.1	34.8	19.2	0.4

沁河武陟县王顺断面以上水质较好，自净水量只需 90% 保证率最枯月平均流量即可满足，因此自净水量推荐结果只给出两个重要断面——省界可控断面河口村水库坝址及沁河入黄口把口站武陟断面的自净水量，其他断面采用 90% 保证率最枯月平均流量。

自净水量推荐结果以武陟县王顺断面目标控制水平下的计算结果为基础，根据王顺断面与武陟断面间的径流过程关系推求武陟断面的自净水量，再根据武陟断面与河口村水库坝址间的径流过程推求河口村水库坝址的自净水量，结果见表 7-19。

表 7-19　重要断面自净水量推荐结果　（单位：m^3/s）

断面名称	自净水量	
	汛期	非汛期
河口村水库坝址	35	19
武陟	37	21

7.7　景观需水

在沁河流域分布有湿地、森林公园、风景名胜区和城市景观等多种类型的涉水景观，在前面的生态需水里面已经考虑了湿地需水、森林公园需水，本节重点考虑风景名胜区和城市景观需水。沁河干流分布的涉水景观见表 7-20。

表 7-20　沁河干流分布的涉水景观一览表

景观名称	级别	所在河段	功能定位	水量要求
五龙口风景区	国家级	位于五龙口与武陟之间的河段，其中沁河一段位于景区内	休闲娱乐	自然补水

7.8　生态需水耦合研究

河流功能性需水主要包括自然功能需水和社会功能需水，自然功能需水主要包括生态基流、鱼类需水、湿地需水、河岸带植被需水、自净需水、输沙需水等。这些功能性需水之间存在着交叉和重复，各种功能所需水量可以兼顾，因此需要对满足多种功能需求的不同量级的水量进行耦合。

本书关注的重点是河流生态系统的结构和功能，并据此提出了最小生态水量和适宜生态水量。

生态需水耦合主要遵循以下原则：

（1）河流连续性，上下游传递的原则。

重要水文断面流量整合时，要考虑上下断面之间流量的匹配性、水流演进等多种因素，经综合优化后给出合适的流量。

（2）生态保护优先的原则。

分布有鱼类产卵场、重要湿地、重要森林资源的河段，优先考虑鱼类需水、湿地需水、河岸带植被需水等需求。

(3)下游以水质保护为主，但考虑多用水目标。

水质改善是功能性不断流的重要目标之一，只有良好的水质保证的水资源才能满足支撑河流其他功能，下游以水质保护为主，同时考虑生态、景观等多用水目标。

根据上述耦合原则，给出沁河重要水文断面的推荐水量，见表 7-21。

表 7-21 沁河重要断面生态水量和自净水量耦合结果

重要断面	时段	生态水量		自净水量(m^3/s)	90%保证率法(m^3/s)	耦合后的推荐水量(归整)			
		最小生态水量(m^3/s)	适宜生态水量(m^3/s)			最小生态水量		适宜生态水量	
						流量(m^3/s)	生态需水量(亿 m^3)	流量(m^3/s)	生态需水量(亿 m^3)
润城	4~6月	5	8.3	—	1.0	5	0.78	9	1.62
	11月至翌年3月	3.2	6.4			3		7	
五龙口	4~6月	7.4	12.3	19	4.3	7	1.2	19	2.8
	11月至翌年3月	5	9.9			5		10	
武陟	4~6月	8.7	14.6	21	—	9	1.23	21	3.22
	11月至翌年3月	4	12.2			4		12	

7.9 小 结

(1)沁河功能需水包括自然功能需水和社会功能需水，自然功能需水包括鱼类需水、自净需水、湿地需水等，社会功能主要考虑景观需水。沁河流域主要存在着下游河道长期断流、下游河段污染严重、生态用水被挤占等生态环境问题。

(2)沁河干流的 4 个一级区(除开发区外)全部达标，8 个二级区中有 5 个达标，3 个超标，水功能区达标率为 75%。超标功能区位于距沁河入黄口 50 km 河段内，即沁河末端 50 km 河长水质超标。根据 2009 年沁河全年均值的水质情况知：Ⅱ类水质河长占 72.1%，Ⅲ类水质河长占 15.8%，劣Ⅴ类水质河长占 12.1%。汛期水质稍好于非汛期。沁河的排污特点是：纳污量 80% 以上集中在河南境内，来自沁阳市和武陟县的排污，且大部分以混合污水的形式进入沁河干流。

(3)根据生态需水对象的需水规律，确定沁河生态需水的关键期为 4~6 月。考虑河流年内径流变化规律，将每年划分为 4~6 月、7~10 月、11 月至翌年 3 月三个水期进行生态需水分析，其中 4~6 月重点保证敏感生态需水。7~10 月在保证防洪安全的前提下，满足河流自然生态基本需求的一定量级洪水过程，11 月至翌年 3 月主要是保证河流生态基流。经过计算，润城断面在 4~6 月、7~10 月、11 月至翌年 3 月三个水期的最小生态水量分别为 5 m^3/s、23.6 m^3/s、3.2 m^3/s，生态需水量为 3.32 亿 m^3；4~6 月、7~10 月、11 月至 翌年 3 月三个水期的适宜生态水量分别为 8.3 m^3/s、35.3 m^3/s、6.4 m^3/s，生态需水量为5.24亿m^3。五龙口断面在4~6月、7~10月、11月至翌年3月三个水期的最小生态水量分别为7.4 m^3/s、31.4 m^3/s、5 m^3/s，生态需水量为4.57亿m^3；4~6月、7~10月、11月至翌年3月三个水期的适宜生态水量分别为12.3 m^3/s、47.1m^3/s、9.9 m^3/s，生态需水量为7.26亿m^3。武陟断面在4~6月、7~10月、11月至翌年3月三个水期的最小生态水量分别为8.7 m^3/s、34.5 m^3/s、4 m^3/s，生态需水量为4.87亿m^3；4~6月、7~10月、11月至翌年3月三个水期的适宜生态水量分别为14.6 m^3/s、43.1 m^3/s、12.2 m^3/s，生态需水量为7.32亿m^3。

(4)武陟县王顺以上各计算单元自净水量只需90%保证率最枯月平均流量即可满足，但武陟县王顺—入黄口单元需要19.2~36.6 m^3/s。自净水量在现状排污水平下略大，目标控制水平下较小。自净水量推荐结果以武陟县王顺断面目标控制水平下的计算结果为基础，根据王顺断面与武陟断面间的径流过程关系推求武陟断面的自净水量，再根据武陟断面与河口村水库坝址间的径流过程推求河口村水库坝址的自净水量，河口村水库坝址处汛期、非汛期自净水量分别为35 m^3/s、19 m^3/s；武陟断面汛期、非汛期自净水量分别为37 m^3/s、21 m^3/s。

(5)在沁河流域分布有湿地、森林公园、风景名胜区和城市景观等多种类型的涉水景观，在生态需水里面已经考虑了湿地需水、森林公园需水，除此之外，对于沁河流域，还需要考虑风景名胜区需水，其中五龙口风景名胜区位于五龙口与武陟之间的河段，主要以休闲娱乐为主，需要考虑植被自然需水过程，这一部分需水涵盖在生态需水部分里面，不再另外计算。

(6)生态需水耦合主要遵循河流连续性、上下游传递的原则，生态保护优先的原则，以下游水质保护为主，但考虑多用水目标等原则。经过耦合计算，润城断面在4~6月、11月至翌年3月两个水期的最小生态水量分别为5 m^3/s、3.2 m^3/s，非汛期生态需水量为0.78亿m^3；4~6月、11月至翌年3月两个水期的适宜生态水量分别为9 m^3/s、7 m^3/s，非汛期生态需水量为1.62亿m^3。五龙口断面在4~6月、11月至翌年3月两个水期的最小生态水量分别为7 m^3/s、5 m^3/s，非汛期生态需水量为1.2亿m^3；4~6月、11月至翌年3月两个水期的适宜生态水量分别为19 m^3/s、10 m^3/s，非汛期生态需水量为2.8亿m^3。武陟断面在4~6月、11月至翌年3月两个水期的最小生态水量分别为9 m^3/s、4 m^3/s，非汛期生态需水量为1.23亿m^3；4~6月、11月至翌年3月两个水期的适宜生态水量分别为21m^3/s、12 m^3/s，非汛期生态需水量为3.22亿m^3。

第 8 章　伊洛河生态需水研究

8.1　伊洛河流域概况

8.1.1　自然概况

8.1.1.1　地理位置

伊洛河指伊河、洛河两条河流。洛河是黄河十大支流之一,是黄河三门峡以下最大支流,伊河是洛河第一大支流。由于伊河流域面积占洛河的 1/3,远远超过其他支流,又相对自成一个流域和水系,故习惯上常把伊河、洛河两条河流并称伊洛河。伊洛河流域位于北纬 33°39′~34°54′、东经 109°17′~113°10′,流域西北面为秦岭支脉崤山、邙山;西南面为秦岭山脉、伏牛山脉、外方山脉,与丹江流域、唐白河流域、沙颍河流域接壤。洛河发源于陕西省蓝田县灞源乡,流经陕西省和河南省 21 个县(市),在河南省巩义市神堤村注入黄河,干流全长 446.9 km(陕西境内 111.4 km,河南境内 335.5 km)。流域面积 18 881 km^2(陕西境内 3 064 km^2,河南境内 15 817 km^2);支流伊河发源于河南省栾川县陶湾乡三合村的闷墩岭,干流全长 264.8 km,流域面积 6 029 km^2,在偃师顾县乡杨村与洛河汇合(见图 8-1)。

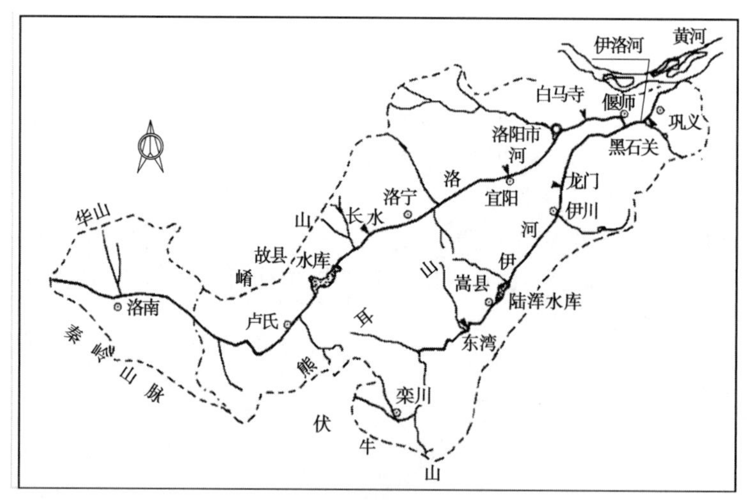

图 8-1　伊洛河流域水系图

8.1.1.2　地形地貌

伊洛河流域地势总体是自西南向东北逐渐降低,海拔自草链岭的 2 645 m 降至入黄口的 101 m。由于山脉的分割,形成了中山、低山、丘陵、河谷、平川和盆地等多种自然地貌和东西向管状地形。在总面积中,山地 9 890 km^2,占 52.4%;丘陵 7 488 km^2,占

39.7%;平原 1 503 km²,占 7.9%,故称“五山四岭一分川”。

伊洛河流域山脉属秦岭向东延伸余脉,石质丘陵主要分布于伊川东北部,岩石裸露,冲沟发育,水蚀严重。黄土丘陵分布于渑池、新安、孟津、偃师、巩义北部,伊河陆浑以下谷地两侧和偃师南部,大部分已开垦为耕地,林木稀少,水土流失严重。黄土塬主要分布在洛宁、宜阳、洛河谷地两侧和渑池盆地涧河两侧。河谷平原呈串珠式分布于伊河、洛河、涧河两侧,是工矿企业和城镇最集中的地方,也是主要产粮区。

8.1.1.3　河流水系

根据自然地形、河床形态、行洪情况,将洛河、伊河干流划分为上游、中游、下游三个河段,各河段的长度及流域面积见表 8-1、表 8-2。

表 8-1　洛河分段情况表

河段	区间范围	河道长度(km)		流域面积(km²)	
		区间	累计	区间	累计
上游	河源—洛宁县长水	252	252	6 244	6 244
中游	洛宁县长水—偃师市杨村	159.6	411.6	5 827	12 071
下游	偃师市杨村—入黄口	35.3	446.9	781	12 852

注:流域面积不含伊河流域。

表 8-2　伊河分段情况表

河段	区间范围	河道长度(km)		流域面积(km²)	
		区间	累计	区间	累计
上游	河源—嵩县陆浑	169.5	169.5	3 492	3 492
中游	嵩县陆浑—洛阳龙门	54.4	223.9	1 826	5 318
下游	洛阳龙门—偃师杨村	40.9	264.8	711	6 029

洛河有支流 300 多条,长度在 3 km 以上的有 272 条,其中陕西境内 108 条,河南境内 164 条,流域面积在 200 km² 以上的有 10 条,其中陕西境内 5 条,河南境内 5 条。伊河支流长度在 3 km 以上的有 83 条,流域面积在 200 km² 以上的有 5 条。

8.1.1.4　气候特征

伊洛河流域属暖温带山地季风气候,冬季寒冷干燥,春季干旱多风,夏季炎热多雨,秋季晴和气爽。该流域降水受季风及地形影响,时空分布不均,对河川径流的形成和水资源的利用都有极大影响。伊洛河谷地和附近丘陵年均气温在 12 ~ 15 ℃,最冷 1 月在 0 ℃左右,最热 7 月在 25 ~ 27 ℃,山区气温垂直变化明显。区内年降水量在 500 ~ 1 100 mm,年降水量随地形高度增加而递增,山地为多雨区,河谷及附近丘陵为少雨区,又由于山地对东南暖湿气流的屏障作用,年降水量自东南向西北减少。降水量年际、年内分布不均,7 ~ 9 月降水量占全年的 50% 以上,年最大降水量为年最小降水量的 2.4 ~ 3 倍。

流域全年蒸发量 1 260 ~ 2 290 mm,卢氏、栾川山区最小,为 1 226 ~ 1 597 mm,北部丘陵区最大，冲积平原在2 000 mm左右。按干燥度划分，本流域西南部山区为湿润区，北部为半干旱区，其他为半湿润区。

伊洛河流域冬季多西北风，夏季多偏东风，全年平均风速1.6~3.2 m/s。渑池、陕县等县丘陵地区，最大平均风速为3.2 m/s，风速最小的是卢氏、栾川、嵩县的山区，仅为1.6 m/s。本区大风再现的次数也较多，一般北部丘陵最多，渑池多年平均日数24.9 d，西部山区较少，栾川仅1.4 d。大风出现次数以冬季最多，占40%，春季次之，夏秋两季较少。

8.1.1.5 植被类型

伊洛河流域位于暖温带的南线向北亚热带过渡地带，气候、土壤具有南北过渡的性质，由于气候温寒湿润，自然环境复杂，为各种各样的植物种类繁衍提供了良好的场所，植物种类丰富，形成了以暖温带植物区系为主，以亚热带、西部高山、西北黄土高原等区系成分为辅的混生杂居的植物区系。同时，在人类改造自然的过程中，不断地开展选种、育种活动，又形成了一系列人工植被，使原植物区系的成分大大改变、丰富，并加速了植物区系的发展。

按照海拔，由低到高可以分为4个植被带：低山丘陵、灌丛草甸带，位于海拔800 m以下的低山丘陵、河谷平川地带，灌木类有酸枣、荆条、连翘、胡枝子、盐肤木、杭子梢等，草本植物多是蒿类、白草、黄背草、羊胡子草等；中低山针叶林、落叶阔叶林混交林带，位于海拔800~1 200 m的低山和中山地带，由于受人为影响严重，多数林子已经被砍伐，形成了因砍伐萌生的栓皮栎、山杨次生林和人工油松幼林；中山落叶阔叶林带，位于海拔1 200~1 800 m，是天然林集中分布区，林相整齐，层次分明，林木生长旺盛，覆盖率较高，土壤为棕色森林土，乔木优势种为槲栎和锐齿栎，还有白桦、千金榆、山杨、五角枫、红桦和漆树，海拔在1 500 m以上，伴有华山松生长；中高山针阔混交林、针叶林和灌丛草甸带，位于海拔1 800 m以上地带，这一带乔木种类比较单一，其下部是由华山松与坚桦、千金榆、红桦或槲栎组成的针阔混交林，呈零散分布的片林，显示出由落叶阔叶林向针叶林过渡的特色，在上部的山脊和山峰上主要是散状分布的华山松纯林及较少的太白冷杉林，在山坡某些地段分布着灌丛和草甸。

8.1.1.6 水资源

根据1956~2000年45年径流系列资料统计，伊洛河流域多年平均河川径流量为29.48亿m^3，其中河南省22.86亿m^3，陕西省6.62亿m^3。

根据伊洛河流域的地形地貌特征，地下水资源分区划分为两类，即山丘区和平原区。山丘区地下水资源分区面积17 440 km^2，平原区地下水资源分区面积1 293 km^2。经分析计算，伊洛河流域浅层地下水为18.73亿m^3，与地表水不重复量为2.84亿m^3。其中河南省伊洛河流域浅层地下水为16.00亿m^3，与地表水不重复量为2.80亿m^3；陕西省伊洛河流域浅层地下水为2.74亿m^3，与地表水不重复量为0.04亿m^3。伊洛河1956~2000年的水资源总量为32.31亿m^3，其中河南省25.65亿m^3，陕西省6.66亿m^3。伊洛河年输沙量1 200万t。在黄河中游各支流中，伊洛河是相对水多沙少的清水河流之一。

8.1.1.7 暴雨洪水

伊洛河流域内暴雨强度大、概率高，常发生大洪水，伊洛河流域洪水是黄河三门峡—花园口区间洪水的重要组成部分，其洪水主要由夏季降雨所形成，具有洪峰高、洪量大、历时短、陡涨陡落等特性。伊洛河上游除洛南县城河段耕地较多，人口城镇密集，受洪水威胁较大，其余广大山区人烟稀少，多为峡谷型河道，受山洪威胁较小，洪水一般不产生较大灾害。中下游以平原型河道为主，洪水灾害频繁。

伊洛河流域历来为水旱灾害频发区，据历史资料记载，从公元前 184 年到 1984 年的 2 168 年中，共发生洪水灾害 372 次，平均 5.8 年一次。其中，致使河道决口、泛滥成灾、房屋冲毁、大片土地淹没，使群众流离失所、无家可归的大灾 108 次，平均 20 年一次。近年来在黄河流域来水偏枯的大背景下，伊洛河流域仍出现数次较大洪水。2007 年 7 月 29 日，伊洛河流域大面积降雨，局部出现暴雨，洛河卢氏水文站洪峰流量 2 070 m^3/s，为历史实测第二大洪水。2010 年 7 月 22 ~ 24 日，受流域大暴雨影响，伊洛河中上游发生较大洪水，伊河的栾川站洪峰流量 1 280 m^3/s，为建站以来的最大洪水；潭头站洪峰流量 3 150 m^3/s，为建站以来的次大洪水。涧河新安站洪峰流量 1 150 m^3/s，为建站以来的最大洪水；石寺站洪峰流量 560 m^3/s，为建站以来的次大洪水。

8.1.1.8　水土流失

伊洛河流域是河南省水土流失最严重的地区之一，水土流失面积达 12 624 km^2，占流域总面积的 66.3%。受自然条件、人类活动等诸多因素影响，流域水土流失分布不均，其中西南部土石山区，水资源充沛，植被覆盖率高，土壤抗蚀性强，水土流失轻微，多年平均侵蚀模数在 2 000 $t/(km^2 \cdot a)$左右，流域的重点预防保护区多位于该区；位于伊洛河中下游的黄土丘陵沟壑区地形破碎，降水量小，暴雨集中，植被覆盖率低下，土壤抗蚀性差，人类活动频繁等因素影响，水土流失严重，是流域重点治理区和重点监督区，该区多年平均侵蚀模数在 4 000 ~ 6 000 $t/(km^2 \cdot a)$；河川区，由于地形平坦，土地利用率高，水土流失较轻，多年平均侵蚀模数在 2 500 $t/(km^2 \cdot a)$左右。

8.1.2　社会概况

8.1.2.1　人口

伊洛河流域主要涉及河南、陕西两省的 21 个县（市）。2007 年全流域总人口 734.8 万人，其中城镇人口 345.2 万人，城镇化率为 47.0%，人口密度 389 人/km^2。从区域分布上看，伊洛河流域人口主要集中在河川区，该区人口密度为 936 人/km^2；丘陵区次之，人口密度为 389 人/km^2；位于伊洛河上游的土石山区人口稀少，人口密度仅为 156 人/km^2。

8.1.2.2　土地利用

伊洛河流域总土地面积 18 881 km^2，土地利用率为 56.8%，其中耕地面积4 524 km^2，占土地面积的 24.0%，农村人口人均农耕地 1.1 亩。林地面积 5 097 km^2，占 27.0%，草地面积 1 097 km^2，占 5.8%。

8.1.2.3　工农业生产

伊洛河流域2007 年国内生产总值1 847.3 亿元，人均国内生产总值2.51 万元。流域中下游地区城市集中，工农业发达。伊洛河流域是矿产资源非常丰富的地区，如钼、钨、金等都有可观的储量，在流域内已形成资源开采、加工、运输、销售等一系列资源型工业企业，成为当地经济发展的重要支撑。

8.2　伊洛河水污染现状及污染成因分析

8.2.1　伊洛河水功能区划及水质目标

伊洛河共划分水功能一级区 6 个,其中保护区 2 个,缓冲区 1 个,开发利用区 3 个;水功能二级区 28 个。水功能区划详情及其水质目标见表 8-3。

表 8-3　伊洛河水功能区划及水质目标

一级功能区	二级功能区	起始断面	终止断面	长度(km)	水质目标
洛河洛南源头水保护区		源头	尖角	48.6	Ⅲ
洛河洛南开发利用区	洛河洛南农业用水区	尖角	灵口	42.5	Ⅲ
洛河陕豫缓冲区		灵口	曲里电站	67	Ⅲ
洛河卢氏巩义开发利用区	洛河卢氏农业用水区	曲里电站	卢氏西赵村	27	Ⅲ
	洛河卢氏排污控制区	卢氏西赵村	涧西村	6	
	洛河卢氏过渡区	涧西村	范县乡公路桥	16	Ⅲ
	洛河卢氏洛宁渔业用水区	范县乡公路桥	故县水库大坝	34	Ⅲ
	洛河洛宁农业用水区	故县水库大坝	城西公路桥	43	Ⅲ
	洛河洛宁排污控制区	城西公路桥	涧口	6	
	洛河洛宁过渡区	涧口	韩城镇公路桥	26	Ⅲ
	洛河宜阳农业用水区	韩城镇公路桥	宜阳水文站	19	Ⅲ
	洛河宜阳排污控制区	宜阳水文站	官庄	5	
	洛河宜阳过渡区	官庄	高崖寨	15	Ⅲ
	洛河洛阳景观用水区	高崖寨	李楼	22	Ⅲ
	洛河洛阳排污控制区	李楼	白马寺	5	
	洛河洛阳过渡区	白马寺	G207 公路桥	12	Ⅲ
	洛河偃师农业用水区	G207 公路桥	回郭镇火车站	21.3	Ⅲ
	洛河偃师巩义农业用水区	回郭镇火车站	高速公路桥	15.5	Ⅳ
	洛河巩义排污控制区	高速公路桥	石灰务	6	
	洛河巩义过渡区	石灰务	入黄口	10	Ⅳ
伊河栾川源头水保护区		源头	陶湾镇	19	Ⅱ

续表 8-3

一级功能区	二级功能区	起始断面	终止断面	长度(km)	水质目标
伊河洛阳开发利用区	伊河栾川饮用水源区	陶湾镇	栾川站	19.4	Ⅲ
	伊河栾川排污控制区	栾川站	栾川镇方村	6	
	伊河栾川过渡区	栾川镇方村	大清沟乡	24.6	Ⅲ
	伊河栾川嵩县农业用水区	大清沟乡	陆浑水库入口	90	Ⅲ
	陆浑水库洛阳市饮用水源区	陆浑水库入口	陆浑水库大坝	10.5	Ⅱ
	伊河嵩县伊川农业用水区	陆浑水库大坝	平等乡公路桥	29	Ⅲ
	伊河伊川排污控制区	平等乡公路桥	水寨公路桥	9	
	伊河伊川过渡区	水寨公路桥	彭婆乡西草店	15	Ⅲ
	伊河伊川洛阳景观娱乐用水区	彭婆乡西草店	龙门铁路桥	6	Ⅲ
	伊河洛阳偃师农业用水区	龙门铁路桥	入洛口	36.3	Ⅲ

伊洛河目前共设有 11 个常规水文监测断面、11 个常规水质监测断面，见表 8-4。

表 8-4　伊洛河水文、水质断面一览表

所在河流	水质断面名称	水文断面名称
洛河	卢氏	灵口
	故县水库坝下	卢氏
	长水	长水
	宜阳	宜阳
	白马寺	白马寺
	洛南桥	
伊河	栾川	栾川
		潭头
		东湾
	陆浑	陆浑
	龙门镇	龙门镇
伊洛河	黑石关	黑石关
	七里铺	

8.2.2　水质现状

8.2.2.1　评价对象及评价断面

以洛河干流及其最大支流伊河为评价对象，进行水功能区水质达标评价和河长水质评价。

评价断面按水功能区进行布设，每个水功能区布设一个代表断面。伊洛河共划分水功能一级区 3 个，二级区 28 个，除洛河源头区域因水质较好，没有布点外，其余河段共布设监测断面 25 个，其中有 2 个断面为水库坝上断面，见表 8-5。

表 8-5　伊洛河水质监测评价断面一览表

序号	监测点位	东经(°)	北纬(°)	所属一级水功能区	所属二级水功能区	控制河长(km)	水质目标
1	故县水库坝上	111.28	34.24	洛河卢氏巩义开发利用区	洛河卢氏洛宁渔业用水区	34	Ⅲ
2	长水	111.45	34.33		洛河洛宁农业用水区	43	Ⅲ
3	涧口村	111.72	34.38		洛河洛宁排污控制区	6	
4	韩城镇	111.94	34.48		洛河洛宁过渡区	26	Ⅲ
5	宜阳	112.17	34.52		洛河宜阳农业用水区	19	Ⅲ
6	官庄	112.19	34.54		洛河宜阳排污控制区	5	
7	高崖寨	112.35	34.58		洛河宜阳过渡区	15	Ⅲ
8	定鼎路桥	112.51	34.68		洛河洛阳景观用水区	22	Ⅲ
9	白马寺	112.58	34.72		洛河洛阳排污控制区	5	
10	G207 公路桥	112.65	34.70		洛河洛阳过渡区	12	Ⅲ
11	洛河杨村	112.81	34.69		洛河偃师农业用水区	21.3	Ⅲ
12	山化	112.64	34.71		洛河偃师巩义农业用水区	15.5	Ⅳ
13	黑石关	112.56	34.43		洛河巩义排污控制区	6	
14	石灰务	112.59	34.47		洛河巩义过渡区	10	Ⅳ
15	陶湾	111.47	33.82	伊河栾川源头水保护区		19	Ⅱ
16	栾川(城西)	111.61	33.79	伊河洛阳开发利用区	伊河栾川饮用水源区	19.4	Ⅲ
17	方村(栾川)	111.67	34.89		伊河栾川排污控制区	6	
18	大清沟	111.74	34.93		伊河栾川过渡区	24.6	Ⅲ
19	东湾	111.97	34.06		伊河栾川嵩县农业用水区	90	Ⅲ
20	陆浑水库坝上	112.18	34.20		陆浑水库洛阳市饮用水源区	10.5	Ⅱ
21	平等	112.38	34.37		伊河嵩县伊川农业用水区	29	Ⅲ
22	水寨	112.45	34.43		伊河伊川排污控制区	9	
23	西草店	112.47	34.53		伊河伊川过渡区	15	Ⅲ
24	龙门	112.47	34.57		伊河伊川洛阳景观娱乐用水区	6	Ⅲ
25	岳滩	112.78	34.68		伊河洛阳偃师农业用水区	36.3	Ⅲ

注:洛河卢氏农业用水区,洛河卢氏排污控制区,洛河卢氏过渡区等 3 个二级水功能区未设监测断面。

8.2.2.2　评价因子

一般断面(除水库以外的断面)评价因子为:pH、溶解氧、高锰酸盐指数(COD_{Mn})、化学需氧量(COD)、五日生化需氧量(BOD_5)、氨氮、总磷、铜、锌、氟化物、砷、汞、镉、六价铬、铅、氰化物、挥发酚等,共 17 项。

水库的坝上断面增加总氮因子。

8.2.2.3　评价标准

评价标准采用《地表水环境质量标准》(GB 3838—2002)。

8.2.2.4　评价时段

利用 2009 年洛阳市水文局开展的水功能区水质监测成果,分汛期(7 ~ 10 月)、非汛期(1 ~ 6 月、11 ~ 12 月)、全年 3 个时段进行评价。

8.2.2.5　评价方法

单因子指数法:将每个断面各评价因子不同评价时段的算术平均值与评价标准比较,确定各因子的水质类别,其中的最高类别即为该断面不同时段的综合水质类别。

8.2.2.6　评价结果

1. 水功能区水质达标评价

水功能区水质达标评价见表 8-6,从表中可以看出:共评价 25 个水功能区,其中洛河 14 个,伊河 11 个。洛河 14 个功能区中,有 4 个达标,6 个不达标,4 个没有水质目标;伊河 11 个功能区中,有 5 个达标,4 个不达标,2 个没有水质目标。水功能区总体达标率为 36%。超标功能区位于洛河的卢氏、洛阳、偃师和巩义等城市河段,以及伊河的源头栾川、陆浑水库和偃师段。主要污染因子为 COD、氨氮、BOD_5、COD_{Mn}、汞、铅、挥发酚、氰化物、石油类等。

2. 河长评价

各类水质河长评价见表 8-7。洛河全长 446.9 km,此次评价了 239.8 km,从全年均值情况看:Ⅱ类水河长占 5.0%,Ⅲ类水河长占 34.9%,Ⅳ类水河长占 36.7%,没有Ⅴ类水,劣Ⅴ类水河长占 23.4%。

伊河全长 264.8 km,全部进行了评价,从全年均值情况看:Ⅱ类水河长占 9.6%,Ⅲ类水河长占 7.2%,Ⅳ类水河长占 48.3%,Ⅴ类水河长占 13.7%,劣Ⅴ类水河长占 21.2%。

8.2.3　水质沿程变化趋势分析

取化学需氧量(COD)、溶解氧(DO)、高锰酸盐指数(COD_{Mn})、五日生化需氧量(BOD_5)、氨氮等五个因子的年度均值,按上下游顺序对各取样断面水质监测结果进行分析,洛河水质沿程变化趋势是整体上从上游至下游逐渐变差,上游水质较好,基本上为Ⅱ、Ⅲ类水,至中游定鼎路桥处,洛河进入洛阳市区,水质开始明显变差,呈现劣Ⅴ类水,至下游石灰务入黄口断面,水质一直较差,全都是Ⅴ类和劣Ⅴ类水,主要超标因子是 BOD_5 和氨氮等。

伊河水质沿程变化趋势:整体水质较好,为Ⅱ、Ⅲ类水,且沿程变化不是很大,只在局部河段存在水质较差现象,一是在大清沟处水质为劣Ⅴ类,超标因子为氨氮,这是因为该河段经过了栾川县城,接纳了沿河大量废污水;二是在龙门处,伊河进入洛阳市区,水质又开始变差。从伊洛河水质沿程变化趋势可以看出,河流经过城镇后,受人为排污影响,水质变差。

表 8-6　2009 年伊洛河各水功能区水质达标评价详细信息

一级水功能区	二级水功能区	代表断面	水质目标	水质类别及超标项目和倍数					
				全年		汛期		非汛期	
洛河卢氏巩义开发利用区	洛河卢氏洛宁渔业用水区	故县水库坝上	Ⅲ	劣Ⅴ	总氮(1.17)	劣Ⅴ	总氮(1.37)	Ⅱ	
	洛河洛宁农业用水区	长水	Ⅲ	Ⅱ		Ⅳ	汞(0.4)	Ⅱ	
	洛河洛宁排污控制区	涧口村		劣Ⅴ		Ⅳ		劣Ⅴ	
	洛河洛宁过渡区	韩城镇	Ⅲ	Ⅲ		Ⅲ		Ⅲ	
	洛河宜阳农业用水区	宜阳	Ⅲ	Ⅲ		Ⅳ	汞(1.6)	Ⅱ	
	洛河宜阳排污控制区	官庄		Ⅱ		Ⅳ	汞(0.7)	Ⅱ	
	洛河宜阳过渡区	高崖寨	Ⅲ	Ⅲ		Ⅳ	汞(1.2)	Ⅱ	
	洛河洛阳景观用水区	定鼎路桥	Ⅲ	劣Ⅴ	BOD_5(0.66)、总磷(8.95)	劣Ⅴ	总磷(37)、汞(0.8)	Ⅴ	BOD_5(0.97)、COD(0.17)
	洛河洛阳排污控制区	白马寺		劣Ⅴ		Ⅲ		劣Ⅴ	
	洛河洛阳过渡区	G207公路桥	Ⅲ	劣Ⅴ	COD_{Mn}(0.06)、BOD_5(0.46)、氨氮(0.05)、总磷(2.15)	Ⅱ		劣Ⅴ	总磷(3.0)、BOD_5(0.77)、氨氮(0.29)、COD_{Mn}(0.28)
	洛河偃师农业用水区	洛河杨村	Ⅲ	Ⅴ	BOD_5(0.52)、氨氮(0.57)	Ⅲ		Ⅴ	总磷(0.2)、BOD_5(0.75)、氨氮(1.0)
	洛河偃师巩义农业用水区	山化	Ⅳ	Ⅴ	BOD_5(0.77)、氨氮(0.58)	Ⅲ		劣Ⅴ	总磷(0.45)、BOD_5(1.03)、氨氮(1.07)、氟化物(0.2)
	洛河巩义排污控制区	黑石关		Ⅳ		Ⅲ		Ⅳ	
	洛河巩义过渡区	石灰务	Ⅳ	Ⅴ	挥发酚(0.43)	Ⅲ		Ⅴ	COD(0.19)、挥发酚(1.0)

续表 8-6

一级水功能区	二级水功能区	代表断面	水质目标	水质类别及超标项目和倍数					
				全年		汛期		非汛期	
伊河洛阳开发利用区	伊河栾川源头水保护区	陶湾	Ⅱ	Ⅲ	BOD$_5$(0.11)、氨氮(0.08)、铅(1.0)、氰化物(2.2)、汞(0.15)	Ⅲ	汞(0.2)、氰化物(0.6)	Ⅳ	BOD$_5$(0.37)、氟化物(0.18)、氨(0.2)、汞(0.2)、铅(1.3)、氰化物(2.8)
	伊河栾川饮用水源区	栾川（城西）	Ⅲ	Ⅱ		Ⅱ		Ⅳ	氟化物(0.06)
	伊河栾川排污控制区	方村（栾川）		劣Ⅴ		劣Ⅴ		Ⅳ	
	伊河栾川过渡区	大清沟	Ⅲ	劣Ⅴ	COD(0.27)、BOD$_5$(0.79)、氨氮(3.32)、总磷(0.05)、汞(0.1)	劣Ⅴ	氨氮(3.1)、汞(2.4)、BOD$_5$(0.15)、COD(0.35)、COD$_{Mn}$(0.13)	劣Ⅴ	COD(0.24)、BOD$_5$(1.64)、氨氮(3.22)、总磷(0.25)
	伊河栾川嵩县农业用水区	东湾	Ⅲ	Ⅱ		Ⅳ	汞(0.2)	Ⅱ	
	陆浑水库洛阳市饮用水源区	陆浑水库坝上	Ⅱ	劣Ⅴ	总氮(2.5)	劣Ⅴ	总氮(6.0)、汞(0.9)	劣Ⅴ	总氮(2.5)、氟化物(0.03)
	伊河嵩县伊川农业用水区	平等	Ⅲ	Ⅱ		Ⅳ	汞(0.5)	Ⅳ	氟化物(0.05)
	伊河伊川排污控制区	水寨		Ⅲ		Ⅳ		Ⅳ	
	伊河伊川过渡区	西草店	Ⅲ	Ⅲ		劣Ⅴ	总磷(1.35)	Ⅳ	BOD$_5$(0.16)
	伊河伊川洛阳景观娱乐用水区	龙门	Ⅲ	Ⅲ		Ⅱ		Ⅳ	BOD$_5$(0.12)
	伊河洛阳偃师农业用水区	岳滩	Ⅲ	Ⅴ	BOD$_5$(0.04)、总磷(0.55)	Ⅴ	总磷(0.9)、汞(0.6)	Ⅳ	BOD$_5$(0.18)、总磷(0.4)

表 8-7　2009 年伊洛河各类水质河长

河流	水期	评价河长(km)	各类水质河长(km)					
			Ⅰ类	Ⅱ类	Ⅲ类	Ⅳ类	Ⅴ类	劣于Ⅴ类
洛河	全年	239. 8	0	12	83. 8	88	0	56
	汛期	239. 8	0	116	26	6	53. 3	38. 5
	非汛期	239. 8	0	48	60	16	36. 8	79
伊河	全年	264. 8	0	25. 4	19	128	36. 3	56. 1
	汛期	264. 8	0	90		139. 7		35. 1
	非汛期	264. 8	0	138. 4	49		36. 3	41. 1

8. 2. 4　纳污现状

为详细、准确地了解伊洛河纳污现状,项目组先后对伊洛河入河排污口及污染严重的支流口开展了四次调查监测,时间是 2010 年及 2011 年的汛期和非汛期,具体调查监测时间与伊洛河常规断面水质监测同步。监测因子包括水温、pH、废污水入河量(流量)、化学需氧量(COD)、氨氮、总磷、总氮,以及排污口特征污染物等。其中,总磷、总氮主要针对生活污水排污口。

根据调查结果,伊洛河共有 40 个排污口,4 个污染严重的支流口,全部在河南境内。40 个排污口中,有 18 个超标,4 个支流口中,有 2 个是劣Ⅴ类水,水质较差,另外两个是Ⅳ类水。

伊洛河入河排污口及支流口分布情况见图 8-2。

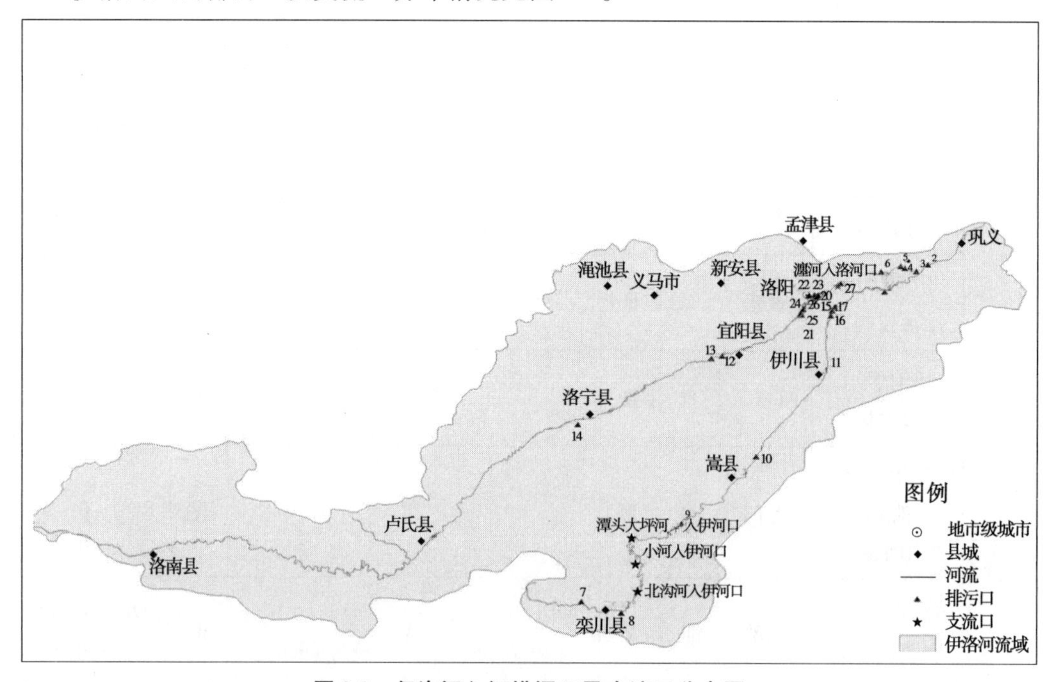

图 8-2　伊洛河入河排污口及支流口分布图

通过以上调查到的入河排污口和污染严重的支流口,伊洛河共接纳废污水量4.28亿m^3/a,COD量3.41万t/a,氨氮量0.382万t/a。其中洛河纳污量占3/4,伊河占1/4。具体分布情况见表8-8和表8-9。从表中可以看出,伊洛河的纳污特点是纳污量80%以上集中在洛阳、偃师及巩义市,主要来源于生活排污。

表8-8 伊洛河现状纳污量城镇分布情况

河流	所属城镇	入河废污水量(万t/a)	入河COD量(t/a)	入河氨氮量(t/a)
洛河干流	卢氏县	279.9	456.7	51.9
	洛宁县	670.1	353.7	8.0
	宜阳县	876.7	779.9	154.4
	洛阳市	15 295.0	8 780.2	508.7
	偃师市	8 491.1	7 790.4	1 348.7
	巩义市	5 158.2	7 741.3	797.6
	合计	30 771.0	25 902.2	2 869.3
伊河干流	栾川县	6 843.3	1 572.4	95.5
	嵩县	425.7	226.8	26.3
	伊川县	1 056.5	606.7	269.2
	洛阳市	2 645.1	4 147.3	471.2
	偃师市	1 080.1	1 643.4	87.7
	合计	12 050.7	8 196.6	949.9
伊洛河总计		42 821.7	34 098.8	3 819.2

表8-9 伊洛河现状接纳不同性质废水比例 (%)

流域	污水性质	废污水	COD	氨氮
洛河干流	工业	25.22	41.78	35.06
	混合	23.95	14.01	9.36
	生活	50.83	44.21	55.58
伊河干流	工业	43.60	43.17	27.45
	生活	56.40	56.83	72.55

8.3　伊洛河水生态系统特征及生态保护目标

8.3.1　水生态系统特征

8.3.1.1　河道连通性

伊洛河是黄河三门峡以下最大支流，流域地势总体呈自西南向东北逐渐降低，海拔自草链岭的2 645 m降至入黄河口的101.4 m，落差5.9‰，水力资源丰富。从1959年建成伊洛河第一座大型水库——陆浑水库开始，伊洛河水电开发方兴未艾。截至2012年，伊洛河流域已建水电站139座，其中陕西省已建水电站69座，河南省已建水电站70座。其中，洛河干流已建、在建各类水电站33座，伊河干流已建、在建各类水电站18座。上述水电站除故县水库、陆浑水库为坝后式发电外，其余均为引水径流式。目前，除洛河上游、伊河源头部分河段外，其他河段水电开发程度极高，其中最严重的为洛河洛宁—宜阳河段，总长158 km的河长上分布着29座小型水电站，水电站首尾相连，河流纵向连通性遭到严重破坏。同时，由于大部分电站为引水式电站，且在设计、运行、管理中，没有考虑河道生态基流下泄，枯水期尤其是春季灌溉期水电站下游河道脱流现象严重，河流水流连续性及横向连通性遭到破坏。一方面，伊洛河密集的水电站群建设对河流生态系统及其相邻河岸带生态系统产生了严重胁迫效应，河流水文、地貌形态、生物栖息地等发生较大改变，河流廊道生态功能严重退化，也造成了河流鱼类及其栖息生境大量丧失。另一方面，伊洛河水量丰枯变化较大，枯水期上游大部分河床出露，而中下游由于水电站引水造成的河道脱流，为采石、挖砂提供了良好的条件，无序的采石、挖砂也造成了河道与河岸带生境的破坏。在伊洛河城区河段共规划橡胶坝30余座，其中洛河规划22座，已建成11座，主要集中在洛阳市区段，伊河规划16座，已建成11座。密集的橡胶坝建设在为人类提供亲水景观的同时，也对河流自然连通性造成了影响。

8.3.1.2　水生生物及其生境

1. 鱼类种类

伊洛河流域曾经是我国著名经济鱼类洛鲤伊鲂的出产地，是多种地方土著鱼类的重要分布区。根据历史资料及现场调查，伊洛河内共有鱼类4目8科36种，其中鲤科鱼类25种，占总数的69%；鳅科鱼类4种，占总数的13%；鲶科、鲿科、鲇科、鰕虎鱼科、合鳃鱼科、攀鲈科、鳢科鱼类各1种，各占3%。鱼类分布上，上游河段鱼种类明显多于其他河段，其余河段鱼类种类、资源量都比较少，表明上游水生态环境处于相对良好状态。

伊洛河鱼类资源及其分布见表8-10。

2. 鱼类生境状况

整体上，洛河卢氏徐家湾乡以上河段属于未开发河段，其内尚未有水电、水库建设，处于相对自然状态，保留了鱼类较好的栖息生境。徐家湾以下至故县水库，是开发较弱河段，水质条件良好，但受水电站建设蓄水影响，其下游鱼类生存受到严重影响，目前仅在较大支流入汇处残存有小范围的鱼类产卵场，而在故县水库库尾由于条件良好，是本河段内较好的栖息环境；从故县水库以下河段，水电设施开发程度高，鱼类生境条件受到严重破

表 8-10　伊洛河干流鱼类资源调查结果

序号	科	种	上游	其余河段
1	鲤科	鲤鱼 *Cyprinus carpio*(*Common carp*)	+ +	+ +
2		中华细鲫 *Aphyocypris chinensis Guinther*	+	
3		鲫鱼 *Carassius auratus*(*Crucian carp*)	+ + +	+
4		鲢鱼 *Hypophthalmichthys molitrix*(*Silver carp*)		+
5		鳙鱼 *Aristichthys nobilis*(*Bighead carp*)		+
6		草鱼 *Ctenopharyngodon idellus*(*Grass carp*)	+	+
7		麦穗鱼 *Topmouth Gudgeon* (*Pseudorasboraparva*)	+ + +	+
8		棒花鮈 *gobio rivuloides*	+	
9		棒花鱼 *Abbottina rivularis*(*gudgeon*)	+ +	+
10		蛇鮈 *Saurogobiodabryi Bleeker*	+	
11		点纹颌须鮈 *Ganthopogon wolterstorffi* (*Dotted – lined gudgeon*)		+
12		银色颌须鮈 *Gnathopogon argentatus* (*Sauvage et Dabry*)	+ +	
13		马口鱼 *Opsariichthys bidens*(*Chinese hooksnout carp*)	+ +	+
14		拉氏鱥 *Phoxinus lagowskii Dybowsky*	+ + +	
15		瓦氏雅罗鱼 *Leuciscus waleckii*(*Amur ide*)	+	
16		中华鳑鲏 *Rhodeus sinensis Günther*	+ +	
17		多鳞铲颌鱼 *Varicorhinus macrolepis* (*Largescaleshoveljaw fish*)	+ +	
18		蒙古红鲌 *E. mongolicus*	+	
19		银飘 *P. sinensis Bleeker*	+	
20		餐条 *Hemicculter Leuciclus* (*Basilewaky*)	+ +	+
21		唇䱻 *Hemibarbus labeo* (*Pallas*)	+ +	
22		黑鳍鳈 *sarcocheilichthys nigripinnis*(*Gunther*)	+ +	
23		鲂鱼 *Carnis Megalobramae*(*Parabramis pekinensis*)		+
24		宽鳍鱲 *Zacco platypus* (*Pale chub*)	+ +	
25		红鳍鲌 *Culter erthropterus*(*Mongolian culter*)	+	+
26	鳅科	花鳅 *Cobitis linnaeus* (*Cobitidae*)	+ +	+
27		赛丽高原鳅 *Triplophysasellaefer*(*Catfish – like loach*)	+	
28		东方薄鳅 *Leptobotiao rientalis*	+	
29		泥鳅 *Misgurnus anguillicaudatus*(*Oriental weatherfish*)	+ +	+

续表 8-10

序号	科	种	上游	其余河段
30	鮠科	盎堂拟鲿 *pseudpbagrus ondon shaw*	+	
31	鮠科	黄颡鱼 *Pelteobagrus fulvidraco*(*Yellow catfish*)	+ +	+
32	鲇科	鲇鱼 *Silurus asotus*(*catfish*)	+ +	+
33	鰕虎鱼科	吻鰕虎鱼 *Rhinogobius gigas*		+
34	合鳃鱼科	黄鳝 *Monopterus albus*	+	
35	攀鲈科	圆尾斗鱼 *Macropodus ocellatus*	+	
36	鳢科	乌鳢 *Ophicephalus argus*	+	

注:"+"号多少表示鱼类的丰富度。

坏。在支流汇入的河口段,以及陆浑、故县水库的回水河段,水质良好,保留了原有鱼类的栖息环境,是一处保存完好的天然鱼类栖息地;宜阳段内多个水电站为部分引流,河段仍有一定连续性,而在洛阳市区前段,生境条件一般。洛阳市以下河段由于受景观蓄水影响,河道减流严重,鱼类生境条件发生改变。而伊洛河入黄口段由于水量充足,营养丰富,一直为伊洛河的传统产卵场,属较佳的栖息生境。

伊河上游流量较小,鱼类栖息条件较差;而栾川以下水电开发较多,对河道水利条件产生较大影响,使鱼类栖息条件发生改变;和故县水库类似,在陆浑水库末端形成了一处新的鱼类栖息地。

3. 鱼类产卵场分布

伊洛河上游属于石质山区,支流众多,水流湍急,中游河面渐阔,流速降低,下游河道又逐渐收缩。独特的河流条件使其从上游至下游都有鱼类产卵场分布。历史上,伊洛河各较大支流河口都是较大的产卵场,近年来,随着河道来水被截断及水体污染加剧,干流内鱼类产卵场分布大大缩减。现状调查发现较大的鱼类产卵场仅有洛河灵口至徐家湾河段、故县水库尾端和宜阳段、伊河嵩县水库库尾、伊洛河入黄口等 4 处。

4. 大鲵及其生境

伊洛河流域是我国特有珍稀濒危动物大鲵、秦巴拟小鲵的栖息地,主要分布于上游水流较为清澈的支沟。大鲵、秦巴拟小鲵都属于国家Ⅱ级保护两栖动物,对于研究动物的进化和地理分布等方面有着重大的科学价值。历史记载其曾广泛分布于伊洛河流域范围内,主要集中在洛南、卢氏、栾川三县等地。据记载,20 世纪六七十年代,大鲵分布在洛河、伊河流域及其支沟内,尤其在夏季雨后,随处可见。

80 年代以后,随着经济的发展和采矿、采石等人类活动的加剧,大鲵资源受到严重破坏,资源量下降明显。据调查,伊洛河流域内的大鲵栖息地面积大大缩减,数量锐减,洛南县境内大鲵栖息地基本已被压缩至灵口河段附近支沟,数量约有 3 300 尾;卢氏县境内原淇河、官坡河生境完全丧失,仅遗木桐河一条支流及其他少量支流;栾川县目前仅在合峪镇 3 条支沟中有发现。

8.3.1.3　湿地

伊洛河流域内石质山区较多,且中下游为传统农业种植区,湿地资源匮乏。遥感解译结果显示,伊洛河流域内湿地面积约为 171.3 km^2,仅占黄河流域湿地总面积的 0.68%,占所在水资源二级区(三门峡至花园口分区)湿地总面积的 16.8%,是流域总面积的 0.9%。而在湿地构成中,河流湿地比重最大,占湿地总面积的 32.72%,其次为水库,占 26.63%。

相比于 20 世纪 80 年代,流域湿地面积减少幅度较大,湿地总面积由原来的 254 km^2 减少至 171 km^2,减少 32%,呈现整体萎缩趋势。其中,河流湿地减少幅度最大,由 150 km^2 减少至 98 km^2,减少比例为 34%;其次为灌草沼泽,由 65 km^2 减少到 20 km^2,减少比例为 68.59%,而水库湿地大幅度增加,表明人类开发活动对流域湿地的格局造成了较大的影响,见表 8-11。

流域湿地面积萎缩尤其是河流湿地面积减少从另一个侧面反映了人类对河流的侵占,导致湿地水源涵养、河流生物多样性保护等功能下降,直接影响流域水资源补给,威胁流域生态安全特别是水生态安全。

表 8-11　伊洛河流域 1980 年、2006 年湿地面积变动　(单位:km^2)

序号	代码	类别	1980 年湿地面积	2006 年湿地面积	面积增减	变化幅度
1	12	河流	149.41	56.06	93.35	-62.48%
2	13	时令河	0.79	20.10	-19.31	2 449.27%
3	14	滩地		22.18	-22.18	
4	21	湖泊	2.73	5.58	-2.85	104.48%
5	22		3.81	0.60	3.21	-84.26%
6	32	灌草沼泽湿地	65.61	20.61	45.00	-68.59%
7	41	坑塘水面	0.92	0.57	0.34	-37.42%
8	44	水库	30.77	45.62	-14.86	48.30%
9	总计		254.03	171.32	82.71	-32.56%

8.3.2　主要水生态问题

8.3.2.1　河流生境连通性破坏严重,生态用水难以满足

伊洛河密集的水电站群建设对河流生态系统及其相邻河岸带生态系统产生了严重胁迫效应,河流水文、地貌形态、生物栖息地等发生较大改变,河流廊道生态功能严重退化,也造成了河流鱼类及其栖息生境的大量丧失。另一方面,伊洛河水量丰枯变化较大,枯水期上游大部分河床出露,而中下游由于水电站引水造成的河道脱流,为采石、挖砂提供了良好的条件,无序的采石、挖砂也造成了河道与河岸带生境的破坏。

根据2001~2010年近十年不同时段伊洛河主要断面生态需水满足程度评价,其生态需水多数只有1956~1975年同时段天然流量的50%左右,满足程度为中等以下,表明伊洛河近十年生态需水满足程度不高。从不同河段河道实际用水来评估,由于伊洛河水电站建设较多,所造成的河道脱流现象严重,伊洛河实际河道生态需水尤其是枯水期满足程度较差,这些河段集中在水电密集开发河段,如伊河上游、洛河上中游等河段,水电站建设带来的河道脱流与侵占是目前伊洛河河流生态用水得不到保障的主要问题。

8.3.2.2 水生生物生境受到破坏,数量减少

伊洛河流域曾经是我国著名经济鱼类洛鲤伊鲂的出产地,是多种地方土著鱼类的重要分布区。由于河流连通性及河道生境的破坏,水生生物赖以生存的环境不复存在,数量及多样性也急剧减少。目前仅在水量较大的库区回水末端、伊洛河口留有小面积的鱼类栖息地与产卵场,但也受到人类捕捞、水环境污染等因素的威胁。而受采矿、采石等人类活动影响,伊洛河上游支流的大鲵栖息地面积大大缩减,数量锐减,卢氏县境内原淇河、官坡河生境完全丧失,大鲵资源量受到严重破坏。

8.3.2.3 部分河段水污染严重

随着流域经济社会的发展和城市建设规模的扩大,伊洛河流域废污水排放量逐年增加,尤其是洛阳、巩义等城市废污水大量集中排放,造成了城市河段及其下游河流河道水体污染严重;此外,上游河段采矿的废污水造成局部河段水体受到污染,已严重影响到上游良好水生态的维持,成为上游野生水生生物资源受到破坏的重要原因。

8.3.2.4 水土流失严重

伊洛河流域处在秦岭余脉和黄土高原边缘交汇处,土石山丘面积大,山高坡陡,地表植被差,加上陡坡开荒、毁林种植等人类活动,水土大量流失。流域平均侵蚀模数达2 000~3 000 $t/(km^2 \cdot a)$,最高达8 000 $t/(km^2 \cdot a)$。每年流失大量土壤的同时带走了大量的氮、磷、钾等有效元素,直接影响山区经济的发展。同时,由于山区农田偏少,毁林开荒、陡坡开荒种植现象十分严重。随着人口增长和大规模的生产建设项目,如修路、建厂等基础设施建设,以及开矿等破坏植被,倾倒废弃土石、矿渣等现象,对伊洛河流域造成新的水土流失。

8.3.3 水生态保护目标

8.3.3.1 重要水生生物及栖息地

据调查,伊洛河流域主要保护水生生物主要有大鲵、水獭、秦巴小鲵、多鳞铲颌鱼、瓦氏雅罗鱼、洛河鲤鱼、伊河鲂鱼等7种,其中国家二级重点保护区野生动物大鲵、水獭2种,陕西省重点保护区鱼类有秦巴小鲵、多鳞铲颌鱼、瓦氏雅罗鱼3种;河南省重要经济类水生生物有洛河鲤鱼、伊河鲂鱼2种。

伊洛河干流珍稀、保护鱼类名录详见表8-12,其栖息、繁殖等生态习性见表8-13。

8.3.3.2 自然保护区

为保护伊洛河流域森林资源,国家相关部门在伊洛河流域建立了河南伏牛山国家级自然保护区、河南洛阳熊耳山省级自然保护区2处自然保护区(见表8-14),是伊洛河流域重要的水源涵养地及流域重要的水生态保护目标。

表 8-12　伊洛河流域主要保护水生生物

序号	鱼类	国家重点保护野生动物	《陕西省重点保护区野生动物名录》	河南省经济鱼类	现状	生物学意义
1	大鲵	Ⅱ级			《中国濒危动物红皮书》列为极危	我国特有
2	水獭	Ⅱ级			《陕西省渔业资源修复建设工程规划》列为濒危	
3	秦巴小鲵		重点保护		《濒危动植物种国际贸易公约》列为渐危	我国特有
4	多鳞铲颌鱼		重点保护			我国分布最北限
5	瓦氏雅罗鱼		重点保护			我国分布最南限
6	洛河鲤鱼			一般保护		
7	伊河鲂鱼			一般保护		

表 8-13　伊洛河干流保护鱼类生态习性

序号	鱼类	生态习性	分布
1	大鲵	大鲵栖息于山区的溪流之中,生活于水质清澈、含沙量不大,水流湍急,并且要有回流水的洞穴中,喜食鱼、蟹、虾、蛙和蛇等水生动物,每年 7 ~ 8 月产卵、繁殖	广泛分布于长江、黄河、珠江上游山涧溪流中,其中伊洛河流域分布于洛河木桐河、官坡河、西峪河、陈耳河、磨峪河等多条支流的上游河段
2	水獭	半水栖兽类,喜欢栖息在湖泊、河湾、沼泽等淡水区。水獭的洞穴较浅,常位于水岸石缝底下或水边灌木丛中,以鱼类、鼠类、蛙类、蟹、水鸟等为主食,没有明显的繁殖季节,在夏季或秋季产仔,全年均可繁殖	广泛分布于我国,伊洛河流域内在洛河灵口河段时有发现
3	秦巴小鲵	一般栖息与山区溪流,成鲵营陆栖息生活,白天多隐蔽在小溪边或附近石下。5 ~ 6 月为繁殖期,捕食昆虫和虾类	与大鲵分布生境基本一致
4	多鳞铲颌鱼	栖息在河道为砾石底质,水清澈低温,流速较大,海拔为 300 ~ 1 500 m 的河流中,常借助河道中溶岩裂缝与溶洞的泉水发育,生殖季节为 5 月下旬至 7 月下旬。以水生无脊椎动物及着生在砾石表层的藻类为食	广泛分布于我国中部陕、渝、豫等省份山区河流,伊洛河干流内上游均有发现,其中以卢氏以上河段分布较多

续表 8-13

序号	鱼类	生态习性	分布
5	瓦氏雅罗鱼	喜栖息于水流较缓、底质多砂砾、水质清澄的河口或山涧支流里，完全静水中较为少见。喜集群活动。有明显的洄游规律，生殖季节较早，水温达 4 ~ 8 ℃就开始产卵。卵产在砂砾、水草或其他附着物上	广泛分布于我国东北与华北河流，其中黄河流域内普遍分布，伊洛河干流从源头至入黄口均有发现
6	洛河鲤鱼	洛河鲤鱼，属于底栖杂食性鱼类，喜欢生活在水流缓慢的河段，在每年 4 ~ 5 月清明至谷雨期间，气温回升并稳定时产卵，常产在浅水带的植物或碎石屑上	广泛分布于我国各河流，伊洛河内普遍存在，其中以宜阳段、巩义段黄河鲤鱼最负盛名
7	伊河鲂鱼	属中下层鱼类，栖息于底质为淤泥或石砾的敞水区，多见于静水河段。杂食性，以植物为主。5 ~ 6 月产卵	我国常见鱼类，主要分布于长江流域，伊洛河内也有分布，以陆浑水库库尾最多

表 8-14　伊洛河流域重要自然保护区基本情况

名称	主要保护对象	主体生态功能	与伊洛河水力联系	与伊洛河位置关系	存在问题
河南伏牛山国家级自然保护区	森林生态系统、珍稀野生动植物及其栖息地	生物多样性保护、水源涵养、水土保持等	支流伊河水源涵养区及重要水土保持区	伊河的发源地，重要水源涵养林区	人类采伐、旅游开发等
河南洛阳熊耳山省级自然保护区	森林生态系统、野生动植物及其栖息地	生物多样性保护、水源涵养、水土保持等	伊洛河水源涵养区及重要水土保持区	位于伊河与洛河上游之间，豫西洛阳、三门峡等城市的天然生态屏障	周边矿产资源开发带来的植被破坏、水土流失

1. 河南伏牛山国家级自然保护区

伏牛山国家级自然保护区位于河南省西部，地理坐标为北纬 32°50′ ~ 33°54′、东经 111°17′ ~ 112°17′，北连栾川、嵩县，东接鲁山县，西与卢氏、灵宝搭界，南至内乡、南召、西峡三县。东西长 100 km，南北宽 60 km，总面积 5.6 万 hm^2。它包括南阳市的西峡、内乡、南召 3 县的大部分山区，洛阳市的栾川、嵩县二县的南部山区，平顶山市鲁山县的西部山区。

伏牛山是黄河、淮河和长江三大流域的分水岭，受区域构造和地形的制约，黄河流域的支流多呈北东向展布，淮河流域的支流则呈东南向流水，而长江流域的支流则多呈南向流水。

伏牛山国家级自然保护区是以保护过渡带综合性森林生态系统和珍稀野生动植物为主的自然保护区，是生物多样性保护、科学研究、物种繁衍及科普宣传教育、生态旅游和可持续利用的基地。保护区核心区面积为 18 026 hm^2，占自然保护区总面积的 32.2%；缓冲区面积 6 362 hm^2，占自然保护区总面积的 11.4%；实验区面积 31 612 hm^2，占保护区总面积的 56.4%。

2. 河南洛阳熊耳山省级自然保护区

河南洛阳熊耳山省级自然保护区位于洛阳市的洛宁、宜阳、嵩县、栾川四县界岭(熊耳山主山脉)的南北两侧,由故县、全宝山、三官庙、宜阳、陶村、王莽寨、大坪七个国营林场的部分林业用地组成。地理坐标为北纬 33°54′~34°31′、东经 111°18′~112°09′,总面积 32 524.6 hm^2。

熊耳山自然保护区属黄河流域,主山脉是洛河和伊河的分水岭,洛河和伊河在其两侧。洛河位于其北侧,在熊耳山和崤山之间;伊河位于南侧,在熊耳山和伏牛山之间。这里沟谷纵横,河流众多,有大小沟谷河流近千条,直接注入洛河和伊河的沟、涧、河流就有 20 余条。茂密的森林孕育了丰富的地下水资源,该区域大部分地区水资源丰富,只有东部部分地区水资源较少。

该保护区的保护对象主要是较完整的森林生态系统及野生动植物资源。核心区面积 7 683.5 hm^2,占保护区总面积的 23.6%;缓冲区面积 8 954.3 hm^2,占保护区总面积的 27.5%;实验区面积 15 886.8 hm^2,占保护区总面积的 48.9%。

8.3.3.3　种质资源保护区

国家有关部门对伊洛河大鲵等水生生物繁殖栖息河段,划定了保护区,保护区基本情况见表 8-15。

表 8-15　伊洛河流域水生生物保护区基本情况

序号	名称	地理位置	分布河段	面积(km^2)	主要保护对象	存在问题
1	陕西省洛南大鲵省级自然保护区	洛南县	核心区为磨峪河、龙河、西峪河等各级支流,洛河干流柏峪寺至省界为缓冲区	57.15	大鲵及其生存环境	由于支流水量减少,使生境萎缩,数量锐减
2	河南卢氏大鲵自然保护区	卢氏县	核心区为明朗河、颜子河、毛河等河流及其溪流的无人居住区	175.42	大鲵及其生存环境	由于支流水量减少,人为活动频繁使生境萎缩,数量锐减
3	伊河特有鱼类国家级水产种质资源保护区	嵩县	核心区为伊河北岸的吴村至南岸牛寨并上溯至八里滩之间的水域	40	伊河鲂鱼、银鱼、细鳞斜颌鲴等	水质污染、滥捕
4	黄河郑州段黄河鲤国家级水产种质资源保护	郑州市	伊洛河核心区为自河洛镇七里铺伊洛河入黄河口向西到康店镇伊洛河大桥,长 16 km	178	黄河鲤	水质污染、滥捕
5	洛河鲤鱼国家级水产种质资源保护区	宜阳县	核心区洛阳市高新区洛河段,东起张庄,西至马赵营,东西长约 12.5 km	30.25	洛河鲤鱼、中华鳖和中华绒螯蟹等	水质污染、滥捕

1. 陕西省洛南县大鲵自然保护区

陕西省洛南大鲵省级自然保护区成立于2004年，该区位于陕西省洛南县城东部，保护区东部与北部和河南省相邻，南边以南洛河为界，西边以西峪河西界为限，辖庙台、上寺店、灵口、陈耳镇的一部分，地理位置位于北纬34°03′~34°17′、东经110°24′~110°37′，总面积5 715 hm^2，保护区涉及河道及其支流总长度为968.8 km。

保护区分为核心区、缓冲区及实验区三个功能区，核心区分布于南洛河北岸各级支流磨峪河、龙河、文峪河、西峪河主河道的一部分，铁炉沟、赵家沟、朝阳沟、大庄河、马龙沟、寺沟、散岔沟、阳坡沟等河道的支流水域，总长度为378.5 km，面积为1 430 hm^2，占总面积的25.02%。

缓冲区位于核心区的外围，主要设在南洛河及各支流较为宽阔的河段，面积为2 456 hm^2，占总面积的42.98%。

实验区位于南洛河灵口段河道外围及磨峪河、龙河、文峪河、西峪河一部分缓冲区的外围，面积为1 829 hm^2，占保护区总面积的32%。

2. 河南省卢氏大鲵自然保护区

卢氏大鲵自然保护区总面积401.3 km^2，分南北两块。南部区域：面积321.73 km^2，四至范围是西至县界，北至兰草河前洞沟村上游，东至焦家沟—仓房—淇河西岸—龙泉坪西—代柏岭西，南至县界，位于淮河流域以内。北部区域：面积为79.57 km^2，四至范围是西、北、东至县界，南至木桐河南岸，位于伊洛河流域以内。

3. 黄河郑州段黄河鲤国家级水产种质资源保护区

黄河郑州段黄河鲤国家级水产种质资源保护区地处郑州市北部，地理坐标为北纬34°46′00″~34°59′42″、东经112°57′00″~114°02′45″。跨巩义市、荥阳市、惠济区、金水区和中牟县等5个县(市、区)，东西长118 km，总面积178 km^2。

根据黄河郑州段黄河鲤产卵场、索饵场、越冬场分布的实际情况，共划定两个核心区：花园口核心区和伊洛河核心区。伊洛河核心区位于巩义市境内，地理坐标为北纬34°46′00″~34°50′00″、东经112°57′00″~113°3′45″，自河洛镇七里铺伊洛河入黄口向西到康店镇伊洛河大桥，长16 km，面积8 km^2。

4. 伊河特有鱼类国家级水产种质资源保护区

伊河特有鱼类国家级水产种质资源保护区总面积4 000 hm^2，其中核心区面积1 200 hm^2，实验区面积2 800 hm^2。特别保护期为每年的4月1日至6月30日。保护区位于河南省嵩县境内的伊河中游陆浑大坝上溯至八里滩的水域。核心区位于伊河北岸的吴村至南岸牛寨并上溯至八里滩之间的水域，实验区位于吴村至牛寨以下水域。保护区主要保护对象是伊河鲂鱼，其他保护对象包括银鱼、鲤鱼、鲫鱼、细鳞斜颌鲴、黄颡鱼等。

5. 洛河鲤鱼国家级水产种质资源保护区

洛河鲤鱼保护区位于洛河宜阳至高新区段，全长60.5 km，总面积30.25 km^2。

8.3.3.4 重要湿地

伊洛河流域内湿地数量较少，主要为河道湿地。其中陕西省洛南县从洛南县洛源镇洛源村到灵口镇戴川村沿洛河至陕、豫省界，包括洛河河道、河滩、泛洪区湿地都已经被划为陕西省重要湿地；河南省境内的伊河入洛河汇流处，2009年被批准为偃师市伊洛河国家湿地公园,规划面积为 18 km²。

8.3.3.5　重要森林资源及保护区

为保护森林资源,合理利用森林景观资源,国家相关部门在伊洛河流域内相继建立了河南神灵寨国家森林公园、河南花果山国家森林公园、河南天池山国家森林公园、河南龙峪湾国家森林公园等,上述区域内森林资源丰富,森林覆盖率及林草覆盖度高,水源涵养功能较强,是伊洛河支流重要的水源涵养区,对保护伊洛河水资源水生态安全有着重要意义,其基本情况见表 8-16。

表 8-16　伊洛河流域国家森林公园基本情况

<table>
<tr><th>名称</th><th>主要保护对象</th><th>主体生态功能</th><th>与伊洛河位置关系</th><th>水力联系</th><th>存在问题</th></tr>
<tr><td>河南神灵寨国家森林公园</td><td>森林资源
森林景观</td><td rowspan="4">水源涵养、水土保持、生物多样性保护、气候调节</td><td>位于洛河支流金门涧源头区</td><td>重要水源补给区</td><td rowspan="4">矿产开发、旅游开发等影响</td></tr>
<tr><td>河南花果山国家森林公园</td><td>森林资源
森林景观</td><td>位于洛河支流龙窝河源头区</td><td>重要水源补给区</td></tr>
<tr><td>河南天池山国家森林公园</td><td>森林资源
森林景观</td><td>位于伊河支流北沟河等源头区</td><td>重要水源补给区</td></tr>
<tr><td>河南龙峪湾国家森林公园</td><td>森林资源
森林景观</td><td>位于伊河支流洪洛河等源头区</td><td>重要水源补给区</td></tr>
</table>

8.3.3.6　风景名胜区与地质公园

伊洛河流域风景名胜区较多,相关部门在伊洛河建立的主要有洛阳龙门国家级风景名胜区、老君山省级风景名胜区、鸡冠洞省级风景名胜区、河南洛阳黛眉山世界地质公园、伏牛山世界地质公园等,其中与伊洛河水力联系密切的有鸡冠洞省级风景名胜区,毗邻伊河,伊河干流为其北界。

8.4　伊洛河功能性不断流生态需水组成分析

河流基本生态需水组成中主要包括生态基流、鱼类需水、湿地需水、河岸带植被需水、自净需水、输沙需水等。依据各河段重要保护对象及存在主要问题的分析,分析伊洛河不同河段的生态需水组成。

洛河源头:目前,洛河源头尚未受到水电开发影响,且河道水质良好,整体河道生态较好,但由于河道内挖砂严重,部分河段挤占河道,使河段水势变化较大;同时当地政府规划了张坪水库、灵口水库等,其中张坪水库主要为洛南县供水,灵口水库为商丹市供水,但目前都尚处于论证阶段。河道的生态需水满足程度较高,保持其自然状态是理想选择。

洛河上游:主要为故县水库以上至河南省界,河道主要为卢氏县河段,洛宁段主要为水库水面。卢氏干流段目前共有三级水电开发,在建一座,但水电站引水距离较长,城区火电站引水距离长达 17 km 左右,河道脱水、减流严重,部分河段大面积裸露,生态影响严重。同时原来划定的大鲵自然保护区近年来由于水量锐减,保护区面积由 1 900 km² 缩减至 400 km²,其中伊洛河流域内缩减至支流上游。根据上游河道基本情况,洛河上游河道应以保持河道生态基流为主。

洛河中游:从故县水库以下至伊洛河是洛河的中游河段,该河段水电站分布密集,且集中在宜阳县以上;宜阳至洛阳河段由于城市景观需要,大量建设橡胶坝,使洛河被层层隔断,河道水体阻隔严重,坝下脱水严重,河道散乱,采砂严重,河道生境破坏严重;洛河鲤鱼国家级水产种质资源保护区位于本河段内。维持洛河鲤鱼生态需水及河道基流是本河段的主要生态用水保护目标。

伊河上游:伊河源头至陆浑水库是伊河的上游,由于伊河落差较大,水量丰富,上游开发程度较高,从栾川至嵩县是水电开发最密集河段,河段脱流层层相连,河道采砂随处可见,河道减流严重。且在栾川城区段橡胶坝建设也较为密集。维持河道基流是本河段的主要生态用水保护目标。

伊河中游:从陆浑水库以下至伊洛河是伊河中游,按照其流经的地势可以分为两段,其中伊川县以上为丘陵地带,水电开发强度减弱,但矿产开发严重,水质变差,伊河鲂鱼国家级水产种质资源保护区位于本河段内;从伊川至洛阳属于谷地河流,河道平缓,无水电设施,但城区段内广泛建设橡胶坝蓄滞水面,致使河道阻隔严重,非汛期坝下水体脱流,河道散乱,河道生态破坏严重。维持伊河鲂鱼及河道基流是本河段的主要生态用水保护目标。

伊洛河下游:伊河与洛河汇合后至入黄口为伊洛河的下游,本河段目前仅有一个橡胶坝式水电站,位于黄河鲤国家级水产种质资源保护区核心区内,严重阻隔了保护区水面。橡胶坝以下至入黄口,受黄河顶托作用,河道内水体常年充足,而橡胶坝上游则受洛阳市橡胶坝限制,来水时有时无,影响较大。伊洛河下游水质主要受上游洛阳市影响,水质较差。因此,维持黄河鲤生态用水、河流自净用水与河道基流是本河段的主要生态用水保护目标。

伊洛河功能性不断流生态需水组成见表 8-17。

表 8-17　伊洛河生态需水组成分析

<table>
<tr><th>河流</th><th>河段</th><th>生态功能</th><th>重要水生态保护目标</th><th>生态需水组成</th></tr>
<tr><td rowspan="3">洛河</td><td>源头</td><td>涵养水源、生物多样性</td><td>大鲵等栖息地、河道生态</td><td>维持天然状态</td></tr>
<tr><td>上游</td><td>城市景观、河道生态</td><td>土著鱼类栖息地</td><td>河道基流</td></tr>
<tr><td>中游</td><td>生物多样性维持、河道生态、城市景观</td><td>鱼类栖息地、河道生态</td><td>洛河鲤鱼需水
河道基流
景观需水
自净需水</td></tr>
<tr><td rowspan="2">伊河</td><td>上游</td><td>城市景观、河道生态</td><td>鱼类栖息地</td><td>河道基流
景观需水</td></tr>
<tr><td>中游</td><td>河道生态、生物多样性维持、城市景观</td><td>鱼类栖息地、城市景观</td><td>伊河鲂鱼需水
河道基流
景观需水
自净需水</td></tr>
<tr><td>伊洛河</td><td>下游</td><td>生物多样性维持</td><td>河道生态</td><td>自净需水
河道基流</td></tr>
</table>

8.5　生态需水量研究

8.5.1　主要保护目标生态需水分析

8.5.1.1　大鲵

大鲵(Andriasdavi Dianus),又名人鱼、孩儿鱼、狗鱼、鳕鱼、脚鱼、啼鱼、腊狗。属动物界(Fauna)→脊索动物门(Chordata)→脊椎动物亚门(Vertebrata)→两栖纲(Amphibia)→有尾目(Caudata)→隐鳃鲵亚目(Cryptobranchoidea)→隐鳃鲵科(Cryptobranchidae)→大鲵属(Andrias)→大鲵(Andrias Davidianus)。大鲵属变温动物,常生活在深山密林的溪流之中,喜在水域的中下层活动,可在0~38 ℃的水中生存,适宜水温为16~28 ℃。当水温低于14 ℃和高于33 ℃时,摄食减少,行动迟钝,生长缓慢,当水温在10 ℃以下时开始冬眠,完全停止进食,大鲵对水体中的溶氧和水质相对来说要求较严格,当水中溶氧在5 mg/L以上时,水质清爽无污染,最适合大鲵的生长发育,尤其是孵化繁殖当中和幼体阶段,水体中的溶解氧必须保持在5.5 mg/L以上,培苗池的水体保持常流状态,pH值适宜范围为6.0~9.0,而最适pH值为6.8~8.2。在自然生态环境中,大鲵常营底栖生活,白天隐居在洞穴之内,夜间爬出洞穴四处觅食,并喜阴暗,怕强光和惊吓。常以溪流中的小鱼、小虾和其他水生动物为食,可捕食相当于自身长度1/2的鱼体,摄食鱼类一般为麦穗鱼、鰕虎鱼、鳑鲏鲅鱼、棒花鱼、斗鱼、泥鳅、乌鳢等,以及软体动物如螺、蚌等,也掠食水生昆虫、水鼠、水蛇、蛙类等动物。

8.5.1.2　黄河鲤

生活于湖泊,江河。杂食性,幼小鲤鱼食浮游动物(当生长到长达20 mm时改食底栖无脊椎动物,与成鱼同)、水生维管束植物和丝状藻类。在每年5~6月产卵。2冬龄成熟,4龄鱼体长400 mm,重1.75 kg的雌鱼怀卵量25万多粒。卵黄色,具黏性,分批产出,附着于浅水区水草上发育。水温25 ℃时,3~4 d即可孵化。

鲤鱼属杂食性鱼类,其生长速度与其食物的多寡及生态环境等条件有关。由于该河段水陆生植物茂盛,为水陆生昆虫的生长提供了理想的场所,丰富的昆虫幼体又是鲤鱼的优质饵料,促进了鲤鱼的生长。该河段1+龄个体为12~24 cm,40~325 g,平均为17 cm和143.4 g;2+龄个体达到32~32.5 cm,650~1 500 g,平均为32.3 cm和1 016 g;4+龄达到53 cm,4 500 g。生长速度较快。

8.5.1.3　鲂鱼

鲂鱼又名鳊鱼,属鲤形目,鲤科,鲌亚科,鲂属。英文名:Bluntnose Black Bream,Wuchang Fish, Bluntsnout Bream。产于伊河,适宜静水性生活,对水质的要求很高,江河中最大的个体可达1.5 kg,常见个体为0.25~0.5 kg。

鲂鱼平时栖息于底质为淤泥并生长有沉水植物的敞水区的中下层,春夏多活动于水的中上层,秋冬则活动于中下层。幼鱼主要以枝角类和其他甲壳动物为食;成鱼摄食水生植物,以苦草和轮叶黑藻为主,还食少量浮游动物。4月开始大量摄食,6~10月为育肥期,摄食强度最大,冬季11月起停食。2龄可达性成熟,5~6月,成鱼集群于流水场所进行繁殖;产卵场一般需要具有一定的流水、茂密的水草,底质为软泥多沙,水深 1.0～1.5 m,水温 20～28 ℃。怀卵量一般为 3.7 万～10.3 万粒。受精卵在水温为 25 ℃时,经两昼夜可孵化。冬季集群于深水处的泥坑中越冬。

伊洛河生态需水主要包括维持河流连通性的基本生态需水(生态基流)、重要水生生物的生态需水及河岸带植被的生态需水(敏感生态需水)等。

伊洛河保护鱼类产卵期为每年的 4～6 月,其中源头区、上游产卵期集中于 5～6 月,其他河段产卵期集中于 4～5 月;河岸两侧植被萌芽期为每年的 4～5 月,生长期是 6～9 月。根据生态需水对象需水规律,结合伊洛河地表径流特点,综合确定伊洛河生态需水关键期为 4～6 月,重要期为 7～9 月。考虑河流年内径流变化规律,将每年划分为 4～6 月、7～10 月、11 月至翌年 3 月三个水期进行生态需水分析,其中 4～6 月重点保证敏感生态需水。伊洛河不同河段生态保护目标需水规律分析见表 8-18。

表 8-18　伊洛河生态需水对象及需水规律分析

<table>
<tr><th colspan="2">河流</th><th>河段</th><th>需水对象</th><th>需水规律</th></tr>
<tr><td rowspan="5">伊洛河</td><td rowspan="2">洛河</td><td>源头及上游</td><td>河道自然生态
土著鱼类
河岸带植被需水</td><td>4～6 月:流速 0.6～0.8 m/s,有淹没岸边植被的流量过程,满足鱼类产卵生态水量需求;
其他时段:维护河道连通性与自然生态的水量过程,维持河流水量自然下泄状态</td></tr>
<tr><td>中游</td><td>河道基流
鱼类需水
河岸带植被需水
自净需水
景观需水</td><td>4～6 月:流速 0.3～0.8 m/s,有淹没岸边的流量过程,在鱼类重要产卵场(洛河鲤鱼)需维持一定水面面积,水深在 1 m 左右,满足鱼类产卵生态水量需求;
7～10 月:维护河流一定量级洪水下泄,满足河流自然生态的洪水需求;
11 月至翌年 3 月:保证生态基流,维护河流生境连通性</td></tr>
<tr><td rowspan="2">伊河</td><td>源头及上游</td><td>河道自然生态
土著鱼类
河谷植被需水</td><td>4～6 月:流速 0.6～0.8 m/s,有淹没岸边植被的流量过程,满足鱼类产卵生态水量需求;
其他时段:维护河道连通性与自然生态的水量过程,维持河流水量自然下泄状态</td></tr>
<tr><td>中游</td><td>景观需水
河道基流
鱼类需水
自净需水
河岸植被需水</td><td>4～6 月:流速 0.3～0.8 m/s,有淹没岸边的流量过程,在鱼类重要产卵场(伊河鲂鱼)需维持一定水面面积,水深在 1 m 左右,满足鱼类产卵生态水量需求;
7～10 月:维护河流一定量级洪水下泄,满足河流自然生态的洪水需求;
11 月至翌年 3 月:保证生态基流,维护河流生境连通性</td></tr>
<tr><td>伊洛河</td><td>下游</td><td>鱼类需水
河道基流
河岸植被需水
自净需水</td><td>4～6 月:流速 0.3～0.8 m/s,有淹没岸边的流量过程,在鱼类重要产卵场(黄河鲤)需维持一定水面面积,水深在 1 m 左右,满足黄河鲤等鱼类产卵生态水量需求;
7～10 月:维护河流一定量级洪水下泄,满足河流自然生态的洪水需求及最低入黄水量需求;
11 月至翌年 3 月:保证生态基流,维护河流生境连通性</td></tr>
</table>

8.5.2　主要断面生态需水计算

8.5.2.1　计算方法

选择流域尚未大规模开发的 1956 ~ 1975 年的天然流量作为基准，以 Tennant 法为基础，分 4 ~ 6 月、7 ~ 10 月、11 月至翌年 3 月三个时段，根据伊洛河各河段不同保护对象对径流条件的需水要求，分别取 1956 ~ 1975 年同时段流量的不同百分比作为生态需水的初值，在此基础上，分析流量与流速、水深、水面宽等之间关系，以及需水对象繁殖期和生长期对水深、流速、水面宽等要求（见表 8-18），伊洛河以河口黄河鲤繁殖期对流速、水深的要求对生态水量进行校核，选择满足保护目标生境需求的流量，考虑水资源配置实现的可能性，结合自净需水，综合确定重要控制断面的最小生态流量与适宜生态流量。

8.5.2.2　生态需水量计算

根据伊洛河水资源开发利用及河流生态保护目标情况，伊洛河 4 ~ 6 月主要保证鱼类等水生生物敏感生态需水，7 ~ 10 月在保证防洪安全的前提下，满足河流自然生态基本需求的一定量级洪水过程，11 月至翌年 3 月主要是保证河流生态基流。采用上述计算方法，对伊洛河主要控制断面生态水量进行计算，结果见表 8-19。

表 8-19　伊洛河主要断面生态需水计算

河流	河段	代表断面	需水对象	时段	最小生态水量		适宜生态水量	
					流量（m^3/s）	水量（亿 m^3）	流量（m^3/s）	水量（亿 m^3）
洛河	源头至灵口	灵口	土著鱼类 河谷植被	4 ~ 6 月	6.0	2.27	10.1	3.62
				7 ~ 10 月	14.5		21.7	
				11 月至翌年 3 月	2.0		4.0	
	灵口至伊河口	白马寺	土著鱼类 植被需水 生态基流 自净需水 景观需水	4 ~ 6 月	16.6	7.52	27.7	12.03
				7 ~ 10 月	48.3		72.4	
				11 月至翌年 3 月	8.2		16.5	
伊河	源头至入洛口	龙门	土著鱼类 植被需水 生态基流 自净需水 景观需水	4 ~ 6 月	10.3	4.22	17.1	6.71
				7 ~ 10 月	27.4		41.1	
				11 月至翌年 3 月	3.8		7.6	
伊洛河	伊河口至入黄口	黑石关	土著鱼类 植被需水 生态基流 自净需水	4 ~ 6 月	28.0	12.26	46.7	19.63
				7 ~ 10 月	78.2		117.3	
				11 月至翌年 3 月	13.3		26.6	

8.5.2.3 伊洛河口生态需水量校核

伊洛河口历史上曾是黄河鲤的天然产卵场，目前被划定为黄河鲤国家级种质资源保护区，保护黄河鲤繁殖生长期的生态水量及过程是该河段水生态保护的主要目标。因此，根据黄河鲤繁殖生长期对流速、水深的生态习性，对伊洛河口控制断面黑石关断面的生态水量进行校核。

根据本次研究所做的黄河鲤生长实验，黄河鲤产卵、繁殖、发育的要求有流速、水温、水深、水面宽等因素，其亲鱼产卵期（4～5月）适宜流速为0.1～0.7 m/s，适宜水深为0.5～1.25 m，水面宽一般要求大于50 m，仔鱼发育期（5～6月）适宜流速为0～0.15 m/s，适宜水深为0.5～1 m。

根据黑石关断面资料，计算不同计算流量条件下水位，判断不同流量条件下黄河鲤繁殖期水深的满足程度，从而验证生态需水计算的合理性。限于资料，本次仅对繁殖期水深进行验证，对流速没有进行验证，考虑伊洛河水文水资源特征，在流量满足的情况下，其流速一般能够满足鱼类的繁殖生长要求。

根据计算结果，无论哪种水位，对应的河面宽度都宽于50 m，即河面宽并不是决定因素。结合水位—流量曲线，判断出在适宜水深0.5～1 m条件下，所对应的河道流量为48～113 m^3/s。以此流量与计算出的最小生态水量与适宜生态水量进行对比可知，前面所计算出的黑石关4～6月最小生态水量28 m^3/s，并不能满足黄河鲤产卵敏感的水量要求，这与本次研究界定的最小生态水量保护目标有关，而4～6月适宜生态流量46.7 m^3/s与校核的生态流量基本一致，只是满足适宜生态流量的低限值。生态需水计算时还需要考虑计算河流水资源的实际开发利用情况、生态需水满足的可能性等因素，因此表8-19中所计算的生态水量基本合理。

8.5.2.4 90%保证率与近10年最枯月流量法

本研究利用1956～2010年长序列实测流量，计算90%保证率下最枯水流量，同时采用2001～2010年最枯月流量法进行计算，计算结果与前面方法所计算的最小生态水量进行比较，以确定生态水量计算的合理性与实现的可行性。

由计算结果见表8-20可知，除灵口断面计算结果大于优化Tennant法外，其他断面均远小于优化Tennant法计算结果，这与90%保证率与近10年最枯月平均流量法主要适用于污染物排放量，对水量要求较为严格有关。比较而言，优化Tennant法更适用于河流自然生态保护的需水量计算。

表8-20 90%保证率与近10年最枯月流量法计算结果 （单位：m^3/s）

断面	90%保证率	近10年最枯月流量法
灵口	3.1	3.9
白马寺	2.6	4.2
龙门	0.6	0
黑石关	5.8	8.5

8.6 自净需水研究

8.6.1 计算因子

由于伊洛河污染最严重的因子主要是COD和氨氮,故选择COD和氨氮作为本次自净水量计算的污染控制因子。

8.6.2 计算时段

考虑到伊洛河全年水资源条件的不均衡性,自净水量计算分汛期和非汛期两个计算时段,合计全年需水量。由于排污口全年排污比较恒定,故同一排污口汛期和非汛期计算方案中的浓度和水量值相同。

另外,设置现状排污水平和目标控制水平两种情况进行计算,现状排污水平是指在现状排污条件下计算自净水量,目标控制水平是指在各排污口和支流口达标的条件下计算自净水量。

8.6.3 计算单元划分

自净水量计算单元主要考虑行政区划情况、水功能区用水功能及纳污量分布情况等,从便于水污染控制和监督管理的角度进行划分。划分结果见表8-21和图8-3。

表8-21 计算单元划分一览表

河流	序号	计算单元名称	计算单元长度(km)	水质目标	河段性质
洛河	1	源头—尖角	48.6	Ⅲ	源头水保护
	2	尖角—灵口	42.5	Ⅲ	洛南县排污
	3	灵口—曲里电站	67	Ⅲ	省界
	4	曲里电站—卢氏西赵村	27	Ⅲ	卢氏县农业用水
	5	卢氏西赵村—范里乡公路桥	22	Ⅲ	卢氏县排污
	6	范里乡公路桥—故县水库大坝	34	Ⅲ	故县水库保护
	7	故县水库大坝—城西公路桥	43	Ⅲ	洛宁县农业用水
	8	城西公路桥—韩城镇公路桥	32	Ⅲ	洛宁县排污
	9	韩城镇公路桥—宜阳水文站	19	Ⅲ	宜阳县农业用水
	10	宜阳水文站—高崖寨	20	Ⅲ	宜阳县排污
	11	高崖寨—李楼	22	Ⅲ	洛阳市景观用水区
	12	李楼—回郭镇火车站	38.3	Ⅲ	洛阳市排污
	13	回郭镇火车站—入黄口	31.5	Ⅳ	巩义市排污

续表 8-21

河流	序号	计算单元名称	计算单元长度(km)	水质目标	河段性质
伊河	1	源头—栾川	38.4	Ⅲ	源头饮用水保护
	2	栾川—大清沟乡	30.6	Ⅲ	栾川县排污
	3	大清沟乡—陆浑水库入口	90	Ⅲ	嵩县排污
	4	陆浑水库入口—陆浑水库大坝	10.5	Ⅲ	陆浑水库保护
	5	陆浑水库大坝—平等乡公路桥	29	Ⅲ	嵩县伊川农业用水
	6	平等乡公路桥—彭婆乡西草店	24	Ⅲ	伊川排污
	7	彭婆乡西草店—入洛口	42.3	Ⅲ	伊川景观用水

8.6.4 参数选取

8.6.4.1 污染物综合降解系数(K)

本次综合降解系数主要利用2009年完成的水资源综合规划已有成果,再根据近几年水温监测资料(见表8-22),对已有成果进行温度修正。

不同水温条件下 K 值估算关系式如下:

$$K_T = K_{20} \cdot 1.047^{(T-20)} \tag{8-1}$$

式中 K_T——水温为 T ℃时的 K 值;

T——水温,℃;

K_{20}——水温为20 ℃时的 K 值。

表 8-22　伊洛河主要断面近年平均水温　(单位:℃)

断面名称	汛期(5~9月)	非汛期(10月至翌年4月)
宜阳	21	8.8
长水	16.8	9.6
卢氏	23	11.6
栾川	20.8	7.6
石灰务	25	10.2
黑石关	27.6	10.9
白马寺	24.6	10.6
龙门镇	27.6	11.1

不同计算单元污染物综合降解系数修正结果见表8-23。

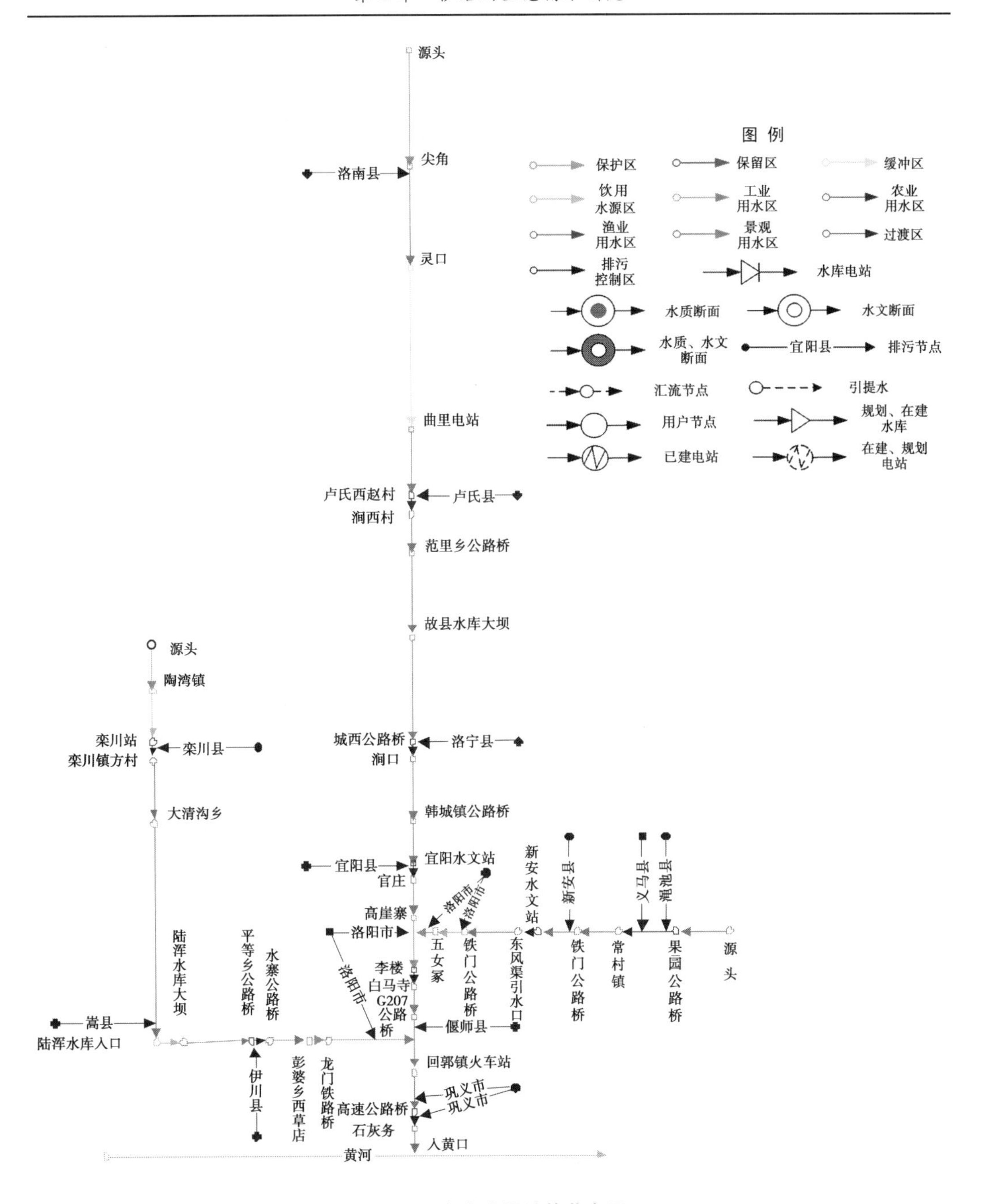

图 8-3　自净水量计算节点图

8.6.4.2　计算单元背景浓度和下断面浓度

依据河流“上游污染不影响下游”的污染控制原则，即某一个河段接纳废污水后在进入下一个河段时，其水质应恢复到该河段的功能区水质要求，不得影响下一个河段的水质，确定计算单元的背景（上断面）浓度。各计算单元背景（上断面）浓度，均采用上一个计算单元水功能区的水质目标。各计算单元的下断面浓度，原则上采用该单元所处的功能区水质目标。

表 8-23　不同计算单元污染物降解系数修正结果

河流	序号	计算单元名称	修正前		修正后			
			COD	氨氮	汛期		非汛期	
					COD	氨氮	COD	氨氮
洛河	1	源头—尖角	0	0	0	0	0	0
	2	尖角—灵口	0.20	0.22	0.23	0.25	0.14	0.15
	3	灵口—曲里电站	0	0	0	0	0	0
	4	曲里电站—卢氏西赵村	0.30	0.18	0.34	0.21	0.20	0.12
	5	卢氏西赵村—范里乡公路桥	0.30	0.18	0.34	0.21	0.20	0.12
	6	范里乡公路桥—故县水库大坝	0.30	0.18	0.34	0.21	0.20	0.12
	7	故县水库大坝—城西公路桥	0.30	0.18	0.26	0.16	0.19	0.11
	8	城西公路桥—韩城镇公路桥	0.30	0.18	0.31	0.19	0.18	0.11
	9	韩城镇公路桥—宜阳水文站	0.30	0.18	0.31	0.19	0.18	0.11
	10	宜阳水文站—高崖寨	0.30	0.18	0.31	0.19	0.18	0.11
	11	高崖寨—李楼	0.30	0.18	0.37	0.22	0.19	0.12
	12	李楼—回郭镇火车站	0.30	0.18	0.43	0.26	0.20	0.12
	13	回郭镇火车站—入黄口	0.30	0.18	0.38	0.23	0.19	0.11
伊河	1	源头—栾川	0.30	0.18	0.31	0.19	0.17	0.10
	2	栾川—大清沟乡	0.30	0.18	0.31	0.19	0.17	0.10
	3	大清沟乡—陆浑水库入口	0.30	0.18	0.31	0.19	0.17	0.10
	4	陆浑水库入口—陆浑水库大坝	0.30	0.18	0.31	0.19	0.17	0.10
	5	陆浑水库大坝—平等乡公路桥	0.30	0.18	0.31	0.19	0.17	0.10
	6	平等乡公路桥—彭婆乡西草店	0.30	0.18	0.31	0.19	0.17	0.10
	7	彭婆乡西草店—入洛口	0.30	0.18	0.43	0.26	0.20	0.12

8.6.4.3　**流速(u)**

统计伊洛河实测流量、流速资料，建立流量—流速关系曲线。根据经验确定流速，再根据计算流量值调整流速取值。

流量与流速关系式为：

$$u = aQ^b \tag{8-2}$$

式中　u——断面平均流速，m/s；

Q——流量值，m^3/s；

a、b——待定系数。

8.6.5　计算结果及分析

8.6.5.1　计算单元纳污量情况

计算单元内现状排污水平和目标控制水平下纳污量情况见表 8-24。从表中可以看出：两种水平下洛河纳污量均主要集中在高崖寨以下的三个计算单元内，占总量的 90% 以上；伊河纳污量主要集中在陆浑水库大坝—平等乡公路桥、平等乡公路桥—彭婆乡西草店两个计算单元内，占总量的 70% 左右。与现状排污水平相比，目标控制水平 COD 纳污量减少 19.2%，氨氮则减少 22.8%。

表 8-24　各计算单元现状排污水平和目标控制水平纳污量　（单位：t/a）

所属计算单元	现状排污水平		目标控制水平	
	COD	氨氮	COD	氨氮
卢氏西赵村—范里乡公路桥	456.7	51.9	154.2	16.5
故县水库大坝—城西公路桥	353.7	8.0	353.7	8.0
城西公路桥—韩城镇公路桥	332.0	145.8	332.0	52.3
韩城镇公路桥—宜阳水文站	447.9	8.6	447.9	8.6
高崖寨—李楼	3 705.4	391.4	2 903.1	323.1
李楼—回郭镇火车站	10 972.8	1 273.9	10 452.0	889.7
回郭镇火车站—入黄口	9 633.8	989.7	6 863.6	967.6
洛河干流合计	25 902.3	2 869.3	21 506.6	2 265.6
源头—栾川	209.8	4.1	209.8	4.1
栾川—大清沟乡	565.8	47.2	565.8	43.1
大清沟乡—陆浑水库入口	1 023.6	70.4	1 023.6	42.4
陆浑水库大坝—平等乡公路桥	606.7	269.2	606.7	158.5
平等乡公路桥—彭婆乡西草店	4 147.3	471.2	2 561.1	348.2
彭婆乡西草店—入洛口	1 643.4	87.7	1 080.1	87.7
伊河干流合计	8 196.5	949.9	6 047.1	684.0
伊洛河总计	34 098.8	3 819.1	27 553.7	2 949.6

8.6.5.2　自净水量计算结果

经计算，各计算单元自净水量见表 8-25。从计算结果看，在目标控制水平下，洛河高崖寨以上各计算单元自净水量基本上只需 90% 保证率最枯月平均流量即可满足，但高崖寨以下则需要一定水量方能满足自净需求，其中李楼—回郭镇火车站需要的自净水量最大，为 4.4 ~ 91.2 m^3/s。而现状排污水平下自净水量则更大。

表 8-25　伊洛河自净水量计算结果　（单位：m^3/s）

河流	序号	计算单元名称	现状水平下				目标控制水平下			
			汛期		非汛期		汛期		非汛期	
			COD	氨氮	COD	氨氮	COD	氨氮	COD	氨氮
洛河	1	源头—尖角	0	0	0	0	0	0	0	0
	2	尖角—灵口	0	0	0	0	0	0	0	0
	3	灵口—曲里电站	2.88	2.88	2.88	2.88	2.88	2.88	2.88	2.88
	4	曲里电站—卢氏西赵村	0	0	0	0	0	0	0	0
	5	卢氏西赵村—范里乡公路桥	1.37	1.71	2.00	4.32	1.37	1.37	1.37	1.37
	6	范里乡公路桥—故县水库大坝	1.40	1.40	1.40	1.40	1.40	1.40	1.40	1.40
	7	故县水库大坝—城西公路桥	1.28	1.28	1.28	1.28	1.28	1.28	1.28	1.28
	8	城西公路桥—韩城镇公路桥	1.95	4.37	1.95	22.76	1.95	1.52	1.95	7.17
	9	韩城镇公路桥—宜阳水文站	2.09	2.09	2.09	2.09	2.09	2.09	2.09	2.09
	10	宜阳水文站—高崖寨	3.33	3.33	3.33	3.33	3.33	3.33	3.33	3.33
	11	高崖寨—李楼	9.31	11.66	9.54	23.61	6.37	9.40	6.67	18.86
	12	李楼—回郭镇火车站	9.64	35.00	118.59	105.30	4.42	20.71	91.22	62.10
	13	回郭镇火车站—入黄口	0.50	14.54	7.98	70.64	0.50	13.93	0.50	68.43
伊河	1	源头—栾川	0	0	0	0	0	0	0	0
	2	栾川—大清沟乡	1.16	4.32	2.51	228.37	1.16	4.41	2.51	99.32
	3	大清沟乡—陆浑水库入口	1.28	1.28	1.28	3.67	1.28	1.28	1.28	1.60
	4	陆浑水库入口—陆浑水库大坝	0	0	0	0	0	0	0	0
	5	陆浑水库大坝—平等乡公路桥	2.00	8.70	2.3	8.90	2.00	5.02	2.00	6.16
	6	平等乡公路桥—彭婆乡西草店	11.89	14.57	13.9	15.30	6.38	10.46	7.6	11.03
	7	彭婆乡西草店—入洛口	3.00	1.29	3.8	2.67	2.20	1.28	1.7	2.67

伊河在目标控制水平下，栾川—大清沟乡和平等乡公路桥—彭婆乡西草店两个计算单元需要的自净水量较大，其他计算单元基本上 90% 保证率最枯月平均流量就能满足。伊河同样是现状排污水平下所需自净水量更大。

由于洛河高崖寨以上水质较好，自净水量只需 90% 保证率最枯月平均流量就能满足，因此洛河自净水量推荐结果只给出两个重要断面——洛阳市区断面白马寺和洛河入黄把口站黑石关的自净水量。伊河整体水质较好，只存在局部污染，栾川及洛阳市区段水质较差，因此伊河自净水量推荐结果只给出三个重要断面——栾川、陆浑水库和入洛把口站龙门的自净水量。

洛河自净水量推荐结果以李楼断面目标控制水平下的计算结果为基础，根据李楼、白马寺及黑石关三断面间的径流过程关系和来水情况，推求洛河白马寺、黑石关的自净水量。伊河自净水量计算结果栾川断面最大，但大大超过了实际来水量，因此推荐结果以平等乡公路桥目标控制水平下的计算结果为基础，根据平等乡公路桥与龙门、陆浑水库和栾川三断面间的径流过程关系和来水情况，推求龙门、陆浑水库和栾川的自净水量。结果见表 8-26。

表 8-26　伊洛河重要断面自净水量推荐结果　（单位：m^3/s）

断面名称	自净水量	
	汛期	非汛期
白马寺	21	62
黑石关	29	70
栾川	3	1
陆浑水库	6	2
龙门	11	7

8.7　生态需水耦合研究

伊洛河流经洛阳、巩义等城市河段，由于城市废污水大量集中排放，造成了城市河段及其下游河流河道水体污染严重，上游采矿的废污水排入也导致局部河段受到污染，已严重影响到伊洛河生态与环境功能的发挥。因此，伊洛河生态需水首先要满足一定目标的水环境用水需求，水质保证优先是伊洛河生态与环境需水耦合首要原则。其次，要进行全河段综合考虑。重要水文断面流量整合时，要考虑上下断面之间流量的匹配性、水流演进等多种因素，经综合优化后给出。再次，不考虑河段取水及水量损失。研究提出的生态水量对河段内取水及因蒸发、渗漏等水量损失未予考虑。

根据上述原则，伊洛河生态水量与环境水量耦合结果见表 8-27。

表 8-27　伊洛河生态水量和环境水量耦合表

序号	水文站断面	生态水量(m^3/s)			环境水量(m^3/s)	推荐水量					
		Tennant 法		90%保证率法	达标排放水平	最小水量(11 月至翌年 6 月)			适宜水量(11 月至翌年 6 月)		
		4~6 月	11 月至翌年 3 月			4~6 月流量(m^3/s)	11 月至翌年 3 月流量(m^3/s)	径流量(亿 m^3)	4~6 月流量(m^3/s)	11 月至翌年 3 月流量(m^3/s)	径流量(亿 m^3)
1	灵口	10	4	3	3	4	3	0.71	10	4	1.31
2	白马寺	28	17	3	62	11	4	1.39	28	17	4.42
3	龙门	17	8	1	7	8	2	0.89	17	8	2.38
4	黑石关	47	27	6	70	19	7	2.41	47	27	7.22

8.8 小 结

(1)伊洛河是黄河中游水多沙少的支流之一,伊洛河流域洪水是黄河三门峡—花园口区间洪水的重要组成部分,加强伊洛河河流生态保护,保护黄河中游重要来水支流良好生态环境,维持水生态平衡,对维持黄河中下游生态安全具有重要意义。

(2)随着流域经济社会的快速发展,伊洛河河流生态环境呈现恶化态势,主要表现在密集的水电站群建设造成河流生境连通性破坏,电站建设河段脱流严重,河流鱼类及其栖息生境大量丧失,部分河段水污染严重,水土流失尚未得到有效控制等。伊洛河流域曾经是我国著名经济鱼类洛鲤伊鲂的出产地,是多种地方土著鱼类的重要分布区。由于河流连通性及河道生境的破坏,水生生物赖以生存的环境不复存在,数量及多样性也急剧减少。

(3)伊洛河流域水生态系统保护目标主要是维持河流生境基本连通性,保护土著鱼类及其栖息地(上游的大鲵及其栖息地,上中游的洛河鲤鱼、伊河鲂鱼等及其栖息地)、源头区的伏牛山等自然保护区与水源涵养区,以及洛阳、巩义等城市河段水环境自净功能。因此,伊洛河河流功能性不断流需水主要包括生态基流、鱼类需水、湿地需水、河岸带植被需水、自净需水、输沙需水等,维持河流生境连通性的基本生态需水是目前亟待解决的首要问题。

(4)伊洛河主要水污染为栾川、洛阳、偃师、巩义等城市河段,集中了80%以上流域纳污量,主要超标因子是BOD_5、COD和氨氮等,为城市大量废污水集中排放所致。根据伊洛河水污染特点及成因,划分不同计算单位,分别计算了现状排污水平和目标控制水平下伊洛河主要控制断面的自净需水量。

(5)采用优化Tennant法,充分考虑伊洛河各河段不同保护对象对径流条件的需水要求,以及水资源配置实现的可能性,综合计算确定了伊洛河重要控制断面的最小生态流量与适宜生态流量,耦合河流自净用水,提出了伊洛河重要断面功能性不断流的生态环境水量需求。

第9章　洮河、汾河及大汶河生态需水分析

9.1　洮河生态需水分析

洮河流域位于青藏高原与黄土高原的生态过渡带,位于我国“两屏三带”生态安全战略格局的青藏高原和黄土高原—川滇两生态屏障之间,生境类型多样、生态环境脆弱、生态地位十分重要。流域水资源、水力资源、矿产资源丰富,社会经济发展水平较低,水质相对较好。根据洮河流域特点,本次洮河生态需水不包括自净需水。

9.1.1　洮河流域概况

9.1.1.1　自然概况

1. 地理位置

洮河流域位于甘肃省中南部,地理位置介于东经101°52′~104°19′、北纬34°03′~35°55′,总面积2.383 8万km^2。东西最宽约248 km,南北长约215 km。西临大夏河流域,东接宛川河、祖厉河流域,南靠嘉陵江水系的白龙江流域,北横黄河干流上游兰州段。

流域范围除青海省河南蒙古族自治县的一部分外,大部分属甘肃省,包括甘南藏族自治州的玛曲、碌曲、临潭、卓尼、夏河、合作、迭部7县(市),临夏回族自治州的和政、广河、东乡、康乐、永靖5县,定西市的岷县、渭源、临洮3县,共计15个县(市),其中全部位于流域内的为卓尼、临潭、广河、康乐4县。

2. 地形地貌

洮河流域地处两大地貌单元,即甘南高原和陇西黄土高原。二者分界大致以西以秦岭分支延伸山脉白石山—太子山—南屏山一线为界,以北为陇西黄土高原,以南为甘南高原,即青藏高原东部边缘的一部分。

陇西黄土高原,海拔在1 700~2 400 m,区内露骨山标高3 941 m,是黄土高原区的最高处。该区黄土覆盖深厚,阶地发育,地表破碎,丘陵起伏,梁峁发育。干支流所经地区,形成较为开阔的河谷平原和盆地地形,如干流上的临洮盆地、支流上的广河盆地等,河谷与丘陵之间的高差一般在150~300 m。

甘南高原部分,地形大致西高东低,高程从东部3 500 m向西渐增至4 000 m以上。一般地势坦荡,河流切割轻微,谷宽势平,具有典型的高原景观。地形高差一般在300 m以内,大部分为平坦宽广的草滩。西部为西倾高原区,山脊大体呈北西—南东走向,主脉分为两支:南支为西倾山,主峰石龙达,最高峰高程4 450 m,向东延伸为郭尔莽梁,高程4 190 m;北支为李卡如山,主峰额日宰,高程4 483 m。河流侵蚀甚微,地表起伏一般在40~100 m,个别山间为开阔草滩,如尕海滩、晒银滩、果芒滩等,水草丰盛,沼泽遍布,属洮河源区。

中部的卓尼、岷县、临潭部分地区是陇南山地和甘南高原、陇西黄土高原的交接地带，地形上兼有陇南山地形态的特征，高程介于甘南高原与陇西黄土高原之间。河流切割深度自上至下逐渐加大，一般在 300 ~ 500 m，地形陡峻，山大沟深，峡谷众多，在干流上形成了石门峡、九甸峡、海奠峡等峡谷。

干流发育有五级阶地，一、二、三级阶地在河谷两岸发育广泛，四、五级分布零星，一般呈梁峁地形，阶地在下游较为发育，河谷呈不对称状，两岸阶地分布既不连续也不对称。

3. 河流水系

洮河发源于甘青交界的西倾山东麓，由西向东流经岷县折向北流，至永靖县境内汇入黄河刘家峡库区。河道全长 673. 1 km，河源高程 4 260 m，河口高程 1 629 m，由于刘家峡水库水位影响，河口 1 735 m 以下为库区，相对高差 2 631 m，干流平均比降为 2. 8‰。

洮河干流流经三大地貌单元，受其不同地形影响，各河段河流特性差别较大。上游河段谷宽势平，草原广布，水量变化较小，含沙量小，切割侵蚀性弱，河道比较稳定；中游高山峡谷区，河流水量变化增大，森林草原覆盖度高，植被良好，洪水小，含沙量小，河流受地质构造影响，褶皱较多，河流受地质条件的约束，多弯曲，多峡谷，水流湍急；下游黄土丘陵区，谷宽滩多，植被差，水土流失严重，洪水大，含沙量高，河道游荡不定。

洮河流域中下游段河网密度较大。经统计，支流(沟)长度大于 10 km、多年平均流量大于 0. 1 m^3/s 的河流 219 条，其中一级支流 97 条。集水面积大于 1 000 km^2 的支流有科才河、周可河、括合曲、车巴沟、博拉河、冶木河、广通河等 7 条；水量较大的有车巴沟、括合曲、大峪沟、冶木河、博拉河、广通河等支流，多年平均流量大于 10 m^3/s。上游支流平均长度 78. 60 km，中游支流平均长度 54. 40 km，下游支流平均长度 50. 60 km，分布不均匀，上游少、中下游多，两岸不对称汇入，右岸多于左岸。

4. 气候特征

流域深居大陆腹地，具有典型的高原大陆性气候特征，地形高程变化较大，垂直分带比较明显。上游碌曲、夏河、卓尼、临潭属高寒湿润气候，中游岷县、渭源、康乐、临洮南部属温带半湿润气候，下游临洮中北部及广河、永靖、东乡属温带半干旱气候。总的气候特征是中上游降水量较多，气候寒冷；下游气候干燥，相对较为温暖。据 1952 ~ 2000 年气象统计资料，流域内降水量从西南向东北依次递减，多年平均降水量在 440 ~ 580 mm，蒸发量 1 200 ~ 1 480 mm，平均气温 2. 6 ~ 2. 7 ℃。

5. 水资源

根据洮河红旗水文站 1956 ~ 2005 年共 50 年的径流系列资料统计，洮河红旗站多年平均流量 146 m^3/s，洮河流域水资源总量 46. 41 亿 m^3，其中自产水资源量 46. 28 亿 m^3，与地表水不重复的地下水资源量 0. 13 亿 m^3。

6. 水土流失

洮河流域上下游自然地理条件差异甚大，致使河流具有明显的水沙异源特点。上游林草覆盖度很高，水土流失甚微，年侵蚀模数只有 67 t/km^2；中下游下巴沟—李家村区间植被尚好，但水土流失较上游稍重，年侵蚀模数 291 ~ 768 t/km^2；下游黄土高原半干旱区植被覆盖率低，水土流失严重，区间年侵蚀模数剧增至 4 060 t/km^2，红旗站多年平均悬移质含沙量 5. 48 kg/m^3，汛期 11. 5 kg/m^3，年输沙量 2 696 万 t。

9.1.1.2　**社会概况**

1. 人口

2010年流域总人口224.30万人，其中城镇人口24.99万人。流域以农牧业生产为主，城镇化水平较低。流域为少数民族聚居区，主要包括蒙、藏、回、东乡、土、保安等族，其中蒙古族主要集中在青海境内，藏族主要集中在甘南藏族自治州所辖的碌曲、夏河、合作、卓尼、临潭等县，回族主要集中在定西市的岷县及临夏回族自治州的广河、和政、康乐等县，东乡族主要集中在临夏州东乡族自治县境内，汉族主要集中在洮河下游的临洮、渭源等县。

2. 工业生产

2010年洮河流域工业增加值为13.96亿元，其中，水电占总增加值的15%左右；流域现状工业主要位于下游地区，占流域总量的60%以上。工业经济主要依托产业、资源和区位等优势，形成以土豆淀粉、中药材、畜禽等为主的农副产品精深加工，以电解铝为主的金属冶炼，以洮河水资源为主的水电开发，以水泥、管材为主的建筑建材，以农业机械为主的机械制造，以生物制药为主的高新技术等主导产业。由于流域内工业发展水平相对较低，其增加值仅占流域总GDP的14.7%。

3. 农业生产

洮河流域现有耕地面积334.04万亩，主要位于下游的临夏州和定西市，占总耕地面积的70%左右。其中山地、川水地、塬地面积分别占耕地面积的64.3%、31.7%和4%；其灌溉率分别为5.8%、70.9%和0.8%。流域人均耕地面积1.49亩；粮食总产量62.93万t，人均占有粮食280.5 kg。

粮食作物主要有小麦、土豆、玉米、青稞等，经济作物主要为豆类、油料、蔬菜、药材等；流域内中药材在甘肃省占有重要地位，特别是岷县的当归在国内外享有极高的声誉。

流域内灌溉面积94.36万亩，其中农田有效灌溉面积87.78万亩，林草灌溉面积6.58万亩；农田实灌面积61.17万亩，灌溉面积主要位于下游地区的临夏州和定西市，占流域总灌溉面积的87%以上，特别是临洮县的灌溉面积占全流域的44%以上。农田灌溉面积中，川水地、山地和塬地的灌溉面积分别占总灌溉面积的85.6%、14.3%和0.1%。

流域内有灌区1 390余处，其中万亩以上灌区30处，全部位于下游的临夏州和定西市各县，设计灌溉面积57.67万亩，有效灌溉面积53.24万亩，2010年实际灌溉面积39.29万亩。

2010年洮河流域农业增加值为31.91亿元，其中农业和牧业占农林牧渔总增加值的75%以上。上游地区以牧业为主，牧业增加值占农林牧渔业总增加值的76%以上；中下游以农业为主，农业增加值占农林牧渔总增加值的70%左右。流域现有大小牲畜335.50万头(只)。

4. 第三产业

近年来，流域第三产业发展迅速，特别是交通运输、旅游和服务业发展较快，成为推动第三产业发展的重要组成部分。2000～2010年流域第三产业增加值的年增长率为15.2%；2010年流域第三产业增加值为40.43亿元，占流域国内生产总值的42.6%。流域第三产业增加值主要位于下游地区，占全流域的64%左右，上中游的卓尼、临潭和岷县等县占30%左右。

随着流域经济的发展,交通基础设施逐步完善,区域综合交通运输体系初步形成。国道G212和G213贯穿整个洮河流域,连接碌曲、合作、临夏、东乡、永靖、临洮、岷县等多个县(市);兰临高速使各市州县与省会兰州往来更加便利,兰郎公路、徐合公路、定新公路极大地改善了支线交通运输条件。

流域目前的经济水平较低,与全国平均水平和东部地区相比差距较大,为减小流域与全国平均水平和东部发达地区的差距,甘肃和青海两省正把握国家西部大开发战略实施的历史机遇,充分利用流域内的矿产及丰富的旅游资源,加快基础设施建设、生态环境建设和中小城镇建设,实现国民经济的快速发展。通过产业结构的调整和优化,加大工业发展力度,发展第三产业。

9.1.2　洮河水生态系统特征及生态保护目标

9.1.2.1　水生态系统特征

1. 河流连通状况

洮河流域水能资源较为丰富,洮河干流已建、在建的水电站共37座,其中有18座位于自然保护区内,19座位于甘南黄河重要水源补给生态功能区内,20座位于水产种质资源保护区内。水电开发使河流连通性遭到破坏,河流生态系统功能退化。根据《水工程规划设计生态指标体系与应用指导意见》(水总环移〔2010〕248号)规定的河流纵向连通性评价标准,洮河干流平均100 km有5.50座水电站,河流纵向连通性评价为劣,其中洮河上游平均100 km有4.95座水电站,洮河中游平均100 km有7.43座水电站,洮河下游平均100 km有4.96座水电站。

洮河干流水电站基本上都是引水式电站,电站在运行、管理中,没有充分考虑到河流生态流量,枯水期(尤其是春季灌溉期)上游碌曲—下巴沟以上河段、下游海甸峡以下河段水电站下游都存在断流现象,河流水流连续性及横向连通性遭到破坏。

2. 水生生物及其生境

1)重要保护鱼类及分布

洮河流域是拟鲇高原鳅、厚唇重唇鱼、极边扁咽齿鱼等土著鱼类的重要分布区,根据以往调查,洮河干流分布有厚唇重唇鱼、黄河裸裂尻鱼、嘉陵裸裂尻鱼、扁咽齿鱼等14种土著鱼类(见表9-1),其中列入《中国濒危动物红皮书》2种,列入《中国物种红色名录》4种,地方重点保护鱼类8种。

2)鱼类栖息地状况

源头至泯县西寨分布有土著鱼类及洮河碌曲段扁咽齿鱼国家级水产种质资源保护区、洮河(卓尼)特有鱼类国家级水产种质资源保护区,其中水产种质资源保护区的核心区是土著鱼类重要的产卵场。该河段水质较好,水电开发程度高,鱼类生境受到影响,尤其是春季灌溉期,存在河道断流现象;另外,人为捕捞对鱼类资源也产生很大的影响。岷县至海甸峡河段,分布有土著鱼类,水质较差,鱼类资源不丰富;海甸峡至洮河入黄口,分布有土著鱼类及洮河定西特有鱼类国家级水产种质资源保护区、黄河刘家峡兰州鲇国家级水产种质资源保护区,其中水产种质资源保护区的核心区是土著鱼类的产卵场。该河段水质较差,水电开发管理不善,尤其是春季灌溉期,存在河道断流现象,鱼类生境受到胁迫。

表 9-1　洮河干流土著鱼类分布

河段	上游		中游	下游	
	碌曲段	卓尼段	渭源段	临洮段	永靖
厚唇重唇鱼	+	+		+	
黄河裸裂尻鱼	+	+	+	+	
嘉陵裸裂尻鱼				+	
扁咽齿鱼	+	+			
中华裂腹鱼		+			
花斑裸鲤	+	+			
岷山高原鳅		+			
硬刺高原鳅	+	+			
状体高原鳅	+	+	+		
黑体高原鳅	+	+			
拟鲇高原鳅	+		+	+	+
黄河高原鳅			+	+	+
兰州鲇				+	+
小眼高原鳅	+				
黄河鲤					+

注:"+"号多少表示鱼类的丰富度。

3)产卵场分布

洮河是黄河上游特有鱼类的重要分布区,为了保护土著鱼类,在洮河干流划定了 4 个国家级水产种质资源保护区,保护区的核心区即是鱼类产卵场所在区域。碌曲段:由位于李恰如牧场的莫尔仓至玛艾镇达尔宗、西仓乡新寺至小阿拉、拉仁关乡则岔至西仓乡贡去乎三段组成;卓尼段:洮河干流扎古录镇塔扎安果至麻路段,全长 27.6 km;定西段:红旗乡扎马圈村至新店镇康家崖村,河段长 55 km,从巴米山沟口起至洮河入库口一带的洮河水域。

洮河上游河段土著鱼类资源减少,主要受人为捕捞、水电开发的影响;洮河中下游河段土著鱼类资源减少主要受水质污染、水电开发的影响。

3. 湿地

洮河流域湿地具有重要的水源涵养功能,其中沼泽化草甸是典型的高原湿地,具有重要的水源涵养功能。河流、湖泊湿地是洮河水系鱼类的重要栖息地。2010 年洮河流域湿地面积 780.13 km^2,占洮河流域总面积的 2.93%,主要分布于洮河上游及源头区,支流冶木河源头区湿地分布也较集中。在湿地结构中,沼泽化草甸占有较大比重,占总湿地面积的 46.70%；其次是河流湿地，占总湿地面积的 28.15%；草本沼泽面积占总湿地面积的 18.78%，占有一定的比例。

2010 年与 20 世纪 80 年代相比(见表 9-2)，流域湿地面积总体上变化不大，面积略微增加，其中草本沼泽明显增加，其余河流湿地、沼泽化草甸及湖泊水库坑塘等面积都有减少。湿地面积总体上略微增加，这是因为国家和甘肃省对甘南黄河重要水源补给生态功能区的生态问题一直很关注，除批准建立尕海—则岔自然保护区、洮河自然保护区外，还不断投资加强其生态建设，1998 年国家实施西部大开发战略后，先后投资 4.6 亿元实施生态保护与建设，同时，《甘肃省甘南黄河重要水源补给生态功能区生态保护与建设规划》的实施，对湿地面积的恢复都起到了积极的作用。但是河流湿地，尤其是沼泽化草甸湿地萎缩，使得湿地水源涵养、生物多样性保护等功能下降，直接影响流域水资源补给，对流域生态安全，特别是水生态安全构成潜在威胁。

表 9-2　洮河流域湿地资源及变化情况　(单位：km^2)

湿地类型	20 世纪 80 年代面积	2010 年面积	变化量
河流湿地	273.66	219.58	-54.08
草本沼泽	22.35	146.54	124.20
沼泽化草甸	384.36	364.31	-20.05
湖泊、水库、坑塘	74.73	49.70	-25.03
合计	755.09	780.13	25.04

9.1.2.2　主要水生态问题

1. 水电站无序开发现象严重，河流连通性遭到严重破坏

洮河干流水电站密集，对河流生态系统及其相邻河岸带生态系统、陆地生态系统产生了胁迫效应，河流水文泥沙特征、地貌形态特征及生态特征发生改变，河流纵向连通性、水流连续性、物质能量信息交流遭到破坏。河流生境片断化、破碎化，原有物种适应的原有天然径流和水文条件的鱼类等生物栖息环境丧失，以河流维系的沿岸生物群落衰退，水生态退化。

2. 沼泽化草甸湿地萎缩，水源涵养功能下降

洮河中上游分布有丰富的森林资源，由于气候变化及其人类活动的影响，森林资源总量及内涵质量持续下降；沼泽化草甸面积萎缩，草原载畜过量，天然草场退化，中上游生态环境质量恶化，水源涵养功能下降。

3. 鱼类资源衰退，生物多样性受到威胁

洮河上游分布有尕海则岔与甘南黄河重要水源补给生态功能区，生物多样性极为丰富，干流分布有 4 个国家级种质资源保护区，鱼类资源丰富。近年来，由于受气候变化、水环境污染、梯级电站开发、过度放牧等影响，洮河流域野生动物明显减少，鱼类资源衰退，生物多样性受到威胁。

9.1.2.3 水生态保护目标

1. 重要水生生物及栖息地

据调查，洮河流域主要保护的水生生物有厚唇重唇鱼、黄河裸裂尻鱼、嘉陵裸裂尻鱼等。其栖息、繁殖等生态习性如表9-3所示。

表9-3 洮河流域重要保护鱼类及其生态习性

<table>
<tr><th>序号</th><th>保护鱼类</th><th>生态习性</th><th>主要栖息地</th></tr>
<tr><td>1</td><td>拟鲇高原鳅</td><td>高原冷水鱼类，栖息于有水草的缓流（岸边溪沟浅水处），也栖息于水深湍急的砾石底质河段，常潜伏于底层，7、8月产卵，卵黏性。产卵场要求为较缓流型水体、有一定水面宽、水深0.5～2 m</td><td>上游碌曲段，下游临洮段、永靖段</td></tr>
<tr><td>2</td><td>黄河裸裂尻鱼</td><td>高原冷水鱼，栖息于流水多砾石河床，尤以被水流冲刷而上覆草皮的潜流为多。每年5～6月为主要产卵季节，有溯河产卵习性，沉性卵，产于石缝</td><td rowspan="2">上游碌曲段、卓尼段，下游临洮段</td></tr>
<tr><td>3</td><td>厚唇裸重唇鱼</td><td>高原冷水鱼类，生活在宽谷河道中，每年河水开冰后即逆河产卵，水温15 ℃左右，在基底质为砂砾石、流速缓慢的河段产卵，卵沉性，具黏性。繁殖期为4～5月</td></tr>
<tr><td>4</td><td>极边扁咽齿鱼</td><td>高原冷水性鱼类，栖息缓流河流和静水湖泊，水底多砾石、水质清澈，繁殖期为5～6月，溯河产卵，沉性卵，产卵场位于缓流处，水深1 m以内，沙砾底质</td><td>上游碌曲段、卓尼段</td></tr>
<tr><td>5</td><td>花斑裸鲤</td><td>高原冷水鱼类，栖息在宽谷河道中，每年解冻后，5月下旬水温10 ℃开始繁殖，溯河产卵，沉性卵。产卵场多卵石、沙砾为底，水深1 m左右的缓流浅水区。仔鱼孵出后，随流水进入干流湾汊、岸边浅水处育肥</td><td>上游卓尼段</td></tr>
<tr><td>6</td><td>黄河高原鳅</td><td>高原冷水鱼类，生活于砾石底质急流河段，每年4～5月河道融冰时即逆水上溯产卵繁殖</td><td rowspan="2">下游临洮段、永靖段</td></tr>
<tr><td>7</td><td>兰州鲇</td><td>栖息于河流缓流处或静水中，5～6月繁殖</td></tr>
</table>

2. 自然保护区

为保护洮河流域湿地资源，相关部门在洮河流域建立了4个国家级自然保护区：甘肃洮河国家级自然保护区、甘肃尕海—则岔国家级自然保护区、甘肃太子山国家级自然保护区和甘肃莲花山国家级自然保护区（见表9-4）。

1）甘肃洮河国家级自然保护区

甘肃洮河国家级自然保护区位于洮河的中上游，地处青藏高原的东北边缘，甘南藏族自治州的卓尼、临潭、迭部、合作四县（市）境内，保护区总面积287 759 hm^2。保护区内水资源丰富，长度5 km以上的河流有95条，其中洮河干流自下巴沟西宁泥巴沟以上流入保护区北缘，自大峪沟洞之西泥沟流出保护区，再由石门洮之上流经保护区东缘，自秋峪沟之下流出。保护区总集水面积2 877.59 km^2，多年平均径流量10.13亿m^3，占洮河流域年

表 9-4　自然保护区基本情况

序号	保护区名称	主要保护对象	级别	与洮河位置关系	与干流水力联系	面积(hm²)
1	甘肃洮河国家级自然保护区	森林生态系统	国家级	干流流经保护区	洮河的重要水源涵养区	287 759
2	甘肃尕海—则岔国家级自然保护区	湿地、森林	国家级	干流流经保护区	洮河的重要水源涵养区	247 431
3	甘肃太子山国家级自然保护区	森林生态系统	国家级	不在干流	支流的重要水源涵养区	84 700
4	甘肃莲花山自然保护区	天然森林系统	国家级	干流流经保护区	生物多样性	11 691

平均径流量 53.1 亿 m^3 的 19%，是洮河的重要水源涵养区。保护区内主要保护对象为森林生态系统、湿地、珍稀野生动植物资源及其栖息地。区内有鱼类 26 种，主要鳅亚科中的高原鳅属和裂腹鱼亚科，属于高原冷水鱼。

2）甘肃尕海—则岔国家级自然保护区

尕海—则岔国家级自然保护区地处甘肃省碌曲县境内，位于青藏高原、黄土高原和陇南山地交会处，是洮河的主要发源地和水源涵养地，同时也是黄河的重要水源涵养区。保护区总面积 2 474.31 km^2，其中沼泽草甸等湿地约 1 997 km^2，约占 80%。该保护区是中国少见的集森林和野生动物型、高原湿地型、高原草甸型三重功能为一体的珍稀野生动植物自然保护区，保护区有脊椎动物 197 种，鱼类 9 种，包括黄河裸裂尻鱼、厚唇裸重唇鱼等，属高原冷水鱼。

3）甘肃太子山国家级自然保护区

甘肃太子山国家级自然保护区位于临夏回族自治州与甘南藏族自治州之间，东南起洮河下游地区，西南与甘南州临潭、夏河、合作、卓尼四县（市）及青海省循化县毗邻，东北和临夏州康乐、和政、临夏、积石四县相接。地理位置介于北纬 35°02′～35°36′、东经 102°43′～103°42′。东西长约 100 km，南北宽约 10 km。保护区总面积 84 700 hm^2。

保护区属于自然生态系统类别——森林生态系统类型自然保护区。保护区生物多样性十分丰富，稀有性显著，据保护区官方资料显示，共有维管植物 838 种，其中稀有濒危和重点保护植物有桃儿七、红花绿绒蒿、星叶草等 51 种；脊椎动物 208 种，包括雪豹、林麝、苏门羚等国家重点保护野生动物 11 种；鸟类 130 种，包括胡兀鹫、苍鹰、蓝马鸡等国家重点保护鸟类 21 种；有两栖爬行动物 8 种，其中两栖类 5 种，爬行类 3 种；有鱼类 10 种，昆虫 682 种；有大型真菌 61 种。物种总数 1 789 种，占甘肃省物种总数 3 560 种的 50.25%。

4）甘肃莲花山国家级自然保护区

甘肃莲花山国家级自然保护区位于甘肃省东南部的康乐、临潭、卓尼、临洮、渭源 5 县接壤地区，坐落在甘肃省临潭县北部的八角乡境内，汇集的三角地带总面积 125.51 km^2，是黄河一级支流——洮河的重要水源涵养区之一,水源涵养作用明显。地理坐标为北纬34°54′17″~35°01′46″、东经103°39′59″~103°50′26″,属野生动物类型自然保护区。

主要保护对象为珍贵稀有动植物资源及其栖息地,特别是珍稀鸟类和豹等濒危动物及其栖息地,干旱地区森林生态系统及其生物多样性,以白桦、粗枝云杉、紫果云杉为主的水源涵养林和不同自然地带的典型自然景观。保护区生物资源丰富,组成成分和结构极为复杂,物种多样性程度和物种总数丰度高,有种子植物745种,国家保护植物有星叶草、红花绿绒蒿、胡桃、垂枝云杉、野大豆、黄蓍、木姜子、桃儿七、紫斑牡丹等11种和兰科植物毛杓兰、紫点杓兰等15种。有各类动物764种,国家重点保护动物39种,其中,一级保护野生动物有豹、麝类、鹿类、雉鹑、金雕、斑尾榛鸡等10种;二级保护动物有苏门羚、岩羊、四川林鸮 、血雉、蓝马鸡等29种。

3.种质资源保护区

洮河是黄河上游特有鱼类的重要分布区,共分布有4个国家级水产种质资源保护区,分别是洮河(卓尼)特有鱼类国家级水产种质资源保护区、洮河定西特有鱼类国家级水产种质资源保护区、洮河碌曲段扁咽齿鱼国家级水产种质资源保护区和黄河刘家峡兰州鲇国家级水产种质资源保护区(见表9-5)。

表9-5　洮河流域水产种质资源保护区基本情况

序号	保护区名称	行政区域	分布河段	主要保护对象
1	洮河碌曲段扁咽齿鱼国家级水产种质资源保护区	碌曲县	洮河碌曲段及其支流	主要保护对象是扁咽齿鱼,其他保护物种包括厚唇重唇鱼、裸裂尻鱼、花斑裸鲤、拟鲇高原鳅、水獭等
2	洮河(卓尼)特有鱼类国家级水产种质资源保护区	卓尼县	卓尼县河段,由洮河干流及其12条一级支流河段和两岸的滩涂、沼泽等组成	厚唇重唇鱼、裸裂尻鱼、扁咽齿鱼、中华裂腹鱼、花斑裸鲤和岷山高原鳅、硬翅高原鳅、状体高原鳅、黑体高原鳅,以及国家二级重点保护水生野生动物水獭、甘肃省重点保护水生动物西藏山溪鲵等
3	洮河定西特有鱼类国家级水产种质资源保护区	临洮县	洮县红旗乡扎马圈村至玉井镇下何家村,沿洮河干流全长100 km	厚唇重唇鱼、拟鲇高原鳅、黄河高原鳅、黄河裸裂尻鱼、嘉陵裸裂尻鱼、兰州鲇等
4	黄河刘家峡兰州鲇国家级水产种质资源保护区	永靖县	洮河入黄口河段	兰州鲇、黄河鲤鱼、拟鲇高原鳅、黄河高原鳅等

1）洮河碌曲段扁咽齿鱼国家级种质资源保护区

洮河碌曲段扁咽齿鱼国家级种质资源保护区位于甘肃省碌曲县境内，主要包括洮河碌曲段及其支流。核心区由位于李恰如牧场的莫尔仓至玛艾镇达尔宗、西仓乡新寺至小阿拉、拉仁关乡则岔至西仓乡贡去乎三段组成。核心区特别保护期为4月1日至8月31日。主要保护对象为扁咽齿鱼，其他保护物种包括厚唇重唇鱼、裸裂尻鱼、花斑裸鲤、拟鲇高原鳅、小眼高原鳅、硬刺高原鳅、黑体高原鳅、壮体高原鳅、水獭等。

2）洮河卓尼特有鱼类国家级水产种质资源保护区

洮河卓尼特有鱼类国家级水产种质资源保护区位于甘肃省甘南藏族自治州卓尼县境内，由洮河干流及其12条一级支流河段和两岸的滩涂、沼泽、沟谷及草原、林地等水源涵养区构成，总面积为4 230 km^2。特别保护期为每年的4月20日至8月30日。核心区包括两部分，第一部分是洮河干流扎古录镇塔扎安果至麻路段，全长27.6 km；第二部分是由从塔扎安果到纳浪乡西尼沟高石崖的12条支流和两岸1 500～2 500 m范围内的滩涂、沼泽沟谷及溪流、草原、林地等水源涵养区构成。主要保护对象为厚唇重唇鱼、裸裂尻鱼、扁咽齿鱼、中华裂腹鱼、花斑裸鲤和岷山高原鳅、硬翅高原鳅、状体高原鳅、黑体高原鳅，以及国家二级重点保护水生野生动物水獭、甘肃省重点保护水生动物西藏山溪鲵等。

3）洮河定西特有鱼类国家级水产种质资源保护区

洮河定西特有鱼类国家级水产种质资源保护区地处临洮县红旗乡扎马圈村至玉井镇下何家村，洮河干流全长100 km。核心区位于红旗乡扎马圈村—新店镇康家崖村之间，河段长55 km，占保护区河段全长的55%，核心区特别保护期为每年4～7月。主要保护对象为厚唇重唇鱼、拟鲇高原鳅、黄河高原鳅、黄河裸裂尻鱼、嘉陵裸裂尻鱼、兰州鲇等。

4）黄河刘家峡兰州鲇国家级水产种质资源保护区

黄河刘家峡兰州鲇国家级水产种质资源保护区位于刘家峡水库段及洮河入库口河段。主要保护对象为兰州鲇、黄河鲤鱼、拟鲇高原鳅、黄河高原鳅等，保护区面积1 007.4 hm^2，占刘家峡水库总面积的9.4%，核心区包括：洮河水域，从巴米山沟口起至洮河入库口一带的洮河水域，是兰州鲇原产地，是兰州鲇、拟鲇高原鳅、黄河高原鳅等的主要产卵场、索饵场、越冬场，面积285.8 km^2，占核心区面积的30.6%；焦张水域，从银川沟口起至炳灵寺峡口直线正对焦张岸边的整个水域，是黄河鲤鱼等土著鱼类的主要产卵场、索饵场、越冬场。

4. 风景名胜区、城市景观及地质公园

洮河流域无与干流有直接水力联系的风景名胜区和地质公园。

9.1.3　洮河功能性不断流生态需水组成分析

河流基本生态需水主要包括生态基流、鱼类需水、湿地需水、河岸带植被需水、自净需水等。依据各河段重要保护对象及对存在主要问题的分析，洮河不同河段的生态需水组成见表9-6。

源头至岷县西寨（上游）：河长384 km，平均比降为4.9‰，河谷开阔，地势平缓，两岸草原广布，林草覆盖度很高，水土流失甚微，水流清澈，河道比较稳定。主要有水源涵养功能、生物多样性保护功能。

表9-6　洮河功能性不断流生态需水组成

河段	重要断面	生态功能	功能需水组成
源头至岷县(上游)	下巴沟	水源涵养、生物多样性保护	鱼类需水、植被需水
岷县至海甸峡(中游)	岷县	水源涵养、河流基本功能	鱼类需水、自净需水
海甸峡至入黄口(下游)	红旗	生物多样性保护、自净功能	鱼类需水、自净需水

西寨至临洮县的海甸峡(中游):河道长148 km,平均比降为2.8‰,因受地质构造影响,褶皱严重,河道弯曲、多峡谷,两岸分布森林、草原,植被良好,水源涵养能力强,洪水较小,含沙量低,水流湍急,水力资源丰富。河道存在水质污染问题,主要有水源涵养功能、河流基本功能。

海甸峡至入黄口(下游):河道长141 km,平均比降为2.5‰,谷宽滩多,两岸为黄土丘陵,植被差,水土流失较严重,水流含沙量高,河道游荡不定。主要有生物多样性维护功能和自净功能。

9.1.4　生态需水量研究

选择1956~1975年相对未大规模开发时期的水文系列资料为基准,以Tennant法为基础,根据洮河各河段保护对象对径流条件的要求,考虑流域水资源条件和水资源配置实现的可能性,综合确定重要断面生态需水量,分析水生态保护目标与洮河水力联系及补给关系。洮河生态需水主要包括鱼类需水、河流基本生态环境功能维持需水。洮河上游濒危珍稀鱼类产卵繁殖期集中于5~7月,洮河中下游濒危珍稀鱼类产卵繁殖期集中于4~6月。洮河鱼类主要以冷水鱼为主,溯河产卵,沉性卵;产卵场位于缓流处,产卵场要求水体为较缓流型、有一定水面宽、水深0.5~2 m。考虑到洮河不同河段年内径流变化规律,径流年内变化较大,来水量主要集中于5~11月,为使河流生态流量尽可能反映河流年内天然丰枯变化,结合生态保护关键期,将各河段水期适当细分,进行生态需水量计算。根据各河段保护目标的分布,选择4~6月平均流量的40%~50%作为该期生态流量初值,7~10月平均流量的50%~60%作为该期生态流量初值,11月选择30%~40%作为生态流量初值,选择多年平均流量的10%~20%作为12月至翌年3月的生态流量初值。在此基础上,分析流量与流速、水深、水面宽等之间的关系,以需水对象的繁殖期和生长期对水深、流速、水面宽等为要求,选择满足保护目标生境需求的流量范围,考虑水资源配置实现的可能性,结合自净需水,综合得出洮河重要控制断面生态流量(见表9-7)。

与近年来的断面实测流量相比,洮河多年平均流量基本能满足河流生态需水量,各个时段也基本能满足生态水量要求。

表 9-7　洮河重要断面生态需水量计算结果

河段	需水对象	重要断面	月份	生态需水量			水质要求
				流量（m^3/s）	需水量（亿 m^3）	流量过程	
源头至岷县	濒危鱼类	下巴沟	4～6 月	22	8.55	保证鱼类栖息生境要求	Ⅲ
			7～10 月	47		—	
			11 月	22		保证鱼类越冬生境要求	
			12 月至翌年 3 月	12			
岷县至海甸峡	土著鱼类、河流基本生态功能	岷县	4 月	32	17.70	保证鱼类栖息生境要求	Ⅱ
			5～6 月	58			
			7～10 月	103		—	
			11 月	38		保证鱼类越冬生境要求	
			12 月至翌年 3 月	18			
海甸峡至入黄口	濒危鱼类、河流基本生态功能	红旗	4 月	38	24.56	保证鱼类栖息生境要求	Ⅲ
			5～6 月	70			
			7～10 月	140		—	
			11 月	64		保证鱼类越冬生境要求	
			12 月至翌年 3 月	32			

9.2　汾河生态需水分析

9.2.1　汾河流域概况

9.2.1.1　自然概况

1. 地理位置

汾河流域位于山西省的中部和西南部，地理坐标为北纬 35°20′～39°00′、东经 110°30′～113°32′；流域面积 39 471 km^2，南北长 412.5 km，东西宽 188 km，主河道长 694 km，占山西省国土总面积的 25.3%。

2. 地形地貌

汾河流域西靠吕梁山，东临太行山，干流自北而南纵贯山西省中南部，地势北高南低，支流水系发源于两大山系之间。受挽近地壳运动东西隆起带的影响与控制，汾河全程河段形成不同地貌特征，各段地形地貌概况如下：

宁武县石家庄以上，流域呈三角形，河谷高程1 300～1 500 m，西面吕梁山脉的芦芽山顶高程2 772 m，管涔山顶高程2 441 m，东面云中山主峰高程2 654 m。该区域为石质山地区，地势变化大，山峦密布，山岭连绵。在高山河谷地区，崖陡谷深，有支流穿行其间。山间谷地有少量耕地，交通不便。

宁武县石家庄至汾河水库之间，河谷高程1 100～1 300 m，西面吕梁山脉野鸡山顶峰高程2 322 m，关帝山顶峰高程2 785 m。区域分水岭及接近分水岭地带为石山区，山峰突兀，沟床深切，相对高差1 000 m以上，地势起伏变化很大，沟河发育，除岚河较大外，其他多为坡陡流急的短促型山区河道；汾河干流两侧和支流岚河中下游地区，基本被黄土覆盖，为中山黄土梁峁沟壑地貌，植被较差，水土流失严重。区内城镇之间公路相连，交通尚便利。

汾河水库至上兰村段干流蛇曲发育，穿行于高山峡谷中。两岸为石质山区，沟谷深切于基岩石槽中，尤其是沿河的罗家曲至上雁门、河口至上兰村两段灰岩河谷，山高谷深，谷道弯曲，为典型高山峡谷区。

从上兰村至义棠间，因干流东西两侧分别有潇河与文峪河两大支流，流域宽度扩展到180 km左右，过文峪河入口后缩窄。干流两侧展布着太原盆地，面积5 050 km^2，地势平坦，土质肥沃，农业生产条件优越，分布有太原市区、祁县、汾阳、介休等11个县（区）。盆地西面大部分属文峪河范围，分水岭地带地貌为深山峡谷，沟壑纵横，地势起伏大；接近盆地部分地势较低，黄土塬分布较多，地面比较完整。盆地东面为支流潇河流域，其上游及支流木瓜河山岭连绵，重峦叠嶂，为高山区；中游及支流白马河属中高石山区，地势较高但地形变化和缓；下游以黄土塬梁地貌为主，地面坡度小，宜耕种。

义棠至师庄河段一般被称为灵霍山峡，流域西面姑射山峰顶高程1 874 m，地形相对高差1 100 m；东侧霍山顶峰高2 551 m，地形相对高差1 800 m。此段汾河干支流皆深切在基岩，弯急谷深，为深山峡谷河道。河谷两侧山峰林立，耕地稀少，交通不便。

师庄至河口段干流蜿蜒穿过临汾盆地，盆地两侧分水岭高程均在1 700 m左右。分水岭附近山峰高耸，山岭连绵，河谷深切于基岩，为深山峡谷区；盆地与分水岭区之间为黄土覆盖的土石山地及缓坡塬梁沟壑区，冲沟发育，土壤侵蚀严重；盆地区土质良好，气候适宜，是重要的农业基地。

3. 河流水系

汾河发源于宁武县东寨镇管涔山脉楼子山下水母洞，和周围的龙眼泉、象顶石支流汇流成河，干流穿越忻州、太原、晋中、吕梁、临汾、运城6市辖区内的27个县（市、区），全长694 km，在万荣县庙前村附近汇入黄河。沿途汇入众多支流，其中面积大于1 000 km^2的支流有8条；流域内泉水较多，大型岩溶泉（流量大于1.0 m^3/s）有6处；在上游宁武县东南河与汾河的分水岭地带，分布着一群高山湖泊，最大的是马营海，最深的是公海。

4. 水资源开发利用现状

2005年流域国民经济各部门总用水量为26.20亿m^3，其中工业用水量为6.29亿m^3，农业灌溉用水量15.00亿m^3，城镇生活用水量3.18亿m^3，农村生活用水量1.34亿m^3，林牧渔畜业用水量0.39亿m^3。

9.2.1.2 社会经济概况

1. 行政区划和人口

汾河是山西省第一大河,流域有晋中和临汾两大盆地,涉及忻州、太原、晋中、吕梁、临汾、运城、长治市7个市46个县(市、区)。其中,长治市只有少部分村庄在汾河流域内。至2005年底,流域内总人口1 256.25万人,占全省总人口的37.4%,其中农村人口803.85万人;人口密度从盆地往山丘区逐渐减少,平均密度318人/km^2,高于全省人口密度215人/km^2。

2. 工农业生产

汾河流域农业人口人均占有耕地从南往北递增,平均占有耕地2.02亩;农业人口人均占水浇地0.89亩;全流域粮食作物以小麦、玉米为主,播种面积1 360万亩,总产量336.2万t,占全省粮食总产的33.8%;经济作物以棉花、油料为主,兼有林果、渔业。2005年第一产业社会生产总值113.37亿元,占全省第一产业的43.2%;2005年全流域社会生产总值(GDP)1 805.68亿元,占全省的43.2%。其中,工业和第三产业发展迅猛,工业增加值667.4亿元,第三产业增加值675.7亿元,第三产业占到流域社会生产总值的37.4%。

9.2.2 汾河水生态问题及生态保护目标

9.2.2.1 水生态问题

据实地调查,自1996年汾河中下游洪水以来,兰村至柴村河段已经干涸了近12年,第一,由于汾河河道内挖砂采砂,形成的采砂坑对河道天然形态造成严重破坏,河道生态环境严重受损。第二,1980年以来,随着降水减少,径流偏枯,能源基地建设和城镇化对水资源的需求快速增长,使得汾河水量的大部分被饮用消耗,河道实际流量迅速减少,生态用水严重被挤占,沿岸湿地萎缩。第三,由于泉水的过度开采和煤矿开采对泉流通道造成破坏,汾河大部分岩溶泉域破坏严重,地表径流减少。第四,汾河中下游河段水体污染严重,加之地表水量减少,导致生物多样性降低。

9.2.2.2 水生态保护目标

1. 汾河源头水源涵养区

汾河源头水源涵养区位于忻州市,长80.4 km,是汾河发源地和太原市重要的水源地。主要生态功能是水源涵养和物种多样性保护。

2. 自然保护区

汾河上游自然保护区位于山西省娄烦县,主要保护对象为褐马鸡、金钱豹、原麝及森林生态系统,是汾河的主要发源地和水源涵养区。

山西运城湿地自然保护区位于运城市辖区内,位于东经110°15′~112°05′、北纬34°36′~35°39,包括山西省河津、万荣、临猗、永济、芮城、平陆、夏县、垣曲等8县沿黄河的滩涂、水域和运城硝池、盐池及永济市的伍姓湖,总面积达79 830 hm^2。主要保护对象为湿地生态系统和珍稀鸟类,与汾河干流有密切的水力联系。

9.2.3 汾河生态需水组成分析

汾河主要水生态环境问题是水资源过度开采造成生态用水严重被挤占,湖泊干涸,湿地萎缩,水质恶化,生态功能下降,水生态系统恶化。根据汾河各河段主要水生态问题及主体功能,分析不同河段的生态需水组成(见表9-8)。

表9-8　汾河功能性不断流生态需水组成

河段	生态功能	功能需水组成
河源至兰村裂石口(上游)	水源涵养、生物多样性保护	鱼类需水、植被需水
兰村至洪洞石滩(中游)	河流基本功能、自净功能、生物多样性保护	水生生物需水、植被需水、自净需水
洪洞石滩至入黄口(下游)	河流基本功能、生物多样性保护、自净功能	水生生物需水、植被需水、自净需水

河源至兰村裂石口为汾河上游,河长217.6 km,属山区型河流,植被覆盖率较低,水土流失严重;煤炭开采和超采造成源区湿地资源萎缩,生态功能下降,汾河水库周边工业企业建设及库区移民开垦种植,导致库周生态系统破坏及水源涵养功能降低。该河段功能为水源涵养功能。

汾河中下游河段除灵石、介休和霍州为山地地貌,流速较快,太原和临汾至河津河段河流比降较小,水流相对较缓,河漫滩较宽。由于沿河湿地开发不合理,破坏了原有植物群落及结构,导致生物多样性下降。水质污染严重,河流水生生物群落几乎绝迹,其主要功能为维持河流基本生态功能、生物多样性保护和自净功能。

9.3　大汶河生态需水分析

9.3.1　大汶河流域概况

9.3.1.1　自然概况

1.地理位置

大汶河流域位于山东省中部的泰山南麓,地理坐标为东经116°~118°、北纬35°42′~36°36′。流域东西长208 km,南北宽30~100 km,行政区划包括济南、淄博、莱芜、泰安、济宁5个市的12个县(市、区),东平湖口以上大汶河流域面积9 069 km^2,约占全省国土面积的6%。

2.地形地貌

大汶河流域地形呈扇状,东宽西窄,地势东高西低,东部为鲁中山区,西部为沿黄湖洼,汶水西流是其特有的地形特点。京沪铁路以东为山丘区兼山下平原和河谷盆地,地面高程均在100 m以上,中部以徂徕山、莲花山为界,分为南北两大地区:北面为泰莱平原,兼有起伏丘陵;南面为柴汶盆地,群山环绕,沟壑纵横。京沪铁路以西山势自东向西渐为低山,山峰高程多在400 m(1956年黄海高程系,下同)以下,大汶河两岸及大清河北岸有断续的孤山丘陵,南部是跨越大汶河的肥宁平原,西部是湖区洼地,是黄汶冲淤交汇区,地面高程多在38.0~40.0 m。整个流域山区面积为3 152 km^2,占34.8%;丘陵区面积为2 701.5 km^2,占29.8%;平原涝洼面积为3 215.5 km^2,占35.4%。主要山峰有泰山、摩云山、徂徕山、莲花山、鲁山等，最高峰为泰山，海拔 1 545 m。

3. 河流水系

大汶河又名汶水，是黄河下游最大的一条支流，发源于莱芜、沂源、新泰一带的山区，主流发源于沂源县松崮山南麓的沙崖子村，迂回西流，经莱芜的钢城区、莱城区，泰安的郊区、宁阳、肥城、东平，济宁的汶上等县（市、区），于东平县马口村注入东平湖，经陈山口和清河门闸出东平湖，经小清河进入黄河。大汶河自源头至入湖口，自然落差 362 m，平均比降 1.74‰，河底除个别河段岩石裸露，其他均为沙基。

大汶河大汶口以上为上游，流域面积 5 655 km^2，占总面积的 62.4%，是大汶河的主要集水区。主流自源头沙崖子村至莱芜丈八丘村为山谷河道，长 11 km，向西流经葫芦山水库，汇入里辛河、辛庄河，进入泰莱平原。右岸先后有孝义河、嘶马河、方下河、瀛汶河、泮汶河等汇入，左岸先后有莲花河、新浦河、汶南河有、牛泉河、陶河、小汶河等汇入。自丈八丘至汶口坝，河槽多为地下河，有不连续堤防。

自牟汶河与柴汶河汇流口至戴村坝，长 60 km，为大汶河中游，基本为平原河道，除局部近山河段外，两岸均有堤防，形成复式河槽。汶口坝下游有 2 km 的石灰岩河底，孝门以下河道弯曲，形成多处险工。宁阳堽城坝村北段，被称为大汶河第二道"钢箍"的石底河段，长 300 余 m。汶水西流至夏辉村分为南北两支，至琵琶山北，又汇合西流，该段河道右岸有漕浊河、小汇河汇入，左岸有苗河、海子河汇入，由于南岸自宁阳高桥村以下地势南倾，故大汶河南堤即成为汶、泗的分界线，也是宁阳、兖州、汶上、邹县等的防洪屏障。

戴村坝以下为大汶河下游，受历代黄、汶泛决的影响，河道多变，直到 1855 年黄河夺清入海后，经多次演变、治理，形成目前独流入东平湖的大清河，此段河长 27.9 km。除北岸北城子至韩山头无堤外，两岸均有堤防，汇河、跃进河均由北岸汇入。

4. 水资源

根据 1956～2000 年实测资料分析，大汶河流域多年平均年降水量为 711.1 mm，折合水量 64.5 亿 m^3。根据山东省水资源综合规划调查评价成果，大汶河流域天然年径流量为 12.83 亿 m^3，山丘区地下水资源量为 9.84 亿 m^3，平原区地下水资源量为 2.04 亿 m^3，地下水资源总量为 11.88 亿 m^3，扣除地表水、地下水重复计算量得水资源总量为 19.04 亿 m^3。地表水资源可利用量为 6.98 亿 m^3（一次性新水量）；地下水资源可开采量为 9.91 亿 m^3，水资源可利用总量为 12.90 亿 m^3，水资源可利用率为 67.8%。

大汶河流域天然径流量年内变化非常不均匀，汛期洪水暴涨暴落，突如其来的特大洪水不仅无法充分利用，还会造成严重的洪涝灾害；枯季河川径流量很少，导致河道经常断流，水资源供需矛盾突出。6～9 月多年平均天然径流量占全年的 76% 左右，其中 7、8 月天然径流量约占全年的 57.8%；而枯季 8 个月的天然径流量仅占全年径流量的 24% 左右。

5. 大汶河水资源开发利用现状

新中国成立以来，大汶河流域内进行了大规模的水利建设，对大汶河干流及主要支流进行了初步治理。截至 2005 年底，流域内共兴建大型水库 2 座，中型水库 21 座，小型水库 647 座，塘坝 3 802 座，总拦蓄能力可达 15.55 亿 m^3，流域内共建各类生产井 48 233 眼，其中深井 4 624 眼，配套机电井 44 826 眼，现状供水能力 10.8 亿 m^3。

9.3.1.2　社会经济概况

1. 行政区划及人口

大汶河流域在行政区划上隶属于济南、淄博、莱芜、泰安、济宁等5市，莱芜市的全部及泰安市泰山区、岱岳区、新泰市、肥城市、宁阳县的全部和东平县的一部分均位于大汶河流域内，另有少部分流域面积在淄博市沂源县、济南市平阴县和章丘市及济宁市汶上县境内。2005年，流域内总人口566.5万人，占全省总人口的6.1%，其中非农业人口184.3万，占流域总人口的32.5%；城镇人口285.9万人，城镇化率50.5%，高于全省平均城镇化水平。

2. 工农业生产

2005年，流域内耕地面积501.7万亩，占全省总耕地面积的4.9%，人均耕地面积0.9亩，低于全省人均耕地1.1亩的平均水平；有效灌溉面积345.1万亩，占耕地总面积的68.8%。2005年流域内完成国内生产总值1 011.8亿元，人均国内生产总值为17 860元，流域内国内生产总值占全省国内生产总值的5.3%。一产、二产、三产增加值分别为107.9亿元、589.3亿元、314.6亿元，三产比例为11:58:31。农林牧副渔业全年实现增加值107.9亿元，粮食总产量230.7万t；工业生产快速发展，实现增加值527.6亿元，人民生活水平稳步提高。

9.3.2　大汶河水生态问题及生态保护目标

9.3.2.1　水生态问题

大汶河流域属季节性河流，枯水期基本上水量很小甚至断流，有些支流仅有工业污水和生活污水排入。随着社会经济发展，大量的工业污水、生活污水未经处理直接或间接地排入河流、湖泊；同时，化肥、农药的大量施用也污染了水质，水质日益恶化。由于水质污染，加之河道水量很少，导致水生生物多样性急剧下降；大汶河下游的东平湖富营养化现象严重，导致湖区水生生物多样性遭受威胁。

9.3.2.2　水生态保护目标

1. 大汶河源头水源涵养区

大汶河源头水源涵养区位于山东省莱芜市，是大汶河发源地和山东省重要水源地，主要生态功能是水源涵养。

2. 自然保护区

为保护大汶河流域的水源涵养功能，相关部门在大汶河建立了泰山省级自然保护区、徂徕山省级自然保护区，在大汶河入黄口处建立了东平湖湿地自然保护区。

泰山省级自然保护区位于济南、泰安两市之间，总面积11 892 hm^2，核心区面积4 911 hm^2，实验区面积4 418 hm^2，缓冲区面积2 563 hm^2。保护区是大汶河主要的发源地和水源涵养区，以保护泰山珍贵自然资源，生物多样性，典型的油松针叶林、针阔混交林和暖温带落叶阔叶林森林生态系统等为目标，保持其自然性和原始性，为珍稀野生动植物及其特有物种生存栖息提供理想场所。

徂徕山省级自然保护区位于山东省新泰市，总面积10 915 hm^2，其中核心区面积3 777 hm^2，缓冲区面积3 558 hm^2，实验区面积3 580 hm^2。保护区是大汶河的发源地之一,分布着大面积华北地区特有的油松林和暖温带落叶阔叶林的典型代表——栎类,形成了典型的森林生态系统。主要保护对象是森林生态系统。

东平湖湿地自然保护区位于大汶河下游,属洪水调蓄生态功能保护区,主要功能是维持东平湖生态系统服务功能,保障湿地生态用水,防治湿地生态系统退化,保护生物多样性,加强水污染防治,保障南水北调水质。该保护区主要保护对象为湿地生态系统和土著经济鱼类。保护区与大汶河干流有密切的水力联系。

3. 水产种质资源保护区

大汶河下游分布有东平湖日本沼虾国家级水产种质资源保护区,该保护区以日本沼虾、乌鳢和黄河鲤为主要保护对象,其他保护对象为黄颡鱼、鳜鱼、甲鱼等经济物种,主要保护它们的生长繁育环境。

9.3.3　大汶河生态需水组成分析

大汶河主要生态环境问题是水资源严重缺乏,水污染严重,水生态系统急剧恶化。根据大汶河各河段主要水生态问题及主体功能,分析不同河段的生态需水组成(见表 9-9)。

表 9-9　大汶河功能性不断流生态需水组成

河段	生态功能	功能需水组成
大汶口以上(上游)	水源涵养、生物多样性保护	水生生物需水、植被需水
大汶口至戴村坝(中游)	河流基本功能、生物多样性保护	水生生物需水、植被需水
戴村坝以下至入黄口(下游)	生物多样性保护、自净功能	水生生物需水、自净需水、湖泊湿地生态需水

大汶河大汶口以上为上游,是大汶河的源头区,属山谷河道,自丈八丘至汶口坝,河槽多为地下河,该河段主体功能为水源涵养功能。

牟汶河至柴汶河汇流口至戴村坝,为大汶河中游,基本为平原河道,除局部近山河道外,两岸均有堤防,河道横向连通性受阻。该河段主要功能是河流生境形态恢复、维持河流基本生态功能。

戴村坝以下为大汶河下游,水质污染严重,河道内水生生物几乎绝迹;东平湖湖泊沼泽化和富营养化严重,水生生物多样性受到严重威胁。该河段主要有生物多样性保护功能和自净功能。

第 10 章　黄河干流典型冲积河段平水期河槽减淤流量研究

黄河干流有三段冲积性河道，从上至下分别为宁蒙河道、小北干流河道和黄河下游河道。

10.1　黄河干流冲积性河道概况

10.1.1　宁蒙河道

黄河上游在宁夏、内蒙古境内的冲积性河道简称宁蒙河道，主要指宁夏的下河沿到石嘴山和内蒙古的三盛公到头道拐河段，该河段为游荡型河道，在天然水沙情况下处于微淤状态。

在宁夏境内，下河沿至青铜峡河道长 123.4 km，河床由粗砂卵石组成并以卵石为主，河心滩较多，河道迂回曲折，河宽 0.2 ~ 3.3 km，比降 10‰；青铜峡至石嘴山河道长 194.6 km，为平原型河流，砂质河床，河道支汊横生，河心滩星罗棋布，主流摆动较大。青铜峡大坝上下游均有 30 km 左右河段受青铜峡水库蓄泄水影响。

石嘴山为黄河进入内蒙古段的控制站，石嘴山至三盛公河长 141.0 km，上段为峡谷，下段为三盛公水利枢纽的回水区，已形成相对稳定的砂质河床，河道冲淤基本平衡。三盛公至头道拐为冲积性河段，长约 521.2 km，河床宽阔，河势游荡摆动，天然情况下处于微淤状态。三湖河口至头道拐河段的南岸支流十大孔兑易发生突发性暴雨洪水，流经库布齐沙漠，携带大量泥沙进入黄河，当干流流量较小时，在干流河道内容易形成沙坝，甚至淤堵黄河。

10.1.2　小北干流河道

黄河中游禹门口至潼关河段，俗称黄河小北干流，河道长 132.50 km，河道宽度 3 ~ 18 km，平面形态呈哑铃状，河道纵比降上陡下缓，为 3‰ ~ 6‰，河床宽浅，水流散乱，沙洲密布，主流摆动不定，属典型的堆积性游荡型河道。在天然情况下，上下段最大摆动范围分别达 12 ~ 14 km，历史上即有“三十年河东，三十年河西”之说。沿程汇入的支流，左岸有汾河、涑水河，右岸有盘河、涺水河，渭河、北洛河在潼关附近汇入黄河。

10.1.3　黄河下游河道

黄河干流自桃花峪以下为下游，是典型的冲积型河道。河道长 786 km，落差 94 m，流域面积 2.3 万 km^2，较大的入黄支流有天然文岩渠、金堤河及大汶河三条。桃花峪至高村河段长 206.5 km，两岸大堤堤距一般为 5 ~ 10 km，最宽处达 20 多 km，河道比降 2.65‱ ~

1. 72‰，是水流宽、浅、散、乱冲淤变化剧烈的游荡型河段。高村至陶城铺（艾山附近）河段长 194 km，通过河道整治，主流已趋于稳定，堤距 1. 4 ~ 8. 5 km，大部分在 5 km 以上，河道平均比降 1. 15‰，是由游荡型向弯曲型过渡的河段。陶城铺至利津河段长 282 km，是河势比较规顺稳定的弯曲型河段，由于堤距及河槽较窄，比降平缓，因此河道排洪能力较小，防洪任务也很艰巨。同时，冬季凌期时有冰坝堵塞，易造成堤防决溢灾害，威胁也很严重。利津以下的黄河河口段，河长约 104 km。随着黄河入海口的淤积—延伸—摆动，入海流路相应改道变迁。

黄河下游河道由于不断淤积抬升，河道形态独特，为著名的“地上悬河”，横亘于华北平原之上，是海河流域与淮河流域的分水岭，现行河床一般高出背河地面 4 ~ 6 m，比新乡市地面高出 20 m，比开封市地面高出 13 m，一旦大堤决溢，将会给黄河两岸受淹地区带来毁灭性打击，对国民经济发展和社会稳定构成较大的威胁。黄河下游河道上宽下窄，排洪能力上大下小，其中游荡性河段河势游荡多变，主流摆动频繁，两岸堤距较宽。河道内的广大滩区既是下游行洪区，又是滩区 179 万人长期生产生活的场所。

10. 2　来水来沙特点及河道冲淤特点

10. 2. 1　宁蒙河道

10. 2. 1. 1　天然条件下水沙特点

1968 年 10 月刘家峡水库投入运用以前，上游引水量少，1968 年以前上游河道水沙情况可以基本代表天然情况的水沙过程。这一时期，进入宁蒙河道的水沙具有水多沙少、水沙异源的特点。头道拐水量占同期全河（花园口站）的 52. 5%，而沙量只占 10. 6%。进入宁蒙河段的水量主要来自贵德以上，而沙量主要来自贵德以下，集中来自上诠至下河沿区间。特别是洮河、大通河、湟水、祖厉河及清水河等支流，洪水时往往形成高含沙量水流汇入黄河，增加了干流的含沙量。

水沙量存在丰枯相间的年际变化。下河沿站在龙刘水库（龙羊峡水库和刘家峡水库，简称龙刘水库）运用之前的 1920 ~ 1968 年平均水量为 313. 9 亿 m^3，年间丰枯不均。1967 年水量最大，达 515. 9 亿 m^3，1928 年水量最小，仅为 155. 2 亿 m^3，二者相差 3. 32 倍。1920 ~ 1968 年年平均输沙量为 1. 853 亿 t，各年之间差别很大。1945 年来沙量为历年最大值，达 4. 66 亿 t，1928 年的来沙量最小，仅为 0. 32 亿 t，二者相差 14. 6 倍。可见，年沙量的变化幅度远远大于年水量的变化幅度。

水沙量年内分布也不均匀，每年的水沙量主要集中在汛期 7 ~ 10 月。1920 ~ 1968 年下河沿站多年平均水量为 313. 9 亿 m^3，其中汛期为 193. 0 亿 m^3，占全年的 61. 5%，汛期和非汛期的水量比为 61∶39。多年平均沙量为 1. 853 亿 t，其中汛期为 1. 603 亿 t，占全年的 86. 5%，汛期和非汛期的沙量比为 90∶14。

10.2.1.2　刘家峡、龙羊峡水库运用后的水沙特点

1.水沙量减少

在1969~1986年刘家峡水库投入运用至龙羊峡水库运用前，进入宁蒙河道的水量基本不变，汛期水量较多年均值减少11%，年均输沙量较多年均值减少41%，汛期沙量较多年均值相应减少43.2%。

2.水沙量年内分配发生变化

1969~1986年下河沿站汛期水量占全年的比例为53.0%，汛期沙量占全年的比例为83.6%，均小于建库前多年平均情况；1987~2002年汛期水沙量占全年的比例进一步减少，汛期水量占全年的比例只有41.9%，汛期沙量占全年的比例减为77.9%。

10.2.1.3　河道冲淤演变

天然情况下宁蒙河道为微淤，近年来出现河槽淤积萎缩、小流量漫滩和水位表现高等严重局面。1986年以来由于水沙过程发生变化，特别是汛期洪峰流量削减、径流量减少、水沙关系不协调等，使河槽淤积萎缩严重，造成同流量水位抬升、平滩流量减小，河槽行洪能力降低。

10.2.2　小北干流河道

小北干流河道的来水来沙控制站分别为干流龙门站、渭河华县站、北洛河洑头站和汾河河津站，1919~1989年71年系列中，四站水量所占比例分别为75.7%、19.0%、1.9%和3.4%。由于渭河和北洛河来水在接近潼关站附近汇合后汇入黄河干流，对小北干流河道的冲淤演变影响较小。汾河自20世纪80年代以来，来水已经大幅度减小，其水沙对小北干流河道的冲淤影响也很小。因此，干流进口控制站龙门站的水沙条件决定了小北干流的河道冲淤演变特性。

10.2.2.1　水沙特点

小北干流河段的水沙主要来自龙门水文站以上，水沙异源，水量主要来自河口镇以上，沙量主要来自河口镇—龙门间的多沙支流；水沙量年际、年内分布不均，水少沙多、水沙不平衡。

天然条件下，龙门站汛期水量占全年水量的61%，汛期沙量占全年沙量的90%。1968年刘家峡水库运用后至1986年龙羊峡水库运用前，汛期水沙的比例有所减小，分别占全年的54%和88%；龙羊峡水库投入运用后，汛期水沙量的比例进一步减小为42%和81%。

10.2.2.2　河道冲淤演变

小北干流河道具有汛期淤积、非汛期冲刷的基本特点，冲淤情况随来水来沙条件不断变化。这是因为龙门站沙量主要来自汛期的洪水期，往往含沙量很高，河道易发生淤积；而非汛期来沙较少，水量主要来自上游河口镇以上，含沙量低，河道易发生冲刷。

该河道具有典型的游荡型河道的特点，“揭河底”冲刷现象在该河段表现比较显著。在前期河床淤高的情况下，如遇适宜的高含沙洪水，河道即发生强烈的“揭河底”冲刷，淤滩刷槽，河槽断面呈窄深状，河势趋于规顺。“揭河底”冲刷之后，河槽回淤，又呈现水流散乱、游荡摆动的现象。冲刷—回淤—冲刷，往复循环，是该河段河床演变的基本规律。

10.2.3 黄河下游河道

进入黄河下游的水沙量为干流小浪底(三门峡)、伊洛河黑石关、沁河武陟三站之和。

10.2.3.1 来水来沙特点

(1)水少沙多,水流含沙量高。黄河水量不及长江的1/20,而沙量却为长江的3倍,是世界上泥沙最多、含沙量最高的河流。

(2)地区分布不均,水沙异源。上游是黄河水量的主要来源区,中游河口镇至潼关区间是黄河泥沙的主要来源区。

(3)年内分配集中,年际间变化大。黄河水沙存在着长时段丰、枯相间的周期性变化,丰、枯水段和丰、枯水年交替出现。黄河水沙在年内分配很不均匀,水沙主要集中在汛期,汛期7~10月的水量占年水量60%左右,沙量的集中程度更甚于水量,汛期沙量占年沙量的85%以上;水沙在汛期又集中于几场暴雨洪水。

1986年以来,因龙羊峡、刘家峡水库的调节和沿程工农业用水增加,以及降雨等因素的影响,黄河下游来水来沙条件发生了明显的变化,来水来沙量显著减小。1986~1999年年平均来水量为多年均值的59%,年平均来沙量为多年均值的47%;汛期水量仅为多年同期均值的45%,汛期沙量为多年同期均值的52%,表明汛期水量比沙量的减少幅度更大。非汛期水量也在减少,为多年同期均值的79%。20世纪90年代以来黄河下游的来水量进一步减少,汛期来水含沙量由多年平均的49 kg/m^{3}增加到63 kg/m^3。

水量年内分配发生显著变化,汛期水量所占比例大幅度减小,沙量所占比例略有增加。1919~1965年汛期水量占全年的比例为60%,1986~1999年减小到44%,2000~2011年进一步减小到37%。1919~1965年汛期沙量占全年的比例为87%,1986~1999年和2000~2011年两个时段,汛期沙量的比例均为93%。

10.2.3.2 河道冲淤演变

黄河下游河道是一条强烈的冲积性河道,河道的冲淤演变主要取决于流域的来水来沙条件和河床边界条件。从长期来看,由于水少沙多、水沙关系不协调,黄河下游河道呈堆积抬升状态,但并不是单向抬升,而是有淤有冲、以淤为主。遇到丰水枯沙年份(如1952年、1955年、1981~1985年),河道淤积较少或发生冲刷;遇到枯水丰沙年份(如1969~1971年、1977年、1992年),河道发生大量淤积。

在三门峡和小浪底水库拦沙期,水库以拦沙为主,泥沙以异重流方式排放,泥沙组成较天然情况下变细,且排放主要集中在汛期的较大流量过程,其他时间下泄清水,下游河道持续冲刷。

1950~1960年,黄河下游河道受人类活动影响较小,属于天然情况。由于水丰沙多,河道淤积以滩地为主,主槽淤积较少。淤积主要发生在汛期,占全年的80%左右。淤积主要分布在孙口以上河段,占全下游淤积量的81%,艾山以下河段淤积较少,且主槽基本不淤。

1960年10月至1985年10月,由于三门峡水库拦沙运用、滞洪排沙运用及1981~1985年的丰水少沙系列,黄河下游经历了冲刷—淤积—冲刷三个阶段。

1986年以来,进入黄河下游的水沙条件发生了很大变化,汛期来水比例减小,洪峰流量大幅降低，枯水期历时增长，致使下游河槽明显淤积萎缩。非汛期基本下泄清水、下游河道汛期淤积，非汛期冲刷。

1999 年 10 月小浪底水库投入运用以来，由于水库拦沙运用和调水调沙，进入下游河道的泥沙主要集中在调水调沙期大流量期间下泄，其他时段下泄清水，黄河下游河道发生持续冲刷。

10.2.4　近期水沙变化

用巴彦高勒、龙门和花园口三个水文站的水沙代表三个典型冲积游荡型河段的进口水沙条件。利用 1951 年（巴彦高勒是 1956 年）以来的日均流量资料统计历年汛期、非汛期和全年小流量（日均流量小于 1 000 m^3/s）的天数，并计算出时段内的平均天数（见图 10-1 ~ 图 10-3）。可以看出，1986 年以来，汛期日均流量小于 1 000 m^3/s 的天数不断增加，巴彦高勒、龙门和花园口三站天然条件下（1950 ~ 1959 年，下同）年均分别为 33. 4 d、20. 5 d 和 11. 1 d，到 1981 ~ 1985 年年均增加到 48. 6 d、25. 2 d 和 6. 8 d，之后又不断增加，到 2000 ~ 2009 年增加到 113. 9 d、104. 2 d 和 99. 9 d，较 1981 ~ 1985 年分别增加了 65. 3 d、79. 0 d 和 93. 1 d，较 1981 ~ 1985 年增加了 1. 3 倍、3. 1 倍和 13. 7 倍。2000 ~ 2009 年汛期 80% 以上天数为日均 1 000 m^3/s 以下小流量。

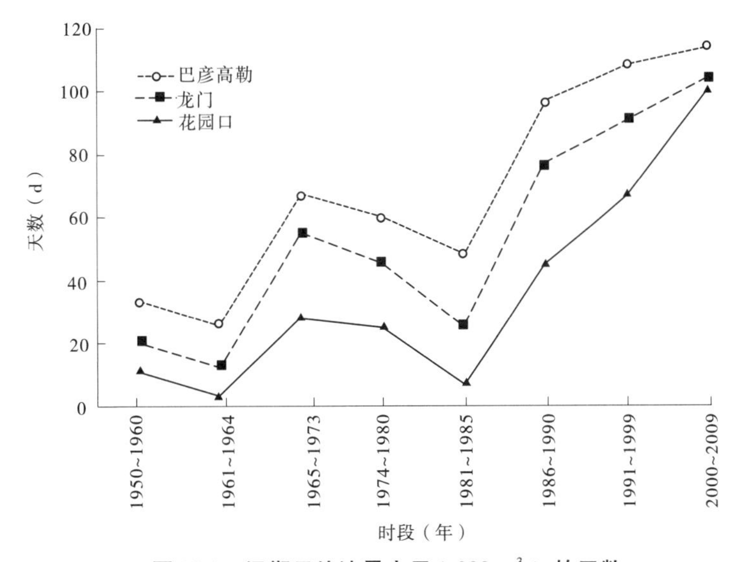

图 10-1　汛期日均流量小于 1 000 m^3/s 的天数

非汛期三站的日均流量小于 1 000 m^3/s 的天数也有所增加（见图 10-2），但巴彦高勒和龙门不显著，花园口站增加较多。天然条件下（1950 ~ 1959 年，下同）三站小流量天数年均分别为 228. 8 d、220. 0 d 和 182. 5 d，到 1981 ~ 1985 年增加到年均 230. 2 d、217. 6 d 和 169. 6 d，到 2000 ~ 2009 年进一步增加到年均 236. 8 d、229. 0 d 和 216. 6 d，分别较 1981 ~ 1985年增加了 6. 6 d、11. 4 d 和 47 d，花园口站增加最多，增加了 28%。天然情况下非汛期巴彦高勒和龙门的小流量天数占到 95% 和 91%，花园口站为 76%，到 2000 ~ 2009 年时段，三站小流量天数的比例增加到 98%、95% 和 90%，均占到 90% 以上。

巴彦高勒和龙门站自 1986 年以来以 1986 ~ 1990 年这一时段最大，之后两个时段也

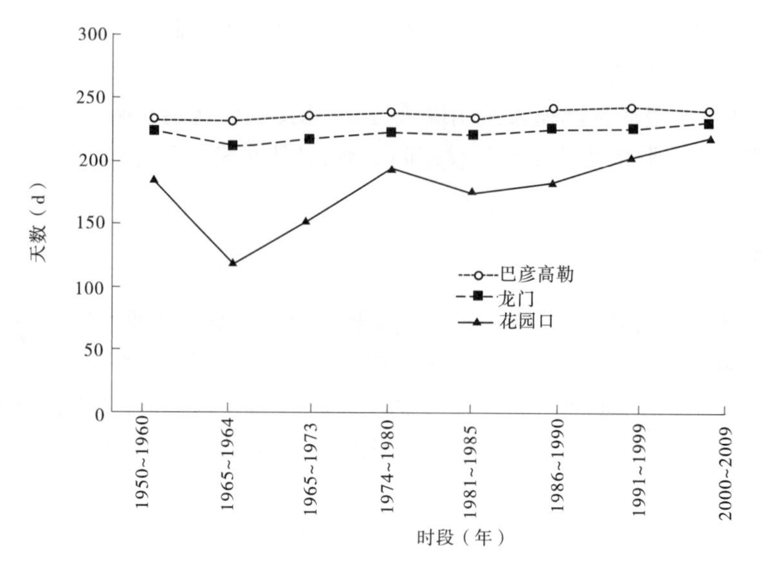

图 10-2　非汛期日均流量小于 1 000 m^3/s 的天数

在不断增大,但增幅相对较小;花园口站则三个时段增幅均较大,并以 1986 ~ 1990 年和 2000 ~ 2009 年这两个时段增加最为剧烈。由此可见,汛期小流量历时的加长与大型水利枢纽工程的投入运用关系密切,1986 年龙羊峡水库的投入运用和 2000 年小浪底水库的投入运用,对黄河径流过程起到显著的改变作用。

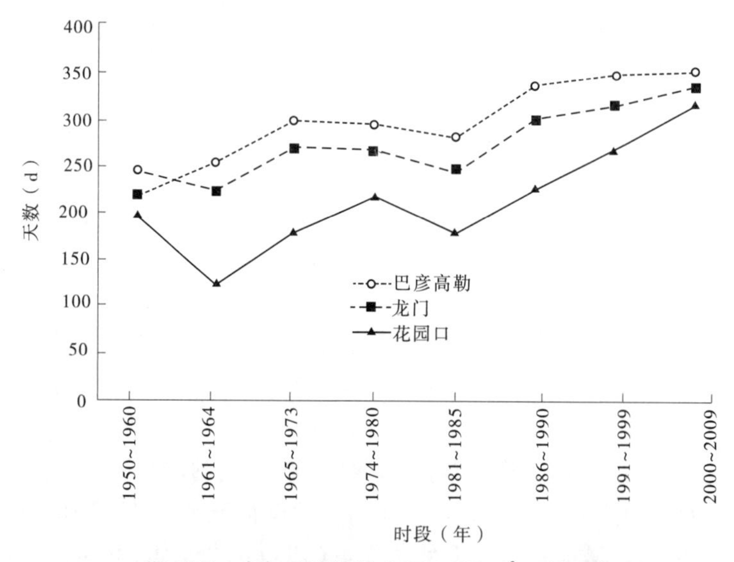

图 10-3　全年日均流量小于 1 000 m^3/s 的天数

从全年来看,日均小于 1 000 m^3/s 的天数均显著增加,主要是汛期小流量显著增加引起的,其中以花园口站增加最多,且 1986 年以来的三个时段均有较大增幅。

全年小流量天数的所占比例,随着时间的推移均不断增加,巴彦高勒站从 1960 年以前投入条件下的 59% 增加到 2000 ~ 2009 年的 96% ,龙门站从 67% 增加到 91% ,花园口站从 53% 增加到 87% (见表 10-1)。

表 10-1　流量小于 1 000 m^3/s 的天数所占比例　(%)

时段	巴彦高勒	龙门	三门峡	花园口
1950～1960 年	59	67	53	53
1961～1964 年	70	61	36	33
1965～1973 年	82	74	49	49
1974～1980 年	81	73	57	60
1981～1985 年	76	67	48	48
1986～1990 年	92	82	62	62
1991～1999 年	95	86	73	73
2000～2009 年	96	91	81	87

表 10-2 表明，由于小流量历时的不断增加，小流量对应水量在全年水量中的比例也不断增加。1986 年以前巴彦高勒站日均流量小于 1 000 m^3/s 的水量占全年水量的比例为 35% ～55% ，1986 年以来不断增加，到 2000～2009 年增加到 90. 2% 。龙门站和花园口站 1986 年以前各时段中、小流量水量的比例平均最大为 45. 2% 和 30. 9% ，到2000～2009 年增加到 79. 8% 和 65. 1% 。

表 10-2　流量小于 1 000 m^3/s 的水量所占的比例　(%)

时段	巴彦高勒	龙门	三门峡	花园口
1950～1960 年	40. 9	34. 7	26. 7	23. 2
1961～1964 年	35. 8	28. 6	12. 7	8. 0
1965～1973 年	51. 8	44. 5	25. 5	21. 7
1974～1980 年	54. 6	45. 2	34. 2	30. 9
1981～1985 年	48. 3	39. 1	23. 4	19. 1
1986～1990 年	76. 9	61. 8	45. 7	39. 5
1991～1999 年	88. 4	68. 2	57. 2	51. 0
2000～2009 年	90. 2	79. 8	66. 3	65. 1

可见，2000 年以来不仅小流量作用的历时显著增加，其水量在全年水量中的比例也显著增大，小流量在河道河床演变中的作用显著增强，甚至起到决定作用。因此，研究平水期小流量在各冲积游荡型河道的冲淤演变规律及其减淤流量已显得非常重要。

10.3　黄河下游平水期河道冲淤演变分析

在黄河干流三个冲积型河道中,黄河下游河道的冲淤演变最为剧烈,来水来沙变化最大,河道边界最为复杂,因此选取黄河下游作为典型冲积型河道,开展平水期河道冲淤演变规律研究和河槽减淤流量研究。

10.3.1　黄河下游平水期来水来沙变化特点

自1973年11月以来,三门峡水库实行"蓄清排浑"控制运用,非汛期水库蓄水运用,下泄水流以清水为主;汛期水库降低水位运用,将非汛期库区淤积的泥沙利用洪水排出库外,年内库区基本达到冲淤平衡。这一特点在小浪底水库投入运用后的各阶段依然存在。因此,非汛期下游以低含沙量水流通过的特征将长期不变。汛期是黄河下游来沙量集中的时期,尤其以洪水期最为突出,汛期除洪水期之外的时期一般称为汛期平水期,流量较小的非汛期和汛期的平水期这两个时段统称为平水期。从三门峡水库蓄清排浑运用以来,对黄河下游来水来沙条件影响较大的有两个时间转折点,即龙羊峡和小浪底水库分别于1986年和2000年投入运用。为此,我们把1974~2006年划分为三个时段,采用实测水沙资料进行统计分析(见表10-3),得出以下结论:

表10-3　黄河下游各时期来水来沙条件变化统计

项目		1974~1985年①	1986~1999年		2000~2006年	
		量	量	占①(%)	量	占①(%)
水量(亿m^3)	非汛期	172.5	149.1	86	141.1	82
	汛期洪水期	210.3	90.4	43	56.0	27
	汛期平水期	49.3	37.5	76	46.5	94
沙量(亿t)	非汛期	0.378	0.328	87	0.020	5
	汛期洪水期	9.946	6.688	67	0.533	5
	汛期平水期	0.993	0.538	54	0.109	11
含沙量(kg/m^3)	非汛期	2.19	2.20	140	0.14	8
	汛期洪水期	47.3	74.0	145	9.52	30
	汛期平水期	20.1	14.3	98	2.34	11

注:若汛期洪水过程跨入非汛期,则非汛期所列数值相应扣减。

(1)非汛期水量基本稳定,但有减少趋势,非汛期进入下游的沙量很少。

(2)汛期洪水期来水来沙量逐时段大幅减少,水量减少比例大于沙量(小浪底水库运用以来除外),1986~1999年洪水期平均含沙量明显大于1974~1985年。

(3)汛期平水期水量各时段基本稳定,沙量绝对量较小,且有减少的趋势。

逐年非汛期、汛期及汛期平水期的水沙量分布状况如图10-4、图10-5所示。

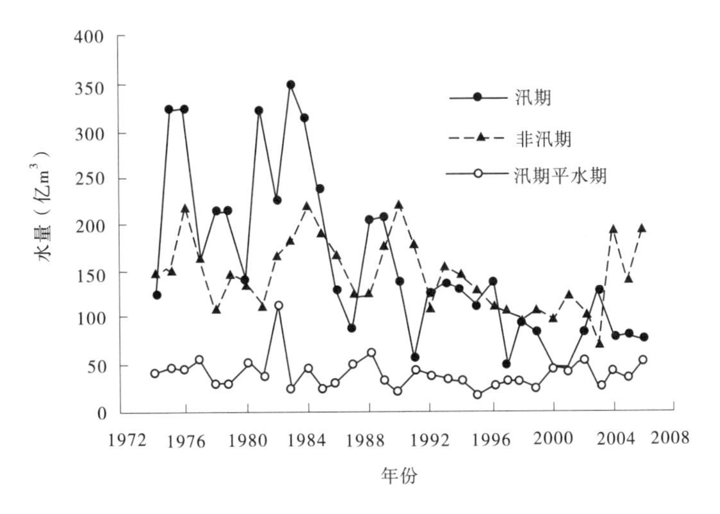

图10-4　1974年以来汛期、汛期平水期及非汛期逐年进入下游的水量情况

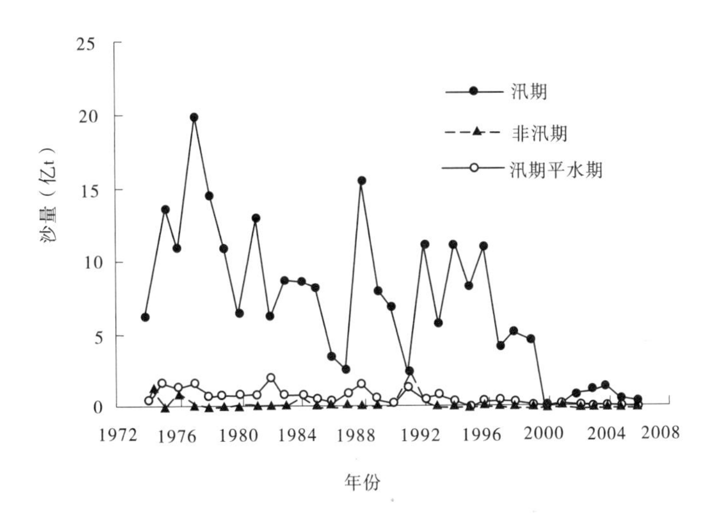

图10-5　1974年以来汛期、汛期平水期及非汛期逐年进入下游的沙量情况

10.3.2　非汛期下游河道冲淤变化分析

10.3.2.1　低含沙洪水期下游分河段临界冲刷条件

采用小浪底水库拦沙运用初期和三门峡水库拦沙运用期的实测洪水资料，点绘分河段洪水期的冲淤效率(指单位水量冲淤量)与洪水平均流量的关系(见图10-6～图10-8)，得出：在水库拦沙期下泄低含沙水流条件下，下游河道均发生冲刷，冲刷效率随着洪水期平均流量的增大而增大，只有水库泄放含沙量较高的异重流洪水时才会在下游河道引起少量的淤积。高村以上河道在各流量级均发生冲刷；高村—艾山河段一般在流量大于1 200 m^3/s之后发生冲刷；艾山—利津河段在小流量时发生淤积，当流量达到2 000 m^3/s之后开始冲刷。

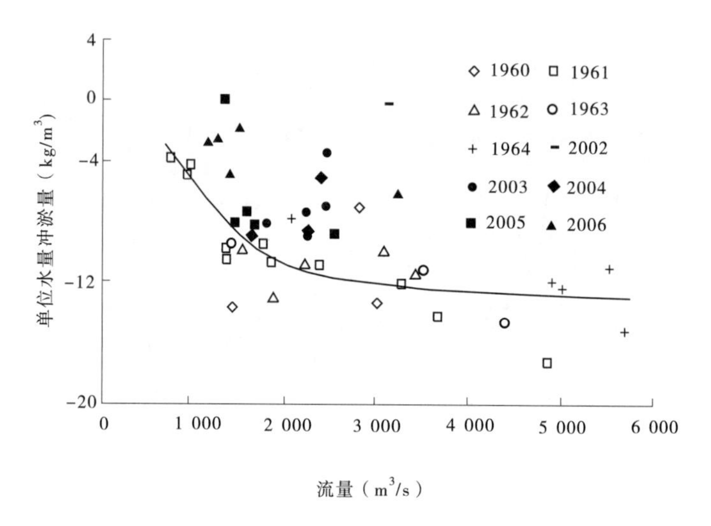

图 10-6　水库拦沙期不同流量级洪水高村以上河道冲刷效率变化

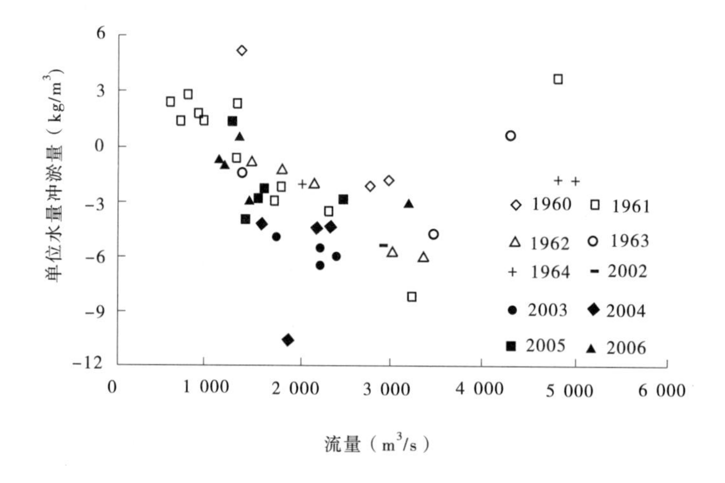

图 10-7　水库拦沙期不同流量级洪水高村—艾山河段冲淤效率变化

10. 3. 2. 2　非汛期下游河道冲淤量与来水量关系

三门峡水库拦沙运用期和小浪底水库拦沙运用初期，汛期排沙期短、排沙量小，非汛期基本下泄清水，下游河道冲刷量与来水量的相关关系较好（见图 10-9）。1963 年和 1964 年非汛期水库因排沙量大引起点据偏离，这两年非汛期进入下游的平均含沙量在 10 kg/m³ 以上，其他均在 2. 5 kg/m³ 以下。

1974 年以来至小浪底水库投入运用前，三门峡水库采用“蓄清排浑”控制运用，非汛期进入下游河道的泥沙很少，平均含沙量在 3. 0 kg/m³ 以下。该时期内下游河道的冲刷量同样随着非汛期水量的增加而增大（见图 10-10）。

表 10-4 为不同时期下游河道非汛期平均冲淤量的沿程分布。可以看出，因非汛期水库下泄清水，高村以上河段冲刷，由于流量较小，冲刷主要发生在夹河滩以上，高村—艾山微冲微淤，艾山以下淤积。1986 ~ 1999 年黄河下游非汛期平均水量 149. 1 亿 m³，全下游

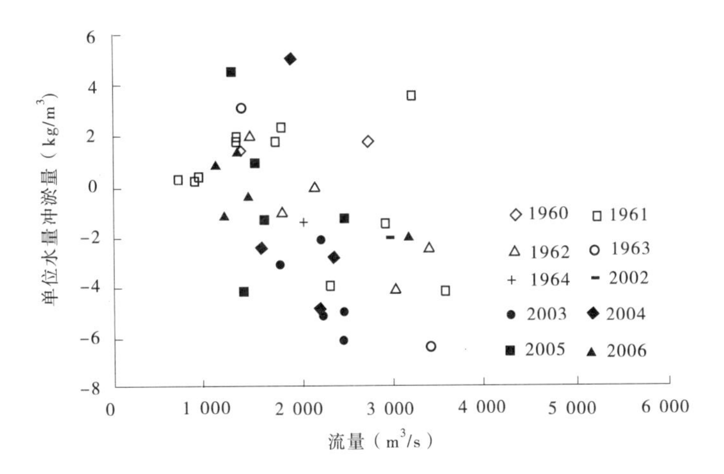

图 10-8　水库拦沙期不同流量级洪水艾山—利津河段冲淤效率变化

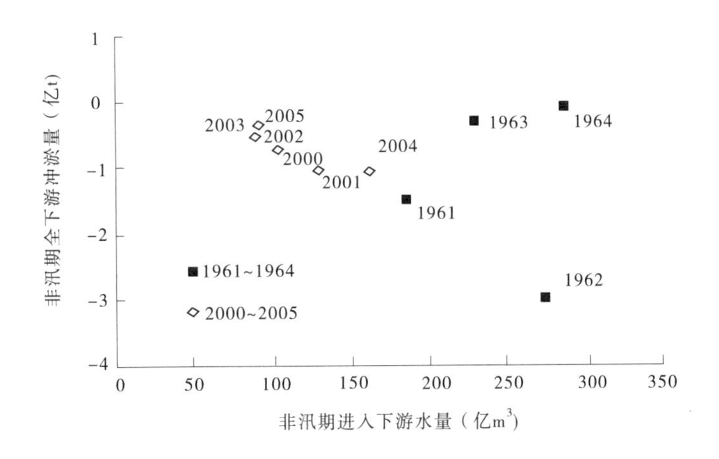

图 10-9　水库拦沙期非汛期下游冲淤量与进入下游水量的关系

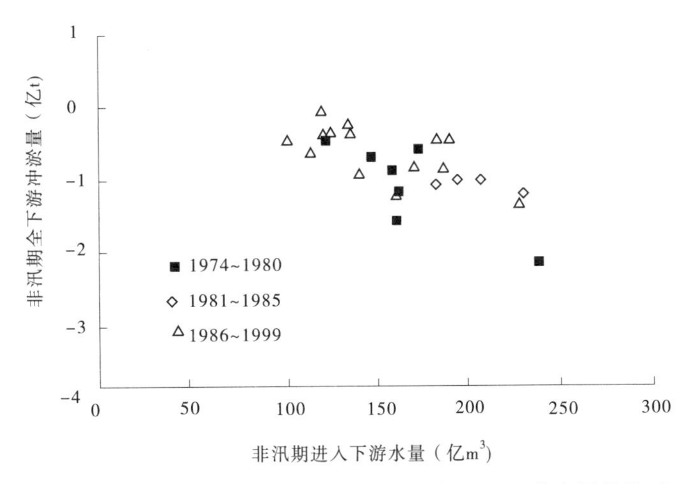

图 10-10　蓄清排浑期非汛期下游冲淤量与进入下游水量的关系

(利津以上河道,下同)平均冲刷 0.636 亿 t;小浪底水库运用后,水库基本下泄清水,非汛期全下游平均冲刷 0.591 亿 t。

表 10-4　黄河下游分时段非汛期平均冲淤量(断面法结果)

河段	冲淤量(亿 t)			
	1974～1980 年	1981～1985 年	1986～1999 年	2000～2006 年
小黑武—花园口	-0.964	-0.848	-0.756	-0.313
花园口—夹河滩	-0.426	-0.156	-0.218	-0.351
夹河滩—高村	-0.150	-0.082	-0.016	-0.047
高村—孙口	0.113	-0.03	0.028	-0.006
孙口—艾山	0.136	-0.006	-0.001	-0.001
艾山—泺口	0.212	0.18	0.176	0.055
泺口—利津	0.359	0.052	0.151	0.072
小黑武—利津	-0.720	-0.89	-0.636	-0.591
进入下游水量(亿 m^3)	167.0	183.8	149.1	143.0

10.3.3　汛期平水期不同水沙过程对河槽冲淤调整的影响

10.3.3.1　汛期平水期来水来沙特点

根据黄河下游主要水文站历年的流量、含沙量过程,通过对 1974 年以来的场次洪水划分,考虑洪水传播时间,汛期洪水期以外的水沙过程,即视为汛期平水期水沙过程。经统计计算汛期平水期进入黄河下游的水沙量变化过程,如图 10-11、图 10-12 所示。

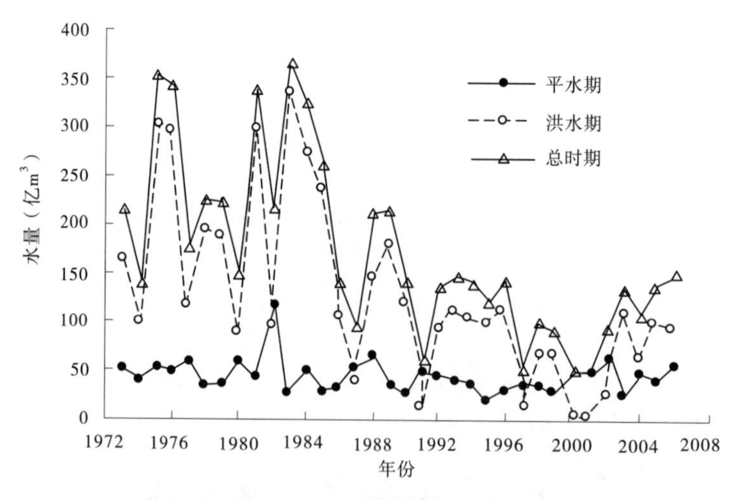

图 10-11　汛期平水期进入黄河下游的水量变化过程

由图 10-11 可以看出,虽然汛期和洪水期水沙量有大幅度变小的趋势,但是汛期平水期进入黄河下游的水沙量变化不大。在汛期来水量比较丰的 20 世纪七八十年代,平水期

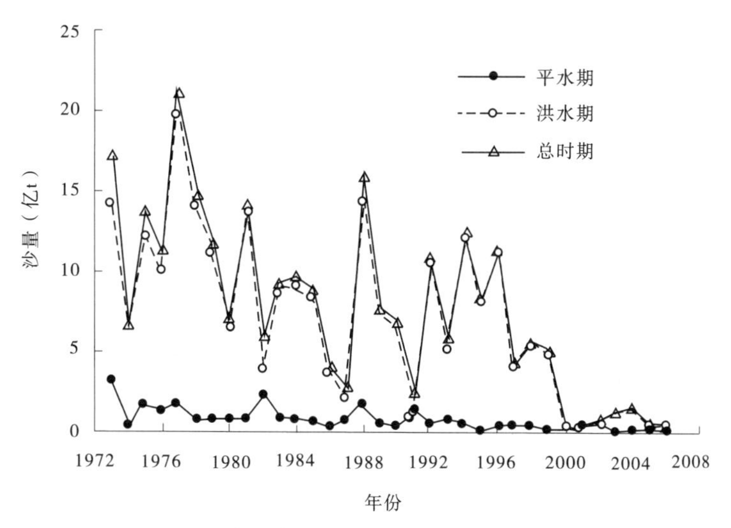

图10-12 汛期平水期进入黄河下游的沙量变化过程

水量所占比例相对较小,而在汛期来水量比较枯的90年代,平水期水量所占比例相对较大,有些年份平水期水量甚至超过洪水期水量。从图10-12还可以看出,平水期沙量相对洪水期来说,所占比例更小,可以说绝大多数的泥沙都来自于场次洪水中。

汛期平水期不同时段的水沙特征见表10-5。由表可以看出,三门峡水库采用“蓄清排浑”运用之后至1985年,由于进入下游的水沙量较为丰沛,所以平水期水沙量也相对较多,水、沙量分别为50亿 m^3 和1亿t左右,平均流量1 300 m^3/s,平均含沙量20 kg/m^3。1986年以后由于进入黄河下游的水沙量大幅度减少,所以平水期水沙量也有所减少,但是减少幅度不大,1986~1999年平水期进入黄河下游的水、沙量分别为37.49亿 m^3 和0.54亿t,平均流量656 m^3/s,平均含沙量14.3 kg/m^3。小浪底水库投入运用之后至2006年,平水期水量变化不大,平均为46.46亿 m^3,沙量减少很多,约为0.11亿t,平均流量523 m^3/s,平均含沙量2.4 kg/m^3。

表10-5 黄河下游不同时段汛期平水期水沙特征值

时段(年)	天数(d)	水量(亿 m^3)	沙量(亿t)	平均流量(亿 m^3)	平均含沙量(kg/m^3)
1974~1999	55	42.96	0.75	898	17.4
1974~1980	46	46.77	1.00	1 188	21.3
1981~1985	39	52.91	0.99	1 570	18.7
1986~1999	66	37.49	0.54	656	14.3
2000~2006	103	46.46	0.11	523	2.4

10.3.3.2 汛期平水期下游河道冲淤变化

由于汛期平水期进入下游的水沙量较少,平均含沙量较低,因此其对下游河道的冲淤影响相对较小。从图10-13可以看出,汛期平水期黄河下游河道的冲淤量变化较小,基本

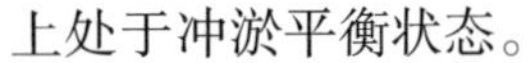
上处于冲淤平衡状态。

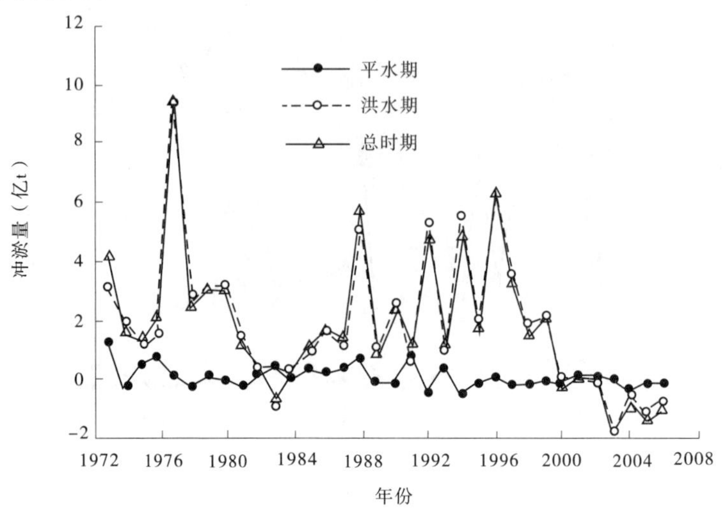

图 10-13　汛期平水期黄河下游冲淤量变化

不同时段汛期平水期冲淤量见表 10-6。可以看出，1974～1999 年黄河下游汛期平水期共淤积泥沙 1.4 亿 t，年平均淤积 0.054 亿 t，淤积量仅占该时期来沙量的 7.2%。其中，高村以上河段淤积 1.49 亿 t，高村以下河段冲刷 0.09 亿 t，汛期平水期的冲淤调整在高村以上河段基本完成，高村以下河段基本处于冲淤平衡状态。来水来沙相对较枯的 1986～1999 年，汛期平水期共淤积 0.20 亿 t，年平均淤积 0.014 亿 t，淤积量仅占该时期来沙量的 2.6%。其中，高村以上河段淤积 0.07 亿 t，高村以下河段淤积 0.13 亿 t，两河段的冲淤变化均较小。小浪底水库投入运用之后至 2006 年，由于汛期平水期下泄清水，下游河道发生冲刷，共冲刷 0.89 亿 t，年平均冲刷 0.127 亿 t。其中，高村以上河段冲刷 0.98 亿 t，高村以下河段淤积 0.09 亿 t，该时期虽然汛期平水期进入下游的平均流量较小，但是由于近似清水，水流处于次饱和状态，上段河槽先发生冲刷，冲淤调整之后，水流含沙量达到饱和，高村以上河段冲刷，高村—艾山河段微冲微淤，艾山以下河段发生淤积。

表 10-6　黄河下游不同时段、不同河段汛期平水期冲淤量变化

时段（年）	三黑小—高村累计（亿 t）	高村—艾山累计（亿 t）	艾山—利津累计（亿 t）	三黑小—利津累计（亿 t）	三黑小—利津河段年平均（亿 t）	占来沙量的百分数（%）
1974～1999	1.49	0.06	-0.15	1.40	0.054	7.2
1974～1980	0.47	0.45	-0.28	0.64	0.091	9.2
1981～1985	0.95	-0.48	0.09	0.56	0.112	11.4
1986～1999	0.07	0.09	0.04	0.20	0.014	2.6
2000～2006	-0.98	-0.06	0.15	-0.89	-0.127	-115

10.3.4　小浪底水库运用以来艾山—利津河段冲淤规律

1999 年 10 月小浪底水库投入运用以来，一直处于拦沙运用阶段，水库以拦沙为主，仅在调水调沙期和来洪水情况下以异重流方式排泄泥沙。平水期水库下泄清水，黄河下游河道发生冲刷，但各河段冲淤表现不同。一般高村以上河段发生冲刷，艾山—利津河段发生淤积，高村—艾山河段冲淤变幅较小，以冲刷为主。

表 10-7 为三门峡水库“蓄清排浑”以来，不同时段非汛期各河段按断面法计算的冲淤量。由于非汛期水库蓄水拦沙运用，进入下游的是清水，高村以上河段发生冲刷，艾山以下河段发生淤积，且高村以上河段冲刷越多，艾山—利津河段淤积越多。

表 10-7　黄河下游分时段非汛期平均冲淤量(断面法结果)　(单位:亿 t)

时段	小黑武—花园口	花园口—高村	高村—艾山	艾山—利津	全下游
1974 ~ 1980 年	-0. 964	-0. 576	0. 249	0. 571	-0. 720
1981 ~ 1985 年	-0. 848	-0. 238	-0. 036	0. 232	-0. 890
1986 ~ 1999 年	-0. 756	-0. 234	0. 027	0. 327	-0. 636
2000 ~ 2011 年	-0. 153	-0. 256	-0. 019	0. 066	-0. 362

黄河下游河道上宽下窄，排洪能力上大下小，艾山—利津河段具有大水冲刷、小水淤积的特点，仅在汛期的洪水期较大流量条件下才发生冲刷。因此，要维持艾山以下窄河道不淤积萎缩，既要尽量利用汛期大流量冲刷河道，又要优化平水期小流量过程，减少平水期该河段淤积。

平水期进入艾山—利津利河段的泥沙主要来自高村以上河段的冲刷。表 10-8 为小浪底水库运用以来，各年份平水期(非汛期和汛期的平水期)分河段冲淤量。可以看出，在小浪底水库刚投入运用的前 3 年，由于前期河床淤积较多，平水期高村以上河段的冲刷量较大，艾山—利津河段的淤积量也较大;2006 年以后，由于下游河段持续冲刷后河床粗化，平水期高村以上河段的冲刷量明显减小，艾山—利津河段淤积量也相应减小。

1999 年汛后至 2005 年汛后，下游河道各河段床沙均发生显著粗化，以花园口以上河段最为显著;2006 年以来，除花园口以上河段存在进一步粗化外，其他河段没有明显粗化现象(见图 10-14)。由此表明，2005 年汛后黄河下游河道的床面粗化基本完成。

艾山—利津河段的引水比例是影响该河段淤积的主要因素。分析发现，在平水期水库下泄清水的情况下，艾山—利津河段发生淤积的主要原因是沿程大量引水，特别是艾山—利津河段的引水(春灌期该河段引水量约占全下游总引水量的 50%)，导致河道流量减小、输沙能力降低，河道发生淤积。

当艾山—利津河段基本不引水(引水比例小于 5%)时，艾山—利津河段在各流量条件下均能发生冲刷(见图 10-15)。

表 10-8　黄河下游平水期分河段冲淤量　（单位:亿 t）

时段	小浪底—花园口	花园口—高村	高村—艾山	艾山—利津	全下游
2000 年	-0.705	-0.416	0.019	0.287	-0.815
2001 年	-0.493	-0.423	-0.021	0.255	-0.684
2002 年	-0.439	-0.320	0.062	0.262	-0.435
2003 年	-0.178	-0.264	-0.124	-0.001	-0.567
2004 年	-0.517	-0.339	-0.303	0.139	-1.020
2005 年	-0.254	-0.306	-0.146	-0.027	-0.732
2006 年	-0.326	-0.503	-0.232	0.118	-0.943
2007 年	-0.157	-0.345	-0.063	0.001	-0.565
2008 年	-0.181	-0.292	0.009	0.093	-0.371
2009 年	-0.141	-0.253	-0.010	0.095	-0.308
2010 年	-0.113	-0.290	-0.018	0.070	-0.351
2011 年	-0.104	-0.169	-0.016	0.076	-0.214
合计	-3.608	-3.920	-0.844	1.367	-7.004
年均	-0.301	-0.327	-0.070	0.114	-0.584

当艾山—利津河段的引水比例较小(引水比例小于 15%),进入下游的流量小于 500 m^3/s 时,该河段淤积较少;流量在 500 ~ 1 000 m^3/s 时,淤积相对较多;当流量大于 800 m^3/s 后,河段微淤或发生冲刷(见图 10-16)。

当艾山—利津河段的引水比例超过 15% 时,河段发生淤积(见图 10-17 和图 10-18)。当艾山—利津河段引水比例在 15% ~40%,进入下游流量在 500 ~700 m^3/s 时,河段淤积较多;流量小于 500 m^3/s 和大于 700 m^3/s 时,河段淤积较少。当艾山—利津河段的引水比例超过 40% 后,河段淤积效率随流量的增大而增加。

也就是说,在相同的进入下游平均流量条件下,随着艾山—利津河道引水的增多,该河道由冲刷转为淤积,引水比例越大,淤积越多。如:进入下游的平均流量为 800 m^3/s 且河段引水比例小于 5% 时,河段发生冲刷,冲刷效率约为 1.3 kg/m^3;当河段引水比例在 5% ~15% 时,仍发生冲刷,但冲刷效率有所降低,约为 0.5 kg/m^3;当河段引水比例在 15% ~40% 时,河段发生淤积,淤积效率约为 0.4 kg/m^3;当引水比例大于 40% 后,淤积效率增大到 1.2 kg/m^3。

河床物质组成是影响平水期艾山—利津河段冲淤强度的重要因素。特别当艾山—利津河段的引水比例大于 40% 时,在相同流量条件下,随着冲刷的发展,河床组成不断变粗,水流冲刷能力减弱,艾山站的平均含沙量降低(见图 10-19)。当河床物质组成较细,

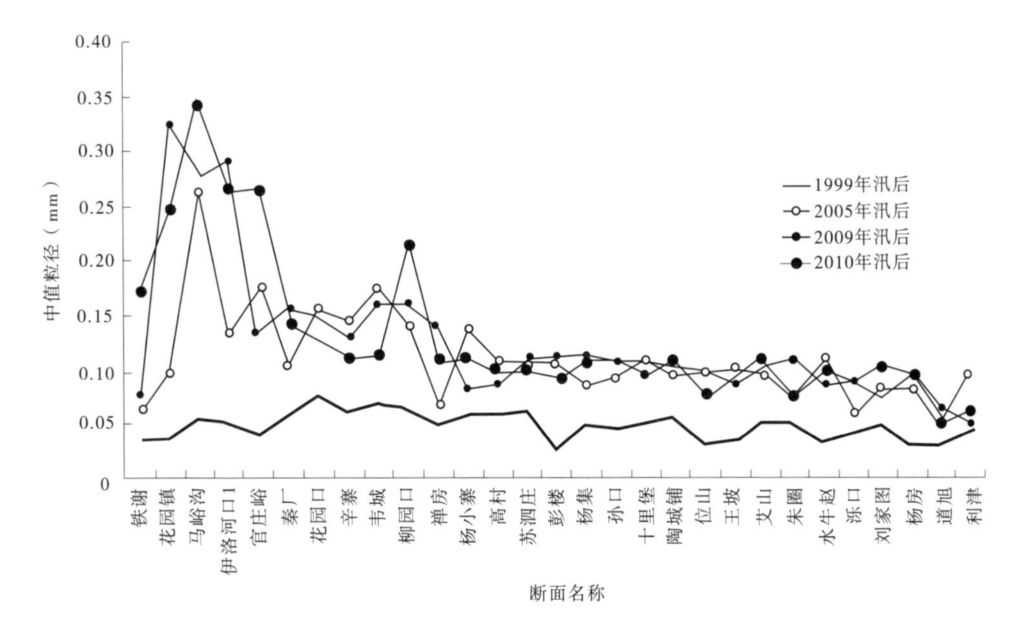

图 10-14　下游河道典型断面床沙中值粒径

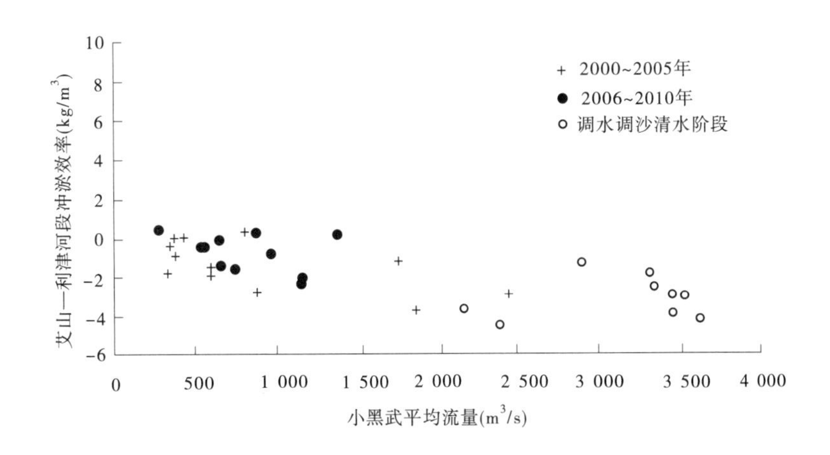

图 10-15　基本不引水平水期艾山—利津冲淤效率与平均流量关系

上段河道冲刷较多，进入艾山—利津河段的含沙量较高，则淤积效率也较高，如2000～2005年小浪底拦沙运用阶段下游河床粗化完成之前；当河床物质组成较粗，上段河道冲刷较少，进入艾山—利津河段的含沙量较低，则淤积效率也较低，如2006年以后小浪底拦沙运用阶段下游河床粗化完成之后。

由此可见，在艾山—利津河段引水比例较高（40%以上）时，该河段的冲淤效率主要取决于艾山站的含沙量（见图10-20）。图10-19表明，平水期引水比例大于40%的条件下，艾山站含沙量大小主要取决于进入下游的流量大小和河床物质组成。

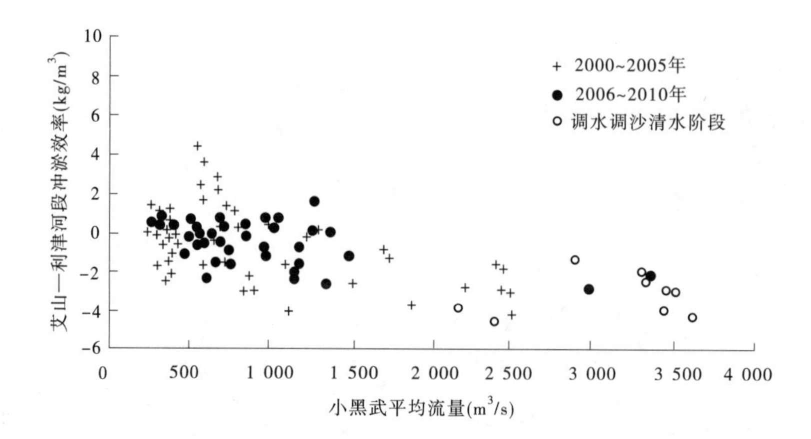

图 10-16　引水比例为 5% ~15% 的平水期艾山—利津冲淤效率与平均流量关系

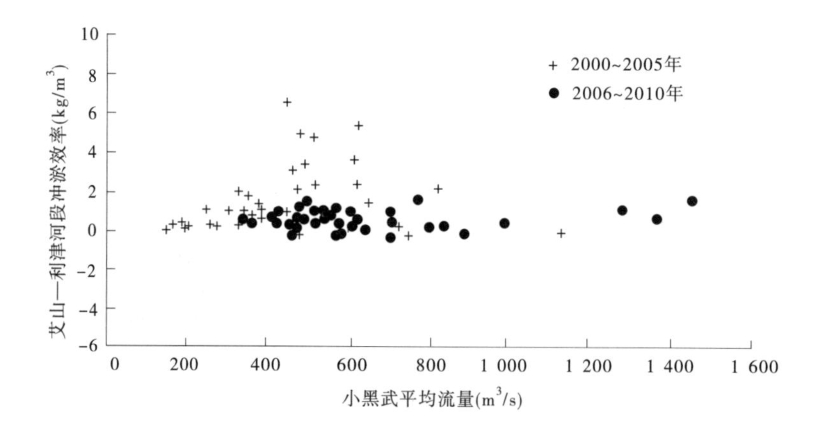

图 10-17　引水比例为 15% ~40% 时艾山—利津河段冲淤效率与平均流量关系

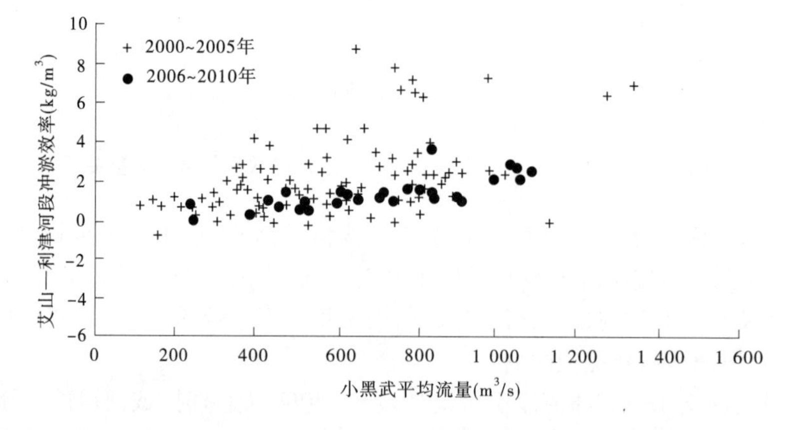

图 10-18　引水比例大于 40% 时艾山—利津河段冲淤效率与平均流量关系

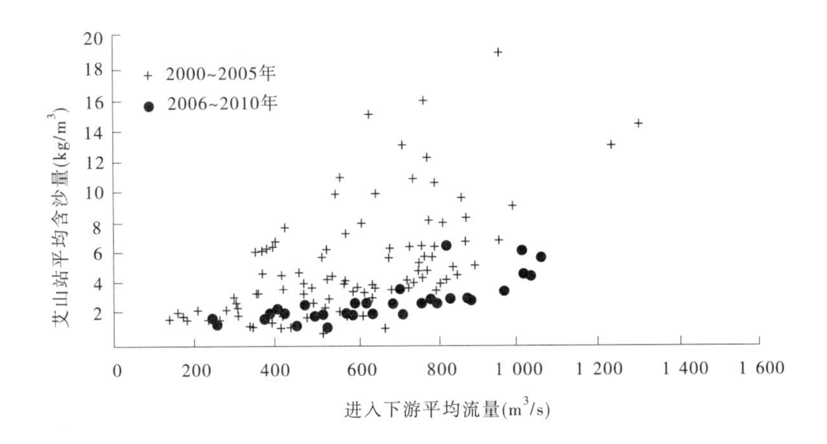

图 10-19　引水比例大于 40% 时艾山站平均含沙量与进入下游平均流量关系

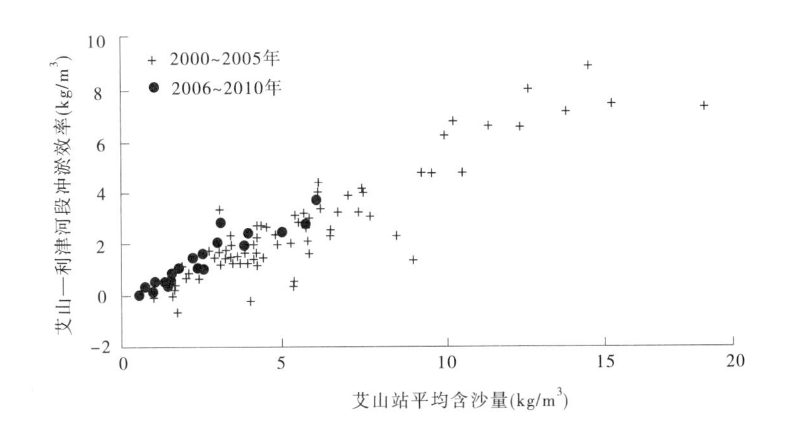

图 10-20　引水比例大于 40% 时艾山—利津河段冲淤效率与平均含沙量关系

10.4　黄河下游平水期流量优化分析

自 1974 年三门峡水库“蓄清排浑”运用至小浪底水库投入运用，以及小浪底水库拦沙期及之后的正常运用期，平水期进入下游河道的水流基本为清水，下游河道整体来讲发生冲刷；当沿程有引水，特别是艾山—利津河段大量引水，会导致“上冲下淤”的现象发生，淤积的多少与引水比例、流量大小、河床组成等关系密切。因此，维持艾山—利津河段不淤或少淤积是平水期流量优化的目标。

(1)根据黄河下游平水期冲淤规律，在汛期的平水期或非汛期的 11 月至翌年 2 月，在沿程基本不引水(艾山—利津河段的引水比例小于 5%)条件下，进入下游的各流量级均会发生冲刷，且流量越大冲刷效率越高，因此可以不控制进入下游的流量级，或者在统计允许的情况下越大越好。

(2)当艾山—利津河段引水比例大于 5% 小于 15% 时，应尽量避免进入下游的流量在 500 ~ 800 m^3/s 范围内,其他范围则越大越有利于艾山—利津河段的冲刷。

(3)当艾山—利津河段引水比例在 15% ~ 40% 时,若河床组成较细(前期淤积物较多)应尽量避免进入下游的流量在 500 ~ 800 m^3/s 范围和大于 1 200 m^3/s;若河床组成较粗(持续冲刷河床粗化),则进入下游的流量应尽量小于 1 200 m^3/s。

(4)当艾山—利津河段引水比例大于 40% 时(如春灌期),则在满足下游引水需求条件下,进入下游的流量越小越好。

第 11 章　黄河干流生态需水耦合及重要支流底限流量研究

11.1　黄河口三角洲生态需水研究

根据黄河口生态系统的特征、功能及生态环境需水量要求对象的不同，黄河口生态需水量应主要满足以下四方面的需求：一是维持一定规模河口湿地以保证河口敏感生态系统稳定的水量需求；二是维持河口近海水生生物繁衍生存及其生物多样性的水量需求；三是维持鱼类洄游和河流生态连通的最低水量需求；四是黄河输沙及防止海岸侵蚀的水量需求等。本研究不再对河口生态需水做更多深入研究，主要引用"黄河口综合治理规划"成果及"中荷黄河口生态需水研究""黄河环境流"等相关研究成果。

11.1.1　河口三角洲淡水湿地生态需水

综合考虑保护区湿地植被类型、格局现状及河口土地利用等因素，确定黄河三角洲湿地生态需水保护规模为 23 600 hm^2（1992 年黄河三角洲国家级自然保护区建立时的典型芦苇湿地面积），主要为自然保护区内退化的芦苇湿地及部分滨海滩涂。

在基于黄河三角洲地表和地下水转换及植物蒸散发研究和鸟类栖息地生境变化的基础上，综合确定河口淡水湿地需水研究成果，在黄河三角洲淡水湿地保护规模的范围内，黄河三角洲淡水湿地生态需水量范围为 2.8 亿～4.2 亿 m^3，适宜生态需水量为 3.5 亿 m^3，其中春季（3～5 月）和夏季（7 月至 9 月上旬）为关键需水期，需水量分别占需水总量的 1/3 和 2/3。在现实水资源配置中，可根据研究区气候条件分干旱年份、湿润年份、一般年份进行生态（环境）补水，干旱年份补水 4.2 亿 m^3，湿润年份补水 2.8 亿 m^3，一般年份补水 3.5 亿 m^3。

11.1.2　河口淡水鱼类需水

黄河河口主要鱼类有鲤鱼、鲫鱼、餐条等 41 种，本次研究选择鲤鱼作为目标鱼类，采用栖息地模拟法和基于流量恢复法确定生态需水过程，综合提出黄河利津河段黄河鲤繁殖期、生长期、越冬期的生态需水量，包括适宜的生态需水量、最小生态需水量、需水过程。具体见表 11-1。

11.1.3　河口近海水域生态需水

河口近海水域生态需水主要指满足维持河口区域近海鱼类生境保护所需要的淡水水量，主要包括维持河口近海水域咸淡水平衡，以及近海生物发育所需要的营养盐输入的需

表 11-1　利津河段黄河鲤生态需水综合分析

重点河段	生长发育阶段	水期划分	适宜生态需水量 (m^3/s)	生态需水过程	最小生态需水量 (m^3/s)
利津	繁殖期	4～6 月	270～290	—	90～170
	生长期	7～10 月	700～1 100	1 200～2 000 m^3/s、历时 7～10 d，发生时间为 7～8 月	350～550
	越冬期	11 月至翌年 3 月	230～290	—	80～150

求。根据相关研究，2010 年黄河调水调沙使得河口近海区域表层盐度大大降低，影响区域表层达 500 km^2，表层控制面积为 183.65 km^2，使河口近海区域大部分地区表层盐度降到水生生物生长的适宜盐度范围，为水生生物生长提供了适宜的盐度条件。

黄河河口区域水域的盐度变化主要取决于黄河入海水量的总量大小和过程分布，目前黄河大水量主要发生在 6 月调水调沙和汛期 7～9 月，虽然我们研究了不同流量级水量入海对近海表层水盐度影响范围，但仍然尚未有研究成果综合给出该区不同时段近海鱼类栖息的盐度阈值要求和相应的阈值空间范围，采用国家“十一五”科技支撑计划项目的“黄河健康指标及实现途径研究”成果，确定提出 5～9 月黄河适宜入海流量为 120 亿 m^3，5～6 月鱼类产卵关键期入海流量为 22 亿 m^3。

11.1.4　输沙及防止海水入侵用水

输沙用水是指维持冲刷与侵蚀的动态平衡必须在河道内保持的水量，输沙用水采用黄河水资源综合规划成果，即黄河下游河道多年平均输沙用水量，利津断面应在 220 亿 m^3，其中汛期在 170 亿 m^3 左右；考虑国民经济发展对黄河水资源的需求和黄河水资源供需形势，黄河下游年平均输沙用水量不宜少于 200 亿 m^3，其中汛期不宜少于 150 亿 m^3。防止海水入侵用水是指维持河口各重要生态系统水盐平衡及防止海水倒灌的生态需水量，河口地区防止海水入侵用水包含在输沙用水中。

11.2　黄河干流主要涉水景观用水分析

11.2.1　景观分类

“景观”一词在不同的领域有不同的含义。中国古代原为仔细看日光下景色的意思，后来才引申为“景象”“景致”“场景”之义，成为被最广泛理解的含义，例如城市景观和园林景观等。在西方，16 世纪的“景观”主要是绘画的专门用语，意义基本上等同于“风景”与“景色”。17、18 世纪，园林设计师开始将“景观”一词用于描述建筑与自然环境共同构成的整体景象。到了19世纪初，“景观”的内涵逐渐具有综合地表可见景象和限定特殊区域的双重含义，并开始运用科学的手段进行研究。

19世纪初，景观一词被引入到地理学中，之后发展形成了景观地理学派。景观被认为是由陆地圈和生物圈组成的、相互作用的系统，形成了城市景观、空间景观等概念。在随后兴起的生态学研究中，景观从景观地理学中分离出来，形成景观生态学，研究以景观基质、斑块、空间镶嵌体、廊道为构成要素的景观模型。

由此可见，无论在中国还是在西方，景观都是一个内涵领域宽泛、多学科研究的对象，归结起来主要集中在视觉领域、地理学领域和生态学领域三个方面。在视觉领域中，景观是风景诗、风景画及风景园林学科的研究对象。在地理学领域，景观是地表景象、综合自然地理区或一种类型单位的科学名词。在生态学领域，景观既是生态系统的能量流和物质循环的载体，又是社会精神文化系统的信息源。人类不断从景观中获得各种信息，再经过人类智力的加工而形成丰富的社会精神文化。

本书所指“景观”特指黄河流域干支流重要河段中的涉水视觉景观，主要为根据社会实践中保护脆弱自然生态系统及建设良好城市人居环境的要求，需要提供一定过程的水量来满足视觉美学及个体体验的景观。

11.2.2　黄河干流重要景观

本研究主要以国家、省（市）政府和相关部门颁布的黄河干流沿岸重要风景河段为研究对象，截至2010年，黄河干流共有国家级风景名胜区3个，省级风景名胜区7个，国家水利风景名胜区12个，见表11-2。

表11-2　黄河流域重要风景名胜区一览表

景区分类	序号	景区名称
国家级风景名胜区	1	黄河壶口瀑布国家级风景名胜区
	2	陕西合阳洽川风景名胜区
	3	郑州黄河风景名胜区
省级风景名胜区	4	青海贵德黄河风景名胜区
	5	青海孟达风景名胜区
	6	青海坎布拉风景名胜区
	7	甘肃黄河三峡风景名胜区
	8	宁夏沙湖风景名胜区
	9	山西碛口风景名胜区
	10	陕西黄河龙门—司马迁祠墓风景名胜区

续表 11-2

景区分类	序号	景区名称
国家水利风景名胜区	11	青铜峡水利风景区
	12	沙坡头水利风景区
	13	黄河三盛公水利风景区
	14	黄河万家寨水利枢纽
	15	黄河魂生态游览区(合阳)
	16	山西永济黄河蒲津渡水利风景区
	17	黄河三门峡大坝风景区
	18	黄河小浪底水利枢纽
	19	河南黄河花园口风景区
	20	开封黄河柳园口水利风景区
	21	濮阳黄河水利风景区
	22	济南百里黄河风景区

上述 22 个重要景区,按照景观所处黄河海拔地台及地貌类型,可以简单分为高原景观、水库景观、沙漠景观、峡谷景观、瀑布景观、平原景观、河口景观 7 种,它们组成了一个多样的黄河景观体系。

11.2.3　景观需水计算方法

涉及河流的景观作用通常都与河流的自然功能属性紧密连接在一起,一些发达国家常常将河流系统的生态功能、环境功能与景观功能结合在一起。在法国,卢瓦尔—布列塔尼流域水资源管理局试图恢复和维护水环境,并计划每年恢复 4 000 ~ 5 000 km^2 的水面面积。在我国北方部分地区,由于人均水资源量较低,为实现亲水景观,常在河流中设置各种蓄水设施蓄积水面。

通常情况下,关于景观的需水计算都被纳入到生态环境的计算中,例如 1940 年美国渔业和野生动物保护组织规定了维持河流最小生态流量,其中环境用水就包括服务于鱼类、野生动物、娱乐、航运及景观等其他美学价值类的水资源需求。但在我国,在引进上述生态环境需水计算方法时,却将景观需水部分弱化甚至剔除,仅对植被、动物等需水进行了充分研究。在实践中,城市的景观环境需水量,在规划中往往用人均水面面积指标衡量。已有的科研成果中,喻泽斌通过研究一定时期内的河流生物相与河道湿周的关系,确定了河流水域空间大小与河流生态系统的关系,再通过选取确定关键断面,查阅历史资料,确定了该断面水位与下游周边景观的关系,统计计算该断面的水位与流量关系,最终确定了下游景观与关键断面流量的关系,最后采用权重—属性决策分析的方法确定了适当的景观生态环境需水量。但其实质仍为原来的湿周法。

除此以外,Tennant 法也在景观需水的计算中被作为一种基本方法而广受使用。Tennant 法又称历史流量法，是1976年美国科学家 Donald Tennant 根据自己20多年来收集的美国诸多河流的生物数据和水文数据，通过分析河流流速、水深、河宽等鱼类栖息地参数与流量的关系后，将河流年均流量的某一百分比作为河流的生态流量。这一方法脱离了特定用途，是非现场测定的标准设定法。由于此法不需要现场测定，仅需水文站点多年流量序列资料即可，因此在河道各项流量计算中得到广泛应用，仅需在各项取值中依据断面设定百分比即可。

本次研究对景观需水的计算以 Tennant 法为基础，考虑各个景观附近水文断面水深、河段、流量等条件，进行计算并适当取值。城市河流景观同时具有提供城市休闲娱乐的功能，因此必须满足一定的水面面积、水深和流量。对于一般的水上娱乐，0.7 m 或稍深一点的水域可以划船，1.0～2.0 m 适合游泳，大于2.0 m 的适用于游船等机械船只活动。在不是特别重要、敏感的河段，这部分水量可以在河流生物学水量的基础上兼顾；对于特别重要的河段，也可以依据观光旅游或水上娱乐高峰季节所需要的水面面积及水深等参数，采用水力学半径或湿周法等计算。

11.2.4　黄河干流重要景观需水计算

11.2.4.1　景观需水要求

黄河的景观是多样的，在已经筛选出来的景观中既有瀑布型又有河流型、既有自然河道型又有水利工程型、既有人文景观又有自然景观、既有峡谷型又有平原型等，不同类型的景观对黄河的依赖程度不同，对黄河的需水要求也不尽相同。

在黄河干流的风景名胜区中，壶口瀑布是唯一的瀑布类型景观，也是对来水要求最为严格的景观，来水的流量、含沙量、温度，甚至泥沙粒径都对瀑布的大小、声音、颜色、气雾等具有极大的影响，因此优先以满足壶口瀑布的景观需求为主，计算断面的下泄流量。

同时，黄河上还有多个由于水利工程建设而形成的景观，比如三盛公至小浪底等，此类工程由于均为年调节性水库，常年蓄滞广阔水面，对黄河来水的要求并不严格，因此对此类景观无需计算来水要求。

除此以外，部分景观处于同一河段，且距离较近，对来水要求较一致，例如合阳洽川的三个景区及其下游的蒲津渡景区。上述各景观的功能定位及需水要求见表11-3。

11.2.4.2　景观需水计算

黄河是我国北方最大的河流，汛期来水量占全年来水量的大部分，一般7～10月的径流量占全年的60%～70%。因此，采用 Tennant 法进行计算时，通常将全年的需水分为汛期和非汛期，汛期来水可以满足需水要求，因此通常仅考虑非汛期需水。而在非汛期，由于黄河宁蒙河段、山东河段的凌汛，北干流3～4月间的桃花汛，4～5月的春灌用水，4～6月的鱼类产卵、候鸟回迁栖息等要求，因此进一步将黄河干流的4～6月单独划出来作为敏感期生态需水的时段，而此时段同时也是黄河流域春季时分，沿河踏青游玩赏景的好时机，因此也是各景点需水特殊时段。本次景观需水计算，沿用这一习惯，将一年内划分为汛期和非汛期，非汛期进一步划分为11月至翌年3月、4～6月两个时段，且仅计算非汛期的需水量，见表11-4。

表 11-3　黄河干流主要景观的功能定位及对黄河的需水控制要求

序号	景观名称	级别	所在河段	附近断面	景观类型	功能定位	对黄河流量要求	河道流量控制要求
1	沙坡头水利风景区	部级	下河沿—青铜峡	下河沿	沙漠河流	沙漠河流景观、旅游观光	黄河穿沙坡头景区而过，维持一定的流量和水面即可	4～6 月:40%以上 11 月至翌年 3 月:30%以上
2	青铜峡水利风景区	部级	下河沿—青铜峡	青铜峡	水库景观	水利工程、旅游观光	水库蓄水景观，景观需水量要求不高	
3	宁夏沙湖风景名胜区	省级	青铜峡—石嘴山	青铜峡	湖景风光	湿地保护、旅游观光	1. 沙湖位于黄河外侧，主要靠引黄灌溉退水汇聚而成； 2. 对黄河水量直接要求并不迫切	4～6 月:30%以上 11 月至翌年 3 月:20%以上
4	黄河三盛公水利风景区	部级	石嘴山—巴彦高勒	巴彦高勒	水库景观	水利工程、旅游观光	水库蓄水景观，景观需水量要求不高	
5	黄河万家寨水利枢纽	部级	头道拐—河曲	头道拐	水库景观	水利工程、旅游观光		
6	山西碛口风景名胜区	省级	河曲—吴堡	头道拐	黄河风情	大河风光、民俗旅游	维持足够流量和水面	4～6 月:40%以上 11 月至翌年 3 月:30%以上
7	黄河壶口瀑布国家级风景名胜区	国家级	吴堡—龙门	头道拐	瀑布	中华文化象征、著名旅游景点	1. 据相关研究，陕西和山西最佳的观瀑流量分别为 600～800 m^3/s 和 800～1 000 m^3/s； 2. 4～6 月约有 78%的时间流量大于 600 m^3/s，同期流量均值为 700 m^3/s 附近； 3. 11 月约有 90%时间流量大于 600 m^3/s，月均流量为 968 m^3/s； 4. 12 月至翌年 3 月大河冰冻，流量要求不高	4～6 月流量保持为 60%～40%，11 月至翌年 3 月流量保持在 30%～20%

续表 11-3

序号	景观名称	级别	所在河段	附近断面	景观类型	功能定位	对黄河流量要求	河道流量控制要求
8	陕西合阳洽川风景名胜区	国家级	龙门—潼关	龙门	河滩湿地	湿地保护、旅游观光	1. 合阳洽川风景区有部分景点，如处女泉等并不依赖黄河来水，仅在滩地对黄河来水要求较高，需要形成成片湿地； 2. 合阳与壶口瀑布之间无大型水利工程拦蓄，因此在满足壶口瀑布需水条件后，则可满足湿地的正常需水	1. 在满足壶口需水后可以满足湿地需水； 2. 单独考虑景观需水，则 4 ~ 6 月满足同期来水的 50% 以上，11 月至翌年 3 月满足同期来水的 40% 以上
9	黄河魂生态游览区（合阳）	部级	龙门—潼关	龙门	河滩湿地	湿地保护、旅游观光	同合阳洽川风景区要求	
10	陕西黄河龙门—司马迁祠墓风景名胜区	省级	龙门—潼关	龙门	河滩湿地	湿地保护、旅游观光		
11	山西永济黄河蒲津渡水利风景区	部级	高村—河口	龙门	河滩湿地	湿地保护、旅游观光	蒲津渡风景区位于小北干流河段下段，与合阳洽川风景区处于同一河段，之间河道摇摆散乱，没有拦河水利工程，因此需水也同合阳洽川景区要求	同合阳洽川景区要求
12	黄河三门峡大坝风景区	部级	潼关—小浪底	三门峡	水库景观	湿地保护、旅游观光	水库蓄水景观，景观需水量要求不高	
13	黄河小浪底水利枢纽	部级	小浪底—高村	小浪底	水库景观	水利工程、旅游观光		

续表 11-3

序号	景观名称	级别	所在河段	附近断面	景观类型	功能定位	对黄河流量要求	河道流量控制要求
14	郑州黄河风景名胜区	国家级	小浪底—花园口	花园口	河流湿地	湿地保护、旅游观光	1. 郑州黄河风景区濒临黄河,以大河风光为主,主要考虑满足其水面要求; 2. 此断面主要受小浪底泄水要求	4~6 月:40%以上 11 月至翌年 3 月:30%以上
15	河南黄河花园口风景区	部级	小浪底—高村	花园口	河流湿地	湿地保护、旅游观光	同郑州黄河风景区需水要求	
16	开封黄河柳园口水利风景区	部级	小浪底—高村	夹河滩	河流湿地	湿地保护、旅游观光	柳园口位于黄河下游散乱河段	4~6 月:40%以上 11 月至翌年 3 月:30%以上
17	濮阳黄河水利风景区	部级	高村——孙口	高村	河流湿地	大河风光、湿地保护、旅游观光	位于黄河下游过渡性河段	4~6 月:40%以上 11 月至翌年 3 月:30%以上
18	济南百里黄河风景区	部级	高村—河口	泺口	河流湿地	大河风光、旅游观光	位于黄河下游窄河道河段,河道约束较强,仅需要流量、水深既可满足	4~6 月:30%以上 11 月至翌年 3 月:20%以上

Tennant 法作为计算河流生态需水的简便方法，其使用条件为天然状态，即选择黄河干流诸水利工程未建时段。中游河段的三门峡水库作为黄河上第一个大型水利枢纽工程，兴建于 1957 年，建成于 1961 年。上游河段的刘家峡水库兴建于 1958 年，建成于 1974 年，是上游最早建成的水利设施。作为 Tennant 法的适用条件，本次计算在中下游河段选用 1919～1960 年的水文系列，上游河段选用 1919～1973 年的水文系列见表 11-4。

表 11-4　1919～1973 年不同季节、不同河段水文站流量计算　（单位：m^3/s）

序号	所在河段	月份	占同期平均流量（%）				
			100	60	40	30	20
1	下河沿	4～6 月	829	497	332	249	166
		7～10 月	1 758	1 055	703	527	352
		11 月至翌年 3 月	437	262	175	131	87
2	青铜峡	4～6 月	802	481	321	241	160
		7～10 月	1 763	1 058	705	529	353
		11 月至翌年 3 月	445	267	178	134	89
3	头道拐	4～6 月	559	335	224	168	112
		7～10 月	1 443	866	577	433	289
		11 月至翌年 3 月	406	244	162	122	81
4	龙门	4～6 月	700	420	280	210	140
		7～10 月	1 805	1 083	722	542	361
		11 月至翌年 3 月	573	344	229	172	115
5	花园口	4～6 月	1 001	601	400	300	200
		7～10 月	2 748	1 649	1 099	824	550
		11 月至翌年 3 月	794	476	318	238	159
6	高村	4～6 月	848	509	339	254	170
		7～10 月	2 870	1 722	1 148	861	574
		11 月至翌年 3 月	740	444	296	222	148
7	泺口	4～6 月	940	564	376	282	188
		7～10 月	3 042	1 825	1 217	913	608
		11 月至翌年 3 月	848	509	339	254	170

各水期流量的取值以 100%～60% 为最佳范围，60%～40% 为较好状态，40%～30% 为尚好状态，30%～20% 为尚可状态，20%～10% 为较差状态。对各断面多年平均流量进行计算，结果见表 11-5。

根据表 11-3 中对各断面水量取值的要求，从表 11-3 中选择合适的值作为景观需水的控制指标，见表 11-5。

表 11-5　河段景观生态需水量的确定及其评价　　（单位：m^3/s）

序号	所在河段	月份	计算流量（占同期平均流量(%)）	规整建议流量
1	下河沿	4～6 月	332(40%)	350
		11 月至翌年 3 月	175(40%)	180
2	青铜峡	4～6 月	481(60%)	480
		11 月至翌年 3 月	178(40%)	180
3	头道拐	4～6 月	335(60%)	340
		11 月至翌年 3 月	162(40%)	160
4	龙门	4～6 月	560(80%)	560
		11 月至翌年 3 月	458(80%)	460
5	花园口	4～6 月	601(60%)	600
		11 月至翌年 3 月	318(40%)	320
6	高村	4～6 月	339(40%)	350
		11 月至翌年 3 月	296(40%)	300
7	泺口	4～6 月	282(30%)	280
		11 月至翌年 3 月	254(30%)	250

对于各断面流量控制指标的选取，除以各百分比取值对应的不同状态外，还应单独考虑断面所对应景观的重要性及河段的水文特征。首先要考虑的是壶口瀑布的景观特征，壶口瀑布是黄河干流最重要的景观，是黄河乃至中华民族的象征，因此首先满足壶口瀑布景观需水是最重要的目标。根据相关研究成果，壶口瀑布景观需水在 600～800 m^3/s，而 1919～1973 年未开发相对天然状态下 4～6 月多年均流量为 700 m^3/s，也就是说 1973 年之前壶口瀑布在 4～6 月水量是适宜的。因此，龙门断面流量取多年平均的 80% 为 560 m^3/s。龙门断面水量和上游头道拐断面关系密切，为保证龙门断面的流量达到控制要求，从流量连续性和平衡考虑，头道拐断面 4～6 月取值在 60%，其余时间控制在 40%。从头道拐以上至宁夏之间的河段，属于黄河的宁蒙河段，青铜峡断面是沙坡头景区和青铜峡景区的控制断面，按照 4～6 月取值在 60%，11 月至翌年 3 月控制在 40%。

黄河花园口以下河道景观类型完全相同，主要以大河水面及滩涂湿地为视觉景观，在保持一定河道水面宽度下即可满足景观要求。由于黄河是宽浅型河流，对水位要求并不苛刻，因此以 60%～40% 作为流量选取的标准，即 4～6 月以 60% 为标准，其他时间段以 30% 为标准。

11.3　黄河干流生态需水耦合研究

近 10 年来,相关单位开展了多个有关黄河干流生态需水的项目,提出了黄河重要控制断面生态流量过程的研究,如“黄河干流生态环境需水研究”“黄河环境流研究”“黄河河口生态需水研究”。本次研究是在前述几个研究的基础上,主要选取黄河巩义河段和利津河段为研究对象,开展了河流栖息地观测及建模工作,构建了主要保护鱼类生态习性和径流之间关系,同时本研究对黄河干流沿岸主要景观进行了调查,并对景观需水进行了分析。黄河干流生态需水耦合结果见表 11-6。

表 11-6　黄河干流重要断面生态需水　(单位:m^3/s)

<table>
<tr><th>序号</th><th>水文断面</th><th>4~6 月流量</th><th>11~3 月流量</th></tr>
<tr><td>1</td><td>下河沿</td><td>350</td><td>180</td></tr>
<tr><td>2</td><td>青铜峡</td><td>480</td><td>180</td></tr>
<tr><td>3</td><td>头道拐</td><td>340</td><td>160</td></tr>
<tr><td>4</td><td>龙门</td><td>560</td><td>460</td></tr>
<tr><td>6</td><td>小浪底</td><td>480</td><td>300</td></tr>
<tr><td rowspan="2">7</td><td rowspan="2">花园口</td><td>适宜 650~750,最小 300~360,历时 6~7 d(5 月上中旬)800~1 000 水量过程</td><td>适宜 450~600,最小 240~330</td></tr>
<tr><td colspan="2">适宜 800~1 200,最小 400~600,历时 7~10 d(7~8 月)1 500~3 000 洪水过程</td></tr>
<tr><td>8</td><td>高村</td><td>350</td><td>300</td></tr>
<tr><td rowspan="2">9</td><td rowspan="2">泺口</td><td>280</td><td>250</td></tr>
<tr><td colspan="2">引水比例在 15%~40% 平水期避免 500~800 流量,大于 40% 则流量越小越好</td></tr>
<tr><td rowspan="2">10</td><td rowspan="2">利津</td><td>适宜 270~290,最小 90~170</td><td>适宜 230~290,最小 80~150</td></tr>
<tr><td colspan="2">7~10 月,适宜 700~1 100,最小 350~550,历时 7~10 d(7~8 月)的 1 200~2 000 洪水过程</td></tr>
</table>

11.4　主要支流入黄底限流量研究

健康的河流生态系统需要河道内连续的水流以维持物质和能量的交换,而连续而适量的河川径流,一是黄河干流河道内应保持一定量级水流,二是要求黄河的支流应维持一定量级的不间断入黄水流,即与干流保持一定的水力联系。但随着流域经济的发展,黄河支流水资源开发利用率增加较快,加之缺乏有效管理,导致一些支流相继出现断流,且趋势越来越严重。主要表现为:一是断流的支流数量逐渐增加,出现断流的主要支流,从 20 世纪 80 年代汾河、渭河、沁河 3 条,增加到 2000 年的 10 余条;二是断流频度增加,1980 年以来汾河、沁河、大黑河连年断流,大汶河、金堤河、渭河有 2/3 以上年份断流;三是断流长度逐渐增加，如中游的渭河，20 世纪 80 年代陇西—武山河段、甘谷—葫芦河口河段断流，1995 年开始葫芦河口—耤河口河段也出现断流；四是断流的趋势逐渐向上游支流发展，目前上游的部分支流也面临着断流威胁。黄河支流断流对相关地区经济社会发展造成很大影响，自身生态系统难以维持；同时入黄水量锐减也将导致黄河干流水生态系统的恶化。湟水等支流重要水文断面天然径流量统计见表 11-7。

表 11-7　湟水等支流重要水文断面天然径流量统计　（单位：亿 m^3）

河流名称	河名	站名	集水面积（km^2）	多年平均天然径流量	最大天然年径流量	出现年份	最小天然年径流量	出现年份
湟水	大通河	享堂	15 126	28.95	50.33	1989	20.57	1962
	湟水	民和	15 342	20.53	34.47	1989	12.65	1991
洮河	洮河	红旗	24 973	48.26	95.76	1967	27.02	2000
渭河	渭河	北道	24 871	14.13	31.41	1967	3.880	1997
	渭河	林家村	30 661	23.98	49.63	1964	6.461	1997
	渭河	咸阳	46 827	49.84	114.0	1964	15.682	1995
	渭河	华县	106 498	80.93	167.0	1964	35.43	1997
汾河	汾河	河津	38 728	18.47	37.56	1964	9.541	1987
沁河	沁河	五龙口	9 245	10.62	25.97	1963	4.230	1999
	沁河	武陟	12 880	13.04	29.44	1963	6.085	1997
伊洛河	洛河	灵口	2 476	5.548	17.59	1964	1.730	1995
	洛河	白马寺	11 891	19.91	61.42	1964	6.183	1997
	伊河	龙门镇	5 318	10.84	32.08	1964	4.364	1986
	伊洛河	黑石关	18 563	28.33	93.02	1964	12.18	1997

水系完整是河流径流连续的重要标志。所谓维持黄河水系基本完整，是指维持黄河主要支流与黄河干流的水文联系，即支流汇入黄河干流的流量（以下简称支流入黄流量）必须大于某一低限值。维持黄河生命的支流低限入黄流量应考虑两方面需求：一是维持干流低限流量对各支流的要求，二是维持支流自身生命的低限流量要求。本研究选择湟水、洮河、渭河、汾河、沁河、伊洛河等 6 条支流作为黄河主要支流，采用 Tennant 法研究支流底限流量，分别计算 1956 ~ 2010 年 56 年系列和 1980 ~ 2010 年 30 年系列天然月均径流量的 10% 和 20%，计算结果见表 11-8 和表 11-9。

根据资料分析，近年来由于人类活动、用水及下垫面条件变化影响，黄河流域 2001 ~ 2010 年近 10 年平均天然径流量与 1956 ~ 2010 年均值相比，除湟水外，其余支流来水都偏少，渭河偏少 14%（华县站）~ 21%（张家山站），伊洛河偏少 12%，沁河偏少 18%，因此本研究湟水、洮河和伊洛河逐月底限流量取 1980 ~ 2010 系列年 20% 值，而渭河、沁河和汾河逐月底限流量取 1980 ~ 2010 系列年 10% 值。具体见表 11-10。

表 11-8　黄河主要支流底限流量计算成果(Tennant 法 10% 月均流量)

支流	站名	径流系列	1 月	2 月	3 月	4 月	5 月	6 月	7 月	8 月	9 月	10 月	11 月	12 月	平均 (m^3/s)	径流量 (亿 m^3)
湟水	民和	1956 ~ 2010	1	1	2	4	7	9	15	14	12	7	3	2	7	2.08
		1980 ~ 2010	1	1	2	4	7	9	15	14	12	7	3	2	7	2.09
	享堂	1956 ~ 2010	2	2	3	5	10	13	21	20	17	9	4	3	9	2.90
		1980 ~ 2010	2	2	3	6	10	13	22	21	18	9	5	3	9	2.96
洮河	红旗	1956 ~ 2010	5	5	6	9	15	17	23	26	29	22	11	7	15	4.64
		1980 ~ 2010	4	4	5	8	13	15	21	23	25	19	10	6	13	4.10
渭河	华县	1956 ~ 2010	9	10	12	21	27	23	43	41	49	39	23	10	26	8.09
		1980 ~ 2010	8	10	11	20	25	22	40	38	46	36	21	10	24	7.54
汾河	河津	1956 ~ 2010	3	3	6	5	4	5	10	14	10	6	4	3	6	1.72
		1980 ~ 2010	1	2	3	3	2	2	5	8	5	3	2	2	3	1.40
伊洛河	黑石关	1956 ~ 2010	4	4	5	6	7	7	16	17	14	12	8	5	9	2.76
		1980 ~ 2010	4	3	5	6	7	6	15	16	13	11	7	5	8	2.56
沁河	武陟	1956 ~ 2010	2	2	2	2	3	3	7	10	6	5	4	3	4	1.30
		1980 ~ 2010	2	2	2	2	2	2	6	9	6	4	3	3	4	1.11

表 11-9　黄河主要支流底限流量计算成果(Tennant 法 20% 月均流量)

支流	站名	径流系列	1 月	2 月	3 月	4 月	5 月	6 月	7 月	8 月	9 月	10 月	11 月	12 月	平均 (m^3/s)	径流量 (亿 m^3)
湟水	民和	1956 ~ 2010	3	3	4	8	14	19	30	29	24	13	7	4	13	4.17
		1980 ~ 2010	3	3	4	8	14	19	30	29	24	13	7	4	13	4.18
	享堂	1956 ~ 2010	4	4	5	11	19	26	43	41	34	18	9	5	18	5.80
		1980 ~ 2010	4	4	5	11	20	27	43	42	35	19	9	6	19	5.92
洮河	红旗	1956 ~ 2010	10	10	12	18	30	35	47	53	57	44	23	14	29	9.28
		1980 ~ 2010	9	9	11	16	26	31	41	47	50	39	20	12	26	8.20
渭河	华县	1956 ~ 2010	17	21	23	42	54	46	86	81	99	78	45	21	51	16.19
		1980 ~ 2010	16	19	22	39	50	43	80	76	92	73	42	19	48	15.08
汾河	河津	1956 ~ 2010	5	5	11	9	8	8	17	26	18	10	8	6	11	3.44
		1980 ~ 2010	4	4	9	7	6	7	14	21	14	8	6	5	9	2.80
伊洛河	黑石关	1956 ~ 2010	8	7	10	13	15	13	33	34	29	23	15	10	17	5.52
		1980 ~ 2010	7	7	9	12	14	12	30	31	27	22	14	9	16	5.11
沁河	武陟	1956 ~ 2010	4	4	4	5	5	6	13	21	13	10	7	6	8	2.60
		1980 ~ 2010	4	4	4	4	4	5	11	18	11	8	6	5	7	2.22

表 11-10　黄河主要支流底限流量计算成果

支流	站名	1 月	2 月	3 月	4 月	5 月	6 月	7 月	8 月	9 月	10 月	11 月	12 月	平均 (m^3/s)	径流量 (亿 m^3)
湟水	民和	3	3	4	8	14	19	30	29	24	13	7	4	13	4.18
洮河	红旗	9	9	11	16	26	31	41	47	50	39	20	12	26	8.20
渭河	华县	8	10	11	20	25	22	40	38	46	36	21	10	24	7.54
汾河	河津	1	2	3	3	2	2	5	8	5	3	2	2	3	1.40
伊洛河	黑石关	4	3	5	6	7	6	15	16	13	11	7	5	8	2.56
沁河	武陟	2	2	2	2	2	2	6	9	6	4	3	3	4	1.11

第 12 章　结论及展望

12.1　研究结论

(1)黄河干流浮游生物和底栖生物种类和生物量较少,结构简单。

黄河陶乐、巩义及利津河段水生生物调查表明:黄河各河段浮游生物均以硅藻和原生动物居多,浮游植物从上游往下游绿藻增多,硅藻减少。黄河底栖生物种类和生物量较少,以季节性的水生昆虫和寡毛类居多,从上游往下游寡毛类增多。

(2)黄河鱼类资源结构简单,分布具有明显的地域特征。

黄河鱼类资源量少,结构组成简单,小型鱼类增多,由于环境和人为影响严重,各河段人工养殖和放流的物种增多,破坏了原有的分布特点。近年来黄河无大型洄游性鱼类,主要以定居性的鲇鱼、鲤鱼和鲫鱼为主,短距离生殖洄游的鱼类如瓦氏雅罗鱼等;组成随季节的变化明显,春、夏和秋季鲤鱼、鲫鱼较多,冬季主要以鲇鱼和小型鱼类为主。

黄河鱼类分布具有明显的地域特征,黄河宁夏陶乐段属黄河上游下段,水流较缓,鱼类结构较为简单,多为当地的土著鱼类;河南巩义段属于平原河流,上游小浪底水库放养鱼类较多,河道生物较为丰富,鱼类产卵场分布较多,鱼类组成也较为复杂;山东段利津河段属河口地区,鱼类种类较多。

(3)黄河干流鱼类产卵场多分布在水流较缓的敞水区,岸边植被较好,而河漫滩底质多为细沙。

黄河陶乐、巩义和利津的鱼类产卵场均分布在河湾的敞水区,多有漫滩和岸边植物,河漫滩水流水温升速较高。产卵场一般岸边植被覆盖率较高,但河漫滩基本没有植被,底质为细沙,人为干扰较少,为鱼类产卵提供了相对稳定的生态环境。巩义河段捞沙现象严重,对鱼类产卵破坏较大。

(4)陶乐、巩义及利津河段溶氧及流速满足鱼类繁殖需要,而巩义河段由于受小浪底水库下泄低温水影响,鱼类繁殖期晚于下游河段,水位变化对产卵场影响较大。

巩义河段受小浪底水库下泄低温水的影响,较同期伊洛河和山东段低 4 ~ 10 ℃,对巩义河段的鱼类繁殖影响较大,鱼类的繁殖晚于伊洛河和山东段的鱼类。黄河各河段的溶氧完全满足鱼类繁殖的需要,不会对鱼类的繁殖造成影响(小浪底调水调沙期间除外)。流速对鱼类的活动会产生一定的影响,但鱼类一般根据需求流速选择适当的区域产卵,各河段流速目前也基本满足鱼类的生存和繁殖需要。水位变化对产卵场影响较大,水位过低会使产卵场退缩,致使鱼类无法完成产卵孵化和鱼苗早期发育的生物学过程。

(5)模拟试验表明:流速刺激可以促进亲鱼产卵、缩短亲鱼受精时间;水温及溶氧对亲鱼性腺发育、排卵及卵孵化至关重要。

对黄河鲤鱼繁殖期流速、水温、溶氧等水流环境要素模拟试验表明:水流过程不是黄河鲤亲鱼产卵的必要条件，但是一定的流速刺激（约 0.64 m/s）可以促进亲鱼产卵、缩短亲鱼受精及产卵时间；黄河鲤仔鱼期要求静水或者微流速，鱼苗适宜流速范围为 0～0.23 m/s；水温对亲鱼性腺发育、排卵及卵孵化至关重要，水温达到 18 ℃是亲鱼产卵、鱼类正常孵化的必要条件；溶氧与鱼类孵化及成活关系密切，根据实验室模拟结果，初步确定了自然条件下代表鱼类胚胎发育的溶氧不能低于 6.35 mg/L。

（6）建立了黄河鲤繁殖期、生长期和越冬期等不同生长阶段栖息地适宜度标准（曲线）。

在掌握黄河鲤生态习性基础上，对黄河代表物种黄河鲤生物行为选择性特征及其栖息地水动力、水环境特征进行了研究，综合应用野外实测法、实验室模拟法及专家经验法等，根据黄河鲤繁殖期流速、水深、温度、溶氧等栖息地生境因子频率分布进行归一化处理，建立了流速、水深、温度、溶氧等栖息地生境因子的适宜度曲线。

（7）构建了巩义及利津河段黄河鲤产卵场二维水动力学模型和河流栖息地模型，建立了河川径流与鱼类适宜栖息地面积之间的定量关系。

综合应用了走航式多普勒流速剖面仪、全站仪、经纬仪、高精度 GPS 等高新技术，对黄河巩义和利津两个河段鱼类产卵场的流场、岸边地形等进行了全面监测，创建了产卵场数字地形，建立了巩义、利津河段黄河鲤产卵场的二维水动力学模型。在耦合黄河鲤产卵场水动力学模型与黄河鲤栖息地适宜度曲线的基础上，构建了黄河巩义、利津河段河流栖息地模型，模拟了系列流量下黄河鲤繁殖期、越冬期适宜栖息地面积和分布，建立黄河重点河段黄河鲤适宜栖息地面积与流量的响应关系，明确了黄河鲤适宜栖息地面积与流量呈非线性关系，适宜栖息地的面积大小随着流量增大有着一个从小到大又从大到小的过程，表明黄河鲤生态需水有一个适宜的流量范围，并不是流量越大越好。

（8）基于栖息地模拟法和流量恢复法的思路，提出了巩义和利津河段鱼类繁殖期、生长期和越冬期生态需水过程线。

以栖息地模拟法为基础，根据代表物种适宜栖息地面积与流量关系及归一化适宜栖息地面积与流量关系曲线，提出了黄河巩义、利津河段黄河鲤生态需水量。在此基础上，应用整体法的方法和思路，分析各阶段黄河径流条件和鱼类状况变化，明确鱼类栖息地状况参考目标，提出了基于流量恢复法的代表物种生态需水过程，对基于栖息地模拟法的生态需水进行了复核、调整和协调，对比 Tennant 法计算成果，综合提出黄河重点河段生态需水量及过程。

（9）湟水流域生境类型多样，水土资源分布不均，局部城市河段水污染严重，生态环境脆弱，河流生境连通性遭到严重破坏。湟水功能性需水组成包括鱼类需水、湿地需水、河岸带植被需水、自净需水和输沙需水等。

湟水流域位于青藏高原与黄土高原的过渡地带，湟水、大通河干支流曾是黄河裸裂尻鱼、厚唇裸重唇鱼、拟鲇高原鳅等土著鱼类的重要分布区。但由于受水污染、梯级水电站开发及气候变化等影响，与以往调查相比，湟水流域鱼类种类尤其是土著鱼类显著减少，源头区冰川、沼泽等重要湿地严重萎缩。

湟水流域水生态系统的保护目标主要是维持河流生境基本连通性、保护土著鱼类及其栖息地（大通河仙米以上河段、湟水干流西宁以上河段），以及源头区的沼泽湿地、水源涵养林保护区等，因此湟水功能性不断流的生态需水组成主要包括鱼类需水、湿地需水、河岸带植被需水、自净需水等。采用优化 Tennant 法，在充分考虑湟水各河段不同保护对象对径流条件下，西宁断面在4～6月的最小生态水量和适宜生态水量分别为13 m^3/s 和22 m^3/s，民和断面4～6月的最小生态水量和适宜生态水量分别为18 m^3/s 和30 cm^3/s。大通河尕大滩断面在4～6月的最小生态水量和适宜生态水量分别为10 m^3/s 和16 m^3/s，天堂寺断面4～6月的最小生态水量和适宜生态水量分别为17 m^3/s 和27 m^3/s。

湟水流域经济社会集中，湟水干流入河污染物相对集中，与干流纳污能力分布不相一致，入河污染物严重超过水域纳污能力。湟水干流、南川河、北川河等西宁城市河段以25%左右的纳污能力承载了全流域约80%的入河污染负荷，加之地表水资源利用、城市河段水电站运行等使河流断流或脱流、河道内水体自净水量不足，造成了湟水西宁河段水质污染及西宁以下河段跨界污染问题。对河道内自净水量研究表明：西宁以下河段所需自净水量为25～30 m^3/s。

（10）渭河是黄河第一大支流，泥沙含量高，水沙异源，河道泥沙淤积严重，河槽日益萎缩，宝鸡峡以下河段水污染问题突出，素有“关中下水道”之称。渭河流域湿地分布广泛，由于中下游河段污染严重，鱼类主要分布在上游河段和水库。渭河功能性需水组成主要包括鱼类需水、自净需水、湿地需水、输沙需水和景观需水。

渭河流域位于黄土高原和秦岭山区，水土流失严重，渭河干流是一条污染严重的多沙河流。渭河鱼类主要分布在上游，有秦岭细鳞鲑、裂腹鱼类条鳅属鱼类，中下游有鲤、鲇鱼、黄颡鱼、乌鳢、鲫鱼等鱼类，上游分布有国家级保护水生动物。渭河湿地资源主要是河流湿地和滩涂湿地类型，整体呈萎缩趋势。

渭河流域的主要水生态系统保护目标是保护上游土著鱼类栖息地，维持河道内生态水流条件，恢复中下游水环境功能，逐步修复和改善河流生态系统。渭河功能性需水组成主要包括鱼类需水、自净需水、湿地需水、输沙需水和景观需水。综合考虑渭河生态保护目标生态需水要求，采用 Tennant 法计算渭河生态需水：林家村断面在4～6月的最小生态水量和适宜生态水量分别为25 m^3/s 和39 m^3/s，华县断面在4～6月的最小生态水量和适宜生态水量分别为83 m^3/s 和140 m^3/s。

渭河上游总体水质较好，但局部河段污染严重，渭河自林家村以下的中下游河段水质全年为劣Ⅴ～Ⅴ类，主要原因是渭河沿岸城市排污及入渭支流污染严重。流域工业污染源不能实现稳定达标排放，生活污水处理厂建设滞后于废污水快速增长的速度是渭河水污染严重的主要原因和问题。渭河自净水量研究表明：林家村下泄自净水量要求为50 m^3/s，咸阳自净水量为80 m^3/s。

（11）沁河是黄河中游的重要支流之一，水资源开发利用矛盾突出，生态用水严重被挤占，河流下游断流严重，河南境内水污染严重。沁河功能需水主要包括鱼类需水、自净需水、湿地需水和景观需水。

沁河流域位于太行山脉西侧，流经山西、河南两省，上游分布有乌苏里拟鲿、唇䱻等保护鱼类，中上游主要有北方常见鱼类鲤鱼、黄颡鱼、鲫鱼、鲇鱼等鱼类。沁河下游河道长期断流，严重破坏了河道生境的连通性，入黄河段水污染严重，不适合鱼类生存。

沁河流域主要水生态系统保护目标是恢复和维持沁河下游基本的生态水流条件及鱼

类生境条件,保护上游乌苏里拟鲿等鱼类及其栖息地,改善并恢复下游水质。沁河功能性需水组成主要包括鱼类需水、自净需水、湿地需水和景观需水。采用 Tennant 法对沁河生态需水进行计算,五龙口断面在 4 ~6 月的最小生态水量和适宜生态水量分别为 7 m^3/s 和 12 m^3/s,武陟断面在 4 ~6 月的最小生态水量和适宜生态水量分别为 9 m^3/s 和 15 m^3/s。

沁河干流中上游水质较好,五龙口以下河南段水质超标严重,主要是沁阳市和武陟县排污造成。自净水量研究以武陟县王顺断面水质达标为目标进行计算,并按照计算结果为基础往上游进行推算,要求河口村水库坝址处自净水量应该为 35 m^3/s 左右。

(12)伊洛河是黄河三门峡—花园口区间的重要支流,城市河段污染严重,河流生境连通性遭到破坏,生态环境呈现恶化态势。伊洛河河流功能性需水主要包括鱼类需水、湿地需水、河岸带植被需水和自净需水等。

伊洛河是黄河中游水多沙少的支流之一,曾经是我国著名经济鱼类——洛鲤伊鲂的出产地,是多种地方土著鱼类的重要分布区,但随着小水电建设,河流连通性及河道生境的破坏,水生生物赖以生存的环境不复存在,数量及多样性急剧减少。

伊洛河流域水生态系统保护目标主要是维持河流生境基本连通性,保护鱼类及其栖息地(上游的大鲵及其栖息地,中下游的洛河鲤鱼、伊河鲂鱼等及其栖息地)、源头区伏牛山等自然保护区与水源涵养区保护,恢复洛阳、巩义等城市河段水环境自净功能。因此,伊洛河河流功能性需水组成主要包括鱼类需水、湿地需水、河岸带植被需水、景观需水和自净需水等,维持河流生境连通性的基本生态需水是目前亟待解决的首要问题。洛河白马寺 4 ~6 月最小生态需水和适宜生态需水分别为 16 m^3/s 和 28 m^3/s,伊河龙门 4 ~6 月的最小生态需水和适宜生态需水 10 m^3/s 和 17 m^3/s,黑石关 4 ~6 月的最小生态需水和适宜生态需水分别为 28 m^3/s 和 47 m^3/s。

伊洛河主要水污染问题主要集中在栾川、洛阳、偃师、巩义等城市河段,集中了 80% 以上流域纳污量,主要超标因子是 BOD_5、COD 和氨氮等。自净水量研究表明:由于污染严重,伊洛河白马寺以下自净水量需要 60 m^3/s。

(13)黄河下游平水期流量,若河床组成较细,应控制不大于 600 m^3/s;若河床组成较粗,则应控制流量不大于 1 200 m^3/s。

平水期进入黄河下游的小流量过程一般为清水,其沿程冲淤表现除与流量关系密切外,还与沿程引水流量占来水流量的关系密切。因此,在平水期引水较少条件下,进入黄河下游的流量可以不加以控制;引水较多条件下,若河床组成较细,则应控制进入下游的流量不大于 600 m^3/s;若河床组成较粗,则应控制进入下游的流量不大于 1 200 m^3/s。

12.2 存在问题及研究展望

本研究在黄河干流选择中下游两处鱼类产卵场,开展了基于栖息地模拟法的河流生态需水研究,涉及生态学、生物学、环境学、水力学、水文学、地质学等诸多学科,是一个非常复杂的问题,目前国内关于这方面的研究尚处于起步探索阶段,黄河特殊的水沙关系、复杂的流域社会经济背景、严重的水生态问题,使黄河相关研究与其他江河相比面临更大的难度和挑战,有许多问题尚待进一步探索和研究。同时研究也选择了黄河重要支流——湟水、渭河、沁河和伊洛河，在水生态系统初步调查和水质及污染源监测的基础上，识别了河流水生态保护目标，分析了河流水质状况和污染成因，分别采用优化 Tennant 法和水质模型对生态需水与自净水量进行了研究，耦合研究提出了主要水文断面生态水量。但由于研究时间较短，对每条支流河流生态特征和河流水文过程关系、水质污染源响应规律认识不尽全面，水生生物调查、观测及水文周期关系有待进一步开展工作，因此本研究很多问题需要深入。包括以下几个方面：

（1）黄河鲤栖息地适宜度曲线的建立和适宜度的取值范围有待进一步完善。代表物种栖息地适宜度标准（曲线）是栖息地模拟法的生物学基础，栖息地适宜度准确性对于栖息地模拟的成功起着关键的作用。虽然本项目在黄河鲤生态习性研究方面开展了大量的野外调查和实验室模拟工作，但黄河鲤与水力因子、水环境因子等之间响应关系有待建立，在长期、系统的生态监测和系统研究基础上进一步完善。对于建立适宜度曲线的方法还有待进一步的研究和完善。

（2）黄河泥沙对栖息地的影响有待深入研究。黄河巩义河段和利津河段为典型的游荡型河道，河道形势随水沙情势变化而变化，本研究鱼类栖息地模型是基于河床形态在模拟的过程中保持不变为前提，仅对河床保持相对稳定的低流量范围进行了模拟。下一步研究应考虑黄河泥沙对河道形态及鱼类栖息地的影响。

（3）流量过程对黄河鲤栖息地的影响有待系统和模拟。本研究模拟因子仅考虑了流速和水深，未针对黄河鲤所需流量过程机制进行系统研究和模拟。今后有待进一步加强野外监测和实验室模拟，进一步明确黄河鲤需水机制，在此基础上完善水动力学模型构建，并对黄河鲤产卵所需小脉冲洪水和生长期所需一定量级洪水进行模拟。

（4）本次支流生态需水研究成果较粗浅，仅分河段识别了河流生态系统的特点及功能性需水组成，识别了主要生态保护目标，采用历史流量法进行了生态需水计算。尚未真正考虑生态保护目标生态需水机制、生态系统变化和水文过程的响应关系，以后应选择支流逐步开展相关工作。

（5）由于本次研究选择的支流缺乏控制性水利枢纽工程，流量过程的可调控性不强，如湟水、渭河由于污染严重，所需自净水量显然是比较大的，在现有的水资源开发利用条件下，实现水质目标的水量条件难以保证。由于此次研究没有建立基于河道边界条件水动力学水质模型，因此尚未实现水质、水量及污染源同步输入情景模拟，在黄河重要支流亟待加强污染物迁移转化规律及水质模型研究。

参考文献

[1] 黄河水利委员会．黄河流域防洪规划[M]．郑州:黄河水利出版社,2008.

[2] 刘晓燕．黄河环境流研究[M]．郑州:黄河水利出版社,2009.

[3] 张学成,潘启民．黄河流域水资源调查与评价[M]．郑州:黄河水利出版社,2007.

[4] 黄河流域水资源保护局．黄河水资源保护 30 年 [M]．郑州:黄河水利出版社,2005.

[5] 黄河水利委员会．黄河流域地图集 [M]．北京:中国地图出版社,1989.

[6] 黄河水利委员会．黄河流域综合规划(修编)[R]. 2009.

[7] 黄河水利委员会．黄河水资源综合规划[R]. 2009.

[8] 中华人民共和国环境保护部,中国科学院．全国生态功能区划[R]. 2008.

[9] 中华人民共和国环境保护部．全国生态脆弱区保护规划纲要[R]. 2008.

[10] 中华人民共和国水利部．中国水功能区划[R]. 2002.

[11] 李国英. 维持黄河健康生命[M]. 郑州:黄河水利出版社,2005.

[12] 刘晓燕. 构建黄河健康生命的指标体系[J]. 中国水利,2005,21:28-32.

[13] 刘晓燕,连煜,黄锦辉,等．黄河环境流研究[J]．科技导报,2008,17:24-30.

[14] 刘晓燕,申冠卿,李小平,等．维持黄河下游主槽平滩流量 4 000 m^3/s 所需水量[J]．水利学报,2007(9).

[15] 刘晓燕,连煜,可素娟．黄河河口生态需水分析[J]．水利学报,2009,40(8):956-968.

[16] 黄锦辉,史晓新,张蔷,等．黄河生态系统特征及生态保护目标识别[J]．中国水土保持,2006(12):14-17.

[17] 黄锦辉,郝伏勤,高传德,等．黄河干流生态与环境需水量研究综述[J]．人民黄河,2004,26(4):26-27,32.

[18] 郝伏勤,黄锦辉,李群．黄河干流生态环境需水研究[M]．郑州:黄河水利出版社,2005.

[19] 俞孔坚．景观:文化、生态与感知[M]．北京:科学出版社,2000.

[20] 连煜,王新功,黄翀,等．基于生态水文学的黄河口湿地生态需水评价[J]．地理学报,2008,63(5):451-461.

[21] 连煜,王新功,刘高焕,等．基于生态水文学的黄河口湿地环境需水及评价研究[C]//黄河水利委员会．黄河国际论坛论文集——流域水资源可持续利用与河流三角洲生态系统的良性维持．郑州:黄河水利出版社,2007.

[22] 崔树斌,宋世霞．黄河三门峡以下水环境保护研究[R]. 2002.

[23] 赵欣胜,崔保山,杨志峰．黄河流域典型湿地生态环境需水量研究[J]．环境科学学报,2005,25(3):567-572.

[24] 王瑞玲,连煜,黄锦辉,等．黄河三角洲湿地补水生态效益评价[J]．人民黄河,2011,33(2):78-81.

[25] 蒋晓辉,A. Arthington,刘昌明. 基于流量恢复法的黄河下游鱼类生态需水研究[J]. 北京师范大学学报(自然科学版),2009,45(5):537-542.

[26] 蒋晓辉,刘晓燕,张曙光,等. 黄河干流水生态系统关键物种的识别[J]. 人民黄河,2005,27(10):1-3.

[27] 倪晋仁, 崔树彬, 李天宏,等．论河流生态环境需水[J]．水利学报,2001(9):22 -28.

[28] 倪晋仁,金玲,等．黄河下游河流最小生态环境需水初步研究[J]．水利学报,2004(10):1-7.

[29] 常炳炎,薛松贵,张会言,等．黄河流域水资源合理分配和优化调度研究[M]．郑州:黄河水利出版社,1998.
[30] 罗华铭,李天宏,倪晋仁,等．多沙河流的生态环境需水特点研究[J]．中国科学E辑:技术科学,2004,34(增刊Ⅰ):155-164.
[31] 班璇.中华鲟产卵场的物理栖息地模型和生态需水量研究[D].武汉:武汉大学,2009.
[32] 赵伟华．中国河流底栖动物宏观格局及黄河下游生态需水研究[D]．北京:中国科学院研究生院,2010.
[33] 张文鸽,黄强,蒋晓辉．基于物理栖息地模拟的河道内生态流量研究[J]．水科学进展,2008,19(2):192-197.
[34] 徐志侠,陈敏建,董增川.基于生态系统分析的河道最小生态需水计算方法研究(Ⅰ)[J].水利水电技术,2004,35(12):15-18.
[35] 石伟,王光谦．黄河下游生态需水量及其估算[J]．地理学报,2002,57(5):595-602.
[36] 唐蕴,王浩,陈敏健．黄河下游河道最小生态流量研究[J]．水土保持学报,2004,18(3):171-174.
[37] 高玉玲,连煜,朱铁群．关于黄河鱼类资源保护的思考[J]．人民黄河,2004,26(10):12-14.
[38] 王新功,徐志修,黄锦辉,等．黄河河口淡水湿地生态需水研究[J]．人民黄河,2007,29(7):33-35.
[39] 王芳,梁瑞驹,杨小柳,等.中国西北地区生态需水研究(1)——干旱半干旱地区生态需水理论分析[J].自然资源学报,2002,17(1):1-8.
[40] 王瑞玲,黄锦辉,韩艳丽,等．黄河三角洲湿地景观格局演变研究[J]．人民黄河,2008,30(10):14-17.
[41] 黄河水系渔业资源调查协作组．黄河水系渔业资源[M]．沈阳:辽宁科学技术出版社,1986.
[42] 黄河流域渔业资源管理委员会办公室．黄河流域渔业资源管理情况材料汇编[R]．2007.
[43] 中国科学院动物研究所.黄河渔业生物学基础初步调查报告[M]．北京:科学出版社．1959.
[44] 沈红保,李科社,张敏．黄河上游鱼类资源现状调查与分析[J]．河北渔业,2007(6):37-41.
[45] 袁永峰,李引娣,张林林,等．黄河干流中上游水生生物资源调查研究[J].水生态学杂志,2009(6):15-19.
[46] 叶青超．黄河断流对三角洲环境的恶性影响[J]．地理学报,1998,53(5):385-393.
[47] 田家怡,王秀凤．黄河三角洲湿地生态系统保护与恢复技术[M]．青岛:中国海洋大学出版社,2005.
[48] 杨志峰,刘静玲,孙涛,等．流域生态需水规律[M]．北京:科学出版社,2006.
[49] 杨志峰,张远．河道生态环境需水研究方法比较[J]．水动力学研究与进展,2003,18(3):294-301.
[50] 许新宜,杨志峰.试论生态环境需水量[J].中国水利(A刊),2003(3):20-22.
[51] 杨志峰,崔保山,刘静玲,等.生态环境需水量理论、方法与实践[M]．北京:科学出版社,2003.
[52] 孙涛,杨志峰.基于生态目标的河道生态环境需水量计算[J]．环境科学,2005,26(5):43-48.
[53] 郝增超,尚松浩．基于栖息地模拟的河道生态需水量多目标评价方法及其应用[J]．水利学报,2008,39(5):557-561.
[54] 戴森,伯坎普,斯肯伦．环境流量——河流的生命[M]．郑州:黄河水利出版社,2006.
[55] 英晓明,李凌．河道内流量增加方法 IFIM 研究及其应用[J]．生态学保护,2006,26(5):1567-1573.
[56] 刘昌明,门宝辉,宋进喜．河道内生态需水量估算的生态水力半径法[J]．自然科学进展,2007,17(1):42-48.
[57] 徐志侠,王浩,陈敏建,等.基于生态系统分析的河道最小生态需水计算方法研究(Ⅱ)[J].水利水电技术,2005(1):31-34.

[58] 丰华丽,夏军,占车生. 生态环境需水研究现状和展望[J]. 地理科学进展,2003,22(6):591-598.
[59] 李梅,黄强,张洪波,等. 基于生态水深——流速法的河段生态需水量计算方法[J]. 水利学报,2007,38(6):738-742.
[60] 王西琴,刘昌明,杨志峰. 河道最小环境需水量确定方法及其应用研究(Ⅰ)——理论[J]. 环境科学学报,2001,21(5):544-547.
[61] 王西琴,杨志峰,刘昌明. 河道最小环境需水量确定方法及其应用研究(Ⅱ)——应用[J]. 环境科学学报,2001,21(5):548-552.
[62] 侯传河,张新海. 黄河流域生态用水及控制性指标研究[R]. 黄河水利委员会勘察规划设计院,2003.
[63] 黄强,李群,张泽中,等. 计算黄河干流生态环境需水 Tennant 法的改进及应用[J]. 水动力学研究与进展,2007,22(6):774-781.
[64] 李嘉,王玉蓉,李克锋,等. 计算河段最小生态需水的生态水力学法[J]. 水利学报,2006,37(10):1169-1174.
[65] 茹辉军,王海军,赵伟华,等. 黄河干流鱼类群落特征及其历史变化[J]. 生物多样性,2010,18(2):169-174.
[66] 石瑞花,许士国. 河流生物栖息地调查及评估方法[J]. 应用生态学报,2008,19(9):2081-2086.
[67] 石伟,王光谦. 黄河下游生态需水量及其估算[J]. 地理学报,2002,57(5):595-602.
[68] 赵西宁,吴普特,王万忠,等. 生态环境需水研究进展[J]. 水科学进展,2005,16(4):617-622.
[69] 余洋. 景观体验的研究[D]. 黑龙江:哈尔滨工业大学,2010.
[70] 徐志侠,陈敏建,董增川. 河流生态需水计算方法评述[J]. 河海大学学报:自然科学版,2004,32(1):5-9.
[71] Acreman M C, Ferguson A J D.. Environmental Flow and the European Water Framework Directive[J]. Freshwater Biology, 2010,55 (1): 32-48.
[72] Arthington A H, Bunn S E, Poff N L, et al. The Challenge of Providing Environmental Flow Rules to Sustain River Ecosystems. Ecological Applications, 2006,16 (4): 1311-1318.
[73] Cummins K W. Structure and Function of Stream Ecosystem[J]. BioScience, 1974,24: 631-641.
[74] Thomson Macalister Environmental Flow Task Force. Environmental Flow Options for the Thomson and Macalister Rivers: Summary of Technical Information[J]. 2004.